Margaret MacMillan

KRIEG

Propyläen wurde 1919 durch die Verlegerfamilie Ullstein als Verlag für hochwertige Editionen gegründet. Der Verlagsname geht zurück auf den monumentalen Torbau zum heiligen Bezirk der Athener Akropolis aus dem 5. Jh. v. Chr. Heute steht der Propyläen-Verlag für anspruchsvolle und fundierte Bücher aus Geschichte, Zeitgeschichte, Politik und Kultur.

Margaret MacMillan

KRIEG

Wie Konflikte die Menschheit prägten

Aus dem Amerikanischen
von Klaus-Dieter Schmidt

Propyläen

Die englische Originalausgabe des Buches erschien 2020
unter dem Titel *War* bei Profile Books, London.

Wir verpflichten uns zu Nachhaltigkeit
- Klimaneutrales Produkt
- Papiere aus nachhaltiger Waldwirtschaft und anderen kontrollierten Quellen
- ullstein.de/nachhaltigkeit

FSC
www.fsc.org
MIX
Papier aus verantwortungsvollen Quellen
FSC® C014496

Propyläen ist ein Verlag der Ullstein Buchverlage GmbH
ISBN 978-3-549-10042-4

Lektorat: Christian Seeger
Gesetzt aus der Minion Pro
Satz: Pinkuin Satz und Datentechnik, Berlin
Druck und Bindearbeiten: GGP Media GmbH, Pößneck
Printed in Germany

Für Ann und Peter

INHALT

EINLEITUNG

»Der Krieg bleibt, was er immer war: eines der größten Mysterien der Menschheit.«

Swetlana Alexijewitch, *The Unwomanly Face of War*

Krieg. Allein das Wort weckt unterschiedlichste Gefühle, von Schrecken bis Bewunderung. Manche verschließen lieber die Augen, als würde schon das bloße Erinnern und Nachdenken über Krieg ihn näherbringen. Andere sind von ihm fasziniert, finden ihn aufregend und glamourös. Als Historikerin bin ich fest davon überzeugt, dass wir den Krieg in unsere Erforschung der Menschheitsgeschichte einbeziehen müssen, wenn wir die Vergangenheit verstehen wollen. Kriege haben derart tiefgreifende Folgen, dass sie außer Acht zu lassen hieße, eine der großen Kräfte zu ignorieren, die neben Geografie, Ressourcen, Wirtschaft, Ideen sowie sozialem und politischem Wandel die menschliche Entwicklung geprägt und die Geschichte vorangetrieben haben. Hätten die Perser im 5. Jahrhundert v. Chr. die griechischen Stadtstaaten besiegt, die Inkas im 16. Jahrhundert Pizarros Expedition zurückgeschlagen oder Hitler im 20. Jahrhundert den Zweiten Weltkrieg gewonnen, würde die Welt dann anders aussehen? Wir wissen, dass es so wäre, können über das Ausmaß aber nur Vermutungen anstellen.

Solche kontrafaktischen Annahmen bilden aber nur einen Teil des Problems, vor dem wir stehen. Der Krieg wirft darüber hinaus grundsätzliche Fragen über die Natur des Menschen und das Wesen der menschlichen Gesellschaft auf. Bringt Krieg die bestialische Seite des Menschen zum Vorschein oder die beste? Wie bei so vielem, was den Krieg betrifft, sind wir unschlüssig. Ist er ein untrennbarer Bestandteil der menschlichen Gesellschaft, dieser wie eine Ursünde eingewoben, seit unsere Vorfahren begannen, sich in sozialen Verbänden zu organisieren? Ist er unser Kainsmal, ein uns auferlegter Fluch, der uns immer wieder zu Konflikten verdammt? Oder ist eine solche Ansicht eine gefährliche selbsterfüllende Prophetie? Bringen gesellschaftliche Veränderungen neue Arten des Krieges hervor, oder fördert Krieg gesellschaftliche Veränderungen? Sollten wir vielleicht gar nicht fragen, was zuerst kommt, sondern Krieg und Gesellschaft als Partner betrachten, die in einer gefährlichen, aber produktiven Beziehung verhaftet sind? Kann Krieg, so zerstörerisch, grausam und verschwenderisch er ist, auch Gutes bewirken?

Das alles sind wichtige Fragen, und ich werde versuchen, sie und weitere, die sich im Verlauf dieser Untersuchung ergeben, zu beantworten. Dabei hoffe ich den Leser von einem zu überzeugen: dass Krieg keine Verirrung ist, die man am besten so schnell wie möglich vergisst. Auch ist er nicht einfach die Abwesenheit von Frieden, dem vermeintlichen Normalzustand. Wenn wir nicht begreifen, wie tief Krieg und Gesellschaft ineinander verwoben sind – so sehr, dass man nicht sagen kann, wer von beiden dominiert oder ursächlich ist –, übersehen wir eine wichtige Dimension der Menschheitsgeschichte. Wenn wir unsere Welt und den Weg, den wir bis zum heutigen Tag zurückgelegt haben, verstehen wollen, dürfen wir den Krieg und seine Auswirkungen auf die Entwicklung der menschlichen Zivilisation nicht unberücksichtigt lassen.

Die westlichen Gesellschaften haben in den vergangenen Jahrzehnten Glück gehabt. Seit dem Zweiten Weltkrieg haben sie unmittelbar keinen Krieg erlebt. Zwar haben westliche Länder Truppen in alle Welt geschickt, etwa nach Asien (um in Korea, Vietnam oder Afghanistan zu kämpfen), in den Nahen Osten oder nach Afrika, aber nur eine sehr kleine Minderheit der Bewohner des Westens war direkt von diesen Konflikten betroffen. Millionen von Menschen in den Konfliktregionen haben da ganz andere Erfahrungen gemacht, und es hat seit 1945 kein Jahr gegeben, in dem nicht irgendwo auf der Welt Krieg geführt wurde. Denjenigen von uns, die den sogenannten Langen Frieden genossen haben, fällt es nur allzu leicht, Krieg als etwas zu betrachten, was andere treiben, etwa weil sie sich auf einer anderen Entwicklungsstufe befinden. Wir im Westen, so nehmen wir selbstgefällig an, sind friedlicher. Autoren wie der Evolutionspsychologe Steven Pinker haben die Auffassung verbreitet, dass die westlichen Gesellschaften im Lauf der vergangenen zwei Jahrhunderte weniger gewalttätig geworden seien und dass man auf der Welt insgesamt jährlich immer weniger Kriegstote zu verzeichnen habe. Während wir also Jahr für Jahr in aller Form die Toten der vergangenen Kriege betrauern, betrachten wir den Krieg zunehmend als etwas, das passiert, wenn der Frieden – der Normalzustand – zusammenbricht. Zugleich können wir uns für die großen Kriegshelden der Vergangenheit und ihre Schlachten begeistern; wir bewundern Geschichten über Tapferkeit und wagemutige Kriegstaten; die Regale von Buchhandlungen und Bibliotheken sind voll von Militärgeschichten; und Film- und Fernsehproduzenten wissen, dass Krieg immer ein beliebtes Thema ist. Das Publikum scheint der napoleonischen Feldzüge, Dünkirchens, des D-Days oder der Fantasien von *Star Wars* und *Herr der Ringe* nicht überdrüssig zu werden. Jedoch genießen wir sie nicht zuletzt deshalb, weil sie sich in sicherer Entfernung befinden; wir vertrauen darauf, dass wir selbst nie an einem Krieg teilnehmen müssen.

Folglich nehmen wir den Krieg nicht so ernst, wie er es verdient. Wir mögen es vorziehen, den Blick von einem Phänomen abzuwenden, das häufig grauenvoll und deprimierend ist, aber wir sollten das nicht tun. Kriege haben wiederholt den Lauf der Geschichte verändert, neue Wege in die Zukunft eröffnet und andere versperrt. Die Worte des Propheten Mohammed wurden in einer Reihe von Kriegen aus der Wüste der Arabischen Halbinsel hinausgetragen in die dicht besiedelten Gebiete der Levante und Nordafrikas, und dies hatte nachhaltige Folgen für die Region. Man stelle sich vor, wie Europa heute aussähe, wenn die muslimischen Führer den ganzen Kontinent erobert hätten, was ihnen mehrmals beinahe gelungen wäre. Am Anfang des 8. Jahrhunderts eroberten muslimische Invasoren Spanien und rückten über die Pyrenäen bis ins heutige Frankreich vor. Die Niederlage in der Schlacht von Tours im Jahr 732 beendete ihren Vormarsch nach Norden. Wäre er fortgesetzt worden, hätte vermutlich kein katholisches, sondern ein muslimisches Frankreich die französische Gesellschaft und die europäische Geschichte der nächsten Jahrhunderte geprägt. 800 Jahre später überrannte der große osmanische Führer Suleiman der Prächtige den Balkan und einen Großteil Ungarns, bis seine Truppen 1529 vor Wien standen. Hätten sie diese Großstadt eingenommen, wäre das Herz Europas ins Osmanische Reich eingegliedert worden, und die Geschichte hätte einen anderen Verlauf genommen. Zu den Türmen der zahlreichen Wiener Kirchen hätten sich Minarette gesellt, und der junge Mozart hätte eine andere Art von Musik gehört, gespielt auf anderen Instrumenten. Als ein jüngeres Beispiel könnte man sich vorstellen, was passiert wäre, wenn die Deutschen im Mai 1940 die britischen und alliierten Truppen bei Dünkirchen vernichtend geschlagen und anschließend in der Schlacht um England das britische Jägerkommando ausgeschaltet hätten. Die Britischen Inseln wären womöglich zu einer weiteren NS-Eroberung geworden.

Krieg ist in seinem Wesen organisierte Gewalt. Aber unterschiedliche Gesellschaften führen unterschiedliche Kriege. Nomadische Völker führen Bewegungskriege; sie greifen an, wenn sie sich im Vorteil sehen, und ziehen sich in den offenen Raum zurück, wenn dies nicht der Fall ist. Sesshafte bäuerliche Gesellschaften brauchen Wälle und Befestigungen. Krieg zwingt zu Veränderungen und Anpassungen, umgekehrt wirken sich gesellschaftliche Veränderungen auf den Krieg aus. Nach Ansicht der alten Griechen hatten die Bürger die Pflicht, ihre Städte zu verteidigen. Diese Teilnahme am Krieg wiederum brachte eine Ausweitung von Rechten und der Demokratie mit sich. Im 19. Jahrhundert ermöglichte die industrielle Revolution den Regierungen, riesige Armeen aufzustellen und zu unterhalten – sie waren größer als alles, was die Welt zuvor gekannt hatte; das aber weckte bei den Millionen von Männern, die zum Wehrdienst eingezogen wurden, die Erwartung, in ihren Gesellschaften mehr Mitsprache zu erhalten. Die Regierungen sahen sich genötigt, nicht nur auf sie zu hören, sondern auch eine Reihe von staatlichen Leistungen bereitzustellen: von der Bildung bis zur Arbeitslosenversicherung. Die starken Nationalstaaten von heute mit ihren Zentralregierungen und gut organisierten Bürokratien sind das Produkt von Jahrhunderten des Krieges. Erinnerung und Gedenken an vergangene Siege und Niederlagen sind Teil der jeweiligen nationalen Geschichte, und Nationen brauchen Geschichten, um zusammenzuhalten. Solche zentralisierten Gemeinwesen, deren Angehörige sich als Teil eines Ganzen betrachten, können aufgrund ihrer Organisation und ihrer Fähigkeit, die Ressourcen ihrer Gesellschaft zu nutzen und sich auf die Unterstützung ihrer Bürger zu verlassen, in größerem Umfang und für längere Zeit Krieg führen. Die Befähigung, Krieg zu führen, und die Evolution der menschlichen Gesellschaft sind Teile ein und derselben Geschichte.

Im Lauf der Jahrhunderte ist der Krieg tödlicher, sind seine Auswirkungen größer geworden. Wir Menschen sind zahlreicher geworden; wir verfügen über mehr Ressourcen und besser organisierte, komplexere Gesellschaften, können für unsere Kämpfe Millionen Menschen mobilisieren, und unsere Zerstörungsfähigkeit hat enorm zugenommen. Für die beiden großen Kriege des 20. Jahrhunderts mussten wir neue Begriffe erfinden: »Weltkrieg« und »totaler Krieg«.

Während manche Fäden sich durch die Geschichte des Krieges und der menschlichen Gesellschaft hindurchziehen – etwa die Folgen gesellschaftlicher Veränderungen oder technischer Entwicklungen, die Versuche, den Krieg zu begrenzen oder zu kontrollieren, die Unterscheidung zwischen Soldaten und Zivilisten –, werde ich der Zeit seit dem Ende des 18. Jahrhunderts besondere Aufmerksamkeit widmen, denn der Krieg hat sich seither nicht nur in quantitativer, sondern auch in qualitativer Hinsicht verändert. Auch werde ich viele meiner Beispiele der Geschichte des Westens entnehmen, weil dieser in der jüngeren Vergangenheit die Entwicklung des Krieges erheblich vorangetrieben hat – aber auch, wie man hinzufügen muss, die Bemühungen, ihn unter Kontrolle zu halten.

In den meisten westlichen Universitäten wird die Erforschung des Krieges weitgehend vernachlässigt – vielleicht weil man fürchtet, die bloße Beschäftigung mit ihm bedeute bereits, ihn zu billigen. Historiker der internationalen Beziehungen sowie Diplomatie- und Militärhistoriker beklagen allesamt ein mangelndes Interesse an ihrem Forschungsgebiet, ebenso wie einen Mangel an Jobs. Studien über Krieg und Strategie werden, sofern es sie überhaupt gibt, in eigene kleine Bereiche abgeschoben, wo diejenigen, die als Militärhistoriker bezeichnet werden, vor sich hinforschen, ihre unappetitlichen Funde zutage fördern und ihre wenig erbaulichen Geschichten verfertigen, ohne jemanden zu stören. Ich erinnere mich, wie vor langer Zeit, in meiner ersten historischen Fakultät, ein pädagogischer Berater zu uns kam, um uns dabei zu helfen, unsere Kurse für die Studenten attraktiver zu gestalten. Als ich ihm sagte, ich sei dabei, einen Kurs mit dem Titel »Krieg und Gesellschaft« vorzubereiten, sah er mich missbilligend an. Es wäre besser, schlug er vor, ihn »Eine Geschichte des Friedens« zu nennen.

Das ist eine seltsame Missachtung; schließlich leben wir in einer vom Krieg geprägten Welt, auch wenn uns das nicht immer bewusst ist. Völker sind wegen Kriegen gewandert oder geflüchtet, manchmal buchstäblich aus der Geschichte verschwunden. Viele Grenzen wurden durch Kriege gezogen, Regierungen und Staaten sind durch Kriege aufgestiegen oder untergegangen. Shakespeare wusste das nur zu gut: In seinen Stücken ist es häufig der Krieg, der den Aufstieg und Fall von Königen bewirkt, während die gewöhnlichen Menschen den Kopf einziehen und beten, der Sturm möge vorüberziehen, ohne ihnen zu schaden. Einige der größten Kunstwerke sind von Krieg oder Kriegshass inspiriert, zum Beispiel die *Ilias*, Beethovens *Eroica*, Brittens *War Requiem*, Goyas *Die Katastrophen des Krieges*, Picassos *Guernica* oder Tolstois *Krieg und Frieden*.

Krieg findet sich in Kinderspielen – etwa dem Geländespiel »Fahnenraub« –, und eines der beliebtesten Computerspiele der letzten Jahre war *Call of Duty*, dessen erste Folgen im Zweiten Weltkrieg spielen. Sportereignisse werden von den Zuschauern mitunter wie Schlachten behandelt, wobei die gegnerische Mannschaft der Feind ist. In Italien treten sogenannte Ultras bei Fußballspielen als bestens organisierte Gruppen mit fester Kommandohierarchie auf. Sie tragen Uniformen und bezeichnen sich als »Comando«, »Guerilla« oder benennen sich – zum Ärger vieler ihrer Landsleute – nach Partisanengruppen aus dem Zweiten Weltkrieg. Es geht ihnen weniger um das Spiel als darum, sich mit den Anhängern der gegnerischen Mannschaft eine Schlacht zu liefern. Die modernen Olympischen Spiele sollten eigentlich der Völkerverständigung dienen, spiegelten aber fast von Anbeginn den Wettstreit der Nationen wider. Sie waren kein Krieg, übernahmen aber viele seiner Attribute, von der Auszeichnung mit Medaillen über das Abspielen der Nationalhymnen bis hin zu den hinter ihren Nationalflaggen einmarschierenden uniformierten Mannschaften. Bekanntlich nutzten Hitler und Goebbels die Olympischen Spiele von 1936 in Berlin als Bühne, um die Überlegenheit des deutschen Volkes zu demonstrieren, und im Kalten Krieg galten Medaillenspiegel als Beleg für die Überlegenheit der einen Seite über die andere.

Sogar unsere Sprache und Ausdrucksweise tragen den Stempel des Krieges. Nachdem sie die Karthager in den Punischen Kriegen besiegt hatten, gebrauchten die Römer den Ausdruck »fides Punica« (punische Treue) in sarkastischer Weise weiter. Im Englischen spricht man abschätzig davon, jemand (oder etwas) sei ein »flash in the pan« (sinngemäß: Rohrkrepierer), ohne sich bewusst zu sein, was damit eigentlich gemeint war: dass nämlich das Feuer in der Zündpfanne früherer Feuerwaffen abbrannte, ohne die Ladung zu zünden. Wenn Briten grob sein wollen, nennen sie Dinge manchmal »französisch« oder »holländisch«, weil diese Länder einst Feinde waren. Sich »französisch zu verabschieden« bedeutet, unhöflich und abrupt aufzubrechen; »holländischen Mut« beweist man, wenn man Gin trinkt. Umgekehrt benutzen Franzosen und Holländer die Attribute »britisch« und »englisch« auf ähnlich abwertende Weise. Viele unserer Lieblingsmetaphern sind militärischen Ursprungs, bei den Briten stammen sie insbesondere aus dem Marine-Kontext. Wenn man »three sheets to the wind« ist – sternhagelvoll (schwankend wie ein Schiff im Sturm) –, könnte eine anständige Mahlzeit helfen. Und wenn Sie jemandem etwas nicht glauben, können Sie sagen: »Go tell it to the marines!« (Etwa: Das kannst du deiner Großmutter erzählen!) Der Legende nach kennen die Seeleute die Wahrheit, denn sie haben die Welt bereist, und was sie nicht kennen, gibt es nicht. Was wir sagen und schreiben, ist mit militärischen Metaphern gespickt: Gegen vieles wird Krieg geführt: gegen die Armut, den Krebs, gegen Drogen oder Fettleibigkeit. (Ich habe einmal ein Buch mit dem Titel *Mein Krieg gegen das Cholesterin meines Mannes* gesehen.) In Nachrufen ist davon die Rede, der Tote habe den Kampf gegen seine Krankheit verloren. Wir sprechen gern von Kampagnen, ob in der Werbung oder beim Spendensammeln. Manager lesen eine zweitausend Jahre alte chinesische Schrift über Strategie, um sich Anregungen dafür zu holen, wie sie ihre Konkurrenten ausmanövrieren und ihrem Unternehmen den Sieg sichern können. Sie brüsten sich mit ihren strategischen Zielen und innovativen Taktiken und vergleichen sich gern mit großen Militärführern wie Napoleon. Wenn Politiker abtauchen, um Fragen oder Skandalen auszuweichen – »Feuerstürmen«, wie sie im Englischen häufig genannt werden –, berichten die Medien, sie würden sich einbunkern, um ihre Truppen zu sammeln und eine Offensive zu planen. Im Dezember 2018 lautete eine Schlagzeile der *New York Times*: »Trump führt jeden Tag Krieg, immer öfter im Alleingang«.

Auch in der Geografie ist der Krieg allgegenwärtig, ebenso in den Namen von Plätzen: In London gibt es den Trafalgar Square, benannt nach Nelsons Sieg am gleichnamigen Kap, und die Waterloo Station, die den Namen des Ortes von Napoleons endgültiger Niederlage trägt; in Paris gedenkt man mit dem Gare d'Austerlitz dagegen eines seiner größten Siege. In Kanada wurde eine im 19. Jahrhundert von deutschen Einwanderern gegründete Stadt bei Ausbruch des Ersten Weltkriegs von »Berlin« in »Kitchener« umbenannt. Unsere Städte besitzen fast ausnahmslos Kriegsdenkmäler mit den Namen Gefallener oder Ehrenmale für Helden aus längst vergangenen Zeiten. Nelson steht auf seiner Säule im Herzen Londons; General Grants Grab ist ein beliebter Treffpunkt im New Yorker Riverside Park. Im vergangenen Jahrhundert sind zunehmend Denkmale fürs Fußvolk hinzugekommen, für die oftmals anonymen Kriegsteilnehmer wie Krankenschwestern, Piloten, Infanteristen, Matrosen und, im Fall des Vereinigten Königreichs, sogar für die Tiere, die in den beiden Weltkriegen eingesetzt wurden.

Gedenkstätten für vergangene Kriege gehören so sehr zum alltäglichen Umfeld, dass wir sie oft gar nicht bemerken. Wie oft bin ich durch die Londoner Paddington Station gegangen, ohne die Ehrentafel für die 2436 im Ersten Weltkrieg gefallenen Mitarbeiter der Great Western Railway wahrzunehmen. Am Bahnsteig 1 steht die markante Bronzestatue eines marschbereiten Soldaten, der einen Brief von zu Hause liest. Ohne die Gedenkveranstaltungen zum 100. Jahrestag des Ausbruchs des Ersten Weltkriegs wäre ich nicht stehen geblieben, um sie anzuschauen, und hätte mir nicht die Zeit genommen, in der Victoria Station nach den Gedenktafeln für die gigantische Zahl von Soldaten zu suchen, die dort in den Zug nach Frankreich gestiegen waren, und nach derjenigen für den Unbekannten Soldaten, dessen Leichnam dort im November 1920 eingetroffen war.

Wenn wir innehalten, um über unsere eigene Geschichte nachzudenken, finden wir häufig Kriegsspuren in unserer Erinnerung. Ich bin im friedlichen Kanada aufgewachsen, aber viele der Bücher und Comics, die ich las, handelten vom Krieg, vom schier unerschöpflichen Fundus an Erzählungen G. A. Hentys über tapfere Jungs, die in den großen Konflikten vor 1914 ihren Heldenmut bewiesen, über den unerschrockenen Piloten Biggles und seine Crew aus dem Zweiten Weltkrieg bis zu den Black-Hawk-Comics, die ebenfalls von diesem Krieg handelten, dann aber nahtlos in den Koreakrieg übergingen. Bei den Pfadfindern sangen wir – stark gesäuberte, wie ich später feststellte – Lieder aus dem Ersten Weltkrieg, lernten Signalzeichen und wie man Verbände anlegt. In den frühen 1950er-Jahren sammelten wir in der Schule Schnur und Stanniolpapier für den Koreakrieg. Auch übten wir für den Fall eines Atomkriegs zwischen den Vereinigten Staaten und der Sowjetunion, uns unter unsere Tische zu ducken.

Viele von uns werden sich an die Geschichten der Großeltern erinnern, die den Krieg noch erlebt haben. Meine Großväter hatten beide als Ärzte am Ersten Weltkrieg teilgenommen: der walisische mit der indischen Armee in Gallipoli und Mesopotamien, der kanadische an der Westfront. Mein Vater und meine vier Onkel hatten alle im Zweiten Weltkrieg gekämpft. Mein Vater, der auf einem kanadischen Schiff gedient hatte, das Konvois über den Atlantik ins Mittelmeer geleitete, unterhielt uns für gewöhnlich mit lustigen Anekdoten. Ein einziges Mal aber erzählte er, wie knapp sie der Versenkung entkommen waren. Seine Stimme zitterte, er konnte nicht weitersprechen. Sein Vater hatte ihm nie viel von den Schützengräben des Ersten Weltkriegs erzählt, aber wie es häufig geschieht, öffnete er sich seinem Enkelkind, meiner Schwester, die allerdings zu klein war, um viel davon zu verstehen. Er hatte eine Handgranate als Souvenir mitgebracht, die in der Vitrine meiner Großmutter neben solchen Schätzen wie einer Schweizer Miniatur-Berghütte und einem winzigen hölzernen Scottish Terrier ausgestellt war. Wir Kinder spielten mit ihr und rollten sie über den Fußboden – bis jemand bemerkte, dass sie noch ihren Zünder hatte. Viele Familien werden über solche Geschichten und Andenken verfügen, über Briefbündel aus Kriegsgebieten, Erinnerungsstücke von Schlachtfeldern, alte Ferngläser und Helme oder eine zum Schirmständer umfunktionierte Granathülse.

Und der Nachschub an Souvenirs reißt nicht ab, da die Schlachtfelder überall auf der Welt auch weiterhin die Überreste der Kämpfe preisgeben. Eurostar musste Schilder anbringen, um Passagiere, die die Schlachtfelder des Ersten Weltkriegs besucht hatten, darauf hinzuweisen, keine Granaten oder Waffen an Bord zu bringen, die sie als Souvenirs eingesammelt hatten. In jedem Frühjahr türmen belgische und französische Bauern auf ihren Feldern entlang der ehemaligen Westfront auf, was sie die »Eisenernte« nennen: Der Winterfrost bricht hier den Boden auf und fördert Stacheldraht, Patronen, Helme und nicht detonierte Granaten zutage, manche mit Giftgas gefüllt. Einheiten der belgischen und französischen Armee sammeln die Munition ein, um sie zu vernichten, aber der Krieg fordert immer noch Opfer, darunter Bauern, Kampfmittelräumer, Arbeiter, die an der falschen Stelle graben, oder Holzfäller, die über einer im Erdreich verborgenen scharfen Granate ein Feuer entzünden. In London und Deutschland werden bei Bauarbeiten gelegentlich immer noch Blindgänger aus dem Zweiten Weltkrieg entdeckt.

Auch aus viel älteren Kriegen tauchen Relikte auf. Beim Ausbaggern des Hafens von Haifa wurde ein prunkvoller griechischer Helm aus dem 6. oder 5. Jahrhundert v. Chr. zutage gefördert. Ein pensionierter Lehrer fand in einem Hügel in Leicestershire mithilfe eines Metalldetektors einen römischen Helm. Im Shannon in Irland stießen Taucher bei einer Routine-Tauchübung auf ein Wikingerschwert aus dem 10. Jahrhundert.

Viele Gesellschaften besitzen Kriegsmuseen und begehen nationale Gedenktage zu Ehren ihrer Gefallenen. Und die Toten selbst treten unerwartet in Erscheinung, um uns an die Kosten des Krieges zu erinnern. Auf der beschaulichen schwedischen Insel Gotland haben Archäologen die Leiche eines Soldaten im Kettenhemd ausgegraben – er war wie viele seiner Kameraden im Jahr 1361 bei der Abwehr dänischer Invasoren ums Leben gekommen. Leichen können Jahrhunderte überdauern, wenn sie im Schlamm liegen oder in heißen Ländern mumifiziert werden. Im Sommer 2018 fanden Archäologen, die bei Ypern Land für ein Wohnungsbauprojekt erkundeten, die Überreste von 125 überwiegend deutschen, aber auch alliierten Soldaten, die dort lagen, seit sie im Ersten Weltkrieg gefallen waren. 2002 wurde bei Vilnius ein Massengrab mit Tausenden Leichen entdeckt, die immer noch ihre blauen Uniformen und Schilder mit ihrer Regimentsnummer trugen. Sie waren 1812 während Napoleons Rückzug aus Russland gestorben.

Wenn wir über den Krieg nachdenken, dann denken wir vor allem an seine Kosten – die Vergeudung von Menschenleben und Ressourcen –, seine Gewalt, seine Unvorhersehbarkeit und das Chaos, das er mit sich bringt. Weit seltener nehmen wir wahr, wie organisiert er ist. 1940 versuchte Deutschland, Großbritannien zur Kapitulation zu zwingen, und bombardierte London nahezu zwei Monate lang Tag und Nacht. Viele abkömmliche Zivilisten wurden aufs Land evakuiert. Wer blieb, schlief in improvisierten Unterständen oder in U-Bahn-Schächten. Die BBC, deren Studios sich im Zentrum von London befanden, lagerte mehrere Abteilungen aus. Die Musik kam nach Bedford, Theater und Unterhaltung nach Bristol, bis es auch dort zu gefährlich wurde und die Unterhaltungsabteilung im verschlafenen Bangor in Nordwales ausharren musste. Die in London verbliebenen Mitarbeiter konnten nachts häufig nicht nach Hause zurückkehren, weshalb die BBC – die nicht umsonst den Spitznamen »Tante« trug – ihren Theaterraum in einen Schlafsaal verwandelte, mit einem Vorhang in der Mitte, um die Geschlechter zu trennen. Im Oktober wurde das Gebäude von zwei Bomben getroffen. Sieben Mitarbeiter starben bei dem Versuch, eine davon, die nicht explodiert war, zu entfernen; die Feuerwehr rückte an, um ein Ausbreiten der Flammen zu verhindern. Der Sprecher der Neun-Uhr-Nachrichten hielt kurz inne, als das Gebäude bebte, und fuhr dann fort, von Staub und Ruß bedeckt. Schon am nächsten Morgen war Broadcasting House eingerüstet, und der Schutt wurde weggeräumt. Man stelle sich für einen Moment vor, wie viel Organisation allein für diese Episode nötig war – ein winziges Ereignis im Gesamtgeschehen des Krieges.

Die deutschen Bomber mit ihrer Jägereskorte waren Produkte der deutschen Rüstungsindustrie, die enorme Ressourcen an Material, Arbeitskraft und Fabriken mobilisiert hatte, um die Flugzeuge zu produzieren und in die Luft zu bekommen. Ihre Besatzungen mussten zusammengestellt und ausgebildet werden. Deutsche Aufklärer und Planer hatten ihr Bestes gegeben, um bedeutende Ziele auszuwählen. Und die britische Reaktion war nicht weniger gut organisiert: Die Royal Air Force verfolgte die anfliegenden Flugzeuge und tat alles, um sie aufzuhalten, während man am Boden Sperrballons aufsteigen ließ und Suchscheinwerfer bediente. Die Verdunkelung Londons und anderer wichtiger Städte war total und wurde sorgfältig überwacht. Die BBC hatte Notfallpläne aufgestellt, die Feuerwehr war rasch zur Stelle, Aufräumarbeiten begannen umgehend.

Der Krieg ist vermutlich die am besten organisierte aller menschlichen Aktivitäten, und er hat seinerseits die Organisation der Gesellschaft vorangetrieben. Selbst in Friedenszeiten erfordert die Vorbereitung auf den Kriegsfall – die Bereitstellung der nötigen Finanzmittel und Ressourcen – eine erhebliche Kontrolle der Gesellschaft durch die Regierung. Das gilt insbesondere für das moderne Zeitalter, da die Anforderungen des Krieges mit unserer Fähigkeit, ihn zu führen, gewachsen sind. Indem er die Macht der Regierungen stärkte, brachte der Krieg auch Fortschritte und Veränderungen mit sich, von denen wir viele als segensreich empfinden: das Ende von Privatarmeen, mehr Recht und Ordnung, in jüngerer Zeit mehr Demokratie, soziale Wohltaten, bessere Bildung, Verbesserung der Stellung von Frauen und Arbeitern, Fortschritte in Medizin, Wissenschaft und Technologie. Während wir das Töten perfektionierten, nahm gleichzeitig die Bereitschaft ab, Gewalt gegeneinander zu tolerieren. Die Mordrate sank fast überall auf der Welt, während das 20. Jahrhundert in absoluten Zahlen die meisten Kriegstoten der Geschichte zu verzeichnen hatte.

Das wirft eine weitere Frage auf: Wie vereinbaren wir das Töten ungeheuren Ausmaßes mit der Missbilligung von Gewalt? Die meisten von uns würden sicherlich nicht in den Krieg ziehen, um dessen Nutzeffekte zu erzielen. Es muss andere Wege geben, sie zu erlangen. Aber haben wir sie schon gefunden?

Es gibt viele solcher Paradoxe in Bezug auf den Krieg. Wir fürchten ihn, sind aber auch fasziniert von ihm. Wir sind entsetzt über seine Grausamkeit und Vergeudung, bewundern aber auch den Mut der Soldaten und verspüren die gefährliche Macht seines Glamours. Manche sehen in ihm sogar einen der edelsten menschlichen Tätigkeitsbereiche. Der Krieg erlaubt seinen Teilnehmern, Mitmenschen zu töten, erfordert aber auch großen Altruismus. Denn was kann selbstloser sein als die Bereitschaft, für andere sein Leben zu geben?

Wir haben eine lange Tradition, Krieg als ein Mittel zu betrachten, das die Gesellschaft zusammenschweißt und ihre nobleren Seiten zutage fördert. Der Dichter Stefan George sprach mit Blick auf das friedliche Europa der Zeit vor 1914 abschätzig von »der feigen jahre wust und tand«,[1] und Filippo Marinetti, der Begründer des Futurismus und künftige Faschist, verkündete, der Krieg sei die »einzige Hygiene der Welt«.[2] Mao Tse-tung sah es später ganz ähnlich: »[E]in revolutionärer Krieg ist ein Gegengift, das nicht nur das Gift des Feindes vernichtet, sondern auch unsere eigenen Schlacken hinwegsäubert.«[3] Aber wir haben auch die andere, ähnlich lange Tradition, den Krieg als Unheil zu sehen, das nichts als Elend hervorbringt, und vielleicht noch als Zeichen dafür, dass wir als Spezies hoffnungslos verdorben sind, dazu verdammt, unser Schicksal bis zum Ende der Zeit mit Gewalt zu verwirklichen.

Swetlana Alexijewitsch hat recht: Der Krieg ist ein Mysterium, und zwar ein schreckliches. Deshalb müssen wir versuchen, ihn zu verstehen.

I

MENSCHHEIT, GESELLSCHAFT UND KRIEG

»Krieg wird von Menschen geführt, nicht von Bestien oder Göttern. Er ist eine ureigene menschliche Aktivität. Ihn ein Verbrechen gegen die Menschlichkeit zu nennen heißt, mindestens die Hälfte seiner Bedeutung außer Acht zu lassen, denn er ist auch die Bestrafung eines Verbrechens.«

Frederic Manning, *The Middle Parts of Fortune*

Wer das malerische Bozen besucht, sieht vor dem Südtiroler Archäologiemuseum häufig eine lange Warteschlange. Die Besucher, viele mit Kindern, warten geduldig darauf, zu einer der Hauptattraktionen der Stadt vorgelassen zu werden: dem mumifizierten Leichnam eines Mannes, der um 3300 v. Chr. lebte. Ötzi, der Mann aus dem Eis, wurde 1991 von zwei Wanderern gefunden. Er starb, bevor Pyramiden und der Steinkreis von Stonehenge errichtet wurden, doch das Eis hat seinen Körper und seine Habseligkeiten in gutem Zustand erhalten. Ötzi trug einen Umhang aus geflochtenem Gras und Kleider aus Leder, einschließlich Beinlingen, Schuhen und einer Mütze. Seine letzte Mahlzeit, die sich noch in seinem Magen befand, bestand aus Trockenfleisch, Wurzeln, Früchten und vielleicht Brot. Er hatte Holzkörbe und verschiedene Werkzeuge bei sich, etwa ein Beil mit Kupferklinge, ein Messer, Pfeile und Teile eines Bogens.

Zunächst nahm man an, dass er sich in einem Schneesturm verirrt hatte und allein gestorben war – die traurige Geschichte eines harmlosen Bauern oder Hirten. Dann aber ermöglichte der medizinische und wissenschaftliche Fortschritt es, den Leichnam genauer zu untersuchen – mit Computertomografie, Röntgenaufnahmen und biochemischen Tests. Wie man nun feststellte, steckte eine Pfeilspitze in Ötzis Schulter, und sein Körper wies Kratzspuren und Schnitte auf. Auch einen Schlag auf den Kopf hatte er offenbar erhalten. Aller Wahrscheinlichkeit nach ist er an diesen Wunden, die ihm ein oder mehrere Angreifer zufügten, gestorben. Und möglicherweise hat auch er irgendwann Menschen getötet, wie Blutspuren an seinem Messer und einer Pfeilspitze nahelegen.

Ötzi ist keineswegs der einzige Beweis dafür, dass frühe Menschen, zumindest in der späten Steinzeit, Waffen herstellten, aufeinander losgingen und ihr Bestes gaben, um sich gegenseitig umzubringen. Überall auf der Welt, vom Nahen Osten über Amerika bis in den pazifischen Raum, fand man Gräber aus Ötzis Zeit oder früher, in denen haufenweise Skelette lagen, die Spuren eines gewaltsamen Todes trugen. Aus Holz und Häuten gefertigte Waffen bleiben im Allgemeinen nicht erhalten, aber Archäologen haben in den Gräbern Steinklingen entdeckt, von denen manche noch in den Skeletten steckten.

Auch in noch früherer Zeit, tatsächlich wohl während des größten Teils der Menschheitsgeschichte, scheint Gewalt geherrscht zu haben – schon als unsere nomadischen Vorfahren nach essbaren Pflanzen suchten und andere Geschöpfe als Nahrungsmittel töteten. Viele unserer Annahmen über diese Vorzeit sind natürlich hoch spekulativ. Beweise zu finden und zu deuten ist außerordentlich schwierig, umso mehr, je weiter man in die Vergangenheit zurückgeht – und die ersten Menschen tauchten vor rund 350 000 Jahren auf der Erde auf. Aber dank archäologischer Entdeckungen und wissenschaftlicher Fortschritte wie der Entschlüsselung alter DNA wird unser Bild nach und nach klarer. Heute wissen wir, dass wir uns bis in die jüngste Zeit unserer Menschheitsgeschichte in kleinen Gruppen organisierten, die über die klimatisch gemäßigten Regionen der Erde verteilt waren. Materielle Güter, um die man hätte kämpfen können, gab es kaum, und wahrscheinlich konnte eine Gruppe einfach ausweichen, wenn sie von einer anderen bedroht wurde. Noch bis weit ins 20. Jahrhundert hinein nahmen die meisten, die sich mit den Ursprüngen der menschlichen Gesellschaft beschäftigten, an, die frühen Nomadengruppen hätten ein friedliches Leben geführt. Doch Archäologen entdeckten aus dieser fernen Vergangenheit Skelette, deren Wunden auf etwas anderes hindeuten. Anthropologen versuchten, ein Bild der damaligen Welt zu gewinnen, indem sie die wenigen Jäger- und Sammlergesellschaften, die bis in unsere Zeit überlebt haben, in Augenschein nahmen.

Diese Annäherung ist nicht unproblematisch: Außenstehende, die solche Gesellschaften beobachten, bringen ihre eigenen Haltungen und Anschauungen mit, und der Kontakt selbst bewirkt Veränderungen. Gleichwohl gibt es einige beredte Befunde. 1803 zum Beispiel floh der 13-jährige William Buckley aus einer englischen Strafkolonie in Australien und fand für drei Jahrzehnte Zuflucht bei den Aborigines. Später beschrieb er eine Gesellschaft, zu deren Gewebe Überfälle, Hinterhalte, andauernde Fehden und plötzliche, gewaltsame Tode gehörten. Am anderen Ende der Welt, in der rauen Arktis, stellten die ersten Entdecker und Anthropologen fest, dass die Einheimischen, etwa die Inuit und die Inupiat, sowohl Waffen als auch Panzerungen aus Knochen und Elfenbein herstellten sowie über einen reichen Fundus mündlich überlieferter Geschichten von vergangenen Kriegen verfügten. Als der amerikanische Anthropologiestudent Napoleon Chagnon 1964 zu Feldforschungen beim Volk der Yanomami in den brasilianischen Regenwald aufbrach, erwartete er, die damals vorherrschende Meinung bestätigt zu finden, dass Jäger und Sammler wesensgemäß friedliebend seien. Tatsächlich stellte er fest, dass die Yanomami zwar innerhalb ihrer Dörfer meist in Harmonie lebten und freundlich und achtsam miteinander umgingen, dass es jedoch ganz anders aussah, wenn es um das Verhältnis zu anderen Dörfern ging. Hier wurden Streitigkeiten mit Keulen und Speeren ausgetragen, und man überfiel sich gegenseitig, um die Männer und Kinder zu töten und die Frauen zu vergewaltigen. Nach dreißigjähriger Beobachtung resümierte Chagnon, dass der Tod von rund einem Viertel der Yanomamimänner auf Gewalt zurückzuführen war.

Auch wenn unter Historikern, Anthropologen und Soziobiologen weiterhin hitzige Debatten über Worte und Ideen toben, scheint die Beweislage zugunsten derer zu sprechen, nach deren Auffassung Menschen seit jeher dazu neigen, sich gegenseitig auf organisierte Weise anzugreifen – mit anderen Worten: Krieg zu führen. Das stellt uns vor die Aufgabe herauszufinden, warum Menschen bereit und fähig sind, einander zu töten.

Das ist mehr als eine intellektuelle Fingerübung: Wenn wir nicht verstehen, warum wir kämpfen, können wir kaum darauf hoffen, künftig Konflikte zu vermeiden. Bislang gibt es viele Theorien, aber keine einhelligen Antworten. Vielleicht ist Krieg eine Folge von Habsucht oder Konkurrenz um schwindende Ressourcen – Nahrung, Territorium, Geschlechtspartner oder Sklaven. Oder sind wir durch biologische Bande und gemeinsame Kultur darauf festgelegt, die eigene Gruppe (ob Clan oder Nation) zu schätzen und andere Gruppen zu fürchten? Schalten wir wie unsere Verwandten, die Schimpansen, instinktiv auf Angriff um, sobald wir uns bedroht fühlen? Führen wir Krieg, weil wir nicht anders können, oder aufgrund unserer Ideen und kulturellen Einstellungen? Da Krieg und Kriegsangst uns auch im 21. Jahrhundert noch begleiten, ist die Beantwortung solcher Fragen durchaus von Bedeutung.

Ohne unsere Bereitschaft zu töten wäre Krieg nicht möglich, aber das allein definiert ihn nicht. Wir würden nicht von Krieg sprechen, wenn zwei Männer in einer Bar aufeinander losgehen oder ein Dutzend Gangmitglieder sich eine Straßenschlacht liefern. Zu Verletzungen und Tod führende Gewalt gehört zum Krieg, aber wir betrachten sie als ein Mittel des Krieges, nicht als seinen Zweck. Eine berühmte Einsicht des Militärwissenschaftlers Carl von Clausewitz lautete: »Der Krieg ist also ein Akt der Gewalt, um den Gegner zur Erfüllung unseres Willens zu zwingen.«[1] Krieg, ob offensiv oder defensiv, verfolgt immer einen Zweck. Wie bei Individuen oder Gangs kann es um Ehre, Überleben oder Kontrolle gehen, aber Krieg unterscheidet sich von einer Barschlägerei durch sein Ausmaß und seine Organisation. Im Krieg üben nicht Einzelne oder einige wenige Gewalt aus, sondern Hunderte, Tausende, mitunter sogar Millionen. Krieg ist der Zusammenprall zweier organisierter Gesellschaften, die den Zusammenhalt ihrer Mitglieder kontrollieren und schon geraume Zeit existiert haben, für gewöhnlich auf eigenem Territorium. »Gewalt wird erst dann zum Krieg«, bemerkte der englische Politologe Hedley Bull, »wenn sie im Namen einer politischen Einheit ausgeübt wird.« Er fuhr fort: »Und auch Gewalt im Namen einer politischen Einheit ist kein Krieg, solange sie nicht gegen eine andere politische Einheit gerichtet ist.« Banden sind organisiert, und ihre Mitglieder mögen behaupten, Werte und Ziele zu teilen, aber sie bilden keine stabilen politischen und sozialen Einheiten. (Sie können freilich dazu anwachsen und mit der Zeit zu Clans, Stämmen, Fürstentümern, Königreichen oder Nationen werden, die zur Kriegführung fähig sind.)

Eines der vielen Paradoxe des Krieges besteht darin, dass die Menschen im Führen von Kriegen gut wurden, sobald sie organisierte Gesellschaften schufen. In der Tat liefen beide Entwicklungen parallel. Der Krieg – die organisierte, zweckgerichtete Gewalt zwischen politischen Einheiten – vervollkommnete sich, als die Menschen organisierte sesshafte Gesellschaften zu gründen begannen, und er trug seinerseits dazu bei, diese Gesellschaften noch organisierter und mächtiger zu machen. Es ist erst 10 000 Jahre her – ein Wimpernschlag in der Menschheitsgeschichte –, dass ein Teil der Menschen begann, sich niederzulassen und zu Bauern zu werden; in dieser Zeit wurde der Krieg systematischer und erforderte eine spezielle Ausbildung und eine eigene Kriegerkaste. Neben Gräbern haben Archäologen in verschiedenen Teilen der Welt, zum Beispiel in der Türkei, Hinweise für Befestigungen gefunden, die spätestens aus der Zeit um 6000 v. Chr. stammen, aber auch für Ansammlungen von anscheinend absichtlich niedergebrannten Wohnhäusern. Mit der Entstehung der Landwirtschaft waren die Menschen stärker an einen Ort gebunden und besaßen mehr, das wert war, geraubt – und verteidigt – zu werden. Und um sich selbst zu verteidigen, brauchten sie eine bessere Organisation und mehr Ressourcen, was wiederum dazu führte, dass Gruppen entweder friedlich oder aber durch Eroberung ihr Territorium und ihre Bevölkerung vergrößerten.

Einer der vielen Streitpunkte in Bezug auf die Ursprünge und die Entwicklung des Krieges ist die Frage, ob die Menschen mit der Zeit gewalttätiger oder friedlicher geworden sind. Steven Pinker und andere, die seine Ansichten teilen, wie etwa der Archäologe Ian Morris, gehören zu den Optimisten, die einen klaren Trend weg von der Gewalt zu erkennen glauben. In den meisten Ländern gibt es keine öffentlichen Hinrichtungen mehr; Grausamkeit gegenüber Kindern oder Tieren ist gesetzlich verboten; Veranstaltungen wie Bärenhetze und Hundekämpfe sind in der Regel illegal. Manche Optimisten gehen noch weiter und versuchen, anhand der Todeszahlen vergangener Kriege – die zu bestimmen für sich genommen keine leichte Aufgabe ist – nachzuweisen, dass die Tötungsrate in der Vergangenheit wesentlich höher lag als heute und dass die Zahl der Kriegstoten, gemessen an der jeweiligen Gesamtzahl der Menschen, im 20. und 21. Jahrhundert trotz des enormen Blutvergießens der beiden Weltkriege geringer ist als in früheren Kriegen. Andere hingegen stellen diese Zahlen infrage und wenden ein, dass die Kriegstoten des 20. Jahrhunderts vermutlich 75 Prozent aller Kriegstoten der vergangenen 5000 Jahre ausmachen. Und wer eine wirklich deprimierende Lektüre in Bezug auf die Aussichten der Menschheit sucht, der schaue sich Studien der Universitäten von Florenz und Colorado an, die mit mathematischen Methoden zu zeigen versuchen, dass in Zukunft zwar weniger, dafür aber tödlichere Kriege zu erwarten sind. Je vernetzter Gesellschaften sind, so argumentieren sie, desto schneller können sich Konflikte entlang dieser Netzwerke ausbreiten, ähnlich wie Computerviren oder

Waldbrände. Im Sommer 1914 weitete sich ein kleiner Zank auf dem Balkan zum Ersten Weltkrieg aus: Die europäischen Mächte waren durch Verträge, Absprachen und Pläne derart miteinander verbunden, dass die durch die Ermordung des Erzherzogs Franz Ferdinand in Sarajevo ausgelösten Spannungen in alle Richtungen um sich griffen und einen allgemeinen Krieg entfachten.

Aber selbst wenn Pinker recht hätte, ist seine Ansicht nicht sonderlich beruhigend. Diejenigen von uns, die sich des Langen Friedens seit 1945 erfreuen konnten, sollten sich bewusst sein, dass ein großer Teil der Welt, von Indochina über Afghanistan, den Nahen und Mittleren Osten bis zum Gebiet der Großen Seen Afrikas, von Konflikten erschüttert wurde und wird. Laut einer Langzeitstudie der Universität Uppsala sind zwischen 1989 und 2017 schätzungsweise über zwei Millionen Menschen durch Kriegseinwirkung gestorben, zudem sind seit 1945 etwa 52 Millionen Menschen aufgrund von Konflikten zur Flucht gezwungen gewesen.

Die Häufigkeit von Gewalt und Krieg in der Vergangenheit und ihre Fortdauer in der Gegenwart werfen die heikle Frage auf, ob die Menschen genetisch darauf programmiert sind, einander zu bekämpfen. Ein Forschungsansatz bestand darin, sich mit unseren nächsten Verwandten im Tierreich, den Schimpansen und Bonobos, zu befassen. Beide leben in organisierten Gruppen, kommunizieren miteinander und stellen primitive Werkzeuge her. (Im nordirischen Belfast taten sich kürzlich ein paar unternehmungslustige Schimpansen zusammen und bauten aus einem Ast eine Leiter, um aus ihrem Gehege zu fliehen.) Schimpansen und Bonobos sehen sich derart ähnlich, dass man bis in die 1920er-Jahre annahm, sie gehörten derselben Art an. Tatsächlich aber weisen sie im Zusammenleben und in der Behandlung von Fremden erhebliche Unterschiede auf.

Jane Goodall hat mehr als ein halbes Jahrhundert lang Schimpansen in deren natürlichem Lebensraum in Tansania beobachtet. Sie und ihr Team gehörten bald so sehr zur Umgebung, dass die Tiere begannen, ihre Anwesenheit zu ignorieren.

Die Forscher beobachteten, wie die Schimpansen Beziehungen aufbauten, sich um ihren Nachwuchs kümmerten, miteinander spielten – und einander töteten. Männlich dominierte Gruppen, die ihre Territorien erbittert verteidigten, trugen – häufig ohne provoziert worden zu sein – organisierte Konflikte mit anderen Schimpansengruppen aus. Sie töteten einzelne Schimpansen, die sich zu weit von ihrem eigenen Territorium entfernt hatten, und unternahmen Überfälle, bei denen sie sowohl rivalisierende Männchen als auch Weibchen und Jungtiere umbrachten. In einem besonders langen Konflikt löschte eine Gruppe eine andere aus und besetzte deren Territorium. In ihren Memoiren schreibt Goodall, sie hätte anfangs geglaubt, die von ihr beobachteten Schimpansen seien »im Allgemeinen ›besser‹ als Menschen«. Doch »plötzlich fanden wir heraus, dass unsere Schimpansen brutal sein konnten – dass sie wie wir eine dunkle Wesensseite haben.«[2]

Bevor wir uns nun damit abfinden, dass das Wesen der Menschen eine unauslöschliche dunkle Seite hat, sollten wir einen Blick auf das Gegenbeispiel werfen: die Bonobos, die einander weder bekämpfen noch verjagen. Bonobos scheinen ebenso intelligent zu sein wie ihre Verwandten, die Schimpansen; doch haben sie sich ganz anders entwickelt, wahrscheinlich weil sie südlich des Kongos leben, wo es ausreichend Nahrung gibt und sie nicht, wie die Schimpansen, mächtigere Rivalen (insbesondere Gorillas) fürchten müssen. Bei den Bonobos bilden nicht die Männchen, sondern die Weibchen starke Gruppen, sie dominieren eher die Männchen. Wenn sich fremde Bonobos begegnen, ist ihre instinktive Reaktion nicht der Angriff; stattdessen beobachten sie einander vorsichtig und gehen dann langsam aufeinander zu. Sie beginnen, Nahrung zu teilen, Fellpflege zu betreiben, sich zu umarmen und einander Vergnügen zu bereiten. (Videos von spielenden Bonobos sind im Internet sehr beliebt, auch wenn mancher sie nicht für jugendfrei halten mag.) Ob die Tatsache, dass Bonobos eher Liebe als Krieg machen, auf Umwelteinflüsse oder Evolution oder eine Mischung aus beidem zurückzuführen ist, darüber streiten sich weiterhin die Gelehrten.

Welchen dieser tierischen Verwandten ähneln wir am meisten? Die Antwort scheint zu lauten: beiden. Die Verwandtschaft ist nicht zu leugnen: Die menschliche DNA stimmt zu 99 Prozent mit derjenigen von Schimpansen und Bonobos überein. Im Unterschied zu diesen haben wir jedoch die Sprache, ausgeklügelte Technologien und die Fähigkeit entwickelt, in abstrakten Begriffen zu denken. Wir haben hochkomplexe Gesellschaften mit sozialen und politischen Institutionen, Ideen, Glaubenssystemen und Werten errichtet. Gewiss können wir, wie die Schimpansen, gewalttätig reagieren, wenn wir uns fürchten, aber wie die Bonobos besitzen wir auch eine hoch entwickelte Fähigkeit zu freundlicher Interaktion, Kooperation, Vertrauen und Altruismus. Der Anthropologe Richard Wrangham betont in seinem Buch *Die Zähmung des Menschen*, dass wir auf dem langen Weg der menschlichen Evolution gelernt haben, unsere aggressive Seite zu zähmen, etwa dadurch, dass wir uns selbst ebenso domestiziert haben, wie wir es mit wilden Tieren taten; man denke nur daran, wie aus Wölfen Schoßhunde wurden. Wrangham glaubt, dass die Menschen im Zuge ihrer Zusammenarbeit nach und nach die gewalttätigeren Mitglieder aus ihren Gruppen entfernt haben, indem sie sie töteten. Vielleicht spielten, wie andere Anthropologen annehmen, auch sexuelle Vorlieben eine Rolle, indem Frauen und ihre Eltern friedliche, kooperative Partner bevorzugten. Während die allmähliche Domestizierung unserer Vorfahren voranschritt, so Wrangham, schufen die Menschen zugleich soziale und politische Institutionen, etwa starke Zentralregierungen, die ein Gewaltmonopol besaßen. Deren Untertanen konnten somit, anders als die Schimpansen, nicht mehr nach Gutdünken andere verstümmeln oder töten. Das bedeutete freilich nicht das Ende der Gewalt; vielmehr konnten organisierte Gesellschaften sie jetzt in strukturierter, zweckgerichteter Weise einsetzen. Aus Wranghams Sicht besteht das Paradox darin, dass die Menschen nicht nur netter zueinander wurden, sondern auch besser darin, einander zu töten, und dies in immer größerem Ausmaß.

Unsere evolutionäre Erbschaft können wir nicht leugnen. Wir haben Impulse, Gefühle, etwa Furcht, Bedürfnisse und ein Verlangen nach Dingen wie Nahrung und Sex. Wie die meisten Arten – von Vögeln bis zu Säugetieren – verspüren wir eine starke Bindung an Territorien. Aber wir sind auch empfindsame Wesen und besitzen die Fähigkeit, Entscheidungen zu treffen und den besseren oder den schlechteren Stimmen unserer Natur zu folgen. Wir haben Kulturen geschaffen, die wiederum prägen, wer wir sind, und uns helfen herauszufinden, was wir für wichtig halten. So kämpfen wir nicht einfach ums Überleben – um Nahrung, Sex, Zuflucht –, sondern auch um abstrakte Dinge wie Religionen oder Nationen, die wir für wert erachten, für sie zu töten oder zu sterben. Auch kämpfen wir nicht wahllos, wie wichtig uns eine Sache auch sein mag; wir suchen auch nach friedlichen Lösungen. Tatsächlich haben die Menschen schon immer davon geträumt, die Welt ganz und gar vom Krieg zu befreien.

Noch ist nicht endgültig geklärt, wie und warum wir uns so entwickelt haben, wie wir es taten, und welche Rolle dies im Fall eines Krieges spielt. Eine andere, ebenso erhitzte und andauernde Debatte wird darüber geführt, ob die Gesellschaft selbst uns besser oder schlechter, friedlicher oder kriegerischer macht. Anstatt um Schimpansen und Bonobos dreht sich dieser Streit um zwei europäische Denker der Aufklärung: Thomas Hobbes und Jean-Jacques Rousseau. Beide beschäftigten sich mit dem Verhältnis zwischen den Menschen und ihren Gesellschaften und mit der Frage, ob Krieg oder Frieden unser Normalzustand sei. Beide beschrieben Menschen in einem Naturzustand, bevor es organisierte Gesellschaften gab. Anders als wir hatten sie keine Belege dafür, wie die Menschen in ferner Vergangenheit lebten; vielmehr fanden sie es nützlich, sich vorzustellen, wie die Menschen ohne Regeln und Organisation zusammengelebt haben mochten, und sich dann ihre eigenen Gesellschaften anzuschauen.

Für Rousseau war Gewalt kein integraler Bestandteil des Menschseins. Für ihn waren Menschen von Natur aus gut, erst die Gesellschaft habe sie verdorben. Er beschrieb ein ländliches Idyll, in dem Sammler und Jäger miteinander und mit der Natur in Einklang lebten. Sie hatten genug für ihre Bedürfnisse und keinen Grund zu kämpfen – weder um anderen die Nahrung zu rauben, noch um ihr eigenes Hab und Gut zu verteidigen. Das Böse schlich sich erst ein, als die Menschen sich niederließen und Landwirtschaft zu treiben begannen. Das habe, so Rousseau, zur Herausbildung von Privateigentum und Arbeitsteilung geführt, da die einen Bauern blieben, während andere Handwerker, Krieger oder Herrscher wurden. Die Erfolgreichen häuften mehr Eigentum an, sodass die einst egalitäre Gesellschaft ungleich und hierarchisch wurde. Die Schwachen wurden von den Starken ausgebeutet, und die Gesellschaft war zunehmend von Habgier, Selbstsucht und Gewalt geprägt. Während sich Gesellschaften und Staaten herausbildeten, immer komplexer wurden und immer mehr Macht über ihre Mitglieder gewannen, seien diese immer unfreier geworden. Dass die einzelnen Staaten dazu neigten, nur an die eigenen Interessen zu denken, habe die Wahrscheinlichkeit erhöht, dass sie gegeneinander Krieg führen. Rousseaus Lösung, dargelegt in seiner Schrift *Vom Gesellschaftsvertrag*, bestand nicht darin, in das vermeintliche Paradies zurückzukehren (was, wie er zugab, unmöglich sei), sondern in der Schaffung einer neuartigen Beziehung zwischen dem Einzelnen und seinen sozialen und politischen Institutionen. Die Menschen hätten das Bedürfnis, zusammen zu leben und zu arbeiten, sollten das aber freiwillig tun – in einem Staat, der ihre Freiheit garantiert und der für sie da ist, nicht umgekehrt. Würden die Menschen sich verhalten können, als seien sie freiwillig einem gegenseitigen Vertrag beigetreten, dann wären sowohl sie selbst als auch die Gemeinschaft glücklicher und harmonischer. Sei das erreicht, könnten auch die nunmehr aufgeklärten Staaten gemeinsam darangehen, die Ängste voreinander, den Argwohn und die Habgier zu überwinden, die so häufig zum Krieg führten. Rousseau scheint sich eine europäische Föderation vorgestellt zu haben, deren Mitglieder den Krieg verbannen und den Frieden sichern.

Hobbes entwarf ein völlig anderes Bild. In seiner Sicht des Naturzustands lebten die Menschen in prekären Verhältnissen und kämpften gegeneinander ums Überleben. Das Leben sei »einsam, armselig, ekelhaft, tierisch und kurz« gewesen. Die Menschen hätten keine Zeit und keine überschüssigen Ressourcen gehabt, um Werkzeuge herzustellen, Getreide anzubauen, zu handeln oder zu lernen, »keine Kenntnis von der Erdoberfläche, keine Zeitrechnung, keine Künste, keine Literatur, keine gesellschaftlichen Beziehungen, und es herrschte, was das Schlimmste von allem ist, beständige Furcht und Gefahr eines gewaltsamen Todes«.[3] Nicht das Wachstum sesshafter Gesellschaften und großer Staaten habe zum Konflikt geführt; vielmehr sei das Gegenteil der Fall gewesen: Die Entstehung eines großen, mächtigen Gemeinwesens – von Hobbes »Leviathan« genannt – habe ermöglicht, zumindest innerhalb der Gesellschaften die Gewalt unter Kontrolle zu bringen. Die internationale Gemeinschaft hingegen sei weitgehend im Naturzustand verblieben: Die Staaten würden in einer anarchischen Welt um Vorteile ringen, die Starken die Schwachen bedrängen und die Schwachen kapitulieren oder gewaltsam unterjocht werden. Anders als Rousseau erwartete Hobbes nicht, dass Gesellschaften und Staaten aufgeklärter würden und lernen könnten, freiwillig zusammenzuarbeiten.

Viele von uns bevorzugen Rousseaus Version der Vergangenheit und die Annahme, die Menschen seien von Natur aus unschuldig und friedlich. Das 20. Jahrhundert war in vielerlei Hinsicht derart furchtbar, dass es nicht überrascht, wenn wir weiter nach zeitgenössischen Gesellschaften suchen, die besser und freundlicher sind als unsere. Wenn sie nicht auf tropischen Inseln, im Regenwald oder in Wüsten versteckt sind, können sie vielleicht auf der Grundlage der richtigen Prinzipien geschaffen werden. In den 1920er- und 1930er-Jahren glaubten westliche Intellektuelle eine Zeit lang, sie hätten ihren Garten Eden in Gestalt der Sowjetunion gefunden, bis schließlich die Beweise für vom Staat verursachte Hungersnöte und organisierte Massenmorde für die meisten zu offensichtlich wurden, um sie zu übersehen. In den 1960er-Jahren wurde Maos China zum Hoffnungsträger – nicht zuletzt, weil man so wenig über das Land wusste. Die Kulturrevolution schien anfangs segensreich zu sein: Da waren idealistische junge Leute, die die Gesellschaft in ein egalitäres Paradies verwandeln wollten, in dem jeder frohgemut am Aufbau einer neuen Welt mitarbeiten würde. Doch auch diesmal verdunkelte sich das rosige Bild, als die Brutalität und Zerstörungswut jener Jahre bekannt wurden.

Seit dem Garten Eden der Bibel haben Literatur und bildende Kunst friedliche Goldene Zeitalter der Vergangenheit und utopische Entwürfe für die Zukunft ausgemalt. Griechische und römische Dichter wie Hesiod oder Seneca glaubten, die Menschen hätten in grauer Vorzeit in einem Goldenen Zeitalter gelebt und die Geschichte habe seither abwärts geführt in die Bronze- und Eisenzeit, in der sie sich Waffen zulegten und gierig und kriegslüstern geworden seien. Ähnliche Vorstellungen sind aus China und Indien bekannt. Frühe Entdecker, die auf die Ureinwohner Amerikas und des Pazifiks trafen, waren erstaunt, wie friedlich viele von ihnen zu sein schienen. Ihre Berichte entzündeten die Fantasien eines sich industrialisierenden Westens. Im 19. Jahrhundert malten Künstler wie Henri Rousseau und Paul Gauguin traumartige Bilder von schönen Afrikanern oder pazifischen Insulanern inmitten von exotischen Früchten, die ihnen in den Schoß zu fallen schienen. Offenbar gab es dort weder eine Bereitschaft zu kämpfen noch irgendeine Not.

Als die Anthropologie sich im 19. und 20. Jahrhundert zu einem seriösen Forschungsgebiet entwickelte, schienen ihre Erkenntnisse dieses Bild der Glückseligkeit zu bestätigen. Die Amerikanerin Margaret Mead, die in den 1920er-Jahren Feldstudien in Samoa betrieb, beschrieb eine Welt, in der es weder Schuld noch Gier oder Wut gab. Und auch keinen Krieg, diesen Fluch anderer Zivilisationen. In Samoa, schrieb sie, »leidet niemand für seine Überzeugungen oder kämpft bis zur Ermattung für ein besonderes Ziel«. Die Jugend folge den Älteren unbeschwert in liebevolle und offene sexuelle Beziehungen, und die Familien versammelten sich ganz selbstverständlich, um die reichlich vorhandene Nahrung zu teilen. »Manchmal senkt sich der Schlaf erst lange nach Mitternacht auf das Dorf herab; dann endlich hört man nur noch das sanfte Rollen der Riffsee und das Flüstern der Liebespaare.«[4] Meads Buch *Kindheit und Jugend in Samoa* hatte eine enorme Wirkung, besonders in den 1960er-Jahren, als es einen Weg in eine Welt ohne weitere Vietnams und zu grenzenloser, freizügiger Liebe zu weisen schien.

In jüngerer Zeit jedoch sind sowohl Meads Forschungen als auch ihre Schlussfolgerungen infrage gestellt worden. Ihre Kritiker wiesen darauf hin, dass sie die lokale Sprache kaum beherrschte, nur wenige Monate in Samoa verbrachte und, vielleicht am schwerwiegendsten, bereitwillig alles glaubte, was ihr die Einheimischen erzählten (von denen einige später erklärten, sie hätten sie in Bezug auf das unbeschwerte, unschuldige Sexualleben der samoanischen Teenager belogen). Frühere Besucher Samoas, etwa Missionare und Seefahrer, hatten die Samoaner eher als einen in häufige Kämpfe verwickelten Menschenschlag beschrieben. Erst durch den Imperialismus, in diesem Fall der Amerikaner und Deutschen, später dann der Engländer, kehrte auf Samoa Frieden ein.

Auch die Zivilisation der Maya in Mittelamerika hielten wir eine Zeit lang für ein herzerwärmendes Beispiel dafür, wie Staaten in Harmonie miteinander leben können. Bedauerlicherweise brachte die Entzifferung der Mayaschrift nach dem Zweiten Weltkrieg zum Vorschein, dass die überlieferten Texte überwiegend vom Krieg handeln.

Welche Version der Menschheitsgeschichte trifft also zu: die Rousseausche oder die Hobbessche? Die archäologische und historische Evidenz spricht deutlich für Letztere, der zufolge Krieg seit Langem ein integraler Bestandteil menschlicher Erfahrung ist. Das bedeutet freilich nicht, dass wir nicht auf eine Zukunft hoffen sollten, die mehr Rousseaus Vision entspricht. In der

Zwischenzeit bietet es vielleicht einen gewissen Trost, dass Krieg überraschenderweise Frieden und Fortschritt bewirkt hat.

Dies bringt uns zu einem zweiten Paradox des Krieges: dass nämlich die Zunahme der Staatsmacht und die Entstehung immer größerer Staaten – Hobbesscher Leviathane – häufig das Ergebnis von Kriegen sind, ihrerseits aber Frieden schaffen können. Die Macht des Staates und seiner Institutionen gründet auf der wahrgenommenen Macht seiner Herrscher, ob sie nun von Gott oder von den Wählern verliehen wurde, und der stillschweigenden Zustimmung der Beherrschten; aber eine maßgebliche Rolle in diesem Gefüge spielt der Krieg beziehungsweise die Androhung von Gewalt, die der Staat sowohl gegen sein eigenes Volk als auch gegen seine Feinde anwenden kann. Das Aufkommen staatlicher Polizeikräfte in großen Teilen der westlichen Welt und Asiens im 19. Jahrhundert hat dem Banditentum und niederschwelliger Gewalt zunehmend ein Ende bereitet. In Europa wurde die Macht feudaler Warlords gebrochen, als die Monarchen ausreichende Kräfte aufbieten konnten, um deren Privatarmeen zu vernichten und deren Festungen zu schleifen.

Die Entstehung des starken Staats ging Hand in Hand mit der Herausbildung seines Gewaltmonopols innerhalb seiner Grenzen. Wer seine Steuern nicht zahlt, das Haus seines Nachbarn in Brand steckt oder die Einberufung zum Militärdienst ignoriert, gegen den (und häufig auch gegen dessen Eigentum) wird ein starker Staat vorgehen, ihn bestrafen und manchmal sogar hinrichten. Unter Titos strenger Herrschaft lebten die Völker Jugoslawiens friedlich, wenn auch nicht immer glücklich zusammen, weil, wie ein Kroate es ausgedrückt hat, »alle hundert Meter ein Polizist stand und dafür sorgte, dass wir uns alle sehr lieb hatten«. Als die Kommunistische Partei nach Titos Tod auseinanderbrach, wandten sich die Völker Jugoslawiens, aufgehetzt von skrupellosen Demagogen, gegeneinander. Wir mögen den Staat als Inkarnation der Unterdrückung betrachten, sollten aber wenigstens für einen Moment daran denken, was es bedeutet, ohne Staatsgewalt zu leben. Die Samoaner und die Hochlandbewohner Neuguineas haben es einst erlebt, die unglücklichen Völker der gescheiterten Staaten Jemen, Somalia und Afghanistan erleben es heute.

Erfolgreiche Kriege gegen äußere Feinde wurden häufig benutzt, um die Autorität des Staates zusätzlich zu legitimieren und zu stärken, da Regierungen, gleich ob demokratisch gewählt oder diktatorisch, große Siege als Gütesiegel und Zeichen ihrer Leistungsfähigkeit präsentieren. In seiner Rede zur Lage der Nation im Jahr 2019 sagte US-Präsident Donald Trump über den amerikanischen Sieg nach der D-Day-Landung in der Normandie (dass auch Truppen der Alliierten beteiligt waren, ließ er unerwähnt), die Soldaten hätten ihn »für uns« errungen, für Amerika. »Alles, was danach kam«, fuhr er fort, »– unser Sieg über den Kommunismus, unsere riesigen Schritte in Wissenschaft und Forschung, unsere konkurrenzlosen Fortschritte hin zu Gleichheit und Gerechtigkeit –, all das ist dank dem Blut und den Tränen und dem Mut und der Weitsicht der Amerikaner möglich, die uns vorangingen.«[5] Die Römer errichteten Säulen und Triumphbögen, um ihre Herrscher und das Imperium zu rühmen. Napoleon bediente sich während seines Aufstiegs zur Macht der Schriftsteller und Künstler, um seine Triumphe zu feiern. Als er sich selbst zum Kaiser krönte, pries einer seiner unterwürfigen Senatoren ihn als »unvergleichlichen Helden, der alle erobert, der alles dem Chaos entrissen und uns ein neues Universum erschaffen hat«. Solange er unbesiegbar zu sein schien, hatte Napoleon Frankreich und weite Teile Europas fest im Griff. Und Hitler gewann durch seine Siege sogar jene deutschen Konservativen für sich, die seine Regierungsfähigkeit bezweifelt hatten.

Umgekehrt verlieren Herrscher, die ihre Völker nicht zu schützen vermögen oder im Ausland Niederlagen erleiden, ihren Rückhalt. Im alten China bescheinigte man Kaisern, die sich als unfähig erwiesen, mit Revolten im Innern oder Angriffen von außen fertigzuwerden, sie hätten das Mandat des Himmels verloren und seien daher nicht mehr in der Lage zu herrschen. Als

Napoleon III., der Neffe des großen Napoleon, Frankreich 1871 in die Niederlage im Deutsch-Französischen Krieg führte, wurde sein Regime gestürzt – er musste ins Exil fliehen. Stalin soll im Sommer 1941, als Hitler die Sowjetunion überfiel, ausgerufen haben: »Lenin hat unseren Staat gegründet, und wir haben ihn verspielt.« US-Präsident Lyndon B. Johnson entschied 1968, sich nicht zur Wiederwahl zu stellen, weil es seiner Regierung nicht gelungen war, den Vietnamkrieg zu beenden.

Staaten und Reiche wuchsen durch Eroberungskriege oder durch die Kapitulation schwächerer Mächte, die einen hoffnungslos einseitigen Kampf vermeiden wollten. Die Athener bedienten sich ihrer Marine und ihrer Landstreitkräfte, um ihre Nachbarn unter ihre Kontrolle zu bringen. Alexander der Große errichtete an der Spitze seines Heers ein riesiges Reich. Die römischen Legionen eroberten Land, wo immer sie ihren Fuß hinsetzten. Das einstmals aus rund 150 Kleinstaaten bestehende China wurde in einem schmerzlichen und blutigen Prozess nach und nach geeint. Noch heute erinnern sich die Chinesen mit Grauen an die Zeit der Streitenden Reiche vom 5. bis zum 3. Jahrhundert v. Chr., als die Handvoll verbliebener Königreiche eine Reihe von Kriegen ausfochten und die Bevölkerung in Unterdrückung und Armut stürzten. Der Qin-Kaiser, der im Jahr 221 v. Chr. schließlich die Oberhand gewann, war ein gnadenloser Tyrann, aber man gedenkt seiner mit Dankbarkeit, weil er China Frieden und Ordnung brachte. Er wurde in Xi'an beerdigt, umgeben von einer Armee aus Terrakottasoldaten, die an die Rolle der militärischen Macht bei der Schaffung seines Reichs erinnern. Und Preußen, dieser Flickenteppich aus verstreuten Territorien, bediente sich seiner Armee, um neue Gebiete zu erobern und schließlich das moderne Deutschland zu schaffen. Das Sowjetimperium wurde im Kalten Krieg von der Roten Armee erobert und niedergehalten.

Großmächte sind nicht unbedingt smart – warum auch? –, aber sie bieten ihrer Bevölkerung ein Minimum an Sicherheit und Stabilität. Mächte, die Bestand haben, setzen zwar Militär ein, um ihre Existenz zu sichern, aber ihre Langlebigkeit beruht vor allem darauf, dass sie mit einer mehr oder weniger effektiven Regierung die stillschweigende Billigung und sogar Loyalität ihrer Völker gewonnen haben. Den Römern war durchaus bewusst, dass sie zwar Kriege geführt hatten, um sich Frieden zu verschaffen, dass sie aber auch über andere nützliche Mittel verfügten. »[Du] aber, Römer«, heißt es in Vergils *Aeneis*, »gedenk – so wirst du leisten dein Wesen – / Völker kraft Amtes zu lenken und Ordnung zu stiften dem Frieden, / Unterworf'ne zu schonen und niederzukämpfen Empörer!«[6] Macht allein, ohne eine gewisse Unterstützung des Volkes, kann das Überleben von Leviathanen nicht sichern. Das Römische Reich überdauerte deshalb so lange, weil es an die Stelle ständig zerstrittener Staaten trat und weil sich innerhalb seiner Grenzen Menschen, Nahrungsmittel und Güter auf gut ausgebauten Straßen oder über das von Piraten gesäuberte Mittelmeer frei bewegen konnten. Innerhalb des Reichs gedieh die Wirtschaft und lebten die Menschen länger. Tatsächlich zogen eher Ausländer ins Reich, als dass Römer es verließen. Römische Bürger wurden nicht mit Gewalt unterdrückt, obwohl die Gewaltandrohung stets präsent war. Die römischen Soldaten kämpften meist an den Grenzen des Reichs. Die besseren Leviathane bieten verlässliche Gesetze, angemessene Steuern und Sicherheit des Eigentums, mitunter tolerieren sie sogar, wie das Römische Reich, andere Gebräuche und Religionen.

Starke Militärkräfte sichern starke Staaten, können diese aber auch untergraben, wenn sie außer Kontrolle geraten. Im Römischen Reich ließen skrupellose Generale ihre loyalen Truppen gegen den Staat kämpfen, oder die Soldaten selbst verkauften sich an den Meistbietenden. Nachdem der römische Kaiser Pertinax im Jahr 193 nach nur dreimonatiger Herrschaft ermordet worden war, kam es dem Historiker Cassius Dio zufolge zu einer schmachvollen Szene: »Wie auf dem Markte oder im Kaufhause wurde die Hauptstadt und das ganze Reich im Aufstreich [Versteigerung] ausgeboten.«[7] Im Lauf der Zeit verfallen Leviathane; ihre Regierungen werden immer unfähiger und sind nicht mehr in der Lage, mit bewaffneten Revolten im Innern und Feinden an den Grenzen fertigzuwerden. Die Vandalen plünderten ein geschwächtes Rom. Die mongolischen Reitersoldaten fegten alte Regime in Persien, China, Indien und Russland hinweg. Die Ming-Dynastie wurde 1368 begründet, als eine von einem Bauern angeführte Rebellenarmee die letzten Truppen der mongolischen Yuan-Dynastie besiegte. Zweieinhalb Jahrhunderte später strömten die Mandschu durch eine Lücke in der Chinesischen Mauer und stürzten ihrerseits die Ming-Dynastie.

Wenn sie mächtig genug sind, können Leviathane sogar ihren Nachbarn Frieden bringen. Im 19. Jahrhundert agierte das Britische Empire als Weltpolizist und sorgte dafür, dass die globalen Seewege sicher waren und Konflikte, wenn möglich, entschärft wurden. Die Briten taten dies aus Eigeninteresse, um ihren Handel und ihr Empire zu schützen, aber die Pax Britannica ließ, wie ihr römischer Vorgänger, Handel und Kommerz florieren und ermöglichte einen regen Personenverkehr rund um die Welt.

Möglicherweise erleben wir gerade das Ende der Hegemonie des amerikanischen Leviathans und beginnen zu begreifen, dass die Welt jemanden oder etwas als Garant der Ordnung braucht. Ein weniger stabiler Ersatz wäre eine Koalition ungefähr gleich großer und starker Mächte, die sich darauf verständigen, gemeinsam den Frieden aufrechtzuerhalten, wie das »Konzert der europäischen Großmächte« in der ersten Hälfte des 19. Jahrhunderts und kurzzeitig in den 1920er-Jahren das Bündnis der Demokratien. Doch es braucht nur ein, zwei Mächte, wie das Deutsche Kaiserreich vor dem Ersten Weltkrieg und Deutschland, Japan und Italien vor dem Zweiten Weltkrieg, um den Status quo zu erschüttern und Frieden in Krieg zu verwandeln. Die Welt kehrt erstaunlich leicht in Hobbes' Zustand der Anarchie zurück, in dem keine Macht der anderen traut. Dann gibt es nur noch endlose Konflikte, wie es auch innerhalb gescheiterter Staaten der Fall ist.

Nach dem Untergang des Weströmischen Reichs im 5. Jahrhundert fiel Europa nach und nach auf eine frühere Entwicklungsstufe zurück: Der Handel brach ein, weil Straßen und

Seewege für Reisende zu gefährlich waren, Gelehrsamkeit und Künste verschwanden. Wellen von Invasoren – Angelsachsen, Vandalen, Hunnen, Goten – überfluteten plündernd und brandschatzend die Reichsgebiete, weil es niemanden gab, der sie aufhielt. Lokale Potentaten mit ihren Burgen und Gefolgsleuten unterdrückten ihre Untertanen und bekriegten sich gegenseitig. Im 12. Jahrhundert berichtete ein Chronist, dass ein Robert de Vitot in seinem Testament fast vierzig Verwandte bedachte, »die sich, allesamt stolz auf ihr Rittertum, ständig im Krieg miteinander befanden«.

Europa hatte weit weniger Phasen der Einigkeit als China, aber nach und nach verringerte sich die Zahl der unabhängigen politischen Einheiten – zumeist Baronien und Fürstentümer – von 5000 im 15. Jahrhundert auf 500 im frühen 17. Jahrhundert, 200 in napoleonischer Zeit zu Beginn des 19. Jahrhunderts und weniger als 30 nach dem Zweiten Weltkrieg. Das bedeutete nicht das Ende von Kriegen, aber es verringerte die Zahl potenzieller Kombattanten und damit die Menge wahrscheinlicher Kriege. Die Stärkung der europäischen Einheit durch europäische Institutionen wurde bewusst als Alternative zum europäischen Staatensystem mit all seinem Konfliktpotenzial konzipiert; Kriege zwischen den europäischen Mächten, so die Hoffnung, seien dadurch undenkbar geworden.

Die Notwendigkeit, Krieg zu führen, ging einher mit der Herausbildung von Staaten. Der Historiker Charles Tilly geht sogar so weit, zu sagen: »Krieg hat den Staat gemacht, und der Staat hat den Krieg gemacht.«[8] Der Schutz vor Nachbarn oder marodierenden Nomaden erfordert Organisation: Man muss Kampfeinheiten aufstellen, ihnen eine Führung geben und sie durch Disziplin und Ausbildung zu strengem Gehorsam erziehen. Regierungen müssen wissen, wie viele Kämpfer sie aufbieten können, was Zählungen und Buchführung nötig macht. Das Wort »Zensus« stammt aus dem antiken Rom; dessen Behörden begannen im 6. Jahrhundert v. Chr., die männlichen Bürger zu erfassen, sowohl zur Eintreibung von Steuern als auch, um sie zu den Waffen rufen zu können. Während Soldaten anfangs häufig ihre Waffen und Verpflegung selbst stellten, musste ihre Versorgung bei größeren und längeren Feldzügen vom Staat übernommen werden, was wiederum mehr Beamte verlangte, um den Nachschub aufzutreiben und zu erfassen und Tiere und Boote für seinen Transport zu finden. In der berühmten Schlacht von Cannae gegen die Karthager (216 v. Chr.) brauchte das römische Heer für seine rund 80000 Mann (Zahlen aus der Antike sind stets unzuverlässig) schätzungsweise rund 100 Tonnen Weizen am Tag.

Im 18. Jahrhundert war die britische Marine das bei Weitem größte Industrieunternehmen auf den Britischen Inseln. Während man eine Baumwollspinnerei für 5000 Pfund errichten konnte, kostete ein großes Linienschiff wie Nelsons *Victory* mehr als 60000 Pfund. Um die Schiffe zu bauen, zu bemannen und zu unterhalten, brauchte die Marine sowohl in Großbritannien als auch in Übersee Werften, Lager und Stützpunkte sowie eine wachsende Zahl von Beamten, Verwaltern, Lieferanten und Arbeitern. Dafür waren sowohl Geld – und zwar erhebliche Summen – als auch Organisation und Management nötig; die britische Regierung schuf die notwendigen Mittel und Institutionen, die sich dann auch für andere Bereiche der britischen Gesellschaft als nützlich erwiesen. Das Schatzamt wurde in der zweiten Hälfte des 17. Jahrhunderts gegründet, um die Militärausgaben unter Kontrolle zu halten, wuchs im Lauf der Zeit aber zu einer Behörde heran, die sämtliche Staatsausgaben im Blick behielt. In den 1690er-Jahren, als Großbritannien sich im Krieg mit Frankreich befand und dringend Finanzmittel benötigte, schuf die Regierung als Notmaßnahme die Bank von England, in die Einleger Geld einzahlen konnten, das die Bank dann zu einem festen Zinssatz der Regierung lieh. Wie das Schatzamt entwickelte sich auch die Bank von England zu einer Schlüsselinstitution des britischen Finanzsystems. Da der Staat dank effektiver Steuereintreibung regelmäßige Zinszahlungen garantieren konnte, betrachteten Investoren staatliche Renten oder Anleihen als stabile, begehrte Anlagen. Infolgedessen standen mehr Mittel für Unternehmungen wie Kriege zur Verfügung.

Dem großen römischen Staatsmann Cicero zufolge ist Geld der »Nerv des Krieges«. Jahrhunderte später beklagte der britische Marinebeamte und Tagebuchschreiber Samuel Pepys: »Der Geldmangel führt überall zu Missständen, besonders in der Flotte.«[9] Im Peloponnesischen Krieg gelang es Athen, dreimal seine Flotte zu erneuern; als aber im Jahr 405 v. Chr. die letzte vernichtet wurde, hatte es keine Ressourcen mehr und musste sich Sparta und seinen Verbündeten ergeben.

Manchmal, etwa wenn beim besiegten Feind reiche Beute zu machen ist, bezahlen Kriege sich selbst. Alexander der Große eroberte bei den Persern gewaltige Reichtümer. Im 16. und 17. Jahrhundert finanzierten die Spanier ihre europäischen Kriege großenteils mit dem Gold und Silber, das sie aus den besiegten Reichen der Azteken und Inka ins Land brachten. Das Deutsche Reich verlangte von Frankreich nach dem Krieg von 1870/71 einen enormen Geldbetrag. 1918 zwang Deutschland im Vertrag von Brest-Litowsk Russland zur Übergabe seiner Goldreserven und zur Lieferung von Rohstoffen, und die Alliierten verpflichteten Deutschland im Vertrag von Versailles zu erheblichen Reparationen für entstandene Kriegsschäden.

Oftmals müssen Regierungen die nötigen Mittel jedoch von ihrer eigenen Bevölkerung einziehen oder von Kreditgebern leihen. Bis in die zweite Hälfte des 20. Jahrhunderts war der Krieg in den mächtigsten Staaten Europas der bei Weitem größte Ausgabenposten. Der Neunjährige Krieg von 1688 bis 1697 zwischen dem Frankreich Ludwigs XIV. und Großbritannien kostete Frankreich schätzungsweise 74 und Großbritannien 75 Prozent der Staatseinnahmen. Obwohl seine Armeen zahlreiche Siege errangen, musste Ludwig XIV. letztlich einen unbefriedigenden Frieden schließen, weil er keine Geldgeber mehr fand, die bereit gewesen wären, ihm die benötigten Mittel bereitzustellen. Wie sich zeigte, waren die Briten weit besser darin, Steuern einzutreiben, Kredite aufzunehmen und ihre Schulden zu verwalten. Obwohl Frankreich das reichste Land Europas war, gelang es Ludwig XIV. und seinen Nachfolgern nie, diesen Reichtum für sich nutzbar zu machen, was schließlich Frankreichs Fähigkeit, Krieg zu führen, beeinträchtigte. Die staatliche Kreditaufnahme trieb den Staat nur in den Ruin. 1789 sah sich Ludwigs Nachfahre Ludwig XVI. gezwungen, die Generalstände einzuberufen, von denen er eine Zustimmung zur Erhöhung der Steuern erhoffte; dieser Schritt sollte sich als fatal erweisen.

Gewiss fiel es den Briten leichter, Steuern einzutreiben, da sie in ihren Häfen Zölle erheben konnten. Wichtiger war jedoch, dass sie ein Parlament besaßen, das bereit war, wenn nötig die Steuern zu erhöhen, und seit dem 18. Jahrhundert über das wohl effizienteste Steuererhebungssystem Europas verfügten. Die Bevölkerung murrte zwar, zahlte aber. 1783, am Ende des amerikanischen Unabhängigkeitskrieges, entrichteten die Engländer im Durchschnitt fast dreimal so viel Steuern im Jahr wie die Franzosen. Zudem wurden die Steuern von einer staatlichen Behörde eingetrieben und nicht, wie in Frankreich, von Steuerpächtern, die das Recht hatten, Steuern zu erheben, von denen sie einen festgelegten Betrag an den Staat abführen mussten, während die Überschüsse in ihre Taschen flossen. Auch wenn Samuel Johnson die erheblichen Abgaben auf inländische Waren in seinem Wörterbuch als »verhasste Steuer«[10] bezeichnete, die von »Schuften« eingetrieben werde, waren sie es, die Großbritannien erlaubten, seine Flotte zu unterhalten und seine Armeen nach Übersee zu schicken.

Je organisierter, effizienter und mächtiger der britische Staat wurde, desto besser konnte er die britische Gesellschaft kontrollieren, einschließlich der rebellischen Schotten und Iren. Die Steuerkommissare häuften enorme Mengen von Informationen an, von der Anzahl der Kerzenhersteller bis zur Anzahl von Geschäften. Die Zollbehörde erteilte Lizenzen an Tausende von Brauereien, Gastwirten, Tee- und Kaffeehändlern und eine Vielzahl anderer Gewerbe. Ihre Inspektoren waren allgegenwärtig und wachten »mit zehntausend Augen«, wie die Leute klagten.

Diese sicheren jährlichen Einnahmen garantierten Kreditgebern, die dem Staat Geld liehen, dass sie dieses zurückbekommen würden. Dem holländischen Beispiel folgend, führte die britische Regierung ein System billiger öffentlicher Kredite ein; sie lieh sich von ihren Bürgern Geld, indem sie kurz- und längerfristige Schuldpapiere ausgab, die sie dann systematisch abbezahlte. Und sie nutzte noch ein weiteres neues Finanzinstrument, den Tilgungsfonds, durch den bestimmte Staatseinnahmen für die Rückzahlung bestimmter Schulden zugeteilt wurden. Ohne diesen stetigen, verlässlichen Geldstrom hätte Großbritannien nicht die Marine unterhalten können, durch die es im späten 17. und im 18. Jahrhundert zu einer europäischen und globalen Wirtschafts- und Militärmacht wurde. Man erinnert sich an Pepys wegen der wunderbaren Beschreibungen menschlicher Eigenheiten in seinen Tagebüchern, wegen der Schilderungen Londons, der Unduldsamkeit gegenüber seiner Frau und ihren Freunden oder seiner Herumtreiberei – aber er war auch ein ernsthafter, engagierter Beamter, der in vielen Jahren mühevoller Arbeit die britische Marine aus einer ineffizienten, korrupten Institution zu einer formidablen Streitmacht formte. Er studierte Schiffbau, prüfte jeden Vertrag und kannte den Preis sämtlicher Bestandteile eines Schiffes, vom Teer bis zu den Kanonen, was er, wie er schrieb, »sehr hilfreich« fand, denn so hoffte er, »dem König in Zukunft viele unnötige Ausgaben zu ersparen«.[11] Aber er tat weit mehr als das: Am Ende seiner dreißigjährigen Dienstzeit besaß die Navy doppelt so viele Schiffe und Kanonen wie bei seinem Eintritt ins Marineamt und wurde effizient und rechtschaffen geführt.

Das Erstarken zentralisierter Staatsmacht im Europa des 18. Jahrhunderts mit ihren gut organisierten, kontrollierten und staatlich finanzierten Armeen und Flotten bedeutete auch, dass die Regierungen die Mittel besaßen, um Aufmüpfige und Rebellen, seien es lokale Magnaten, aufständische Gruppen oder Briganten, niederzuschlagen. Das Gewaltmonopol des Staates im Innern und bei der Verteidigung gegen äußere Feinde hatte zur Folge, dass er größere Kontrolle über die Gesellschaft, ihre Ressourcen und das Leben der Menschen gewann. Im Mittelalter verpflichteten die Regierungen Englands und Schottlands ihre Untertanen, sich im Bogenschießen zu üben. Die Schotten sollten darüber hinaus auf das Fußballspiel verzichten. Im Ersten und Zweiten Weltkrieg bestimmten die Regierungen der beteiligten Länder, was Fabriken zu produzieren hatten und was zu rationieren war. In bestimmten Bereichen, zum Beispiel Rüstung oder Bergbau, durften Facharbeiter ihren Arbeitsplatz nicht mehr frei wählen oder sich nicht mehr freiwillig zum Wehrdienst melden. Kleidung, Nahrung, Vergnügungen, Reisen: Alles wurde zum Nutzen der Kriegsanstrengung reguliert.

Militärische Disziplin und Reglementierung hielten sogar in Friedenszeiten Einzug. Man denke nur an die Fabrik-Stechuhren, die heutigen Warenlager von Amazon oder daran, dass Schüler im 19. und beginnenden 20. Jahrhundert – und mancherorts noch heute – in Uniformen gesteckt wurden und in ordentlichen Reihen zum Appell antreten mussten.

Andererseits mussten Staaten zur Erhöhung ihres militärischen Potenzials Veränderungen durchführen, die der Gesellschaft oder zumindest Teilen davon Vorteile brachten. Einheitliche Rechtsvorschriften und eine effiziente Verwaltung mögen notwendig sein, um die Ressourcen einer Nation für den Krieg zu mobilisieren, aber sie können auch die Rechte der Bürger stärken und ihren Handlungsspielraum vergrößern.

Die Ausweitung von Bürgerrechten ging oftmals einher mit der Heranziehung zum Wehrdienst. In der antiken Welt der Griechen und Römer gehörte der Waffendienst zu den Bürgerpflichten, er bekräftigte umgekehrt aber auch die Rechte der Bürger. Obwohl der Status eines Bürgers in den meisten Stadtstaaten an Grundeigentum gebunden war, hatte bei Seemächten wie Athen der Bedarf an Galeerenruderern zur Folge, dass auch freie Männer, die wenig mehr besaßen als ihre Muskelkraft, die Bürgerschaft erwerben konnten, indem sie sich als Ruderer verdingten. In der frühen Römischen Republik, als Rom sich fast ununterbrochen im Krieg mit seinen italischen Nachbarn befand, waren die aristokratischen Führer, die die Macht in Händen hielten, gezwungen, gewöhnliche Männer – die Plebejer – zum Kampf einzuberufen. Der Legende zufolge zogen sich die Plebejer bei einer Gelegenheit an einen Ort außerhalb Roms zurück, um eigene Repräsentanten, die Tribunen, zu wählen; sie forderten erfolgreich Rechte ein, einschließlich eines Vetorechts für ihre Tribunen bei bestimmten Entscheidungen der aristokratischen Magistrate und des Senats.

Viele Länder haben Ausländern für militärische Kriegsdienste die Staatsbürgerschaft verliehen. Bis 2018 kamen in den Vereinigten Staaten Einwanderer, die in den Streitkräften dienten, in den Genuss eines beschleunigten Einbürgerungsverfahrens.

Im 19. und 20. Jahrhundert, als die Fähigkeit der Staaten zur Kriegführung dank der industriellen Revolution enorm zunahm, führten Regierungen, selbst autokratische, als Reaktion auf einen Krieg oder in Vorbereitung auf den Kriegsfall und um sich öffentlichen Rückhalt zu bewahren, Reformen durch. Sie förderten den Eisenbahnbau, nicht zuletzt, um Truppen bei inneren Unruhen leichter innerhalb des Landes oder im Kriegsfall an die Grenzen verlegen zu können. In Deutschland wurde der bestehende Flickenteppich unterschiedlicher Zeitzonen auf Verlangen des Militärs durch eine Einheitszeit ersetzt, damit Truppentransporte reibungslos durchs Reich rollen konnten. Um leistungsfähigere Soldaten und Matrosen zu bekommen, brauchte man auch eine bessere Bildung und Ernährung. Die britische Regierung und die britische Öffentlichkeit waren gleichermaßen entsetzt, als sich herausstellte, dass jeder dritte Freiwillige für den Zweiten Burenkrieg 1899–1902 als untauglich abgewiesen werden musste; daraufhin forderte man Verbesserungen im öffentlichen Gesundheitswesen und Neuerungen wie kostenloses Schulessen für bedürftige Kinder. Nach der katastrophalen Niederlage Russlands im Krimkrieg hob Zar Alexander II. die Leibeigenschaft auf, nicht zuletzt, um das Wehrdienstsystem zu reformieren. Auch bemühte er sich mit gewissem Erfolg, die staatliche Verwaltung, die Justiz und das Bildungssystem zu modernisieren. Spätere Generationen russischer Reformer riefen nach repräsentativen Institutionen, um auf diese Weise den Aufbau der Nation voranzubringen. Wie sagte Fürst Jewgeni Trubezkoi vor dem Ersten Weltkrieg so richtig: Man könne nicht gegen das Volk regieren, wenn man es zur Verteidigung Russlands brauche.

Zwischen 1914 und 1917 tat die russische Regierung indes genau das: Sie regierte gegen den Willen eines Großteils ihrer eigenen Bevölkerung. Krieg hat oft tiefgreifendem politischen und sozialen Wandel den Weg geebnet, indem er Regierungen schwächte und ihre Legitimität untergrub. Siege können ein Regime an der Macht halten, ebenso wie langwierige Abnutzungskriege es stürzen können. Manchmal ist der Wandel politischer Art, etwa wenn eine Gruppe von Herrschenden an die Stelle einer anderen tritt; häufiger aber ist er tiefgreifender. Der Erste Weltkrieg übte auf alle beteiligten Mächte enormen Druck aus, aber die stärkeren – Großbritannien und Frankreich und bis zu einem gewissen Grad auch Deutschland – widerstanden dem Sturm. Sie machten Veränderungen durch, gingen aus dem Krieg aber nicht als grundlegend veränderte Gesellschaften hervor. (Deutschland wurde zwar zur Republik, aber seine Institutionen, von der Staatsbürokratie bis zum Militär, und seine Kultur blieben weitgehend dieselben.)

Russland, vor 1914 die fragilste der Großmächte, machte völlig andere Erfahrungen. Das Zarenregime erwies sich als unfähig, den Krieg erfolgreich zu führen und mit den sozialen Spannungen umzugehen. 1917 hatte es angesichts wachsender Unzufriedenheit, einer immer besser organisierten Opposition und rapide sinkender Kampfbereitschaft seiner Streitkräfte seine Macht eingebüßt. Und nicht nur die Kompetenz des Regimes wurde infrage gestellt, sondern die Grundlagen der russischen Gesellschaft überhaupt. Schon vor dem Krieg hatten Revolutionäre ein Ende der Autokratie und die Umwandlung Russlands in eine sozialistische Gesellschaft gefordert, aber sie waren nur wenige gewesen, zudem tief zerstritten und von den Behörden verfolgt. Der Krieg brachte ihnen Zulauf und verlieh ihren Forderungen nach radikalen sozialen und politischen Veränderungen Gewicht. Dennoch hätte sich das Regime auf die eine oder andere Weise an der Macht halten können, wären da nicht die Sturheit des Zaren und das Versäumnis seiner Nachfolger in der Provisorischen Regierung gewesen, Russlands Kriegsteilnahme zu beenden. Dies eröffnete einem der extremsten, rücksichtslosesten und taktisch brillantesten Revolutionäre die Chance, die Macht zu ergreifen. Wäre Lenin im Schweizer Exil geblieben, wo er sich beim Ausbruch der Februarrevolution 1917 befand, wäre er heute nicht mehr als eine Fußnote in der Geschichte des 20. Jahrhunderts. Doch das deutsche Oberkommando, das wie so oft nur den kurzfristigen Vorteil im Blick hatte, ermöglichte ihm die Rückkehr nach Russland, indem es die berühmte Fahrt in einem versiegelten Zug quer durch Deutschland organisierte. Im November 1917 führten Lenin und seine Bolschewiken dann ihren Putsch durch und errichteten eine neue Ordnung, die den Gang der russischen Geschichte und auch der Weltgeschichte verändern sollte. Mit den Folgen leben wir noch heute.

Eine weitere unangenehme Wahrheit über den Krieg ist, dass er sowohl Zerstörung bringt als auch Neues schafft. Viele unserer Fortschritte in Wissenschaft und Technologie – Düsentriebwerke, Transistoren, Computer – wurden erfunden, weil sie im Krieg gebraucht wurden. Penicillin, das so viele Menschenleben gerettet hat, wurde zwar schon 1928 von Alexander Fleming entdeckt, aber die Mittel für seine Entwicklung wurden erst im Zweiten Weltkrieg bereitgestellt. Der kanadische Arzt Norman Bethune führte die ersten Bluttransfusionen auf dem Schlachtfeld durch. Mit der Triage, wie sie heute in Notfallkliniken stattfindet, begann man in Kriegen, wahrscheinlich den napoleonischen. Im Ersten Weltkrieg teilten französische Feldärzte Verwundete in jene ein, denen keine Behandlung mehr helfen konnte, jene, die bei sofortiger Behandlung eine Überlebenschance hatten, und jene, deren Behandlung warten konnte. Die chirurgische

Behandlung – etwa von traumatischen Verwundungen oder zerschmetterten Gesichtern – machte in den Kriegen des 20. Jahrhunderts große Fortschritte, nicht zuletzt, weil es so viele Patienten gab, an denen man üben konnte.

In vielen Gesellschaften erlangten Frauen infolge ihrer Kriegsteilnahme Rechte sowie Zugang zu Bildung und beruflichem Aufstieg. Schon vor dem Ende des Ersten Weltkriegs brachte die britische Regierung ein neues Wahlgesetz ein, den *Representation of the People Act* von 1918, der das Wahlrecht auf alle, die kein Eigentum besaßen – also die Arbeiter –, und in Anerkennung ihres Kriegsbeitrags auch auf Frauen über dreißig ausdehnte. Die Einführung des Sozialstaats am Ende des Zweiten Weltkriegs war von ähnlichen Vorstellungen geleitet. Während des Kalten Kriegs erkannten führende amerikanische Politiker, darunter die Präsidenten Eisenhower und Johnson, dass sie etwas unternehmen mussten, um den Afroamerikanern Bürgerrechte zu gewähren. Der Grund war nicht unbedingt die Einsicht in die Richtigkeit des Anliegens, sondern eher die Erkenntnis, dass die amerikanische Rassendiskriminierung im Wettstreit darum, welche Gesellschaft die bessere war – die amerikanische oder die sowjetische –, für Moskau eine probate Propagandawaffe darstellte.

In jüngster Zeit haben prominente Historiker und Ökonomen, unter ihnen Walter Scheidel und Thomas Piketty, auf überzeugende Weise dargelegt, dass größere Kriege auch die Kluft zwischen Arm und Reich verringern können, wie die Beispiele der am Ersten und Zweiten Weltkrieg beteiligten Nationen zeigen. Kriege stimulieren Beschäftigung; Arbeit wird wertvoller, wodurch Löhne und sonstige Leistungen steigen; und die Reichen zahlen freiwillig höhere Steuern, zumindest fällt es ihnen schwerer, Steuern zu vermeiden. Auch fällt es am Ende zerstörerischer Kriege leichter, größere Wiederaufbau- und Sozialprogramme aufzulegen und Unterstützung für sie zu gewinnen. »Nun, da der Krieg Grenzmarken aller Art zum Verschwinden bringt«, erklärte der Ökonom William Beveridge 1942, »ist die Gelegenheit da, Erfahrungen auf freier Bahn auszuwerten. Ein revolutionärer Augenblick in der Weltgeschichte ist eine Zeit für Revolutionen, nicht für Flickarbeiten.«[12]

Es gibt auch Hinweise darauf, dass der Krieg soziale und ökonomische Unterschiede einebnet. Männer und manchmal auch Frauen werden zum Militär eingezogen und treffen dort mit Menschen zusammen, die anders sind als alle, denen sie je begegnet sind. Als junge britische Offiziere, die zumeist Privatschulen besucht hatten, im Ersten Weltkrieg die Briefe zensierten, die ihre Männer nach Hause schickten, waren sie oft überrascht zu sehen, dass diese einfachen Soldaten die gleichen Gefühle von Liebe, Furcht und Hoffnung zum Ausdruck brachten, die sie selbst empfanden. George MacDonald Fraser, der später mit seinen Flashman-Romanen berühmt wurde, nahm im Zweiten Weltkrieg am Burmafeldzug teil; sein Regiment bestand großenteils aus rauen, wortkargen Arbeitern aus dem nordenglischen Cumbria. Als wohlerzogener Mittelstandsjunge fand er sie faszinierend, aber fremd. Als seine Eltern ihm ein paar Bücher schickten, darunter einen Comic-Roman und Shakespeares *Heinrich V.*, erwartete er – als »intellektueller Snob«, wie er sich selbst bezeichnete –, dass sich niemand das Shakespeare-Stück von ihm ausleihen würde. Als sein Sergeant, der als junger Teenager die Schule verlassen hatte, es sich lieh, nahm Fraser an, er werde es ungelesen zurückbekommen. Doch zu seiner nicht geringen Beschämung, aber auch freudigen Überraschung hatte der Sergeant, als er das Buch drei Tage später zurückbrachte, es offensichtlich vollständig gelesen und zeigte sich bewegt. Shakespeare müsse in der Armee gewesen sein, erklärte er, denn er wisse so viel darüber, was es heiße, Soldat zu sein. Eine junge Britin aus der Mittelschicht, die sich ebenfalls im Zweiten Weltkrieg dem Women's Royal Naval Service anschloss, weil sie annahm, dort eher ihresgleichen anzutreffen als in den Frauendiensten von Armee und Air Force, fand sich in einem Mechanikerlehrgang zusammen mit schottischen Arbeiterfrauen wieder. »Der Krieg«, resümierte sie später, »hat Mädchen wie mir, die Privatschulen besucht hatten, wirklich viel Gutes gebracht. Er lehrte mich, dass Menschen aus der Arbeiterklasse Gefühle haben können und dass sie gescheit sein können, wirklich gescheit. Meine Güte, manche dieser Mädchen waren wirklich schlau. Das alles waren Dinge, über die ich vorher einfach nie nachgedacht habe.«

Zu sagen, dass Krieg Gutes bewirken und dazu beitragen kann, stärkere, sogar gerechtere Gesellschaften zu schaffen, heißt nicht, ihn zu verteidigen. Natürlich würden wir lieber im Zustand des Friedens die Welt verbessern, den Schwachen und Glücklosen helfen und Wissenschaft und Technologie voranbringen. Aber in Friedenszeiten fällt es schwerer, den Willen und die Mittel für große Fortschritte aufzubringen. Es ist nur allzu leicht, Maßnahmen gegen Armut, die Opioidkrise oder den Klimawandel zu vertagen. Krieg fokussiert unsere Aufmerksamkeit und hat dies, ob es uns gefällt oder nicht, schon immer getan.

II

KRIEGSGRÜNDE

»Bis zu seinem Ausbruch ist kein Krieg unvermeidlich.«

J. P. Taylor, *The Struggle for Mastery in Europe*

Gelangweilte Götter beschließen, mit Menschen zu spielen, und setzen eine Folge von Ereignissen in Gang: Ein Mann stiehlt die Frau eines anderen; Könige geraten über ein Stück Land oder die Thronfolge in Streit; ein britischer Schiffskapitän verliert ein Ohr; in Prag werden die Repräsentanten eines Kaisers aus dem Fenster geworfen; im Hafen von Havanna explodiert ein amerikanisches Schlachtschiff; in einer Jerusalemer Kirche kämpfen Mönche miteinander; in Sarajevo wird ein Erzherzog ermordet; in Peking werden in der Nähe einer antiken Brücke japanische Soldaten beschossen … Und schon herrscht Krieg, sterben Soldaten, sinken Schiffe, werden Städte geplündert – und immer leiden Zivilisten.

Kriegsgründe mögen absurd oder unlogisch erscheinen, aber für gewöhnlich liegen ihnen tiefer reichende Streitigkeiten und Spannungen zugrunde. Manchmal braucht es nur einen Funken, um einen bereits schwelenden Holzhaufen in Brand zu setzen. Der Trojanische Krieg, so glaubte man in der Antike, brach aus, weil der Göttervater Zeus befand, es gebe zu viele Menschen auf der Erde, und auf die clevere Lösung verfiel, sie anzustacheln, miteinander zu kämpfen und sich gegenseitig zu töten. Er erlaubte der Göttin Aphrodite, Paris, dem lange vermissten Sohn des Königs von Troja, zu versprechen, er werde eines Tages die schönste Frau der Welt heiraten. Paris verliebte sich sogleich in

Helena, die aber mit Menelaos, dem König von Sparta, verheiratet war. Doch sie erfüllte die ihr zugedachte Rolle und segelte, unter Mitnahme eines beträchtlichen Teils von Menelaos' Reichtümern, mit Paris nach Troja. So begann, folgt man den antiken Berichten, der Trojanische Krieg. Griechen aus Sparta und ihre zahlreichen Verbündeten setzten an die Küste Kleinasiens über, wo viele von ihnen ihr Leben ließen. Am Ende wurde Troja zerstört, und seine überlebenden Einwohner wurden gefangen genommen.

Ist all dies wirklich geschehen? Und wenn es nicht die Schuld der Götter war, wer hat dann den Krieg ausgelöst? In der Umgebung der Ruinen von Troja wurden Hinweise auf Kämpfe gefunden, und diejenigen, die Homer folgten, glaubten daran, dass dort ein langer Krieg stattgefunden hatte. Wir wissen, dass die damalige Welt instabil und gewalttätig war und Kleinstaaten um Beute kämpften: um Land, Vieh, Edelmetalle, Frauen. Homer verwandelte einen vermutlich realen Krieg, der von raubgierigen Schlägern angezettelt wurde, in ein großes Kunstwerk.

Über die dynastischen Kriege des Mittelalters und der frühen Neuzeit wissen wir mehr. Herrscher betrachteten ihr Land als persönliches Eigentum und sahen nichts Falsches darin, ihren Besitz vergrößern zu wollen. Einen Kriegsgrund zu finden fiel in der Regel nicht schwer – sei es eine Beleidigung oder ein alter Anspruch, den man wiederbeleben konnte. Das Verwandtschaftsnetz, das die europäischen Herrscher miteinander verband, bedeutete, dass fast jede Thronfolge anfechtbar war. 1328 starb der französische König ohne Sohn und Erben. Die Frage, wessen Anspruch besser begründet war – derjenige eines Cousins oder derjenige eines Neffen (der zufälligerweise König von England war) –, führte zum Hundertjährigen Krieg zwischen Frankreich und England. Vier Jahrhunderte später verstarb ein anderer König kinderlos, diesmal in Spanien; drei Länder – England, die Vereinigten Niederlande und Frankreich – stritten sich um die Thronfolge und lösten einen Krieg aus, der nicht nur Europa, sondern die ganze Welt erfasste und 13 Jahre dauerte, von 1701 bis 1714.

Oft ist eine Beleidigung der Ehre des Herrschers oder der Nation zum Anlass genommen worden, um eine bereits lange existierende Rivalität auszufechten. 1731 wurde Kapitän Jenkins (so jedenfalls behauptete er) von spanischen Matrosen, die ihn des Schmuggels verdächtigten, ein Ohr abgeschnitten. Er beklagte sich vergeblich beim englischen König. Doch 1738 nahm sich das Parlament der Sache an, nachdem Jenkins ihm das grausige Relikt vorgezeigt hatte. Der Krieg, der im folgenden Jahr ausbrach, dauerte bis 1748, und der wirkliche Grund war nicht Jenkins' Ohr, sondern die britische Absicht, sich einen Anteil am lukrativen Handel mit den Westindischen Inseln und Spanisch-Amerika zu sichern – einschließlich des Sklavenhandels. Die Spanier waren verständlicherweise ebenso entschlossen, ihr Monopol zu behalten.

Die Kriege der Vergangenheit mögen von einem einzelnen Herrscher oder von Eliten entfacht worden sein, doch fanden sie häufig öffentlichen Rückhalt. Die Bürger der griechischen Stadtstaaten fürchteten um ihre Lebensweise und taten sich deshalb zusammen, um die Perser zurückzuschlagen. Die zerstrittenen Stämme der Arabischen Halbinsel wurden nach dem Tod des Propheten Mohammed im Jahr 632 von der Religion und den Umayyadenkalifen zusammengeschweißt und überrannten den Nahen Osten, Nordafrika und Teile Europas. Auch der Prager Fenstersturz von 1618 lag in der Religion begründet: Die Protestanten, die in Böhmen eine Macht darstellten, sahen die ihnen vom Kaiser zugesicherten Rechte durch dessen Repräsentanten verletzt und warfen diese aus einem Fenster der Prager Burg. Obwohl sie überlebten, löste der Vorfall eine Revolte aus, die die Österreicher zu unterdrücken versuchten, was wiederum die großen und kleinen Mächte Europas veranlasste, sich einzumischen, woraus schließlich mit dem Dreißigjährigen Krieg ein so langer wie komplizierter Konflikt erwuchs, in dem religiöse, soziale, nationale und dynastische Konflikte miteinander verschmolzen.

Der Schutz von Glaubensgenossen kann ein höchst willkommener Kriegsgrund sein. In der Mitte des 19. Jahrhunderts schauten die Großmächte beutegierig auf das im Niedergang begriffene Osmanische Reich. Großbritannien und Frankreich, beide mit erheblichen Interessen im östlichen Mittelmeer, wollten verhindern, dass Russland Konstantinopel und damit die strategisch wichtigen, zum Mittelmeer führenden Meerengen unter seine Kontrolle brachte. Als orthodoxe und katholische Mönche in der Grabeskirche in Jerusalem mit Kerzenständern und Kruzifixen aufeinander losgingen, sah der Zar es als seine Pflicht an, die Rechte der orthodoxen Kirche im Osmanischen Reich zu verteidigen, woraufhin das protestantische Großbritannien und das antiklerikale Frankreich sich entschlossen zeigten, sowohl die Katholiken als auch das Osmanische Reich zu schützen.

Am Ende des 19. Jahrhunderts begannen die Vereinigten Staaten, ihre wachsende Macht außerhalb ihrer Grenzen, insbesondere in ihrer unmittelbaren Nachbarschaft, geltend zu machen. Versuche, in Kanada einzumarschieren oder seine Bewohner von den Vorteilen zu überzeugen, annektiert zu werden, scheiterten, und sich mit dem Britischen Empire anzulegen war keine gute Idee. Aber im Süden winkte leichtere Beute. Die Amerikaner hatten sich bereits große Gebiete Mexikos einverleibt und waren aus Handels- und Sicherheitsgründen zunehmend an der Karibik interessiert. Die Idee eines Kanals zwischen Pazifik und Atlantik durch den panamaischen Isthmus oder durch Nicaragua war bereits im Gespräch, was erheblich dazu beitrug, dass die Amerikaner den Blick auf die Region richteten. Das Haupthindernis war neben den Briten das moribunde spanische Kolonialreich, das neben anderen Besitzungen auch die reiche, strategisch bedeutsame Insel Kuba kontrollierte. So kam es den amerikanischen Expansionisten sehr gelegen, als 1898 das amerikanische Schlachtschiff *Maine* im Hafen von Havanna explodierte und sank, wobei der größte Teil der Besatzung den Tod fand. Die einflussreiche Hearst-Presse gab Spanien die Schuld (obwohl nicht auszuschließen war, dass Konstruktionsmängel oder seemännische Fehler die Tragödie verursacht hatten), traktierte ihre Leser mit der Parole »Denkt an die *Maine*« und verlangte Vergeltung. Der Kongress stimmte eilfertig in den Chor ein und drängte den Präsidenten in den Spanisch-Amerikanischen Krieg, aus dem die Vereinigten Staaten als dominierende Macht in Mittelamerika und der Karibik hervorgingen und der ihnen fast nebenbei auch noch die Philippinen einbrachte.

Im Juni 1914 beging der österreichische Thronfolger die beispiellose Dummheit, Sarajevo einen Besuch abzustatten – der Hauptstadt Bosniens, das nach Ansicht serbischer Nationalisten zu Serbien gehörte. Er tat dies auch noch ausgerechnet am 28. des Monats, jenem hohen serbischen Feiertag, an dem der Niederlage des serbischen Fürsten Lazar gegen die Osmanen in der Schlacht auf dem Amselfeld 1389 gedacht wird. Für eine Gruppe junger fanatischer Nationalisten und ihre Hintermänner in Serbien war die Gelegenheit unwiderstehlich, und durch pures »Glück« gelang es einem von ihnen, den Erzherzog und seine Frau zu töten. Weder die österreichische Kaiserfamilie noch die Regierung trauerten um die Toten; das Thronfolgerpaar erhielt ein hastiges, unwürdiges Begräbnis. Der Erzherzog war bei Hof nicht beliebt, und auf seine Frau sah man, da sie nur eine Gräfin war, von oben herab. Ihr Tod bot Österreich jedoch den willkommenen Anlass für den Versuch, Serbien zu vernichten, das aus Sicht Wiens schon viel zu lange an der Südgrenze des Habsburgerreichs Unruhe stiftete. Deutschland stellte sich mit dem berühmten »Blankoscheck« hinter Österreich. Russland wiederum glaubte, sich nicht heraushalten und zusehen zu können, wie sein kleiner Verbündeter Serbien zerstört würde. Die Pläne des deutschen Militärs sahen vor, Russlands Verbündeten Frankreich mit einem Vorstoß durch Belgien anzugreifen, und Großbritannien beschloss, Frankreich und Belgien zu Hilfe zu eilen. Binnen fünf Wochen schlingerte Europa aus einer der friedlichsten Zeiten, die es seit dem Römischen Reich erlebt hatte, in einen großen Krieg.

Der Zweite Weltkrieg begann in Asien mit einer weiteren, für manche willkommenen Episode, aber auch er hatte tiefere Ursachen. Die japanischen Militaristen und Nationalisten waren bestrebt, ein asiatisches Reich zu errichten, um Rohstoffe, Märkte, billige Arbeitskräfte und Siedlungsland zu gewinnen. 1931 hatte Japan bereits die reiche chinesische Provinz Mandschurei besetzt, nachdem passenderweise auf einer den Japanern gehörenden Eisenbahnstrecke einige Bomben explodiert waren. 1937 befand sich ein Trupp japanischer Soldaten auf einer routinemäßigen Patrouille durch Peking; das Recht zu solchen Patrouillen war zu Beginn des 20. Jahrhunderts etabliert worden, nachdem eine multinationale Streitmacht den gegen Ausländer gerichteten Boxeraufstand niedergeschlagen hatte. Als die Soldaten sich einer antiken Brücke näherten, über die Jahrhunderte zuvor angeblich der venezianische Reisende Marco Polo die Stadt betreten hatte, fielen plötzlich Schüsse. Am nächsten Tag präsentierten die Japaner einen Leichnam in japanischer Uniform. Obwohl in Peking das Gerücht umging, bei dem Toten handle es sich um einen von den Japanern präparierten chinesischen Bettler, diente der Vorfall an der Marco-Polo-Brücke Japan als Vorwand, auf südlich der Großen Mauer gelegenes chinesisches Gebiet vorzudringen und einen breiten Küstenstreifen bis hinunter an die Grenze Hongkongs zu okkupieren. Diese Invasion trug dazu bei, dass die amerikanische Öffentlichkeit gegenüber Japan von Isolations- auf Konfrontationskurs umschwenkte.

Offensichtlich gibt es also zu verschiedenen Zeiten und an unterschiedlichen Orten diverse Kriegsgründe: Abdankungen, Romanzen, Religionen, dynastische Streitigkeiten, Eroberungen, Imperialismus, Attentate, Lügengeschichten. Aber bestimmte Motive tauchen immer wieder auf: Habgier, Selbstverteidigung, Gefühle und Ideen.

Habgier nach dem Besitz anderer, seien es Nahrung fürs Überleben, Frauen als Sklavinnen oder für den Nachwuchs, wertvolle Rohstoffe, Handel oder Land, hat schon immer zu Kriegen geführt. Hobbes zufolge kämpfen Menschen miteinander, »um sich zum Herrn über andere Männer und deren Frauen, Kinder und Vieh zu machen«.[1] Die mongolischen Reiter waren auf Beute aus (brachten schließlich aber Reiche zu Fall und schufen neue). Cortés und Pizarro zerstörten im frühen 16. Jahrhundert die Reiche der Azteken und Inkas auf der Suche nach Gold. Am Ende des 18. Jahrhunderts teilten die Herrscher Preußens, Österreichs und Russlands Polen unter sich auf, weil sie ihre Territorien erweitern wollten. Hitler dehnte seinen Krieg nach Osten aus, weil er glaubte, die deutsche »Rasse« brauche zum Überleben mehr Land und mehr Ressourcen. Saddam Hussein besetzte 1990 Kuwait, weil er dessen Erdöl wollte.

Thukydides bemerkte in seiner *Geschichte des Peloponnesischen Krieges*, dass »die Übermächtigen das Mögliche tun und die Schwachen sich fügen«.[2] Aber die Schwachen können beschließen, statt zu kapitulieren zur eigenen Verteidigung zu kämpfen. Im Winterkrieg von 1939/40 nahm es das kleine Finnland mit der riesigen Sowjetunion auf; zwar musste es schließlich kapitulieren und einen Teil seines Territoriums abtreten, aber es bewahrte seine Unabhängigkeit. Die Polen kämpften 1939 sowohl gegen das nationalsozialistische Deutschland als auch gegen die Sowjetunion, weil die Alternative dazu jeweils schlechter zu sein schien; wenn man bedenkt, wie das besetzte Polen später von seinen beiden Feinden behandelt wurde, kann man schwerlich sagen, sie hätten die falsche Entscheidung getroffen.

Individuen und Gruppen können aus Angst – vor einer unmittelbaren Bedrohung, vor dem, was die Zukunft bringen könnte – in den Kampf ziehen, selbst wenn sie nicht angegriffen wurden. Und sie kämpfen zur Verteidigung dessen, was ihnen lieb ist: Familie, Besitz, Heimat.

Obwohl Krieg für gewöhnlich als Domäne der Männer angesehen wird, können Frauen als Vorwand dienen. Die Franzosen, schrieb der nationalistische deutsche Schriftsteller Ernst Moritz Arndt im 19. Jahrhundert, seien »so grausam als leichtfertig, so tigerisch als äffisch, […] so liederlich als treulos« und hätten deutsche Frauen geschändet und ihre Männer entehrt.[3] Die deutschen Männer müssten kämpfen, um diese Schande zu sühnen. Eine beliebte englische Postkarte aus dem Ersten Weltkrieg zeigte das Gesicht einer Frau unter der Überschrift: »Der Stern, der nachts über den Schützengräben leuchtet«. Einberufungsplakate beider Seiten zeigten hilflose Frauen, die von bestialischen Soldaten bedroht werden. Gegen den Feind gerichtete Kriegspropaganda warnte davor, dass dessen Frauen nicht so treu seien, wie von ihnen erwartet. Im Zweiten Weltkrieg warnte die japanische Radiopropaganda australische Soldaten davor, dass ihre Frauen mit den in ihrer Heimat stationierten amerikanischen Soldaten allzu vertrauten Umgang pflegten. Während des »Sitzkriegs« von 1939/40, als französische Soldaten in Erwartung eines deutschen Angriffs an den Grenzen bereitstanden, stellten die Deutschen riesige, von der französischen Seite aus gut sichtbare Plakate auf, auf denen Botschaften standen wie: »Soldaten aus den Nordprovinzen, zügellose britische Soldaten schlafen mit euren Frauen und vergewaltigen eure Töchter!« Eine französische Einheit parierte dies mit der Auskunft: »Das kümmert uns einen Scheiß, wir sind aus dem Süden!« Auch die nationalsozialistische Propagandamaschine versuchte, rassistische Ängste zu schüren, indem sie behauptete, französische und britische Frauen würden von schwarzen Soldaten aus ihren Kolonialreichen oder den Vereinigten Staaten verführt.

Gelegentlich wird argumentiert, ein Präventivkrieg sei die beste Verteidigung, auch wenn die Bedrohung eher vermutet als real ist. Thukydides zufolge stimmten die Bürger von Sparta für Krieg, weil sie fürchteten, »dass die Athener immer mächtiger würden, da sie sahen, dass ihnen bereits der größte Teil von Hellas untertan war«.[4] Die Römer forderten im Ersten Punischen Krieg die weit mächtigeren Karthager heraus, weil sie Polybios zufolge fürchteten, diese könnten, »wenn sie auch noch die Herrschaft über Sizilien erhielten, ihnen sehr gefährliche und furchtbare Nachbarn werden«.[5] Die Israelis griffen ihre Nachbarn Ägypten, Syrien und Jordanien 1967 zuerst an, weil sie zu Recht befürchteten, dass diese ihrerseits einen koordinierten Angriff planten. In der Julikrise von 1914 bestärkte das deutsche Oberkommando die Bereitschaft zum Krieg mit dem Argument, man habe nur noch drei Jahre Zeit, bevor das rasant aufrüstende

Russland zu stark sein würde, um von Deutschland besiegt zu werden. Das japanische Militär äußerte sich 1941 ganz ähnlich, als es gewahr wurde, wie die Vereinigten Staaten ihre Kriegsvorbereitungen beschleunigten. Der Angriff auf Pearl Harbor war ein Hasardspiel, um die USA aus dem Krieg zu werfen und Japan den Besitz aller bisherigen und künftigen Erwerbungen zu sichern. Im Kalten Krieg wurden beide Seiten von der Sorge umgetrieben, der Gegner könnte, um einen Vorteil zu erlangen, als Erster seine Atomsprengköpfe einsetzen.

Aber noch eine andere Art von Furcht kann dazu beitragen, auf einen Krieg zu drängen. In Europa befürchtete man vor 1914, ein zu langer Frieden würde die Gesellschaft verweichlichen – es war viel davon die Rede, dass ein anständiger Konflikt die Moral einer Nation festige und aus der Jugend taffe Patrioten mache. Dass die Deutschen das Münchner Abkommen begrüßten, weil es den Ausbruch eines Krieges zu verhindern schien, erfüllte Hitler 1938 mit Entsetzen. Vor einer Versammlung deutscher Verleger und Journalisten (die zu diesem Zeitpunkt natürlich alle unter nationalsozialistischer Aufsicht standen) erklärte er, sie müssten die Deutschen so erziehen, »dass die innere Stimme des Volkes selbst langsam nach der Gewalt zu schreien« beginne.[6]

Mutmaßungen und Furcht vor anderen, seien es rivalisierende Gangs oder Nationen, können – wie bei unseren Verwandten, den Schimpansen – auch dann das Gefühl einer Bedrohung erwecken, wenn keine vorhanden ist. Im Kalten Krieg bewirkte das gegenseitige Misstrauen zwischen dem Westen und dem Sowjetblock, dass beide Seiten dazu neigten, Worte und Taten des anderen – selbst unbeabsichtigte – im ungünstigsten Licht zu deuten. Sogar einen Bären, der über den Zaun einer amerikanischen Raketenbasis zu klettern versuchte, missdeutete man als feindlichen Eindringling; Vogelschwärme auf amerikanischen oder kanadischen Radarschirmen hielt man für Flugzeuge oder Raketen; sowjetischen Ingenieuren erschien das von Wolken gespiegelte Sonnenlicht als beginnender Angriff – für einige Augenblicke war man dem Dritten Weltkrieg gefährlich nahe. Einmal legte ein amerikanischer Techniker im Nordamerikanischen Luftverteidigungskommando irrtümlich eine Übungskassette in einen Computer ein – und plötzlich erhielten Kommandostellen eine Warnung vor anfliegenden sowjetischen Raketen. Bomberbesatzungen rannten zu ihren Flugzeugen, amerikanische Raketen wurden in erhöhten Alarmzustand versetzt. Zum Glück wurde der Fehler rechtzeitig entdeckt. Nachdem sie 1983 das koreanische Passagierflugzeug KAL007 versehentlich abgeschossen hatte, verknüpfte die Sowjetunion Vorkommnisse, die nichts miteinander zu tun hatten, um das Szenario eines unmittelbar bevorstehenden Nuklearangriffs zu konstruieren – etwa NATO-Manöver und eine Zunahme der verschlüsselten Kommunikation zwischen der britischen Premierministerin Margaret Thatcher und US-Präsident Ronald Reagan.

Heute gibt es sowohl in Peking als auch in Washington Leute, die einen Konflikt zwischen China und den Vereinigten Staaten für unvermeidlich halten, und wenn sie nach Anzeichen suchen, können sie natürlich welche finden. Wissenschaftler der Harvard University haben eine Thukydides-Falle ausgemacht; sie erheben die berühmte Bemerkung des antiken Historikers, der die Ursache für den Peloponnesischen Krieg in Athens Machtzuwachs und Spartas Furcht davor sah, in den Rang einer Regel, die fast immer zutrifft: Wenn eine aufsteigende Macht eine etablierte bedroht, ist ein Krieg wahrscheinlich. Da sie auf einer selektiven Interpretation von Beispielen aus der Vergangenheit beruht, bietet diese Schlussfolgerung den Experten allerdings viel Raum für Widerspruch.

Hobbes zufolge beginnen Menschen Kriege auch wegen »Kleinigkeiten«; manchmal reiche »ein Wort, ein Lächeln, eine verschiedene Meinung oder jedes andere Zeichen von Geringschätzung, das entweder direkt gegen sie selbst gerichtet ist oder in einem Tadel ihrer Verwandtschaft, ihrer Freunde, ihres Volks, ihres Berufs oder ihres Namens besteht«.[7] Ehre und Ruhm sind abstrakte Begriffe, doch sie können mehr bedeuten als das Leben selbst. Alexander der Große soll sich den Kriegshelden Achill, der keine Kränkung duldete, zum Vorbild genommen und mit einem Exemplar der *Ilias* unter dem Kopfkissen geschlafen haben. Der Sonnenkönig Ludwig XIV. ruinierte Frankreich und stürzte Europa in jahrelange Kriege, um Ruhm zu erwerben – nicht für Frankreich, sondern für sich selbst. »Ich werde nicht versuchen, mich zu rechtfertigen«, erklärte er, nachdem er einen Krieg mit den Niederlanden begonnen hatte. »Ehrgeiz und Ruhm[sucht] sind bei einem Fürsten stets verzeihlich …« Schlachtensiege, Landerwerb, das Bestreben, Verwandte auf andere europäische Throne zu setzen, selbst wenn die anschließenden Kriege Frankreich nichts nutzten – all dies mehrte Ludwigs Ruhm. Napoleon (der Ludwigs großen Widersacher, den britischen Herzog von Marlborough, mehr bewundert zu haben scheint als den König), teilte diese Ruhmsucht. Sein Vorbild war vor allem Alexander der Große. Er marschierte in Ägypten ein, weil er wie einst Alexander ein Reich im Osten errichten wollte. »Ich hatte große Träume«, schrieb er später einem Freund. »Ich sah mich eine Religion gründen, in Asien einmarschieren, reitend auf einem Elefanten und mit einem Turban auf dem Kopf, in der Hand den neuen, von mir entworfenen und meinen Bedürfnissen angepassten Koran.« In seinem Streben nach Ruhm stellte er Europa auf den Kopf und zerstörte Hunderttausende von Leben.

Die fiktive Figur des Cyrano de Bergerac, der sich eher auf Leben und Tod duelliert, als beleidigende Bemerkungen über seine Nase hinzunehmen, hat viele Entsprechungen in der Realgeschichte. Zahlreiche Kriege wurden geführt, um die Ehre zu wahren oder für tatsächliche oder eingebildete Kränkungen und Verletzungen Rache zu nehmen. Als die österreichische Führung im Sommer 1914 darüber beriet, wie sie auf die Ermordung ihres Erzherzogs reagieren sollte, hatte sie die Ehre des Reichs im Blick und nahm die Aussicht auf einen Krieg mit Russland in Kauf. »[E]s wird ein aussichtsloser Kampf werden«, sagte der österreichische Generalstabschef in einem Brief an seine Geliebte voraus, »dennoch muss er geführt werden, da eine so alte Monarchie und eine so glorreiche Armee nicht ruhmlos untergehen können.«[8] Als der britische Außenminister Edward Grey am 3. August in einer Rede im Unterhaus den Beschluss der Regierung bekannt gab, in den sich anbahnenden Konflikt einzugreifen, sprach er von einer britischen »Ehrenpflicht«. Unterscheiden sich heutige Straßengangs, deren Mitglieder eher sterben würden, als sich »dissen« – respektlos behandeln – zu lassen, in ihren Motiven davon?

Karthago, vor allem seine aristokratischen Führer, fühlte sich von der Niederlage gegen Rom im Ersten Punischen Krieg im 3. Jahrhundert v. Chr. gedemütigt. Der große karthagische Feldherr Hamilcar soll seinem kleinen Sohn den heiligen Eid abgenommen haben, niemals zum Freund Roms zu werden. Das Kind, Hannibal, wuchs zu einem noch größeren Feldherrn heran und stand im Zweiten Punischen Krieg kurz davor, Rom zu zerstören. Nach Frankreichs verheerenden Niederlage gegen Preußen und seine Verbündeten im Jahr 1871 verhüllten die Pariser zum Zeichen ihrer Trauer um die verlorenen Provinzen Elsass und Lothringen die Statuen der Stadt mit schwarzen Tüchern. Beim Kriegsausbruch 1914 schlug ihre Trauer in Jubel um. Deutschland seinerseits sann nach der Niederlage von 1918 auf Rache. Den Versailler Vertrag – dieses »Diktat« der Siegermächte, wie er genannt wurde – betrachteten Deutsche aller politischen Richtungen als Ausdruck von Rachsucht und als schreiende Ungerechtigkeit, er wurde für vieles verantwortlich gemacht, was in den 1920er-Jahren in Deutschland schieflief. Zwei Schwestern beklagten sich gegenüber einem englischen Journalisten, sie könnten ihre Wäsche nicht mehr einmal pro Woche außer Haus geben, alles wegen des Vertrags. Hitler und die Nationalsozialisten gelangten vor allem deshalb an die Macht, weil sie versprachen, die »Ketten« dieses Abkommens zu sprengen. Und Hitler hielt Wort: Er stellte die Reparationszahlungen ein, brach offen die Abrüstungsklauseln, verlegte Truppen ins entmilitarisierte Rheinland und schloss Österreich an Deutschland an. Sein Ziel war jedoch stets größer, als nur den Versailler Vertrag aufzukündigen und Deutschland zur größten Macht auf dem Kontinent zu machen. Ihm ging es darum, dem deutschen Volk – der »arischen Rasse«, wie er sie nannte – ein riesiges Territorium zu verschaffen, das seinem Status als »Herrenrasse« gemäß war und letztlich seine Herrschaft über die Welt sicherstellen sollte.

Ideologien – idealistische, messianische, böswillige oder schlicht verrückte – bildeten den Kern einiger der größten Konflikte der Geschichte. Nationalisten – worunter eine ganze Bandbreite zu verstehen ist, von Rassisten bis zu Patrioten, die eine gemeinsame Kultur und Geschichte wertschätzen – haben im Namen der Nation gekämpft und getötet und tun es bis heute. »Ich habe nur zu bedauern«, erklärte der amerikanische Freiheitskämpfer Nathan Hale, »dass ich nur ein Leben habe, welches ich meinem Land schenken kann.«

Religion – die mit Nationalismus verschmelzen kann, wie im Falle der orthodoxen Kirche in Serbien und Russland – liefert sowohl einen Grund, für den zu sterben sich lohnt, als auch oft das Versprechen ewigen Lebens. Nicht um Beute zu machen und Land zu erobern verließen die Kreuzfahrer ihre europäische Heimat und unternahmen die lange, gefährliche Reise ins Heilige Land – von beidem gab es zu Hause mehr und Besseres. Nein, sie wurden angetrieben von dem, was sie für ihre heilige Mission hielten: das Land für die Christenheit zurückzugewinnen, in dem Jesus einst gelebt hatte. Viele Kreuzfahrer, darunter Könige wie Richard I. von England, genannt »Löwenherz«, und Philipp II. von Frankreich sowie andere große Landesherren ließen Besitz, Stellung und Familie hinter sich – viele kehrten nie zurück. Sie wurden angestachelt von Religionsführern wie Papst Gregor VII., der die Gläubigen an den Vers aus dem Buch Jeremia erinnerte (»Verflucht sei, wer sein Schwert aufhält, dass es nicht Blut vergießt!«), und töteten bedenkenlos jeden, den sie für einen Ungläubigen hielten. Bei den Massakern in Jerusalem 1099 soll das Blut über die Straßen geströmt sein. »Keiner von ihnen wurde am Leben gelassen«, hieß es in einem zeitgenössischen Bericht, »weder Frauen noch Kinder wurden verschont.«

Kriege um Ideologien, seien sie religiöser oder politischer Art, sind häufig die grausamsten, weil das Königreich des Himmels oder irgendein irdisches Paradies alles rechtfertigt, was in seinem Namen geschieht, einschließlich der Beseitigung menschlicher Hindernisse. Wer den falschen Ideen oder dem falschen Glauben anhängt, verdient zu sterben, so wie Krankheiten auszumerzen sind, oder ist einfach das notwendige Opfer auf dem Weg zur Verwirklichung eines Traums, der der gesamten Menschheit zugutekommt. Martin Luther, dessen Einfluss auf das protestantische Denken enorm war, sagte einst: »[D]ie Hand, die solch ein Schwert führt und würgt, ist alsdann auch nicht mehr eines Menschen Hand, sondern Gottes Hand …«[9] Solche Vorstellungen befeuerten die mörderischen Religionskriege seiner eigenen Zeit und trugen zum Dreißigjährigen Krieg im folgenden Jahrhundert bei. Ähnlich war es mit den Kriegen zur Durchsetzung eines revolutionären Sozialismus im 20. Jahrhundert, in denen man nicht Gottes Werk, sondern dasjenige der Geschichte auszuführen glaubte. Auch heute gibt es wieder religiöse Kriege – bis das Endziel erreicht ist, gibt es keinerlei Grenzen. Leider sind sogar Kriege, die den Krieg selbst beenden sollen, oftmals grenzenlos. Wenn es darum geht, die Geißel des Krieges ein für alle Mal zu beseitigen, gelten alle Gräuel und Scheußlichkeiten als gerechtfertigt, weil die gute Sache ja die Opfer wert sei. Im Vorfeld des Dreißigjährigen Kriegs gelangten radikale Calvinisten – eine extreme Variante des Protestantismus – zu der Überzeugung, die Habsburger Monarchie sei die Macht der Finsternis, die ausgelöscht werden müsse, bevor die Rechtschaffenen gerettet werden könnten. Und als die radikalen französischen Revolutionäre sich darauf vorbereiteten, Krieg gegen Europa zu führen, taten sie dies für die Erlösung der Welt. »Weil ich den Frieden will, bitte ich um Krieg«, sagte einer von ihnen 1791. Wie in den Religionskriegen wird der Gegner zum Feind der Menschheit selbst – er muss nicht nur besiegt, sondern restlos vernichtet werden.

Bürgerkriege nehmen oft den Charakter und die Grausamkeit eines Kreuzzugs an, weil in ihnen um das Wesen der Gesellschaft selbst gekämpft wird. Der anderen Seite wird unterstellt, die Gemeinschaft durch die Weigerung verraten zu haben, gemeinsame Werte und eine gemeinsame Vision zu teilen; somit werden extreme Gewalt und Brutalität verzeihlich und sogar notwendig, um das beschädigte Gemeinwesen wiederherzustellen. Wenn sich Angehörige einer vormals gemeinsamen Familie gegeneinander wenden, wird aus Liebe oder zumindest Toleranz purer Hass, bis hin zu dem Wunsch, den anderen auszulöschen. In einem Bürgerkrieg kämpfen beide Seiten für Legitimität und Dominanz in einem Raum, den sie einst teilten. Ein äußerer Feind ist eine klare, aber verständliche Bedrohung; ein Bürgerkrieg dagegen wird von Wut und Kränkung über den unverständlichen Verrat der anderen Seite angefacht. Die Römer, die den Begriff des Bürgerkriegs erstmals gebrauchten, betrachteten das bloße Vorhandensein von Zank und Streit innerhalb Roms als schweres moralisches Versagen, das die römische Zivilisation insgesamt infrage stellte.

Wir empfinden angesichts von Bürgerkriegen ein besonderes Grauen, weil sie die Bande zerreißen, die Gesellschaften zusammenhalten, und weil sie häufig von hemmungsloser Gewalt gegen die andere Seite gekennzeichnet sind. Der amerikanische Bürgerkrieg hat wahrscheinlich mehr Opfer gefordert als alle anderen amerikanischen Kriege zusammen. Rund drei Millionen Männer kämpften in ihm, bei einer Bevölkerung von 30 Millionen; mindestens 600 000 fielen, weitere 500 000 wurden verwundet. (Auf die heutige, wesentlich größere Bevölkerung hochgerechnet entspricht das etwa fünf Millionen Toten.) Auch schätzungsweise 150 000 Zivilisten kamen infolge direkter Gewalt oder aufgrund von Hunger und Krankheit ums Leben. Seit 1945 ist zwar die Zahl der Kriege zwischen Staaten gesunken, die der Bürgerkriege aber gestiegen. Griechenland, Nigeria, Sudan, Afghanistan, Jemen, Syrien, Kongo, Nordirland, Jugoslawien: Die Liste ist lang und umfasst große Teile der Welt. Die Zahl der Todesopfer in solchen Konflikten festzustellen ist schwierig, wenn nicht unmöglich, weil es zumeist keine zuverlässigen Berichte gibt.

Und welche Todesfälle sind vom Krieg verursacht? Soll man nur die Kombattanten zählen oder auch ihre Helfer? Sind auch die Todesfälle aufgrund von Hunger oder Krankheit mitzuzählen? So schwanken die Schätzungen der Zahl der Bürgerkriegstoten seit 1945 zwischen 25 Millionen und weit geringeren, aber immer noch erschreckenden Angaben; hinzu kommen die Millionen von Flüchtlingen, die vor der Gewalt fliehen.

Im Bürgerkrieg werden die kleinen Ärgernisse und Feindseligkeiten aus Friedenszeiten so aufgebläht, dass sie tödlich werden. Während des Peloponnesischen Kriegs brach ein Konflikt unter den Bürgern des Stadtstaats Kórkyra aus, vorgeblich zwischen Gegnern und Anhängern der Demokratie. Tatsächlich aber wurden laut Thukydides »einige auch aus Privatfeindschaft getötet und andere, weil sie Gelder ausstehen hatten, von ihren Schuldnern. Und jede Todesart wurde angewendet und alles, was in einem solchen Zustande zu geschehen pflegt, trug sich zu und noch mehr. Denn der Vater tötete den Sohn, und aus den Heiligtümern wurden sie geschleppt und bei denselben getötet, ja einige wurden sogar im Tempel des Dionysos eingemauert und starben darin.«[10]

Bürgerkriege spalten Familien und Freunde, häufig für immer. Ralph Hopton und William Waller, im 17. Jahrhundert Grundbesitzer im West Country in Südwestengland, waren seit Kindertagen Freunde. Beide waren Puritaner, standen also auf derselben Seite der tiefen religiösen Kluft, welche die englische Gesellschaft spaltete; beide besuchten dieselbe Kirche, beide wurden Unterhausabgeordnete. Auch dort stimmten sie in vielem überein. Beide unterstützten die Große Remonstranz von 1641, in der die Beschwerden des Parlaments gegen die Politik Karls I. festgehalten waren.

Doch dann glaubte Hopton, den König gegen seine Opponenten unterstützen zu müssen, und so standen die alten Freunde plötzlich auf verschiedenen Seiten, als der Englische Bürgerkrieg ausbrach. Als Royalisten und Parlamentarier 1643 im West Country gegeneinander kämpften, bat Hopton seinen ehemaligen Freund brieflich um ein Treffen. Wallers Antwort zeugte von tief empfundenem Bedauern:

> Sir, der Eindruck, den ich von Eurer Würde erhalten, und das Glück, das ich durch Eure Freundschaft empfunden habe, sind schmerzliche Prüfungen, wenn ich auf die derzeitige große Distanz zwischen uns schaue. Gewiss ist meine Zuneigung für Sie so unabänderlich, dass Feindschaft als solche meine Freundschaft nicht erschüttern kann, aber ich muss gegenüber der Sache, der ich diene, wahrhaftig sein. Der große Gott, der Prüfer meines Herzens, weiß, mit welch traurigem Gemüt ich diesen Dienst ausübe und mit welch vollkommenem Hass ich diesen Krieg ohne einen Feind verabscheue; aber ich sehe ihn als ein *Opus Domini* an, und das genügt, um alle Leidenschaft in mir verstummen zu lassen. Der Gott des Friedens wird uns zu gegebener Zeit Frieden schicken. In der Zwischenzeit stehen wir auf der Bühne und müssen die uns in dieser Tragödie zugedachten Rollen spielen. Lassen Sie uns dies auf ehrenwerte Weise und ohne persönliche Animositäten tun. Was immer der Ausgang sein wird, ich werde das Anrecht, Ihr ergebenster Freund zu sein, niemals freiwillig aufgeben.

Sie trafen sich nie wieder. Nach der Niederlage der Royalisten ging Hopton ins Exil nach Brügge, wo er 1651 starb. Waller wandte sich enttäuscht von der Republik ab, die errichtet worden war, und setzte sich für die Restauration der Monarchie ein. Er starb 1668. Bürgerkriege bringen viele traurige Geschichten wie die von Hopton und Waller hervor.

Bürgerkriege lassen sich schwer vergessen, selbst wenn Frieden eingetreten ist, denn nach ihrem Ende leben häufig Menschen Tür an Tür, die vor Kurzem noch Feinde waren. Vergebung ist nicht leicht – den einen fällt es schwer, ihre Niederlage zu akzeptieren, den anderen, im Sieg großmütig zu sein. Gesetze wie der *Act of Pardon, Indemnity and Oblivion* (Pardon, Entschädigung und Vergessen) für im Bürgerkrieg und kurz danach begangene

Verbrechen, den das britische Parlament 1660 beschloss, finden sich allzu selten in der Geschichte, auch wenn heute in Ländern wie Ruanda, Kolumbien, Nordirland und Südafrika systematisch versucht wird, Frieden und Versöhnung zu erreichen. Verbreiteter ist, was in Francos Spanien geschah: ein »langer unziviler Frieden«, wie ein Historiker es nannte. Es kehrt eine gewisse Ordnung ein, wie in Spanien oder in Titos Jugoslawien, aber die bitteren Erinnerungen an die Ausschreitungen und Gräuel beider Seiten werden nur kaschiert. Schon der römische Dichter Horaz warnte vor »Gluten [...], die unter tückischer Asche schwelen«.[11] Auseinandersetzungen über die Vergangenheit können die Spanier heute noch spalten, wie die jüngste Aufregung über das Schicksal der Gedenkstätte für General Franco im Valle de los Caídos zeigt. Im ehemaligen Jugoslawien, wo die Erinnerungen noch frischer sind, fällt es sogar schwer, überhaupt darüber zu sprechen, was in den 1990er-Jahren geschah. In den Vereinigten Staaten sind die Schatten des Bürgerkriegs auch mehr als anderthalb Jahrhunderte nach seinem Ende noch zu spüren, wie die Auseinandersetzungen um Konföderationsfahnen und Statuen konföderierter Generale oder die verworrene Rassenpolitik und die fortbestehenden Ressentiments weißer Südstaatler zeigen.

»Frieden zu schließen ist schwieriger, als Krieg zu führen«, hat der kluge, zynische französische Ministerpräsident Georges Clemenceau einmal gesagt, und dies trifft auf fast alle Kriege zu. Allzu oft eröffnen Staaten Feindseligkeiten, ohne darüber nachzudenken, was sie erreichen wollen und welche Art Frieden sie haben möchten. Vor 1914 besaß das deutsche Militär einen ausgeklügelten Angriffsplan, für dessen Erarbeitung es Jahre, viele Hände und zahlreiche Übungsmanöver benötigt hatte. Der Schlieffenplan war so gut, wie nur der beste Generalstab Europas ihn hatte ausarbeiten können, aber er beinhaltete fatale Fehler: Er ging davon aus, dass Deutschland seine Nachbarn Frankreich und Russland gleichzeitig angreifen müsse, und schloss daher alle anderen Optionen aus, einschließlich derjenigen eines Einfronten- oder eines Verteidigungskriegs, und er kalkulierte nicht mit ein, was der große Clausewitz »Friktion« genannt hatte und die Amerikaner »Murphys Gesetz« nennen – all jene Dinge, die im Krieg schiefgehen und die besten Pläne der besten Militärs zunichtemachen können. Am gefährlichsten war jedoch, dass er das Produkt einer Führung war, in der sich die Militärs auf den Gewinn von Schlachten konzentrierten und die Zivilisten kaum darüber nachdachten, was danach geschehen sollte.

Eine begrenzte Sicht auf die Dinge ist im Krieg verbreiteter, als man denkt. Die Deutschen hatten 1914 weder ihre Kriegsziele definiert noch sich überlegt, was sie tun würden, sollte Frankreich oder Russland um Frieden nachsuchen. Als Japan im September 1941 einem Krieg mit den Vereinigten Staaten näherkam, fand in Anwesenheit des Kaisers eine hochrangige Kriegskonferenz unter Beteiligung höchster militärischer und ziviler Führer sowie einiger Elder Statesmen statt. Das Militär, das inzwischen den politischen Entscheidungsprozess dominierte, legte eine Denkschrift vor, die in Bezug auf die Ziele des kommenden Krieges von geradezu atemberaubender Unbestimmtheit war. »Wir können die Möglichkeit nicht ausschließen«, hieß es darin, »dass der Krieg durch einen großen Meinungsumschwung der amerikanischen Öffentlichkeit endet. […] Auf jeden Fall sollten wir in der Lage sein, eine unbesiegbare Position einzunehmen. […] Unterdessen können wir hoffen, dass wir in der Lage sein werden, die Richtung der Ereignisse zu beeinflussen und den Krieg zu einem Ende zu bringen.« Wenig später verglich der japanische Ministerpräsident Tojo Hideki (der später wegen Kriegsverbrechen verurteilt wurde) die Entscheidung für den Krieg mit dem Sprung von einer Klippe mit geschlossenen Augen: »Es gibt Zeiten, in denen wir den Mut haben müssen, Außerordentliches zu tun.« Asien, die Amerikaner und das japanische Volk sollten für diese Art Mut einen hohen Preis zahlen.

Allzu oft gehen diejenigen, die die Entscheidung für einen Krieg fällen, davon aus, ein Sieg werde auf wundersame Weise alle Probleme lösen. 1998 verwendete das amerikanische Militär viel Zeit darauf, den Feldzug gegen Saddam Hussein zu planen und in Kriegsspielen zu proben. General Anthony Zinni, Chef des für den Nahen Osten zuständigen United States Central Command, erklärte später: »Mir fiel damals auf, dass wir zwar einen Plan für den Sieg über Saddam Hussein hatten, aber keinen für den Wiederaufbau des Iraks.«[12] In einem eigenen Kriegsspiel kam er 1999 zu dem Schluss, dass die Invasionstruppen auf erhebliche Probleme stoßen würden; das Land würde wahrscheinlich »entlang religiöser und / oder ethnischer Trennlinien« zerfallen, rivalisierende Kräfte würden um die Macht kämpfen, und die Amerikaner würden mit zunehmender Feindseligkeit konfrontiert sein. Als die USA 2002 die letzten Vorbereitungen für den Krieg gegen den Irak trafen, wurde in einem letzten, groß angelegten Kriegsspiel die Fähigkeit der US-Streitkräfte getestet, eine namenlose nahöstliche Macht zu besiegen. Die amerikanische Seite hatte einen klaren Vorsprung bei hochentwickelter Elektronik, Panzern, Flugzeugen und Kriegsschiffen. Der befehlshabende General der wesentlich schwächeren »feindlichen« Streitkräfte hielt seinen Gegner jedoch zum Narren: Er bewahrte Funkstille und ließ Befehle durch Motorradboten übermitteln, sodass eine elektronische Überwachung seiner Bewegungen erschwert wurde; auch schickte er eine Flotte von Selbstmordattentätern in Schnellbooten aus, die (wenn auch nur auf dem Papier) 16 amerikanische Kriegsschiffe außer Gefecht setzten. Das Pentagon unterbrach daraufhin das Kriegsspiel und änderte die Regeln. Die Kriegsschiffe waren wie durch ein Wunder wieder einsatzfähig, und der »Feindgeneral« wurde angewiesen, seine Luftverteidigung einzustellen und die Positionen seiner Schlüsseleinheiten zu enthüllen. Er entschloss sich angewidert zum Rücktritt.

Diese Demonstration asymmetrischer Kriegführung, bei der eine unterlegene Macht eine wesentlich stärkere Macht mit unkonventionellen Mitteln überraschen und in Schwierigkeiten bringen kann, war eine Warnung vor dem, was die Koalitionstruppen sowohl in Afghanistan als auch im Irak erleben sollten, wo Blitzüberfälle von Guerillakämpfern ihnen schwer zusetzten.

Die Angreifer verständigten sich über sichere Kommunikationswege und benutzten billige improvisierte Sprengsätze, häufig in Granathülsen oder anderen Behältern verstaute Sprengstoffe und Metallstücke wie gewöhnliche Nägel, die mit einfachen, leicht zu beschaffenden technischen Mitteln wie Fernbedienungen für Kinderspielzeuge oder Garagentoröffnern gezündet werden konnten. Solche Sprengsätze bereiteten in beiden Ländern den Besatzungstruppen die größten Verluste.

Zudem fehlten den Besatzern klare Zielvorstellungen für die Zeit nach Erreichen ihres ersten Zieles: des Sturzes der Taliban bzw. Saddam Husseins. Das Militär stand plötzlich vor der Aufgabe des Nation Building, für die es nicht ausgebildet war und keine klaren Direktiven erhalten hatte. Vor der Invasion und Besetzung des Iraks im März 2003 kamen nur ein einziges Mal – im Februar, als es viel zu spät war – Vertreter aller beteiligten Ministerien, einschließlich des Außen-, Verteidigungs- und Finanzministeriums sowie der CIA, zusammen, um über die Nachkriegssituation zu sprechen. Zwar hatte das Außenministerium ein Jahr lang an einer umfangreichen Studie gearbeitet, aber das Verteidigungsministerium und das Weiße Haus zeigten sich nicht daran interessiert und lehnten es ab, führende amerikanische Irak-Experten zu den Planungen für die Zeit nach dem Sieg hinzuzuziehen.

Wie die Koalition im Irak feststellen sollte, haben Kriege ihre eigene Dynamik und sind häufig leichter zu beginnen als zu beenden. Regierungen mögen heute von begrenzten Kriegen oder »Polizeiaktionen« sprechen und ihre Hoffnung in sie setzen, aber einmal begonnen, fällt es in der Regel schwer, wieder aus ihnen herauszukommen. Ein entscheidender Sieg, der es dem Sieger erlaubt, dem Verlierer den Frieden zu diktieren, kann erhebliche Kosten verursachen; gleichzeitig sind Vereinbarungen, bei denen keine Seite alles bekommt, was sie will, sowohl den Eliten als auch der breiten Öffentlichkeit schwer zu vermitteln.

Kriegsziele neigen außerdem dazu, sich in dem Maße zu vergrößern, wie die Kosten – an Menschenleben und Ressourcen –

oder die Rachegelüste wachsen. Politische Führer sind versucht, der Öffentlichkeit übertriebene Gewinne zu versprechen, um politischen und sozialen Unruhen vorzubeugen. Als im Ersten Weltkrieg keine Seite einen schnellen Sieg erringen konnte, stellten die Regierungen, von ihren Außenministerien, Politikern und Interessengruppen dazu gedrängt, immer umfangreichere, ehrgeizigere Wunschlisten auf. Russland glaubte, vom Osmanischen Reich das Schwarze Meer und die Durchfahrt zum Mittelmeer übernehmen zu können, während Großbritannien und Frankreich sich osmanische Gebiete im Nahen Osten einzuverleiben gedachten. Das deutsche Septemberprogramm, nach dem ersten blutigen Kriegsmonat von der Reichskanzlei formuliert, sah ein riesiges deutsches Kolonialreich in Afrika unter Einbeziehung britischer und französischer Kolonien vor, außerdem die wirtschaftliche Vorherrschaft auf dem europäischen Kontinent vom Kanal bis zur Ukraine und bis hinunter zum Balkan. Wie der mit der neuen bolschewistischen Sowjetregierung geschlossene Friedensvertrag von Brest-Litowsk deutlich machte, waren die deutschen Kriegsziele 1918 bis zur politischen Hegemonie ausgeweitet worden. Russland verlor im Westen enorme Gebiete; Polen, Finnland, die drei baltischen Staaten und die Ukraine sollten Protektorate Deutschlands oder seines unterwürfigen Verbündeten Österreich werden.

2002 wurden NATO-Truppen nach Afghanistan geschickt, ursprünglich, um das Taliban-Regime zu stürzen, doch während sie in einem Klein-Klein-Krieg versanken, weiteten sich ihre Ziele auf ein breites Spektrum zweifellos lobenswerter Vorhaben aus, vom Nation Building über das Gesundheitswesen bis zur Frauenbildung.

Die Begründungen für Kriege sind zahlreich und vielfältig. Aber die tiefer liegenden Ursachen haben sich über die Jahrhunderte kaum nennenswert geändert. Das Vokabular mag sich gewandelt haben: Wo einst von Ehre die Rede war, spricht man heute eher von Prestige oder Glaubwürdigkeit. Doch Habgier, Verteidigung sowie Gefühle und Ideen sind nach wie vor die

Geburtshelfer des Krieges. Auch die Strategie hat sich im Wesentlichen nicht geändert. Ob zu Land oder zur See, stets versuchen die Gegner, die Fähigkeit des anderen, Krieg zu führen, zu unterminieren oder ein für alle Mal zu zerstören. Strategische Ziele können defensiv sein – den Gegner sich selbst erschöpfen zu lassen – oder offensiv – den Krieg zu den Streitkräften des Gegners zu tragen, seine Städte und Häfen zu belagern oder seinen Handel und seine Produktion zu zerschlagen.

Taktik – die angewandten Mittel, um strategische Ziele zu erreichen – und Logistik – die Gewährleistung des von den Streitkräften benötigten Nachschubs – haben sich jedoch im Lauf der Zeit und in verschiedenen Teilen der Welt verändert, weil Gesellschaften, ihre Organisation und ihre Werte sich entwickeln und ändern und ihnen andere Ressourcen und Technologien zur Verfügung stehen.

III

MITTEL UND WEGE

»Des Menschen Herz ist der Ausgangspunkt aller Kriegsfragen.«

Oberst Louis Loyzeau de Grandmaison

»Drei Mann und ein Maschinengewehr können ein Bataillon von Helden aufhalten.«

Ein französischer General im Ersten Weltkrieg

In Leonard Bernsteins Musical *West Side Story* prahlen Bandenmitglieder damit, dass ihre Gruppenloyalität bis zum Tag ihres Todes bestehen bleibe. In Shakespeares *Coriolanus* feiert die Mutter des Titelhelden, die furchterregende Volumnia, die Rückkehr ihres Sohnes aus der Schlacht; dann sagt sie zu ihrer Schwiegertochter Virgilia, sie wäre genauso stolz gewesen, wenn er gefallen wäre:

> Dann wäre sein Nachruhm mein Sohn gewesen; in ihm hätte ich mein Geschlecht gesehn. Höre mein offenherziges Bekenntnis: hätte ich zwölf Söhne, jeder meinem Herzen gleich lieb, und keiner mir weniger teuer als dein und mein guter Marcius [Coriolanus], ich wollte lieber elf für ihr Vaterland edel sterben sehen, als einen einzigen in wollüstigem Müßiggang schwelgen.[1]

In solchen Gesellschaften – es hat sie zu allen Zeiten und an den verschiedensten Orten gegeben – werden junge Männer (und es sind fast immer Männer) dazu erzogen, Eigenschaften wie Disziplin, Tapferkeit und Todesbereitschaft wertzuschätzen. Die Heldenepen, die sie hören, die Bücher, die sie lesen, die Lieder, die sie singen, und die Bilder und Skulpturen, die sie betrachten, halten ihnen die Beispiele großer Krieger vor Augen. In der *Ilias* ermahnt Sarpedon, einer von Trojas Verbündeten, seine Mitkämpfer vor einem Angriff auf die Griechen, in vorderster Reihe zu kämpfen, sodass niemand später sagen könne, sie seien Feiglinge gewesen. Die jungen britischen Offiziere, die im Ersten Weltkrieg an die Westfront gingen, waren mit den Klassikern aufgewachsen und erwarteten, wie die griechischen und römischen Helden zu kämpfen – bis sie die Realität der Schützengräben kennenlernten.

Im europäischen Mittelalter schufen die Lieder der Troubadoure und die reich illustrierten Geschichten von Helden und ihren Heldentaten eine Kultur der Ritterlichkeit in den Reihen der feudalen Aristokratie. Legenden wie jene von König Artus und der Suche nach dem Heiligen Gral spornten Generationen junger Männer zum Kämpfen an. Lanzelot und Galahad wurden ebenso für ihre Ehrenhaftigkeit und Tugend bewundert wie für ihre Fähigkeit zu töten. Die mittelalterlichen Frauen der königlichen und adligen Oberschicht hatten für die Aufrechterhaltung des Mythos vom ritterlichen Krieg eigene Rollen zu erfüllen: Sie hatten ihren erwählten Rittern ihre Anerkennung zu zollen und sie für ihre Tapferkeit zu belohnen.

Ritterlichkeit diente passenderweise dazu, einen Schimmer von Glamour und Edelmut auf die blutige Realität von Kriegen zu werfen, die häufig aus den selbstsüchtigsten Gründen und mit höchster Brutalität geführt wurden. Die Turniere mit ihren ausgefeilten Ritualen und Höflichkeiten waren sowohl Ersatz als auch Training für den Krieg. 1241 sollen bei einem einzigen Turnier in Neuss am Rhein achtzig Ritter ums Leben gekommen sein. Die Chronisten verteidigten ihre Gewalttätigkeit. »Der ist nicht für die Schlacht bereit«, schrieb einer von ihnen im 12. Jahrhundert, »der nie sein eigenes Blut fließen sah, der nie seine

Zähne knirschen hörte unter dem Hieb des Gegners, der nie das ganze Gewicht seines Widersachers auf sich spürte.« Rugbytrainer an britischen Privatschulen des 19. und 20. Jahrhunderts sagten in etwa das Gleiche.

Die Art, wie Gesellschaften Krieg führen, und die Waffen, die sie benutzen, beeinflussen ihre Werte, ihre Überzeugungen und Ideen, ihre Institutionen, ihre Kultur im weitesten Sinne, und sie werden umgekehrt von diesen beeinflusst. Frauen sind ebenso wie Männer daran beteiligt, diese Kultur zu stärken und an die nächste Generation weiterzugeben. In oligarchischen Gesellschaften dominieren die oberen Schichten die Kriegführung, während in demokratischen Gesellschaften die Verpflichtung zum Wehrdienst weiter gestreut ist. Auch die Art zu kämpfen unterscheidet sich stark. Zu Beginn des Peloponnesischen Kriegs schickte Korinth, wie Thukydides berichtet, Gesandte nach Sparta, um es vor Athen zu warnen. Ihr Spartaner, sagten die Korinther, seid konservativ; ihr haltet euch zurück und wartet ab, bis ihr angegriffen werdet. Die Athener dagegen seien Neuerer, die Risiken auf sich nehmen: »Die Feinde besiegend verfolgen sie ihren Vorteil am weitesten, und besiegt weichen sie am wenigsten zurück.«[2] Doch griechische Phalangen kämpften generell lieber in der Ebene als in bergigem Gelände, und die Kämpfe endeten für gewöhnlich nach einem Tag, wenn eine der beiden Seiten die Waffen gestreckt hatte. Die Azteken führten nach festen Regeln »Blumenkriege«, die an einem bestimmten Tag an einem vorbestimmten Ort ausgefochten wurden. Die Kämpfer trugen eine besondere Tracht und benutzten nur bestimmte Waffen. In den europäischen Kriegen des 18. Jahrhunderts stellten die Feldherren ihre Armeen für die Schlacht in geordneten Reihen auf und versuchten – dem damals neu gefundenen Vertrauen in die Mathematik folgend – beweisbare Formeln für den Sieg zu finden. Laut Moritz von Sachsen, einem der bedeutendsten Feldherren seiner Zeit, kann man Krieg führen, »ohne dabei etwas auf das Spiel zu setzen« oder dem Zufall zu überlassen. Darin zeige »ein kommandierender General seine größte Vollkommenheit und

Geschicklichkeit«.[3] Eine der Eigenschaften Napoleons, die seine Gegner besonders irritierten, war, dass er sich nicht an Regeln hielt und seine Truppen beispielsweise nachts marschieren ließ und in eher ungeordneten Kolonnen als in der üblichen Lineartaktik aufs Schlachtfeld führte.

Man spricht von Kriegergesellschaften; dabei kann es sich um einen Staat, eine Nation oder auch etwas Kleineres handeln, etwa eine New Yorker Gang. Die berühmteste Kriegergesellschaft ist zu einem Adjektiv geworden: Wir reden von einer spartanischen Unterkunft, spartanischen Wettkämpfen, einem spartanischen Leben, also von Dingen, die Mut, Genügsamkeit oder Disziplin erfordern. Im Großbritannien des 19. und 20. Jahrhunderts hielt die Oberschicht sich etwas darauf zugute, dass sie ihre Söhne zwecks Abhärtung auf Schulen mit einem spartanischen Regime schickte – einer Mischung aus kaltem Duschen, harten Betten, Schlägen, dürftigem Essen und Geschichten über Helden der Vergangenheit. Das antike Sparta war eine der am meisten militarisierten Gesellschaften der Geschichte. Untaugliche männliche Kinder wurden getötet; diejenigen, die überlebten, wurden mit sieben Jahren ihren Eltern weggenommen und einer militärischen Ausbildung zugeführt. Sie durften heiraten, aber ihre erste Loyalität galt stets dem Staat und seinen Bedürfnissen. Spartanische Männer blieben, sofern sie überlebten, bis zum sechzigsten Lebensjahr Soldaten. Da es für einen spartanischen Krieger schmachvoll war, in einer Schlacht sein Schild zu verlieren, sagten spartanische Mütter ihren Söhnen, sie sollten nur mit ihrem Schild nach Hause kommen – oder auf ihrem Schild getragen, also tot.

Die Schweizer Söldner, die im frühneuzeitlichen Europa unter einem gewählten Anführer kämpften, oder die Siouxkrieger, die sich im 19. Jahrhundert den amerikanischen Truppen entgegenwarfen, trennten zwar Zeit und Raum, aber auch sie wurden dazu erzogen, Strapazen auszuhalten und unerschrocken ihr Leben einzusetzen; auch sie hatten Geschichten von vergangenen großen Taten gehört.

Die Römer besaßen ebenfalls eine Kriegerkultur, die Kampf und Todesmut feierte und künftigen Generationen als Vorbild diente. Sie lebten, »als wären sie in den Waffen geboren und aufgewachsen«, schrieb der jüdische Historiker Flavius Josephus im 1. Jahrhundert.[4] In der frühen Römischen Republik waren männliche Bürger sechzehn Jahre zum Militärdienst verpflichtet und durften erst ein öffentliches Amt bekleiden, nachdem sie mindestens zehn Jahre davon absolviert hatten. Selbst im kaiserlichen Rom, als man einen Großteil der Kämpfe Söldnern und Verbündeten überließ, waren militärische Symbole und Begriffe allgegenwärtig. Die öffentliche Verwaltung war nach militärischen Grundsätzen organisiert, inklusive Uniformen. Für ihre Beisetzung wählten wohlhabende Römer mit Vorliebe Sarkophage, auf denen Schlachtszenen zu sehen waren. Wenn siegreiche Feldherren ihre Triumphe feierten, kam das öffentliche Leben in der Stadt häufig tagelang zum Erliegen. Große Menschenmengen versammelten sich zu diesen Spektakeln – marschierende Soldaten, Trompetenfanfaren, unter der Last der Beute ächzende Wagen, gefangene Feinde und natürlich der triumphierende Feldherr selbst – und genossen die kostenlosen Bankette. Auf dem Forum waren auf Marmortafeln die Namen all derer verzeichnet, die sich einen Triumph verdient hatten, angefangen mit Romulus, Roms legendärem Gründer.

Preußen, jener mächtige deutsche Staat, der entgegen aller Wahrscheinlichkeit aus einer Ansammlung unzusammenhängender Territorien emporwuchs, wird oft als Sparta des Nordens bezeichnet. Es überlebte und gedieh, weil es eine schlagkräftige Armee und eine militarisierte Gesellschaft besaß. Preußen, so ein Bonmot, sei kein Land, das eine Armee, sondern eine Armee, die ein Land habe. Diese Armee wurde von der grundbesitzenden Junkerschicht und deren militärischer Kultur getragen. Junker galten als tapfer, gottesfürchtig und stets bereit, dem König zu dienen. Die respektabelste Laufbahn war diejenige des Offiziers; Staatsdienst und Justiz folgten erst mit einigem Abstand. Die Kinder der Junker – auch die Mädchen – wurden dazu erzogen, hart zu sein und Schmerzen klaglos zu ertragen. Eine Frau aus einer solchen Familie, die nach dem Zweiten Weltkrieg eine angesehene Journalistin wurde, erinnerte sich, dass sie als Kind einen gebrochenen Arm hatte, was wochenlang niemand bemerkte, zumal es ihr nicht in den Sinn kam, es zu erwähnen. Einer meiner Freunde aus Universitätszeiten, der im Zweiten Weltkrieg auf dem Gut seiner Familie in Ostpreußen aufgewachsen war, erzählte mir einmal, seine Großmutter habe ihm und seinen kleinen Cousins beigebracht, mit *beiden* Händen den Umgang mit Messer und Gabel zu üben, weil sie dereinst Soldaten sein würden und einen Arm verlieren könnten; auch dann würde man von ihnen erwarten, anständig zu essen.

In der angloirischen Oberschicht, die Molly Keane in ihren Romanen so treffend beschreibt, dachte man, was Tapferkeit und Todesverachtung betrifft, ähnlich. Aus ihr rekrutierte die britische Armee unverhältnismäßig viele Offiziere.

Im Gegensatz dazu brachte das alte China zwar viele große Feldherrn hervor, führte viele Kriege und unterwarf viele Völker, stellte die militärischen Werte aber nicht über die zivilen. (Dazu trug vielleicht bei, dass nicht Militärs, sondern Gelehrte die Geschichtsbücher schrieben.) Das Kämpfen galt nicht als etwas Bewundernswertes, sondern als Folge eines Zusammenbruchs von Ordnung und Tugend. In der chinesischen Literatur gibt es kein Gegenstück zur *Ilias*, und die Helden, die der Jugend zur Nachahmung empfohlen wurden, waren die großen Staatsbeamten und weisen Herrscher, die den Frieden bewahrten. Von Anfang an hoben chinesische Denker wie Konfuzius und der große Stratege Sunzi (auch Sun Tsu) hervor, dass die Autorität des Staates sowohl auf seinen Tugenden als auch auf seiner Fähigkeit zur Gewaltanwendung beruhe. Nach Sunzis Ansicht war derjenige Feldherr der größte, der einen Krieg mit Finten und listigen Schachzügen zu gewinnen vermochte, ohne eine einzige Schlacht zu schlagen. In der chinesischen Gesellschaft gewann man eher als Gelehrter, Dichter oder Maler Ansehen, und seit der Tang-Dynastie war das Prüfungsverfahren zur Aufnahme in den Staatsdienst der bevorzugte Weg, um Ruhm und Ansehen zu erwerben. Als Zeichen besonderer Gunst wurden erfolgreiche Generale manchmal mit dem Rang und Gewand von Gelehrten ausgezeichnet, während umgekehrt in vielen europäischen Gesellschaften verdiente Zivilisten militärische Auszeichnungen erhielten.

Natürlich können sich die Werte einer Gesellschaft im Lauf der Zeit ändern. Einst waren schwedische Soldaten der Schrecken Europas, während man Schweden heute mit dem Friedensnobelpreis und internationalen Vermittlungsbemühungen assoziiert. Steven Pinker ist der Meinung, der Westen sei zum überwiegenden Teil spätestens seit dem 18. Jahrhundert davon abgerückt, Gewalt als natürlich oder wünschenswert anzusehen.

Kaum überraschend neigen Kulturen, die den Krieg verherrlichen, dazu, Feinde zu schmähen, die ihre Werte und Tugenden nicht teilen. Vielleicht verachten sie bei ihren Feinden auch Eigenschaften, die sie bei sich selbst vermuten. Wie die Briten, als sie noch ihr Empire hatten, konnten auch die Römer die Tapferkeit von Gegnern schätzen, betrachteten sie aber als undiszipliniert und unzivilisiert und – bei den Römern ein Zeichen von Minderwertigkeit – unfähig zur Kriegführung. Sowohl die Griechen (im Kampf gegen die Perser) als auch die Römer (im Kampf gegen die Karthager) verunglimpften ihre Gegner als faul und vergnügungssüchtig – nicht zuletzt, weil jene in einem heißen, kräftezehrenden Klima lebten. Die Griechen fanden die Perser zudem unterwürfig und allzu gefühlsbetont, während die Römer glaubten, Afrikaner hätten wegen der Hitze, in der sie lebten, kaum Blut in den Adern und seien daher Feiglinge, die Angst vor Verwundungen hätten. Insbesondere die Karthager hielten sie für habgierig und verlogen; die Männer galten als unmännlich, weil sie weite Kleider trugen, und die Frauen als unmoralische Verführerinnen.

Die Briten entwickelten gegenüber Indien ähnliche Stereotype. Die Bengalen waren in ihren Augen verweichlicht. Dagegen bewunderten sie »kämpferische Rassen« wie die Gurkhas,

Paschtunen und Coorg, die in kühleren Regionen lebten und infolgedessen die »richtigen« militärischen Qualitäten besaßen. Zur Zeit des Ersten Weltkriegs galten die Nachfahren der Briten, die sich in Australien, Kanada und Neuseeland niedergelassen hatten, dank ihrer geografischen Gegebenheiten als härter und brutaler als ihre Cousins in Großbritannien.

Wenn die »weniger Zivilisierten« und daher angeblich weniger Kriegsfähigen Siege erzielten, wurden diese als Irrtümer abgetan. Als Mitte des 19. Jahrhunderts eine Maori-Streitmacht in Neuseeland eine britische Armee besiegte, hatte die Londoner *Times* rasch eine Erklärung parat: »Wie beim Schach ist ein schlechter, rücksichtsloser Spieler manchmal beeindruckender als ein Meister des Spiels.«

Wie Menschen Kriege erwägen und planen, wird auch von ihrer jeweiligen Kultur beeinflusst, einschließlich der Geografie. Inselnationen oder solche mit langen Küsten wissen um die Bedeutung der Seemacht und investieren erheblich in sie. Im britischen Fall verschlang die Navy – vielsagend »Senior Service« genannt – über die Jahrhunderte mehr Ressourcen und besaß ein weit höheres Ansehen als das Heer.

Während Gemälde, Gedichte, Filme und Geschichtswerke die großen Seeschlachten feiern, in denen eine Flotte eine andere vernichtet – von Salamis über Lepanto und Trafalgar bis Midway –, besteht die Hauptaufgabe von Seestreitkräften darin, die Meere und Seewege zu kontrollieren und ihre Feinde an deren Kontrolle zu hindern. Selbst heute noch sind Landverbindungen für Störungen anfällig, ob menschengemachte oder natürliche. Um wie viel mehr waren sie es in der Vergangenheit, als es noch keine befestigten Straßen und keine Eisenbahn gab. Seit die Menschen jedoch begonnen haben, schwimmende Fahrzeuge zu bauen, sind Wasserwege die verlässlichsten Verbindungen für den Transport von Menschen und Material.

Kriegsflotten sind dazu da, ihr jeweiliges Land und dessen Küsten, Bevölkerung und Schiffsverkehr ebenso zu schützen wie dessen überseeischen Einfluss. Eine mächtige Marine kann dem Feind die Kriegführung zu Land oder zur See erschweren oder sogar unmöglich machen, etwa indem sie Truppen an den Küsten des Feindes anlandet, ihre Schiffe als schwimmende Geschützbatterien und (in jüngerer Zeit) als Flugfelder einsetzt, um Ziele an Land anzugreifen, oder indem sie dem Feind die Kampffähigkeit nimmt, zum Beispiel durch die Versenkung oder Eroberung seiner Flotte und manchmal auch neutraler Schiffe oder durch die Blockade seiner Häfen, sodass benötigte Ressourcen, einschließlich Soldaten, nicht hinaus oder hinein gelangen können. »Wir zerstören das nationale Leben auf See«, erklärte der führende britische Marinetheoretiker Julian Corbett, der vor dem Ersten Weltkrieg Generationen von Offizieren ausgebildet hatte, »und behindern so die Vitalität des Lebens an Land, soweit beide voneinander abhängig sind.«[5]

Athens großer Vorteil gegenüber Sparta im 5. Jahrhundert v. Chr. bestand darin, dass es buchstäblich alle Häfen der Ägäis kontrollierte und seine Flotte groß und stark genug war, um feindliche Schiffe an der Überquerung des Meeres zu hindern. Die Spartaner waren sich dessen bewusst und wandten sich an die Perser um Unterstützung beim Aufbau ihrer Kriegsmarine. Aber erst, als Athen zwischen 415 und 413 v. Chr. einen Großteil seiner Schiffe und Männer für eine Expedition nach Sizilien aufbot, neigten sich die Vorteile auf See und im Krieg zugunsten Spartas. Napoleon beherrschte zwar den Kontinent, aber es gelang ihm nie, die britische Marine zu besiegen. Deshalb waren die Briten in der Lage, ihren Verbündeten Nachschub und Verstärkung zu schicken und durch die Versenkung französischer Schiffe und die Blockade französischer Häfen Frankreichs Wirtschaft zu schädigen. Im Ersten Weltkrieg errichtete die britische Marine erfolgreich eine Seeblockade Deutschlands, von der Güter, die nach britischer Auffassung für Deutschland kriegswichtig waren, auch dann betroffen waren, wenn sie auf Schiffen unter neutraler Flagge transportiert wurden. Obwohl die Wirkung der Blockade immer noch umstritten ist, gaben hohe deutsche Offiziere ihr die Schuld an der Niederlage ihres Landes. Erich Raeder, von 1928 bis 1943 Chef der deutschen Kriegsmarine, stellte fest, letzten Endes sei man durch eine Seemacht besiegt worden, die dem Reich Nahrungsmittel und Rohstoffe entzogen habe; durch die Blockade sei Deutschland langsam erdrosselt worden.

Die Vereinigten Staaten sind keine Insel, waren aber während eines Großteils ihrer Geschichte im Osten und Westen durch Ozeane geschützt und hatten als Nachbarn nur weit schwächere Länder wie Kanada und Mexiko. Infolgedessen war es für sie durchaus sinnvoll, sich von der übrigen Welt abzusondern, wenn nicht gar zu isolieren, und nur ein kleines Landheer zu unterhalten. Dagegen war die deutsche Militärplanung im 20. Jahrhundert auf die Gefahr eines Zweifrontenkriegs gegen ein feindseliges Frankreich im Westen und gegen Russland (später die Sowjetunion) im Osten fixiert. Auch Israel hat in seiner kurzen Geschichte meist in der Furcht gelebt, von Feinden umzingelt zu sein. Während Großbritannien im Vorfeld des Zweiten Weltkriegs massiv in Langstreckenbomber investieren konnte, die aus der relativen Sicherheit seiner Inseln gegen deutsche Infrastruktur und deutsche Städte eingesetzt werden konnten, mussten die Deutschen sich über die Versorgung ihrer auf gegnerischem Gebiet eingesetzten Bodentruppen Gedanken machen. Deshalb favorisierte Deutschland Kurzstreckenflugzeuge, die feindliche Truppen bombardieren und beschießen konnten, was ihm bei den Blitzkriegen in der Anfangsphase des Zweiten Weltkriegs zustatten kam.

Die Erfahrungen früherer Kriege können sowohl Haltungen als auch Planungen beeinflussen. Die Schrecken des Dreißigjährigen Kriegs im 17. Jahrhundert dürften dazu beigetragen haben, die Europäer im 18. Jahrhundert zu kriegerischer Zurückhaltung und größerer Rücksichtnahme auf Zivilisten zu bewegen. Die Religion, die zuvor solche Grausamkeiten hervorgebracht hatte, besaß nicht mehr die gleiche Motivationskraft. Zudem waren die Kosten für die Ausbildung von Soldaten inzwischen erheblich, sodass die Generale stärker darauf achteten, das Leben ihrer Männer nicht leichtfertig aufs Spiel zu setzen. Nach dem Ersten

Weltkrieg kamen die Franzosen zu dem Schluss, sich ein solches Blutbad nicht mehr leisten zu können (sie hatten, abgesehen von Serbien, von allen Kriegsteilnehmern den höchsten Anteil an wehrfähigen Männern verloren). Sie entwickelten deshalb eine Verteidigungsstrategie, deren sichtbarer Ausdruck die gewaltigen Befestigungsanlagen der Maginotlinie waren. Und sowohl in Frankreich als auch in Großbritannien trug der starke Wunsch, Verluste zu vermeiden, zur Beschwichtigungspolitik der 1930er-Jahre gegenüber Diktatoren bei.

Die griechischen Siege über die Perser und die Schlacht von Cannae im Zweiten Punischen Krieg vor Augen, kreiste die westliche Strategie meist um das Streben nach einem Entscheidungssieg, der den Gegner zur Kapitulation zwingt. Hannibals Sieg über die Römer bei Cannae ist ein Lieblingsbeispiel dafür – aber seine Bedeutung kann leicht missverstanden werden. Zwar gewann der karthagische Heerführer die Schlacht durch ein brillantes Umfassungsmanöver, aber am Ende verlor Karthago den Krieg, weil Rom den längeren Atem hatte. Und der Preis, den Karthago zu zahlen hatte, war immens: Die Römer machten seine Städte dem Erdboden gleich und verdarben seine Felder mit Salz. In der britischen Seekriegsstrategie spukte jahrzehntelang die Erinnerung an die Schlacht von Trafalgar herum, in der Nelson 1805 die vereinigten Flotten von Frankreich und Spanien vernichtete, und die Vorstellung, die eigentliche Aufgabe einer Marine bestehe darin, die feindliche Flotte zu stellen und zu vernichten, war ein Schlüsselelement der einflussreichen Seekriegsdoktrin des amerikanischen Konteradmirals und Marinestrategen Alfred Thayer Mahan. Als Japan die Vereinigten Staaten 1942 zur Schlacht um Midway herausforderte – die es unter großen Verlusten verlor –, versuchte es, seinen großen Sieg über Russland in der Tsushimastraße im Jahr 1905 zu wiederholen.

Auch Napoleon suchte immer wieder die Entscheidungsschlacht, die seine Kontrolle über den Kontinent besiegeln würde, bis er in Waterloo endgültig besiegt wurde. Doch selbst wenn er dort gewonnen hätte, hätte er den Krieg nicht fortführen können, weil die Alliierten Frankreich erschöpft hatten. 1914 sah der deutsche Schlieffenplan vor, die französische Armee binnen vierzig Tagen in einer Reihe von Schlachten zu besiegen und Paris einzukreisen. In dem Fall, so nahm man an – und die zivile Führung folgte devot der Einschätzung der Militärs –, würde Frankreich kapitulieren, auch wenn dies 1870 nicht geschehen war, als Frankreich selbst nach dem großen deutschen Sieg von Sedan weitergekämpft hatte. Einer der wenigen deutschen Generale, die den Schlieffenplan kritisiert hatten, bemerkte: »Man kann das gesamte Heer einer Großmacht nicht wie eine Katze im Sack davontragen.«[6]

Sunzi hielt es im 6. Jahrhundert v. Chr. für besser, den Gegner mit einem Minimum an Blutvergießen zu erobern: »So ist es auch besser, eine Armee vollständig gefangen zu nehmen, als sie zu vernichten …«[7] Mehrere aufeinanderfolgende chinesische Dynastien hielten die Nomadenvölker an der Nordgrenze des Landes mithilfe einer Mischung aus Mauern und Bestechung erfolgreich fern; bewaffnete Kräfte bildeten lediglich das letzte Mittel. Nach ihrer überraschenden Niederlage im Ersten Anglo-Afghanischen Krieg 1842 stellten die Briten fest, dass eine solche Herangehensweise auch in Afghanistan erfolgreicher war.

Häufig wurden Kriege zudem durch Zermürbung gewonnen – etwa indem man den Nachschub des Feindes abschnitt, so wie es die Briten wiederholt mit ihrer Flotte getan hatten; oder die feindlichen Streitkräfte mit Nadelstichen drangsalierte, eine offene Schlacht aber vermied, wie es die Spanier nach Napoleons Invasion mit ihren irregulären Truppen taten; oder aber die Versorgung von Invasoren durch eine Taktik der verbrannten Erde unterband, wie die Russen gegenüber Napoleon und dann erneut während der deutschen Invasionen im 20. Jahrhundert. Im Ersten Weltkrieg setzten Militärplaner beider Seiten auf Entscheidungsschlachten; stattdessen entwickelte sich ein langes Ringen, da jede Seite die andere bis zum endgültigen Kollaps zu zermürben versuchte.

Bei all seiner Vorliebe für Entscheidungsschlachten hat der

Westen auch eine lange, erfahrungsreiche Tradition mit Verteidigungskriegen und der Nutzung natürlicher Hindernisse – etwa der Schweizer Berge oder der Wasserwege der Niederlande – sowie von Grenzbefestigungen wie dem Hadrianswall oder Burgen und Festungen, um Feinde zu erschöpfen und zu besiegen. Der römische Feldherr Fabius Maximus wurde im Zweiten Punischen Krieg ausgeschickt, um sich Hannibal entgegenzustellen, entschied sich aber dafür, eine Schlacht zu vermeiden und stattdessen die karthagischen Truppen zu zermürben, indem er einzelne, isolierte Einheiten aufrieb und ihre Nachschublinien attackierte. Im 18. Jahrhundert war Moritz von Sachsen gleichermaßen dafür berühmt, Schlachten zu vermeiden wie sie auszukämpfen: So eroberte er 1741 Prag des Nachts, bevor dessen Garnison merkte, was vor sich ging. Napoleon erzielte einen seiner größten und billigsten Siege, als er 1805 bei Ulm unter geringen eigenen Verlusten eine ganze österreichische Armee mit 50 000 bis 60 000 Mann ausmanövrierte und gefangen nahm.

So wie Napoleon die Feldzüge der Vergangenheit studiert hatte, wurden auch die seinen studiert, um die Erfolgsformel für den Krieg zu finden. Krieg ist eine so bedeutende Unternehmung, und seine potenziellen Folgen sind derart weitreichend, dass einige der größten Denker aus verschiedenen Kulturen nach einem unfehlbaren Erfolgsrezept gesucht haben. Die Römer analysierten die Kriege der Griechen, in der europäischen Renaissance entdeckte man sowohl die Griechen als auch die Römer neu, und auch an heutigen Militärschulen werden weiterhin die großen Schlachten der Vergangenheit studiert. Das Handbuch des römischen Beamten Vegetius aus dem späten 4. Jahrhundert, das sich auf frühere Arbeiten großer römischer Feldherren wie Julius Cäsar stützt und Ratschläge zu Themen wie Führung, Drill und Taktik enthält, ist heute weitgehend vergessen, war aber die im Westen meistgelesene militärische Abhandlung, bis im 19. Jahrhundert Clausewitz' *Vom Kriege* an seine Stelle trat. Machiavelli, der Vegetius sorgfältig gelesen und selbst ausführlich über den Krieg geschrieben hatte, lobte die Beschäftigung mit Beispielen aus der Vergangenheit: »Was das theoretische Studium betrifft, so muss ein Fürst die Geschichte lesen, um aus derselben die Taten großer Feldherren und die Ursache ihrer Siege und ihrer Verluste kennenzulernen, um diese zu vermeiden und jene nachzuahmen.«[8] Das Studium der Vergangenheit auf der Suche nach grundlegenden Regeln, die über Erfolg oder Niederlage im Krieg entscheiden, hat nützliche Ratschläge, aber auch eher nutzlose Listen hervorgebracht. Am Ende des 19. Jahrhunderts haben französische Experten viel Zeit und Energie darauf verwandt, sich darüber zu streiten, ob es 24 oder 41 Regeln gab.

In seiner Schrift *Die Kunst des Krieges* hat Sunzi Grundsätze der Kriegführung aufgestellt, die von nachfolgenden Generationen sorgfältig studiert wurden, etwa die berühmten Sentenzen: »Wenn du den Feind und dich selbst kennst, brauchst du den Ausgang von hundert Schlachten nicht zu fürchten«, und: »Siegen wird der, der weiß, wann er kämpfen muss und wann nicht«.[9] Anhand von Aufstellungen der entscheidenden Faktoren, Situationen oder Handlungsweisen enthält die Abhandlung auch Ratschläge für verschiedene Phasen des Krieges: von der Planung bis zur Wahl des richtigen Terrains für den Kampf.

Von den Qing-Kaisern bis Mao Tse-tung haben chinesische und andere asiatische Führer die *Kunst des Krieges* als Richtschnur erfolgreicher Kriegführung beherzigt. General Vo Nguyen Giap, Architekt der vietnamesischen Siege über die Franzosen in den 1950er-Jahren und über die Amerikaner zwei Jahrzehnte später, war ebenso ein Bewunderer Sunzis wie die westlichen Geschäftsleute, die in Scharen Bücher wie Gerald Michaelsons *The Complete Sun Tzu for Business Success* oder Becky Sheetz-Runkles *Sun Tzu for Women. The Art of War for Winning in Business* gekauft haben, weil sie hofften, mithilfe der antiken Kriegsregeln Kunden zu gewinnen. Vielleicht gefielen ihnen Sunzis Feststellung »Jede Kriegführung gründet auf Täuschung«[10] und seine Äußerungen über die Bedeutung eines starken Führers für den Sieg. Hilfreich dürfte auch gewesen sein, dass *Die Kunst des Krieges* kurz ist und aus prägnanten Maximen besteht.

Selbst die stärksten und fähigsten Führer können nur auf die Instrumente und Ressourcen zurückgreifen, die ihnen zur Verfügung stehen. Worin diese bestehen, hängt von der jeweiligen Gesellschaft und ihrer Kultur ab. Soziale und technologische Entwicklungen sind derart miteinander verwoben, dass man nicht sagen kann, welche Seite die treibende Kraft ist; aber manche Gesellschaften fördern Erfindungen und Innovation, während andere neue Waffen oder Technologien nur langsam oder gar nicht übernehmen. Die wissenschaftlichen und technologischen Revolutionen im frühmodernen Europa trugen dazu bei, dass der Kontinent und später der Westen insgesamt einen Vorteil gegenüber dem größten Teil der übrigen Welt erlangten, der erst heute langsam schwindet. Indien, China und das Osmanische Reich waren im 16. Jahrhundert ebenso reich wie Europa und besaßen hoch entwickelte Technologien, von der Druckkunst bis zum Schießpulver. Doch sie waren nicht in der Lage, auf dem aufzubauen, was sie bereits wussten. Über die Ursachen dafür streiten sich die Historiker bis heute, doch sie stimmen darin überein, dass es der zunehmende technologische Vorsprung war, der Europa ermöglichte, über seine Grenzen hinauszugehen und einen Großteil der Welt zu erobern.

Inwieweit Technologie den Unterschied macht, hängt davon ab, wie sie genutzt wird – und ob überhaupt. Die Briten setzten ihre im Ersten Weltkrieg entwickelten Panzer zuerst als eine Art bewegliche Lafette zur Unterstützung von Infanterieangriffen ein. Es dauerte eine Weile, bis sie erkannten, dass sie *vor* den vorrückenden Soldaten eingesetzt werden konnten, um Breschen in die gegnerischen Linien zu schlagen. Im 1. Jahrhundert erfand ein Grieche eine Dampfturbine; man betrachtete sie als amüsantes Spielzeug, fand darüber hinaus aber keine Anwendung für sie. Warum sollte man dampfgetriebene Maschinen entwickeln, wenn es massenhaft billige Arbeitskräfte gab, einschließlich Sklaven? Manche Erfindungen wurden eine Zeit lang genutzt und dann aufgegeben. Das sogenannte Griechische Feuer war ein furchterregender früher Vorläufer des Napalms; es wurde aus einem Rohr verspritzt und brannte auf der Wasseroberfläche. Erstmals wurde es im 7. Jahrhundert vom Byzantinischen Reich eingesetzt, war aber im 13. Jahrhundert wieder verschwunden; es war ein so gut gehütetes Geheimnis, dass es schließlich verloren ging.

Die Entwicklung von Kriegstechnologien war und ist ein Wettlauf zwischen neuen Apparaturen oder Erfindungen einerseits und Gegenmitteln andererseits. Zum Schutz vor metallenen Speer- und Pfeilspitzen oder Schwertern wurde in der Antike die Rüstung erfunden. Als Antwort auf Reiterangriffe schufen die betroffenen Gesellschaften, insbesondere Griechen und Römer, nach und nach Formationen von Fußsoldaten sowie Befestigungen, allerdings schwang das Pendel zwischen Kavallerie und Infanterie bis zum 19. Jahrhundert hin und her. Eine Zeit lang fegten Krieger auf Streitwagen alles hinweg, bis die Armeen herausfanden, wie sie Bogenschützen und Fußsoldaten gegen sie einsetzen konnten. Zu Beginn des 20. Jahrhunderts zwang die Erfindung von Maschinen- und Repetiergewehren die Armeen der Welt in die Defensive, bis durch neue Technologien – Panzer, Flugzeuge, Giftgas – und neue Taktiken der Vorteil wieder aufseiten der Offensive lag. Heute sind Staaten damit beschäftigt, Mittel und Wege gegen neuartige Bedrohungen wie den Cyberkrieg zu finden.

Das Wissen, das eine frühere Generation durch schmerzliche Erfahrungen bei der Abwehr neuer Technologien erworben hat, kann verloren gehen; dann müssen entsprechende Technologien und Taktiken von einer späteren Generation neu entwickelt werden. Mit Speeren oder Bogen bewaffnete Reitersoldaten überwältigten bei ihrem ersten Auftauchen die zu Fuß kämpfenden Gegner, doch mit der Zeit lernten Völker wie die Griechen, ihnen mit Phalangen disziplinierter Infanterie zu begegnen: dichte Reihen von mit Speeren bewaffneten Fußsoldaten, die tödliche Hindernisse bildeten, gegen die die Reitersoldaten vergeblich anstürmten. Viele Jahrhunderte später mussten europäische Heere ganz von Neuem lernen, ähnliche Formationen aus Fußsoldaten und Bogenschützen gegen geharnischte Ritter einzusetzen. Die Römer waren Meister im Straßenbau; sie bauten rund ums Mittelmeer fast 90 000 Kilometer Straßen (von denen es viele heute noch gibt). Ihre Nachfolger in Europa und Kleinasien nutzten sie weiterhin, obwohl sie langsam zerfielen und Gras aus den Rissen wuchs, aber sie verloren das Wissen und die Fähigkeit, eigene Straßen zu bauen. Der große griechische Mathematiker Archimedes entwarf ein Riesenkatapult, das rund 800 Kilogramm schwere Steine auf römische Galeeren schleuderte, doch es fand in den folgenden Jahrhunderten keine Nachfolger. Die Römer bauten Festungen – und schleiften sie. Im Mittelalter mussten die Europäer dergleichen erst wieder lernen. Nach der misslichen Erfahrung in Vietnam beschloss das amerikanische Militär, nie wieder einen Krieg gegen Aufständische zu führen. Das Studium des Guerillakriegs und der Gegenmaßnahmen wurde von den Lehrplänen gestrichen, das Standardwerk zum Thema nicht mehr aufgelegt. Daher mussten die Amerikaner in Afghanistan und im Irak wieder bei null anfangen.

Bis in die jüngere Zeit verlief die Entwicklung von Kriegstechnologie und Kriegführung langsam und in Schüben. Zu Land blieben Rüstung, Schwert, Speer sowie Pfeil und Bogen bis in die frühe Neuzeit die Hauptwaffen, obwohl sich die Taktik von Zeit zu Zeit und von Gesellschaft zu Gesellschaft unterschied. Alexander der Große trug eine Rüstung, wie man sie angeblich schon im Trojanischen Krieg Jahrhunderte zuvor getragen hatte, und die Waffen der Griechen und Römer wären Soldaten im europäischen Mittelalter oder im klassischen Indien und China durchaus vertraut gewesen. Und jahrhundertelang, von den Griechen bis zu den Venezianern, beruhte die Seemacht auf von Ruderern bewegten Galeeren.

In der Geschichte von Krieg und Gesellschaft lassen sich in der Zeit vor 1800 drei Haupterfindungen ausmachen, die bedeutende Veränderungen anstießen: die Einführung von Metall, wodurch die Menschen Steinwaffen durch Bronze- und Eisenwaffen ersetzten; die Domestizierung des Pferdes, die den Kriegern größere Mobilität und Geschwindigkeit verlieh; und die Erfindung des Schießpulvers, die sowohl den Land- als auch den Seekrieg veränderte. (Da es in anderen Weltteilen, etwa in Nord- und Südamerika, bis zur Ankunft der Europäer im 16. Jahrhundert keine Pferde gab und in manchen, wie Australien, nie Metallwaffen entwickelt wurden, haben sich nicht alle Gesellschaften gleichzeitig verändert.) In jedem einzelnen Fall haben natürlich noch viele andere Dinge auf die Entwicklung von Technologie und Gesellschaft eingewirkt. Metallwaffen waren nur ein Teil der Geschichte: Man musste auch die Soldaten ausbilden, die sie benutzen konnten, und die nötige Infrastruktur aufbauen. Pferde wurden noch furchterregender, als das Rad sie in die Lage versetzte, Streitwagen zu ziehen, oder als sie später bewaffnete Reiter trugen. Auch die Einführung des Schießpulvers ging mit anderen bedeutenden Entwicklungen einher, etwa in der Metallurgie, die dafür sorgte, dass die Kanonen beim Abfeuern nicht explodierten, oder im Bau und in der Navigation von Schiffen, die es ermöglichten, die neuen Kanonen auf See einzusetzen.

Die frühesten Waffen – die sich im Lauf der ersten Jahrtausende der Menschheitsgeschichte kaum veränderten – waren Speere, Messer sowie Pfeile mit Spitzen aus Feuerstein, die sowohl für die Jagd als auch im Kampf gegen Artgenossen benutzt wurden. Nach und nach begannen die Menschen Werkzeuge herzustellen, die einzig dazu dienten, andere Menschen zu töten. Doch auch wenn verschiedene Gesellschaften ihre Waffen jeweils modifizierten, indem sie beispielsweise spezielle Speere fürs Stechen oder fürs Werfen herstellten, blieb das eigentliche Gerät von Ära zu Ära und von Ort zu Ort gleich. Die Materialien allerdings änderten sich allmählich, wodurch der Krieg in ein neues, tödlicheres Stadium eintrat. Zu einem bestimmten Zeitpunkt, vielleicht schon im 4. Jahrtausend v. Chr., entwickelten manche Gesellschaften Kompositbogen, die nicht nur aus Holz bestanden und mit denen die Pfeile mit mehr Kraft und weiter geschossen werden konnten. Ein noch bedeutenderer Schritt auf dem Weg zu immer tödlicheren Kriegen war die Einführung von

Metallwaffen. Die ersten, bronzenen tauchten irgendwann im 2. Jahrtausend v. Chr. im Nahen Osten auf (etwas später auch in Indien, China und Europa). Im 1. Jahrtausend v. Chr. wich Bronze, die knapp wurde, dem härteren Eisen, das schließlich durch den noch härteren Stahl ersetzt wurde.

Das Pferd war für den Krieg und die menschliche Gesellschaft ebenso bedeutend wie die Einführung von Metall, und dabei blieb es fast bis in die Gegenwart (der letzte Kavallerieangriff dürfte eine Attacke in Afghanistan im Jahr 2001 gewesen sein). Pferde eröffneten der Kommunikation sowie dem Transport von Menschen und Gütern neue Möglichkeiten – ebenso wie der Kriegführung, sei es mit Streitwagen oder mit berittenen Bogenschützen und Schwertkämpfern; somit vergrößerte das Pferd die Reichweite und Stärke von Armeen und Staaten. Im 2. Jahrtausend v. Chr. verbreiteten sich kleine, domestizierte, als Zugtiere einsetzbare Pferde von Zentralasien aus nach Westen. Die neue Technologie des pferdebespannten Streitwagens, der mit Metallwaffen und Kompositbogen bewaffnete Krieger beförderte, verschaffte denjenigen, die sie besaßen, einen derartigen Vorteil, dass die Staaten vor der Wahl standen, in sie zu investieren oder unterzugehen – was viele taten. Assyrien und Ägypten waren in der Lage, Tausende von Streitwagen ins Feld zu führen. Pferde oder vielmehr ihr effektiver Einsatz ermöglichten die Herausbildung starker Staaten mit einer Klasse von Berufssoldaten, die in der Hand mächtiger Herrscher dafür sorgten, dass deren Reiche weiterwuchsen.

Um 1200 v. Chr. verloren Streitwagen plötzlich ihre Überlegenheit als Kampfmittel – vielleicht, wie einige Historiker annehmen, weil Fußsoldaten inzwischen neue, wirkungsvollere Eisenwaffen besaßen, vielleicht aber auch, weil berittene Kämpfer aus den Steppen im Norden und Osten sie ausmanövrieren konnten. In den folgenden Jahrhunderten bis zum Fall des Weströmischen Reichs waren Krieg und Gesellschaft, zumindest in Eurasien, von der Dominanz der Fußsoldaten geprägt, mit der Kavallerie als Unterstützung. Die Griechen und Römer gewannen ihre großen Schlachten mit Fußsoldaten, doch als Rom im 4. Jahrhundert zu zerfallen begann, verschwanden seine disziplinierten Legionen langsam von der Bühne, und der Reitersoldat, sei es in Gestalt fremder Angreifer wie der Hunnen oder lokaler Warlords, gewann an Macht. Eine kleine, aber entscheidende Erfindung war der am Sattel befestigte Steigbügel, der es Reitern erlaubte, ihre Beine auszuruhen; das stärkte die Macht der berittenen Krieger erheblich. Versuchen Sie einmal, ohne Steigbügel auf einem Pferd zu sitzen, wie es die frühen Kavalleristen taten (oder auf einem hohen Stuhl ohne Tritt), und Sie werden erfahren, wie müde Ihre Beine werden – und das Gewicht, das man einschließlich der Rüstung tragen kann, ist begrenzt. Erst die Einführung des Steigbügels, zuerst in Indien und China, dann im 8. Jahrhundert in Europa, machte die reitenden Ritter in ihren aufwendigen Rüstungen möglich, wie wir sie von Gemälden und aus Romanen und Filmen kennen. Aber auch sie mussten von der Bühne abtreten, als die Infanterie ihre Machtstellung zurückgewann.

Kultur, Technologie und Krieg sind derart miteinander verwoben, dass man nicht sagen kann, wer die treibende Kraft ist. Der Krieg treibt die technische Entwicklung voran, greift aber auch auf Vorhandenes zurück. Die Römer fertigten aus Hebeln, wie sie die antike Welt für Wein- und Olivenpressen benutzte, Apparaturen, mit denen sie Steine auf gegnerische Soldaten, Schiffe und Festungen schleudern konnten. Im Mittelalter entwickelten Handwerker Methoden, um hochwertige Metalle für den Glockenguss herzustellen, die dann halfen, bessere Kanonen zu bauen. Im 19. Jahrhundert erfand der schwedische Chemiker und Geschäftsmann Alfred Nobel das Dynamit für den Einsatz im Bergbau; doch sogleich wurde es in einer Vielzahl immer effizienterer Kanonen verwendet. Amerikanische Farmer zäunten ihre Kuhweiden mit Stacheldraht ein; dieser trug im Ersten Weltkrieg, vor Schützengräben ausgerollt, erheblich zur Stärkung der Verteidigung bei. Beim Panzer wurde die Raupenkette verwendet, die für Traktoren entwickelt worden war. Albert Einstein und seine Kollegen stellten eine Theorie über die Möglichkeit der Atomspaltung auf und bewiesen auf dem Papier, dass dabei eine gewaltige Energiemenge freigesetzt würde, doch bis zum Zweiten Weltkrieg gab es keine Gelegenheit, diese Theorie zu erproben. Dann brachten die Briten und insbesondere die Amerikaner in dem Bestreben, das Ringen mit ihren Feinden für sich zu entscheiden, die Mittel auf, um das benötigte Plutonium zu gewinnen und die erste Atombombe erfolgreich zu bauen und zu testen. Das Manhattan-Projekt verschlang schätzungsweise 20 Milliarden Dollar, kaum weniger als das, was die Vereinigten Staaten während des gesamten Krieges für die Gesamtheit ihrer kleineren Waffen ausgaben.

Wie Technologien genutzt werden, hängt nicht zuletzt von den Werten und der Organisation der jeweiligen Gesellschaft ab, die sich ihrerseits im Lauf der Zeit verändern. Soweit wir es anhand der spärlichen historischen Belege und aufgrund der direkten Beobachtung ähnlicher Gesellschaften sagen können, lebten und kämpften unsere fernen Jäger- und Sammlervorfahren ohne besondere Organisation als Gleiche. Die stärkere und komplexere soziale und politische Organisation, die mit der Landwirtschaft aufkam, brachte eine diszipliniertere Kriegführung mit sich, mit spezieller Ausrüstung und Ausbildung, Befehlshierarchie und Befestigungen. Im 8. Jahrtausend v. Chr. wurden in Jericho die ersten bekannten Verteidigungswälle gebaut. Fünf Jahrtausende später kämpften Soldaten früher Kulturen (wie derjenigen von Sumer und Ur) in gut organisierten Formationen mit Waffen mit Bronzespitzen.

Die Geschichte des starken Staates, der die Autorität in einer Hand oder nur wenigen Händen konzentriert und sie dann nutzt, um mehr Macht, Territorium und Beute zu gewinnen, reicht weit zurück. Das Assyrische Reich erstreckte sich auf dem Höhepunkt seiner Macht im 7. Jahrhundert v. Chr. vom heutigen Sudan bis in die Türkei und vom Mittelmeer bis zum Iran. Seine Herrscher behaupteten, ihre Macht sei ihnen von den Göttern wegen ihrer Kriegserfolge verliehen worden. Es war keineswegs pure Fantasie, als Lord Byron dichtete: »Der Assyrier kam wie der Wolf in der Nacht.«[11] Im Mittelpunkt der Organisation des assyrischen Staates stand der Kampf. Sein stehendes Heer bestand aus spezialisierten Einheiten, von der Infanterie über die Bogenschützen bis zur Kavallerie, die sich auf einem Netz von Straßen rasch bewegen und aus überall im Reich verteilten Depots versorgen konnten. Dafür bedurfte es einer weiteren Armee aus Bürokraten, die sicherstellten, dass die staatlichen Waffenschmieden die benötigte Ausrüstung produzierten, die Depots gefüllt waren und die Soldaten und ihre Tiere ausreichend ernährt wurden. Die Römer wiederum sind berühmt für ihre Straßen und Häfen, die ihre exzellente Logistik ermöglichten, dank derer ihre Truppen mitsamt der Ausrüstung überallhin gelangten, wo sie gebraucht wurden. Bei der Belagerung von Masada im Jahr 73 versorgten die Römer inmitten einer wasserlosen Wüste rund 15 000 Mann wochenlang mit allem Nötigen.

In solchen hierarchischen Gesellschaften lag und liegt der Krieg in der Verantwortung und Zuständigkeit der Oberschicht oder eines einzelnen Herrschers, etwa Ludwigs XIV. oder Kaiser Augustus'. In Shakespeares *Heinrich V.* ist den gewöhnlichen Soldaten klar, dass der Krieg Sache des Königs ist. »[W]ir wissen genug«, sagt einer von ihnen vor der Schlacht von Agincourt, »wenn wir wissen, dass wir des Königs Untertanen sind: wenn seine Sache schlecht ist, so reinigt unser Gehorsam gegen den König uns von aller Schuld dabei.«[12]

Mindestens ebenso alt ist aber auch ein anderes Modell, wie Gesellschaften über den Krieg entscheiden: In den griechischen Stadtstaaten stimmten die Bürger darüber ab, ob man in den Krieg ziehen sollte oder nicht, und in der Römischen Republik fällte der Senat diese Entscheidung. Es war zwar kein demokratisches Votum im heutigen Sinn, aber es bedurfte einer gewissen Bürgerbeteiligung.

Umgekehrt wurde von den Bürgern erwartet, ihren Staat zu verteidigen. Seit dem 6. Jahrhundert v. Chr. waren im antiken Griechenland wohlhabende Bauern und Handwerker, die einem der hochorganisierten Stadtstaaten angehörten, als bemittelte Männer verpflichtet, zu deren Verteidigung in den Kampf zu ziehen – für sie eine Selbstverständlichkeit. Thessalien, dessen politische Entwicklung hinter derjenigen im übrigen Griechenland zurückgeblieben war, bildete eine Ausnahme: Dort wurde die Politik von einer Feudalaristokratie dominiert, die den Kampf zu Pferd demjenigen zu Fuß vorzog. Der typische Stadtstaat im übrigen Griechenland, die Polis, war zumindest für freie Männer ein Gemeinwesen, dem unbedingte Loyalität entgegengebracht wurde.

Mindestens drei Jahrhunderte lang marschierten auf griechischen Schlachtfeldern in der Regel zwei Schlachtreihen, die Phalangen, bestehend aus mit Speeren und Schwertern bewaffneten Männern in Bronzerüstungen, in engen Formationen aufeinander zu. Ohne intensive Ausbildung und Übung (von den Persern mitunter verächtlich als Tanz und Gymnastik abgetan) hätten die Griechen ein solches Maß an Koordination nicht erreicht, aber auch nicht ohne die Disziplin und den sozialen Zusammenhalt der Männer. Die Soldaten (Hopliten) kämpften ebenso für ihren Nachbarn wie für sich selbst. In der Schlachtreihe schützte der mit dem linken Arm getragene Schild auch den Nebenmann. Helm und Brustpanzer trage man zum eigenen Schutz, hieß es laut Plutarch bei den Spartanern, den Schild aber für die ganze Linie. Wenn die Phalangen schließlich aufeinandertrafen, verkeilten sie sich in eine kämpfende Masse. Die Reihe, die zuerst aufbrach, erlitt in der Regel schwerere Verluste, da Fliehende niedergemacht wurden. Der persische Feldherr Mardonios, der im frühen 5. Jahrhundert v. Chr. massive Angriffe auf Griechenland befehligte, soll sich bei seinem König Xerxes I. beklagt haben, die Griechen würden »ganz unüberlegt ihre Kriege […] führen, aus Unkunde und Unverstand«.[13] Bald sollten die Perser auf kostspielige Weise erfahren, was die griechische Art der Kriegführung einem Gegner antun konnte. In der entscheidenden Schlacht von Marathon im Jahr 490 v. Chr., in der die Griechen ein vielleicht doppelt so großes persisches

Heer besiegten, widerstanden die Hopliten den persischen Versuchen, ihre Linien zu durchbrechen. Laut Herodot lagen am Ende 6400 gefallene Perser auf dem Schlachtfeld, während die Griechen nur 192 Mann verloren.[14]

Jahrhunderte später sollten Ritter zu Pferd von Schweizer Infanteriesoldaten, die wie die griechischen Hopliten als Gleiche mit- und füreinander kämpften, eine ähnliche Lektion erhalten. Heute betrachten wir die Schweizergarde, die in ihrer bunten Renaissanceuniform im Vatikan Wache hält, als charmantes Relikt und die Schweiz als friedlich und idyllisch, als Erzeuger guter Schokolade, Sitz diskreter Banken und, wie Harry Lime in *Der dritte Mann* abfällig sagt, Heimat der Kuckucksuhr. Doch zweihundert Jahre lang, vom 16. bis ins 18. Jahrhundert, waren die von Piken starrenden Schweizer Einheiten, in deren Schutz Armbrustschützen ihre tödlichen Waffen spannten, der Schrecken Europas; für jeden, der es sich leisten konnte, sie anzuheuern, waren sie der Schlüssel zum Sieg. »Pas d'argent, pas de Suisse«, lautete ein Sprichwort.

Wenn starke Zentralregierungen zusammenbrechen, wie im 17. Jahrhundert im Dreißigjährigen Krieg, in den 1990er-Jahren in Jugoslawien oder heute im Irak, stürzt auch die Macht ein; sie fällt denjenigen zu, die stark und skrupellos genug sind, um sich mit erpressten Ressourcen durchzuschlagen und Anhänger zu gewinnen. Nach dem Zusammenbruch des Weströmischen Reichs im 5. Jahrhundert ging die Macht in Europa zunehmend an lokale Warlords über, deren Reichtum und Status auf Landbesitz und ihrer Fähigkeit beruhten, beides mit bewaffneten Gefolgsleuten gegen Nachbarn oder einfallende Völker zu verteidigen. Diese Privatheere waren zunehmend beritten, wobei Reiter wie Pferde mit Rüstungen geschützt waren. Aufgrund der kostspieligen Ausstattung eines Ritters und der Nachschubprobleme nach dem Zerfall eines Großteils des römischen Straßensystems waren diese Truppen relativ klein. Um einen Ritter auszurüsten und zu unterhalten, brauchte man, Schätzungen zufolge, eine gut gehende Landwirtschaft von 120 bis 180 Hektar.

Mit der Zeit wurde die Rüstung für Reiter und Pferd immer ausgefeilter und so schwer, dass ihre Beweglichkeit darunter litt und sie für die neuen Waffen und Taktiken der Infanterie anfällig wurden. Reiter, die auf den Boden geworfen wurden, hatten wie auf dem Rücken liegende Schildkröten Mühe, auf die Beine zu kommen. Manche Historiker haben die mittelalterlichen Ritter mit den riesigen Schlachtschiffen des letzten Jahrhunderts oder den Flugzeugträgern von heute verglichen: Sie verschlingen enorme Ressourcen und können doch von weit billigerer Technik zerstört werden.

Um ihre Truppen bei der Stange zu halten und die Kosten zu bestreiten, belohnten europäische Herrscher, Könige ebenso wie bescheidene Adlige, die Soldaten mit Land, was ein starker Anreiz war weiterzukämpfen. Karl der Große konnte im 8. Jahrhundert dank einer Reihe von Siegen ein großes Reich und eine Dynastie gründen. Er war bestrebt, den Wehrdienst zu systematisieren und die Macht bei der Krone zu zentralisieren. Die reichen Lehnsherren waren verpflichtet, als Gegenleistung für ihr Land mit ihrem Gefolge und ihren Waffen bereitzustehen, wenn sie gerufen wurden. Am anderen Ende der sozialen Leiter wurde es kleinen Grundbesitzern erlaubt, gemeinsam die Ressourcen aufzubringen, um einen von ihnen in den Kampf zu schicken. Karls Reich überlebte kaum eine Generation und zerfiel in mehrere Teile, während die militärische und politische Macht der grundbesitzenden Aristokratie bestehen blieb.

Doch schon bald besiegelte eine weitere Wendung zugunsten der Fußsoldaten ihr Schicksal als Klasse. Die Entstehung starker, von Kaufleuten beherrschter Stadtstaaten seit dem 12. Jahrhundert und die Zunahme an zentralisierter Königsmacht – beides Entwicklungen, die nicht zuletzt auf militärischer Stärke beruhten – forderten die Ritter politisch heraus. Zudem untergrub das Auftauchen disziplinierter Infanterietruppen wie der Schweizer Söldner ihre militärische Stellung. Kaiser Maximilian I. bescheinigte den Eidgenossen, sie seien »böse, grobe und schnöde Bauern«, die weder »Tugend, noch adliges Geblüt, noch Mäßigung«

besäßen.[15] Außerdem waren sie zwei Jahrhunderte lang eine tödliche Kraft. Wer wissen will, wie ihre Waffen aussahen, gehe in den Tower von London und achte, während er die Wachen in ihren wunderschönen rot-schwarzen Uniformen bewundert, besonders auf ihre eleganten langen Hellebarden, die eine merkwürdige Mischung aus Speer, Axt und Haken zu sein scheinen. In der Schlacht eingesetzt, wurde die Speerspitze in Ritter und Pferde gerammt, die Axt konnte Köpfe zerschmettern, und mit dem Haken wurden die Reiter vom Pferd gezogen, um sie am Boden leichter ausschalten zu können.

Schon bevor Schießpulver und Kanonen in Europa aufkamen, begannen neue, verbesserte Waffen und Taktiken die Vorteile von Rüstungen für Männer und Pferde hinfällig zu machen. Viele frühe Kulturen – China und Indien, das antike Griechenland und vermutlich Rom – haben Armbrüste entwickelt, die im Voraus gespannt werden konnten und mit denen leicht zu zielen und zu schießen war. (Ihr Nachteil war, dass es Zeit brauchte, sie nachzuladen, weshalb derjenige, der zuerst schoss, anschließend verwundbar war.) In Europa wurde die Armbrust im 12. Jahrhundert wiederentdeckt und in den folgenden 200 Jahren weiterentwickelt. Die Italiener, die sich ebenfalls als Söldner verdingten, waren berühmt für ihre Treffgenauigkeit.

Obwohl die Zeit der Reiterkrieger ablief, blieben sie unter bestimmten Umständen eine furchterregende Kraft. Im 13. Jahrhundert schweißte Dschingis Khan zerstrittene mongolische Stämme zu einem hochzentralisierten Staat zusammen, der sich eine Zeit lang als unaufhaltsame Militärmacht erwies, die Regime in China und Persien hinwegfegte. Mongolische Krieger waren äußerst mobil, und wenn ihnen Streitkräfte aus sesshafteren Reichen entgegentraten, zogen sie sich in die Weiten Zentralasiens zurück. Eines der Geheimnisse ihres Erfolgs könnte eine weitere technische Neuerung, ähnlich simpel wie der Steigbügel, gewesen sein: Sie trugen seidene Unterhemden, deren Stoff sich, wenn sie von einem Pfeil getroffen wurden, um dessen Spitze legte. Dadurch konnten sie nicht nur den Pfeil leichter aus der

Wunde ziehen, sondern verringerten auch das Infektionsrisiko, das bis in moderne Zeit mehr Soldaten das Leben kostete, als auf dem Schlachtfeld fielen. Unter Dschingis Khans Nachfolgern stürmten mongolische Krieger westwärts durch Zentralasien und Russland bis ans Schwarze Meer, wobei sie alles mitnahmen, was ihnen in den Weg kam, und eine Spur von Tod und Elend hinterließen. Nichts und niemand konnte ihnen widerstehen. Bis 1241 waren sie nach Ungarn und Polen sowie ins heutige Rumänien und Österreich vorgestoßen. Es sah so aus, als würde ein Großteil des schwachen, gespaltenen Europas ihrem Reich angegliedert werden – man stelle sich vor, wie anders die Geschichte verlaufen wäre –, doch dann blieben die Mongolen plötzlich stehen und zogen sich 1242 zurück. Der Grund dafür mag die Nachricht gewesen sein, dass Tausende Kilometer weiter östlich der Großkhan gestorben war, aber in jüngster Zeit haben Historiker spekuliert, dass schlechtes Wetter den Boden in Morast verwandelt und das Futter für die mongolischen Pferde verdorben haben könnte.

Unterdessen wurde am anderen Ende Europas, in den ländlichen Gebieten von Wales, eine weitere wirkungsvolle Waffe gegen Reiter und Pferde perfektioniert. Die englischen Könige lernten in den Kriegen, die sie im 12. Jahrhundert in Wales führten, die Vorteile des walisischen Langbogens kennen, als die Pfeile walisischer Bogenschützen, deren Bogen mit über 1,80 Metern größer waren als sie selbst, Kettenhemden, Holzsättel und Fleisch durchbohrten. 1346, während des Hundertjährigen Kriegs zwischen Frankreich und England, setzte Edward III. walisische Bogenschützen in Frankreich ein. Bei Crécy stellte sich eine weit unterlegene englische Armee der sie verfolgenden französischen Streitmacht entgegen, die aus dreimal so vielen Reitersoldaten (sie galten als die beste Kavallerie Europas), 6000 Genueser Armbrustschützen und 20 000 Fußsoldaten bestand. Auf englischer Seite kämpften nur 5000 Fußsoldaten, aber 11 000 mit Langbogen bewaffnete Bogenschützen. Als die Genueser ihre erste Salve verschossen hatten, ohne großen Schaden anzurichten, und mit dem Nachladen beschäftigt waren, begannen ruhmsüchtige französische Ritter sie von hinten niederzutrampeln, während gleichzeitig die englischen Bogenschützen vernichtende Salven abschossen. »Jeder Pfeil«, berichtete ein Chronist, »traf ein Pferd oder einen Mann, durchbohrte den Reitern Schädel oder Arm oder Bein und machte die Pferde verrückt.« Die französischen Ritter griffen ein ums andere Mal an, während die walisischen Bogenschützen unablässig nachluden und schossen. Als die Nacht hereinbrach, war der Boden mit toten und sterbenden Männern und Pferden übersät. Die Franzosen verloren 1500 Ritter und 10 000 Mann, die »nicht von edlem Blut« waren. Auf englischer Seite waren zwei Ritter, vierzig »andere« und »einige Dutzend« Waliser gefallen. Die Vorherrschaft der Ritter auf dem Schlachtfeld begann auch dort zu bröckeln.

Weitere Nägel in ihrem Sarg waren die frühe Infanterieartillerie und die Belagerungskanone, die in der Lage war, Löcher in die hohen, aber relativ dünnen Mauern der feudalen Festungen zu schießen. Während mächtige Herrscher eigene, mit den neuen Waffen ausgerüstete Armeen aufbauten, verschwanden die Privatarmeen und Güter der Ritter von der Bildfläche. An ihre Stelle traten zentralisierte absolutistische Staaten. Sobald diese das Gewaltmonopol und funktionierende Institutionen besaßen, konnten sie der Gesellschaft mehr Ressourcen abpressen, seien es Männer oder die Mittel für deren Ausrüstung und Unterhalt. Und in einem frühen Rüstungswettlauf hatte das Wachstum der Streitkräfte des Nachbarn zur Folge, dass man Schritt halten musste, wollte man nicht das Risiko eingehen, erobert zu werden. Die Größe der stehenden Heere nahm rasant zu; sie wuchsen allein zwischen 1500 und 1700 auf das Zehnfache. Dies war sowohl Ausdruck als auch Ansporn der wachsenden Macht des Staates und seiner Kontrolle über die Gesellschaft.

In den drei Jahrhunderten nach Crécy erlebte Europa eine derart tiefgreifende Umwälzung von Kriegführung und Gesellschaft wie auch der Beziehung zwischen beiden, dass manche Historiker von einer »militärischen Revolution« sprechen. Wie bei früheren Umbrüchen der Kriegführung das Metall oder das Pferd, spielte diesmal das Schießpulver die Hauptrolle, das ursprünglich von chinesischen Alchimisten erfunden worden war, die das Geheimnis ewigen Lebens ergründen wollten. Der wissenschaftliche Fortschritt in Europa trug dazu bei, die Wirksamkeit sowohl des Schießpulvers als auch der Kanonen, für die es gedacht war, zu erhöhen. Die mittelalterlichen Festungen fielen den neuen Kanonen zum Opfer, bis die Europäer darauf verfielen, Festungen mit niedrigeren, aber dicken Mauern und einem für Kreuzfeuer geeigneten Vorfeld zu bauen, das Angreifer abschrecken sollte. Neuerungen in der Metallurgie und der Konstruktion ermöglichten die Herstellung besserer und leichterer Kanonen, und die unhandliche Arkebuse machte der leichteren Muskete Platz.

Anfangs war die Muskete für den Schützen und seine Umgebung fast genauso gefährlich wie für den Feind, weil die schmorende Lunte, die er bei sich trug, um die kleine Schießpulverladung zu entzünden, häufig den gesamten Pulvervorrat explodieren ließ. Außerdem waren die ersten Musketen höchst unzuverlässig und konnten nur einen Schuss pro Minute abgeben, da sie umständlich nachgeladen werden mussten. Jemand – wer, ist nicht überliefert – kam dann auf die clevere Idee, in der Muskete Feuersteine zu verwenden, die Funken sprühen, wenn sie gegen Metall geschlagen werden. In der zweiten Hälfte des 17. Jahrhunderts wechselten die meisten europäischen Heere zu dieser verbesserten, mit einem Steinschloss versehenen Muskete. Eine weitere dieser einfachen Erfindungen, die manchmal einen enormen Fortschritt bedeuten, machte im 17. Jahrhundert ein schwedischer Eisenfabrikant, der herausfand, dass man die Länge des Kanonenlaufs halbieren konnte, ohne ihre Wirkung zu verringern. Mit diesen kleineren, leichteren Kanonen, die auf von Pferden gezogene Lafetten montiert wurden, betrat die Artillerie das Schlachtfeld.

Die Veränderungen der europäischen Kriegführung reichten noch viel weiter. Doch die Soldaten und ihre Offiziere brauchten

Jahrzehnte, um die neuen Technologien zu akzeptieren und zu erlernen (ihre Regierungen brauchten ebenso lange, um sich dazu durchzuringen, sie zu finanzieren), und ohne Veränderungen in Einstellung und Organisation wäre die Schießpulverrevolution in der Kriegführung möglicherweise nicht geschehen oder hätte nicht derart tiefgreifende Konsequenzen gehabt. Anfangs lehnten die Armeen die neuen, leichteren Kanonen ab, zum Teil, weil die ersten Versionen die unglückselige Neigung hatten zu explodieren, aber auch, weil sie sich nicht für Belagerungen eigneten, die bis ins späte 18. Jahrhundert als eigentliche Aufgabe der Artillerie betrachtet wurden. Der Gebrauch von Musketen brachte die Herausforderung mit sich, Soldaten dazu zu erziehen, ihre Stellung zu halten, bis die feindlichen Soldaten in Schussweite waren. Schoss man zu früh – bevor man »das Weiße in ihren Augen sehen« konnte –, richtete man kaum Schaden an; ein wirkungsvoller Treffer war am besten auf eine Entfernung von etwa 50 Metern zu erzielen. Während die Männer, die zuerst geschossen hatten, nachluden – fast 50 Bewegungen waren erforderlich, um zu laden und zu schießen –, wurden sie, da sie für diesen Vorgang aufrecht stehen mussten, zu leichten Zielen für Schützen oder Kavallerieangriffe des Gegners.

Die Niederländer, die in ihrem goldenen Zeitalter, dem 17. Jahrhundert, von Rembrandt bis zum Mikroskop so vieles hervorbrachten, waren auch Erneuerer der Kriegführung. Dass Moritz von Oranien, seit 1584 Vorsitzender des Staatsrats der Vereinigten Provinzen, die nördlichen niederländischen Provinzen von der spanischen Herrschaft befreien konnte, lag nicht zuletzt daran, dass er eine besonders effektive Streitmacht schuf. Er organisierte seine Truppen auf dem Schlachtfeld in bis zu zehn Reihen und führte einen ausgeklügelten Bewegungsablauf ein: Hatte die erste Reihe geschossen, wich sie zur Seite, damit die nächste schießen konnte, und stellte sich wieder hinten an. Auf diese Weise wurde die Schussrate vergrößert, wenn – und das war ein großes Wenn – die Truppen wie befohlen standhielten und sich auf Kommando gleichzeitig bewegten. Ohne (oft rigoros durchgesetzte) Disziplin und fortwährenden Drill, der den Soldaten die Abläufe und die Befehlsbefolgung auch in der Schlacht zur zweiten Natur machte, konnten sie die neuen Waffen nicht effektiv einsetzen. Armeen alten Stils, die aus Söldnern oder von lokalen Magnaten ausgehobenen Truppen bestanden und sich in der Regel am Ende eines Feldzugs auflösten, waren nicht von der Art, wie sie für die neuen Ausbildungs- und Kampfmethoden gebraucht wurden. Dies stellte für die Machthaber einen starken Anreiz dar, eigene Armeen aufzustellen, wodurch sie im Lauf der Zeit wiederum ihre Macht vergrößerten.

Ludwig XIV. war ein leidenschaftlicher Anhänger des militärischen Drills, den er als Schlüssel zum Sieg auf dem Schlachtfeld betrachtete, und zeigte persönliches Interesse an der militärischen Ausbildung und an Manövern. Wenn er die Zeit fand, übernahm er es oft selbst, Soldaten zu drillen. »Ich werde«, erklärte er, »die mir nahen Truppen weiterhin sorgfältig ausbilden, damit die anderen Militärführer aus meinem Beispiel lernen, denen, die unter ihrem Kommando stehen, die gleiche Sorgfalt angedeihen zu lassen.«

Einem zeitgenössischen Kenner zufolge dauerte es fünf bis sechs Jahre, um ein gut ausgebildetes Infanterieregiment aufzustellen. Der schwedische König und Feldherr Gustav Adolf, der auf Moritz von Oraniens Vorarbeit aufbaute, führte die sogenannte schwedische Disziplin ein; dazu gehörten Gebetspflicht, Exekution bei schweren Vergehen wie Plünderung sowie Dezimation (Bestrafung jedes zehnten Mannes) für Regimenter, die in der Schlacht das Weite suchten. Dank der Erfindung des Buchdrucks verbreiteten illustrierte Handbücher die neuen Ausbildungspraktiken in ganz Europa. Und als weiteres Beispiel dafür, wie Krieg die zivile Welt beeinflussen kann, wurden Tanzschritte, ebenfalls durch illustrierte Handbücher verbreitet, sparsamer und stilisierter. Nach Ansicht von Militärhistorikern war es neben der Waffenüberlegenheit die strenge, effektive Organisation der europäischen Heere, die sie in den Kriegen gegen die Völker Asiens und Afrikas zu einer solch tödlichen Waffe machten. Und mit ihren neuen Segelschiffen besaßen die Europäer das geeignete Mittel, um sich in alle Welt auszubreiten.

Auch der Seekrieg veränderte sich tiefgreifend, als die Windkraft an die Stelle menschlicher Muskelkraft trat. Die Schlacht von Lepanto im Jahr 1571 zwischen der Heiligen Liga, einer Koalition christlicher Staaten, und dem Osmanischen Reich war die letzte große Seeschlacht, die mit Galeeren ausgetragen wurde. Die ersten Segelschiffe waren primitiv und schwer zu steuern, aber die neue Erfindung des Heckruders erleichterte das Navigieren. Der Kompass, der im 13. Jahrhundert aus China eingeführt wurde, und später der Sextant und der Marinechronometer, die die genaue Standort- und Kursbestimmung erlaubten, machten nicht nur das Navigieren leichter und zuverlässiger, sondern vergrößerten auch die Reichweite der europäischen Flotten. Schließlich ermöglichte eine Anleihe bei Handelsschiffen – nämlich die wasserdichte Luke, die während der Fahrt geschlossen und zum Löschen von Fracht geöffnet werden konnte –, Kanonen tiefer im Schiff unterzubringen. (Waren sie zu weit über der Wasserlinie postiert, konnte ihr Gewicht das Schiff zum Kentern bringen, was gelegentlich geschah.) Während Flotten früher möglichst nah beieinander operiert hatten, um sich zu rammen und zu entern, konnten sie jetzt mit ihren Kanonen aus der Distanz aufeinander schießen.

Die Grundzüge dessen, was wir heute als übliche militärische Organisation und Praxis betrachten, wurden in Europa zwischen dem 16. und 18. Jahrhundert geschaffen: sei es die Aufteilung der Landstreitkräfte in Kavallerie, Infanterie und Artillerie oder die Gründung spezieller Offiziersschulen für Heer und Marine. Das Militär wurde professioneller. Soldaten und Matrosen lebten jetzt in Kasernen und trugen Uniform, und da sie von der Krone bezahlt wurden, betrachtete man sie als Angestellte des Monarchen oder des Staates und nicht mehr, wie in der Vergangenheit, als Privateigentum ihrer Offiziere. Auf See verschwanden die Freibeuter – von Machthabern lizenzierte Banditen –, wo immer staatliche Marinen an ihre Stelle traten, während an Land die

Söldner an Bedeutung verloren, wenn auch nie zur Gänze. Im Gegenzug übernahm der Staat mehr Verantwortung für das Militär, indem er es unterbrachte, versorgte und, besonders wichtig, regelmäßig entlohnte. 1676 wurde in Frankreich ein staatliches Krankenhaus für Soldaten eröffnet, das Hôtel des Invalides; 1690 folgten die Briten mit dem Royal Hospital in Chelsea.

Auch im 18. Jahrhundert wurden in Europa Kriege geführt, aber sie waren deutlich weniger brutal und zügellos als diejenigen des vorangegangenen Jahrhunderts, in denen die toxische Mischung aus Religion und sozialer Revolution blutige Gemetzel auf den Schlachtfeldern und Gräueltaten gegen unschuldige Zivilisten hervorgebracht hatte. Im Zeitalter der Aufklärung, als Wissenschaft und Vernunft Aberglaube und Religion zu verdrängen schienen, hofften die Europäer für eine kurze Zeitspanne, die Menschheit, zumindest ihr europäischer Teil, würde friedlicher und lernen, ihre Leidenschaften zu kontrollieren. Beobachter glaubten, dass der Krieg an Grausamkeit verlöre. Emeric de Vattel, ein einflussreicher früher Völkerrechtsgelehrter, bemerkte, dass »die Nationen Europas Krieg fast immer mit großer Nachsicht und Generosität« führten. Der Krieg, so hoffte man wenigstens, wurde zivilisiert, ausgefochten zwischen Profis unter Einhaltung der Kriegsregeln. Im Gegensatz zu dem, was kommen sollte, und dem, was in den Religionskriegen geschehen war, waren die Kriege des 18. Jahrhunderts »Kabinettskriege«; sie wurden mit klaren, begrenzten Zielen geführt, waren relativ leicht zu beenden und wurden mit einem Abkommen oder einem Vertrag ordentlich abgeschlossen.

Welche Technologien wann genutzt werden, hängt ebenfalls von mehreren Faktoren ab: von der Notwendigkeit einer Technologie, der Wissensvermittlung und der Veränderungsbereitschaft einer Gesellschaft. Die Chinesen erfanden schon früh, vor Europa, Schießpulver und Gewehre und lagen bis zum 15. Jahrhundert vorn. Dann fielen sie zurück, wahrscheinlich, weil sie überwiegend an ihrer Nordgrenze kämpften und man gegen die dortigen Reiterkrieger mit Gewehren, die umständlich zu laden waren, und schwerfälligen Kanonen wenig auszurichten vermochte. Völker nehmen neue Technologien für gewöhnlich dann an, wenn sie ihnen nutzen. Dschingis Khan stützte sich auf seine Reiterkrieger, doch als er Städte anzugreifen begann, lernte er auch, mit Schießpulver und Belagerungsmaschinen umzugehen. Mit der 1868 in Gang gesetzten Meiji-Restauration eigneten sich die Japaner westliche Technologien an und verbesserten sie, um ihr Land zu einer modernen Industrie- und Militärmacht umzugestalten. Als die Spanier im 16. Jahrhundert Pferde nach Amerika brachten, wurden diese von den eingeborenen Völkern so begeistert aufgenommen, dass wir uns heute die Präriestämme etwa der Schwarzfußindianer, der Sioux oder der Komantschen unweigerlich als jagende und kämpfende Reiter vorstellen, die obendrein noch einen anderen neuen Gegenstand benutzten: das Gewehr.

Gesellschaften (oder Teile von ihnen) können neue Technologien auch aus Abscheu, Trägheit, Festhalten an alten Gewohnheiten oder ethischen Vorbehalten ablehnen. Heutige Luftwaffenpiloten, die darüber klagen, sie würden im Cockpit nicht mehr gebraucht, haben einen Vorgänger in dem spartanischen Feldherrn, der Zeuge wurde, wie ein Mann von einem Katapultgeschoss niedergestreckt wurde, und ausrief: »Beim Herkules, nun ist es aus mit der Tapferkeit eines Mannes.«[16] Europäische Armeen hielten noch an der Kavallerie fest, als längst klar war, dass Reitersoldaten unter dem verheerenden Beschuss weitreichender Waffen auf modernen Schlachtfeldern nichts ausrichten konnten. Für Offiziere aus der Grundbesitzerklasse, die gleichsam auf Pferderücken aufgewachsen waren, besaß das Pferd eine Aura, die ein Panzer oder Panzerwagen niemals haben konnte. Maschinengewehre waren anfangs, als sie in den Armeen zur Standardbewaffnung wurden, bei vielen Offizieren höchst unbeliebt. Wie der erste Kommandant der britischen Maschinengewehrschule in Frankreich berichtete, lautete die übliche Reaktion der britischen Bataillonskommandeure auf die neue Waffe zu Beginn des Ersten Weltkriegs, man solle die verdammten Dinger an eine Flanke bringen und verstecken. Als in der ersten Hälfte des 19. Jahrhunderts der Bau der ersten Panzerschiffe für die britische Marine zur Debatte stand, beurteilten viele Marineoffiziere ihren Wert skeptisch. 1828, in der Frühzeit der Dampfschifffahrt, schrieb die britische Admiralität in einer Denkschrift: »Ihre Lordschaften sehen es als ihre Pflicht und Schuldigkeit an, mit allem Nachdruck vom Einsatz von Dampfschiffen abzuraten, da die Einführung der Dampfkraft nach ihrer Ansicht darauf abzielt, der maritimen Vorherrschaft des Empire einen tödlichen Schlag zu versetzen.« Das Segel hatte noch jahrzehntelang Anhänger, die es gegen die Dampfkraft verteidigten.

Die Armbrust war nach Meinung von Papst Innozenz II. »Gott verhasst und für Christen unpassend«. Später befand die Kirche, sie dürfe gegen Ungläubige eingesetzt werden, die sowieso verdammt seien. Die schwerfälligen frühen Infanteriekanonen, die Arkebuse und die Muskete galten allesamt als Teufelswerk, erfunden mutmaßlich von Ungläubigen.

Manchmal hatten die Erfinder neuer Waffen selbst ein schlechtes Gewissen und empfanden Abscheu vor dem, was sie getan hatten. So hat der große Gelehrte Roger Bacon Mitte des 13. Jahrhunderts möglicherweise das Geheimnis des Schießpulvers entdeckt, das Chinesen und Arabern bereits bekannt war, aber wenn dem so war, hat er es mit ins Grab genommen. Leonardo da Vinci bemerkte zu seinem Entwurf eines Unterseeboots, er werde ihn »wegen der bösen Natur der Menschen« nicht vollständig enthüllen, »denn sonst würden sie Morde auf dem Meeresgrund begehen, die Schiffe in den Grund bohren und sie samt der Mannschaft, die darauf ist, zum Sinken bringen«.[17]

Nachdem sie die Kanonen, die portugiesische Reisende 1543 ins Land brachten, zunächst positiv aufgenommen hatten, wandten sich die herrschenden Klassen Japans im folgenden Jahrhundert gegen die neue Waffe. Zwar hatte man nicht nur gelernt, sie herzustellen, sondern sogar Verbesserungen daran vorgenommen, aber in der Mitte des 17. Jahrhunderts scheint man beschlossen zu haben, die Entwicklung nicht weiter voranzutreiben.

War dies das ermutigende und noch heute bedeutsame Beispiel eines Volkes, das freiwillig auf neue, tödlichere Waffen verzichtet? Leider wohl eher nicht. Aus Sicht des mächtigen Kriegerstandes, der Samurai, die eine ausgefeilte Kampfweise mit hochwertigen Stahlschwertern perfektioniert hatten, machten Kanonen ihre Fähigkeiten nutzlos, weshalb sie kein Interesse an ihrer Einführung hatten. Ebenso bedeutsam war, dass der Staat nach einer Periode des Bürgerkriegs die Ordnung wiederhergestellt hatte und man für die Aufrechterhaltung des Friedens keine Kanonen brauchte. Zu Japans Unglück bedeutete dies, dass es kaum eine Chance hatte, den amerikanischen Commodore Matthew Perry abzuwehren, als er 1853 die Isolation des Landes brutal durchbrach und seine Öffnung für den amerikanischen Handel erzwang.

Durch die Nutzung seines vorübergehenden technologischen Vorsprungs, darunter Kanonen, Panzerung und Stahl, gelang es dem Westen, einen großen Teil der übrigen Welt unter seine Kontrolle zu bringen, bevor die unterdrückten Völker lernten, wie sie zurückschlagen konnten. Im Fall von Nord- und Südamerika kam hinzu, dass die Europäer neue Krankheiten mitbrachten. Die spanischen Abenteurer Cortés und Pizarro überwältigten mit einer Handvoll Männer große Reiche in Mexiko und Peru, die über Millionen von Untertanen und riesige Armeen geboten. Die Chancen der Spanier waren gering, aber sie hatten die mitgeführten Keime auf ihrer Seite, die sich schneller verbreiteten, als sie selbst vorankamen, und die lokale Bevölkerung, die gegen Krankheiten wie Pocken und Masern nicht immun war, dahinrafften. Außerdem traten die Spanier auf Pferden gegen Fußsoldaten an, trugen Stahlrüstungen und kämpften mit Stahlwaffen und Kanonen gegen Männer mit Holz- und Bronzewaffen und Rüstungen aus wattiertem Baumwollstoff. In seinem Buch *Arm und Reich* hat Jared Diamond anhand von Augenzeugenberichten lebendig dargestellt, was den Inkas widerfuhr, als Pizarro, der

»Statthalter«, wie er genannt wurde, und seine 168 Männer den Inka-Herrscher und seine nach Tausenden zählenden Anhänger überraschten:

> Der Statthalter gab Candia das verabredete Signal, worauf dieser begann, die Kanonen abzufeuern. Dazu ertönten die Trompeten, und die spanischen Soldaten, Kavallerie und Infanterie, stoben aus ihren Verstecken hervor mitten hinein in die Menge der unbewaffneten Indianer, die den Platz ausfüllte, und stießen dazu den spanischen Schlachtruf ›Santiago!‹ aus. Wir hatten Rasseln an die Pferde gebunden, um den Indianern Furcht einzujagen. Das Donnern der Kanonen, der Klang der Trompeten und die Rasseln an den Pferden versetzten die Indianer in Schrecken und Verwirrung. Die Spanier fielen über sie her und fingen an, sie niederzumetzeln. So voller Furcht waren die Indianer, dass sie aufeinander kletterten und sich gegenseitig erstickten. Da sie keine Waffen trugen, war der Angriff für die Christen ohne Gefahr. Die Kavallerie ritt sie nieder, tötete, verwundete und verfolgte sie. Die Infanterie ging so erfolgreich gegen die verbliebenen Indianer vor, dass binnen kurzer Zeit die meisten mit Schwertern niedergestreckt waren.[18]

Der Sieg der Spanier war nicht nur ihren Pferden und Waffen zu verdanken, sondern auch der Tatsache, dass sie den Herrscher gefangen nahmen, womit sie nicht nur die geheiligten Regeln der Inkagesellschaft brachen, sondern auch die Untertanen einer streng hierarchischen Ordnung orientierungs- und führerlos machten.

Ein Aspekt der chinesischen Tragödie im Ersten Opiumkrieg von 1839 bis 1842 war, dass das Reich der Mitte technologisch und organisatorisch ähnlich weit zurücklag wie die Inka. Es verließ sich auf Segeldschunken von einer Bauweise und mit Kanonen, die es jahrhundertelang erfolgreich eingesetzt hatte, während die Briten nicht nur höher entwickelte Segelschiffe und Waffen besaßen, sondern auch eines der ersten gepanzerten

Dampfschiffe, das sinnigerweise den Namen *Nemesis* trug. Und dies war nur der Anfang einer Umwälzung, die eine neue, umfassendere und furchterregendere Form der Kriegführung hervorbringen sollte: Die industrielle Revolution des 19. Jahrhunderts, die weitreichende ökonomische, technologische und wissenschaftliche Veränderungen mit sich brachte, ermöglichte es den westlichen Gesellschaften und jenen, die – wie Japan nach dem Sturz der alten Ordnung durch die Meiji-Restauration – bereit waren, von ihnen zu lernen, mehr und bessere Waffen herzustellen und Kriege von weit größerem Ausmaß zu führen als zuvor.

Das Tempo der Veränderung und die Tödlichkeit der Waffen haben sich seither stetig vergrößert. Man denke nur an die plumpen einmotorigen, unbewaffneten Fluggeräte, die 1914 zu Beginn des Ersten Weltkriegs in den Himmel aufstiegen, und vergleiche sie mit den weit schnelleren und stärkeren Kampfflugzeugen von 1918, auf denen Maschinengewehre montiert waren und die schwere Bomben über dem Feind abwerfen konnten. Am Ende des Zweiten Weltkriegs flogen die Flugzeuge noch höher, noch schneller und noch weiter und konnten noch viel schwerere Lasten tragen als ihre Vorgänger im Ersten Weltkrieg, und die Düsenturbine begann das Propellertriebwerk zu ersetzen. Als im August 1945 amerikanische Atombomben auf Hiroshima und Nagasaki fielen, läuteten sie das neue, schreckenerregende Nuklearzeitalter ein. Heute sind neue Waffen, von Jagdflugzeugen bis zu Flugzeugträgern, häufig bereits überholt, wenn sie in Dienst genommen werden. Die Waffenarsenale der Welt sind gewaltig: Es gibt schätzungsweise allein über eine Milliarde Kleinwaffen weltweit; auf der anderen Seite sind genug Atomwaffen vorhanden, um die Menschheit mehrfach auszulöschen. Ernsthafte Abrüstungsmaßnahmen scheinen ferner als je zuvor. Dennoch reden viele von uns, einschließlich unserer Führer, vom Krieg als einem vernünftigen, kontrollierbaren Instrument.

IV

MODERNER KRIEG

»Von hier und heute geht eine neue Epoche der Weltgeschichte aus, und ihr könnt sagen, ihr seid dabei gewesen.«

Johann Wolfgang von Goethe, *Kampagne in Frankreich*

1792, im dritten Jahr der Französischen Revolution, befand sich Frankreich im Krieg mit Österreich und Preußen, zwei der führenden konservativen Mächte Europas. Die französischen Aussichten waren alles andere als gut: Viele Offiziere der alten Armee waren ins Ausland geflohen, und was von den Truppen übrig geblieben war, befand sich in einem ebenso chaotischen Zustand wie die französische Politik. Zwar füllten Revolutionäre die Lücken, aber ihnen fehlte es im Gegensatz zu den ihnen entgegentretenden Armeen alten Stils an Erfahrung, Ausbildung und Disziplin.

Im Spätsommer stieß das preußische Heer nach Nordostfrankreich vor, wo es auf wenig Widerstand stieß und mehrere Festungen eroberte. Während die Preußen weiter Richtung Paris marschierten, wandten sich die Revolutionäre gegeneinander; in ihrer Panik begannen die Revolutionsregierung und ihre Anhänger auf den Straßen nach Verrätern zu suchen. Die Guillotine, die erfunden worden war, um für humane Hinrichtungen zu sorgen, wurde zum allgegenwärtigen Instrument der Unterdrückung. Sinnvoller schien der Aufruf der Regierung, sich freiwillig zur Verteidigung des Landes und der Revolution zu melden.

Am 20. September trafen schlecht ausgerüstete und miserabel organisierte französische Truppen westlich von Verdun, in der Nähe des Dorfes Valmy, auf den Feind. Die Preußen waren nach wie vor Furcht einflößend, hatten aber bereits Verluste von einigen Tausend Mann erlitten, die an Ruhr erkrankt waren. In der Nacht war kalter Regen gefallen, und die Felder waren, wie auch später im Ersten Weltkrieg, aufgeweicht und matschig. Als der Tag anbrach, begannen beide Seiten ein langes, intensives Artilleriegefecht; die Preußen wagten einige Vorstöße gegen die französischen Linien, die jedoch standhielten. Als der Abend dämmerte, zogen sich die Preußen wohlgeordnet zurück. Sie hatten rund 180 von 34 000 Soldaten verloren, die Franzosen etwa 300 von 32 000. Es war weder ein grandioser Sieg noch eine Niederlage.

Warum also sprach Goethe, der sich beim preußischen Heer aufhielt, davon, dass »[v]on hier und heute [...] eine neue Epoche der Weltgeschichte« ausgehe? Valmy war unter anderem deshalb bedeutsam, weil die Franzosen aus der Not heraus begonnen hatten, neue Taktiken anzuwenden, die ihre Gegner beunruhigten und verunsicherten. Die französischen Soldaten verhielten sich anders als diejenigen anderer Armeen; sie sangen inmitten der Schlacht Revolutionslieder, nahmen unnötige Risiken auf sich und schienen nicht zu merken, wann sie besiegt waren. (Nach einer Schlacht im folgenden Jahr zwischen französischen Revolutionstruppen und einem Heer der wachsenden Koalition gegen Frankreich beklagte sich ein Beobachter über die Kampfweise der Franzosen: »Fünfzigtausend wilde Tiere, vor Wut mit Schaum vor dem Mund und wie Kannibalen schreiend, werfen sich mit aller Wucht auf Soldaten, deren Tapferkeit von keiner Leidenschaft angestachelt wird.«) Valmy ist von symbolischer Bedeutung: als Niederlage des für das 18. Jahrhundert typischen Berufsheers alten Stils gegen eine Bürgerarmee neuer Art, deren Angehörige nicht von der Furcht vor ihren Offizieren motiviert wurden, sondern von der leidenschaftlichen Liebe zu ihrer Sache.

Der Nationalismus – die Identifikation der Menschen mit etwas, das Nation genannt wird – war mit Aplomb in die Geschichte eingetreten. Im Lauf des 19. Jahrhunderts kamen zu dieser ersten Umwälzung zwei weitere große Umbrüche hinzu, und zusammen machten sie den Krieg gewalttätiger, tödlicher und zerstörerischer. Die industrielle Revolution, welche enorme Veränderungen der Produktionsmittel, der Wissenschaft, der Technologie sowie des Wirtschaftspotenzials der Gesellschaften bewirkte, sollte im Jahrhundert nach den Napoleonischen Kriegen zuerst Europa und dann einen großen Teil der übrigen Welt tiefgreifend verändern. Hinzu kamen, von den beiden anderen Umwälzungen abhängig und sie beeinflussend, die übergreifenden sozialen, politischen und geistigen Veränderungen, von der Urbanisierung bis zu neuen Vorstellungen über das Wesen des Menschen. Der Nationalismus wurde von Ideen ausgelöst – von den Schriften von Intellektuellen, Schriftstellern, Ethnografen und Historikern –, aber er wirkte seinerseits dank Massenliteratur, billiger Bücher und schneller Kommunikationswege tiefer in die Gesellschaft hinein und breitete sich in ganz Europa und dann über die übrige Welt aus.

Die industrielle Revolution brachte nicht nur Innovationen und Massenproduktion mit sich, sondern auch sozialen Wandel. Bürgertum und Arbeiterklasse gewannen an Umfang und schließlich auch an Macht, während die alte, grundbesitzende Elite erleben musste, wie die Quellen ihres Reichtums und Einflusses zunehmend versiegten. Die Ausweitung des Wahlrechts und der Trend zur konstitutionellen Regierungsform führten dazu, dass die Massen ein neues Verhältnis zur Außen- und Militärpolitik ihres Landes entwickelten. Die Frage von Krieg und Frieden, einst Sache von wenigen, war jetzt Angelegenheit der vielen. Der Nationalismus lieferte die Leidenschaft für den Krieg, die industrielle Revolution die Instrumente und der soziale Wandel die Kampftruppen und die Unterstützung der Kriegsanstrengung durch Zivilisten.

Der moderne Krieg sollte länger dauern, mehr kosten und der Gesellschaft weit mehr abverlangen als die Kriege zuvor. Im Ersten Weltkrieg mobilisierten die Streitkräfte zusammen nahezu 70 Millionen Männer, in Frankreich und Deutschland allein 40 Prozent der männlichen Bevölkerung. Man stelle sich vor, was das für die Gesellschaften bedeutete: Fast jeder kannte jemanden, der in den Krieg gezogen war oder jemanden betrauerte, der nicht zurückgekehrt war. Der Alltag veränderte sich überall, im Großen wie im Kleinen; Konsumgüter verschwanden aus den Geschäften, Treibstoff und Lebensmittel wurden knapp. Die Steuern stiegen, und die Fabriken produzierten rund um die Uhr, um die Tonnen von Lebensmitteln, Millionen von Stiefeln, Kilometer von Stoff, Berge von Granaten und Seen von Öl zu liefern, die der Krieg verschlang. Im Zweiten Weltkrieg produzierten die Hauptkriegführenden, wie der Historiker Walter Scheidel errechnet hat, neben vielen anderen Rüstungsgütern 286 000 Panzer, 557 000 Kampfflugzeuge, 11 000 große Kriegsschiffe und über 40 Millionen Gewehre. Für die beiden großen Weltkriege des 20. Jahrhunderts musste ein neuer Begriff geprägt werden: totaler Krieg.

Als Napoleon 1812 in Russland einfiel, befehligte er eine Armee von 600 000 Mann; die Streitmacht, mit der Preußen und seine Verbündeten 1870 Frankreich angriffen, war doppelt so groß; 1914 mobilisierte Deutschland über drei Millionen Mann; und 1944 warf Stalin 6,5 Millionen Mann in den Kampf gegen die Achsenmächte. Der moderne Krieg war ein industrieller Krieg, der Armeen, Marinen und schließlich Luftwaffen von gewaltigen Ausmaßen hervorbrachte. Während Bodentruppen in den beiden Weltkriegen auch immer noch Pferde und Esel als Transportmittel nutzten, waren es die Eisenbahn, das Dampfschiff und der Verbrennungsmotor, die ihre Ausbreitung erst möglich machten. Während manche Waffen, etwa Bajonette und Messer, aus früheren Zeiten stammten, waren es die enorm verbesserten Kanonen und die völlig neuen Flugzeuge, U-Boote, Panzerfahrzeuge und Atomwaffen, die – wie einst Metallwaffen, Pferde oder Schießpulver – eine neue Epoche des Krieges repräsentierten.

Wie in der Vergangenheit lösten technologische und taktische Fortschritte die Suche nach Gegenmitteln aus. Die Reichweite der standardmäßigen Infanteriewaffen vergrößerte sich allein im

19. Jahrhundert auf das Zehnfache; auch konnten sie öfter und schneller feuern. Um 1800 lag die Reichweite der Feldartillerie bei knapp zweieinhalb Kilometern; im Ersten Weltkrieg war sie mehr als achtmal so groß. Die Deutschen bauten eine riesige Kanone, die aus über hundert Kilometern Entfernung Granaten auf Paris schoss. Als Reaktion darauf bauten die Armeen der Welt stärkere Befestigungen und überzogen die Schlachtfelder mit Stacheldrahtverhauen und immer besser ausgebauten Schützengräben. Drahtscheren und Schaufeln wurden zur Standardausrüstung von Infanteristen. Als General Shermans Truppen im Amerikanischen Bürgerkrieg durch Georgia marschierten, um dessen Kapitulation zu erzwingen, warfen sie ihre Bajonette weg, behielten aber die Schaufeln.

Auch die Uniformen veränderten sich. In den Schlachten des 18. und 19. Jahrhunderts, als das in den Kanonen verwendete Schwarzpulver dichte Rauchschwaden über den Schlachtfeldern bildete, waren helle Uniformen mit auffallenden Kennzeichen sinnvoll, um Freund und Feind unterscheiden zu können. Als das rauchlose Schießpulver aufkam, das die meisten Armeen im letzten Viertel des 19. Jahrhunderts einführten, stellten die schönen roten, blauen oder grünen Uniformjacken mit ihren glänzenden Knöpfen und Goldtressen treffliche Ziele für die inzwischen genaueren und weiter reichenden Gewehre dar. Und mit Einführung der Hinterlader konnten die Soldaten beim Nachladen liegen bleiben, sodass sie schwerer auszumachen waren. Die Briten lernten diese Lektion auf die harte Art, als ihre Rotröcke im Zweiten Burenkrieg (1899–1902) durch das staubige südafrikanische Buschland marschierten und die burischen Farmer, die in ihrer staubfarbenen Arbeitskluft auf dem Boden lagen und meist ausgezeichnete Schützen waren, sie einen nach dem anderen abschossen. Nach der Schlacht von Colenso im Jahr 1899, in der »Schwarzen Woche«, in der die britische Armee drei schwere Niederlagen erlitt, beklagte sich einer ihrer Generale, er habe den ganzen Tag lang keinen Buren gesehen, bis die Schlacht vorüber war und seine Männer die Opfer gewesen seien. Schließlich steckten die britischen Behörden ihre Soldaten in Khakiuniformen. Die französische Infanterie zog 1914 in ihren grellroten Hosen an die Front. »Le pantalon rouge, c'est la France!«, rief der Kriegsminister aus. Ein großer Teil des Militärs pflichtete ihm bei, während die Verlustlisten länger und länger wurden.

Während eines Großteils des 19. und zu Beginn des 20. Jahrhunderts verschaffte die Technologie der Verteidigung einen Vorteil, weil die verbesserte Feuerkraft die Todeszone vergrößerte, die angreifende Soldaten durchqueren mussten. Man stelle sich den Landser vor, der, wie im Ersten Weltkrieg, mit schwerem Gepäck auf dem Rücken aus dem Schützengraben zu stürmen und durch zähen Schlamm über zerwühltes, von Granattrichtern und Stacheldrahtverhauen übersätes Gelände anzugreifen versuchte, immer mit dem Gedanken im Kopf, dass der unsichtbare Feind ihn jederzeit aus tausend Metern oder mehr abschießen konnte. Der Amerikanische Bürgerkrieg 1861–1865, der Deutsch-Französische Krieg von 1870/71, der Russisch-Türkische Krieg von 1877/78, der Russisch-Japanische Krieg von 1904/05, die Balkankriege von 1912 und 1913: Sie alle waren Warnzeichen dafür, wohin der Krieg sich entwickelte, indem sie zeigten, dass Verteidiger in gut befestigten Stellungen weit größere Streitkräfte abwehren und ihnen dabei furchtbare Verluste zufügen konnten. Kurz nach Beginn des Deutsch-Französischen Krieges hielten 48 000 deutsche Soldaten eine 35 Kilometer lange Frontlinie gegen 131 000 französische Angreifer. 1877, im Russisch-Türkischen Krieg, waren die Russen in der Schlacht von Plewen den Türken zahlenmäßig dreifach überlegen, konnten sie aber nicht niederringen. (Die Russen siegten schließlich doch, als den Türken die Vorräte ausgingen, ein Hinweis darauf, wie wichtig die Logistik werden sollte.) Weitere Belege für diese Entwicklung lieferte der Erste Weltkrieg auf Kosten von Millionen Menschenleben.

Gleichwohl begann die Vormacht der Verteidigung in einer dieser Wendungen, die die Kriegsgeschichte kennzeichnen, am

Ende des Ersten Weltkriegs bereits nachzulassen, als nämlich die gegnerische Seite Mittel und Wege fand, Stellungen zu durchbrechen: mit Giftgas, Flammenwerfern, Granatwerfern, Panzern und Flugzeugen. Im Zweiten Weltkrieg lag der Vorteil wieder bei der Offensive. Der deutsche »Blitzkrieg«, bei dem Sturzkampfbomber und Jagdflugzeuge die mit Panzern, Panzerwagen und einfachen Motorrädern ausgerüsteten Bodentruppen unterstützten, durchbrach, überrollte oder umging die feindlichen Verteidigungsstellungen. Andere Armeen lernten die Lektion rasch, wenngleich die neuen Waffen und Methoden umgehend ihre eigenen Gegenmaßnahmen hervorbrachten, etwa Luft- und Panzerabwehrkanonen oder Land- und Seeminen. Zugleich stieß der Krieg in der Luft wie unter Wasser in neue Dimensionen vor. Was diese Veränderungen von denjenigen der Vergangenheit unterschied, war ihr Tempo.

Auch das Ausmaß des Krieges nahm zu, weil nunmehr sämtliche Kräfte der Gesellschaft für die Kriegsanstrengung eingespannt werden mussten. Hatten Militärs und zivile Führer einst angenommen, die bei Ausbruch von Feindseligkeiten vorhandenen Mittel würden bis zum Kriegsende reichen, musste der moderne Krieg ständig gefüttert werden – mit Menschen ebenso wie mit Material. 1914, in der Frühphase des Ersten Weltkriegs, stellten die Armeen beider Seiten zu ihrem Erstaunen und Entsetzen fest, dass wichtige Vorräte, die eigentlich bis zum Ende der Feindseligkeiten hätten reichen sollen, bereits zur Neige gingen. Die Franzosen verbrauchten in weniger als einem Monat die Hälfte ihres Munitionsvorrats, und die deutsche Artillerie verschoss innerhalb von sechs Wochen sämtliche Granaten, über die sie bei Kriegsbeginn verfügt hatte.

Wenn sie ihre Wirtschaft nicht auf die Kriegsanstrengung ausrichteten, konnten die kriegführenden Nationen nicht lange weiterkämpfen. Dies hatte zur Folge, dass die Trennlinie zwischen legitimen und illegitimen Kriegszielen verschwamm und schließlich fast ganz verschwand. Wenn man Eisenbahngleise, Treibstofflager, Rüstungsfabriken und Staudämme bombardierte oder mit Granaten beschoss, untergrub man die Fähigkeit des Feindes, im Feld zu kämpfen. Nach und nach wurde so auch der Versuch gerechtfertigt, die Moral der Zivilbevölkerung zu brechen, indem man ihre Häuser, Kirchen, Krankenhäuser und Schulen in Schutt und Asche legte und die Zivilisten selbst unterschiedslos tötete.

Im 20. Jahrhundert perfektionierte die Welt dieses Vorgehen, aber es war schon im 19. Jahrhundert zu beobachten. Im Deutsch-Französischen Krieg beschossen deutsche Truppen gezielt Pariser Wohnviertel, um Frankreich zur Kapitulation zu zwingen. Es komme »nur darauf an«, notierte der preußische Kronprinz in seinem Tagebuch, »denjenigen Teil der Bevölkerung, der durch seinen Frevel den Krieg verschuldete, zu strafen«.[1] Im Ersten Weltkrieg kam ein neuer Begriff in Umlauf: »Heimatfront«. Ob sie wollten oder nicht, auch die Zivilisten befanden sich jetzt auf dem Schlachtfeld.

Eine der großen Tragödien des modernen Kriegs bestand darin, dass Gesellschaften sich durch ihre bloße Stärke – was Organisation, Industrie, Wissenschaft oder Ressourcen betraf – in solch effektive Tötungsmaschinen verwandeln konnten. Nationen waren jetzt in der Lage, weit längere Kämpfe durchzustehen, die nicht wie bisher Tage, sondern Monate oder Jahre dauerten, und eine weit größere Zahl von Menschen zu töten. Genaue Verlustzahlen – von Toten, Verwundeten, Vermissten oder Gefangenen – sind bekanntermaßen schwierig zu nennen, und Autoren wie Steven Pinker weisen darauf hin, dass sie stets im Verhältnis zur Gesamtbevölkerung zu sehen sind. Hätten zum Beispiel die Mongolen ihre Kriegszüge statt im 13. im 20. Jahrhundert unternommen, hätte es nicht 40 Millionen, sondern 278 Millionen Tote gegeben. Aber wie immer man die menschlichen Kriegskosten auch berechnet, die Verlustzahlen – und ihr steiler Anstieg – von den Napoleonischen Kriegen am Beginn des 19. Jahrhunderts bis zum Ende des Zweiten Weltkriegs 1945 sind erschreckend. In der größten Schlacht der Napoleonischen Kriege, der Völkerschlacht bei Leipzig 1813, lange vor den großen Fortschritten in der Waffentechnik, wurden von der halben Million Soldaten beider Seiten etwa 150 000 getötet oder verwundet. Die Schlacht dauerte vier Tage. Die Schlacht an der Somme im Jahr 1916 dauerte viereinhalb Monate, und die Verluste betrugen über eine Million Männer. Der Russisch-Japanische Krieg von 1904/05, in dem zwischen 130 000 und 170 000 Soldaten beider Seiten starben, gab einen Vorgeschmack auf das, was kommen sollte. Fielen im Ersten Weltkrieg insgesamt rund neun Millionen Männer an den Fronten, so waren es im Zweiten schon mindestens doppelt so viele.

Die Zahl der zivilen Opfer stieg aufgrund der zunehmenden Fähigkeit der Kriegführenden, die Heimat der Gegenseite mit Vernichtungswaffen zu erreichen, sogar noch stärker. Im Zweiten Weltkrieg sind wahrscheinlich sage und schreibe 50 Millionen Zivilisten ums Leben gekommen – durch Massenmorde, Bombardierungen oder vom Krieg verursachte Hungersnöte und Krankheiten. Eine einzige Atombombe tötete in Hiroshima zwischen 60 000 und 80 000 Menschen sofort und viele Tausend radioaktiv Verseuchte in der Folgezeit. Kein Wunder, dass jemand angesichts der Gräuel des vergangenen Jahrhunderts auf den Begriff »Hämoklysma« (großes Blutvergießen) verfiel.

Doch der im gleichen Zeitraum stattfindende Wettlauf zwischen technologischen Neuerungen und jeweiligen Gegenmaßnahmen brachte auch Lösungen hervor wie einen besseren Zivilschutz und eine bessere medizinische Versorgung. Auch in früheren Kriegen, vor dem 19. Jahrhundert, fielen Soldaten auf dem Schlachtfeld, aber die meisten Opfer starben damals an Krankheiten oder an ihren Verwundungen. Jetzt aber überlebten viele Verwundete – oft, um anschließend wieder in den Kampf geschickt zu werden.

Während der Napoleonischen Kriege klagte der französische Schriftsteller und Diplomat Chateaubriand über die neue gigantische, allumfassende Gestalt, die der Krieg angenommen hatte. Er trauerte um die alte, zivilisierte Art der Kriegführung, die »die Völker in Ruhe lässt, während eine kleine Anzahl von Soldaten ihre Schuldigkeit tut«.[2] Die neue Art des Krieges brachte die Massenmobilisierung durch den aufsteigenden Nationalismus mit sich. Obwohl häufig der Französischen Revolution zugeschrieben, hat die Idee, dass Nationen organische Einheiten seien, die schon immer existierten und die Loyalität ihrer Angehörigen einfordern könnten, ihre Wurzeln in den Schriften von Philosophen wie Rousseau, der vom Gesellschaftsvertrag sprach und vom Recht der Menschen, sich frei zusammenzuschließen, und in politischen Ereignissen wie der Amerikanischen Revolution von 1775/76. »Jeder Bürger«, forderte Rousseau, »muss Soldat aus Pflicht, keiner darf es von Beruf sein.«[3] In der amerikanischen Unabhängigkeitserklärung hieß es, jeder Mensch habe »unveräußerliche Rechte«, und die Regierungen, »welche ihre gerechte Gewalt von der Einwilligung der Regierten herleiten«, seien verpflichtet, diese Rechte zu schützen. Erfüllten sie die Wünsche und Bedürfnisse der Regierten nicht, hätten diese das Recht, sie abzusetzen. Mit anderen Worten: Die Menschen wurden nicht mehr als Untertanen nicht gewählter Herrscher betrachtet, sondern als Bürger, die in ihrem Staat ein Mitspracherecht besaßen.

Implizit bedeutete das aber auch, dass die Bürger (womit üblicherweise die Männer gemeint waren) umgekehrt die Pflicht hatten, zur Verteidigung ihres Staates bereit zu sein. Im Zuge der Französischen Revolution einige Jahre später wurde diese Pflicht dann explizit eingefordert. Als sich seine konservativen Feinde 1792 gegen Frankreich verbündeten, rief die neue Gesetzgebende Versammlung alle französischen Männer auf, ihre Nation zu verteidigen. Im folgenden Jahr erließ der Nationalkonvent ein Dekret über die »Levée en masse«, eine Massenmobilisierung, wie es sie im vorangegangenen Jahrhundert nicht gegeben hatte; diesmal waren sogar die Frauen einbezogen. Der erste Artikel lautete:

> Von jetzt an und bis zu dem Tage, an dem die Feinde vom Gebiet der Republik vertrieben sein werden, unterliegen alle Franzosen der ständigen Heeresdienstpflicht. Die jungen Männer ziehen in

> den Kampf, die verheirateten schmieden Waffen und befördern die Verpflegung; die Frauen fertigen Zelte und Uniformen und leisten in den Lazaretten Dienst; die Kinder zupfen altes Leinenzeug zu Scharpie, die Alten lassen sich auf öffentliche Plätze tragen, um in den Kriegern Mut und den Hass gegen die Könige anzustacheln und ihnen die Einheit der Republik ans Herz zu legen.[4]

In den militärischen Auseinandersetzungen, die nun begannen und in die Napoleonischen Kriege mündeten, ging es zunächst um die Verteidigung der französischen Nation und ihrer Revolution, doch schon bald um weit mehr: Die Franzosen überrannten Europa mit missionarischem Eifer und sahen es als ihre heilige Aufgabe an, ungerechte, autoritäre Regime zu stürzen und ihre europäischen Mitbürger zu befreien. Solche Ziele rechtfertigten, zumindest in den Augen der Franzosen, nicht nur den Krieg, sondern stellten auch frei, wie er geführt werden sollte – und das bedeutete: unbeschränkt. Da Frankreichs Feinde dem Aufbau einer besseren Welt im Weg stünden, müsse man sie angreifen, erklärte Robespierre, »und zwar nicht als gewöhnliche Feinde, sondern als Mörder und aufrührerische Räuber«.[5] Die unterschiedslose Tötung von Männern, Frauen und Kindern in der Vendée, wo die Republikaner 1793 eine royalistisch-katholische Rebellion niederschlugen, ließ erkennen, was dies bedeuten konnte.

Ihr missionarischer Eifer machte die revolutionären Armeen grausam, bescherte ihnen aber auch einen Sieg nach dem anderen, und als ein militärisches Genie wie Napoleon die Führung übernahm, erwies sich Frankreich eine Zeit lang als unüberwindlich. Die französischen Soldaten mochten nicht in perfektem Gleichschritt marschieren wie ihre Gegner, aber sie mussten nicht zum Kampf gezwungen werden. Zuverlässig rannten ihre Scharmützler vor dem Hauptangriff gegen die feindlichen Linien an. Dass französische Armeen ihre Feinde ein ums andere Mal überraschten, indem sie weit früher als erwartet erschienen, lag daran, dass sie auch nachts marschieren konnten. Armeen alten Stils hingegen mussten über Nacht unter Bewachung kampieren, damit niemand desertierte. Jacques de Guibert hatte 1772 vorausschauend geschrieben:

> Allein gesetzt, dass in Europa ein durch Genie, kräftige Mittel und durch eine gute Regierung mächtiges Volk aufstünde; ein Volk, das mit den strengsten Tugenden und einer guten Nationalmiliz einen festgesetzten Vergrößerungsplan verbände; ein Volk, das den Krieg mit wenig Kosten zu führen und sich durch seine Siege zu unterhalten wüsste und nicht genötigt wäre, um seiner Finanzen willen die Waffen niederzulegen. Ein solches Volk würde seine Nachbarn bezwingen und unsere schwachen Verfassungen vernichten, so wie der Nordwind das schwache Schilfrohr nach seinem Willen hin und her bewegt.[6]

Am Ende wurde Frankreich nicht zuletzt deshalb besiegt, weil es in anderen Völkern die gleichen Gefühle ausgelöst hatte, durch die es zur dominierenden Macht in Europa geworden war. Spanier, Preußen und Russen, die eine französische Invasion erlebt hatten, waren durchaus nicht erfreut darüber, ihre Freiheit mit französischen Schwertern serviert zu bekommen, und so sahen sich die Franzosen mit dem erwachenden Nationalismus der eroberten Völker und nationalen Widerstandsbewegungen konfrontiert.

Im Jahrhundert nach den Napoleonischen Kriegen schweißten alte und neue Nationalismen Menschen zusammen, die sich nie zuvor als Angehörige einer »Nation« verstanden hatten, aber Gemeinsamkeiten wie Kultur, Sprache, Geschichte, Religion, Gebräuche und – wo Rassentheorien gediehen – Biologie teilten. Bildung und verbesserte Kommunikationsmittel förderten die Verbreitung von Nationalsprachen. Während im 18. Jahrhundert die meisten Menschen, die innerhalb der französischen Grenzen lebten, Sprachen wie das Bretonische, Okzitanische oder lokale Dialekte sprachen, hatte sich bis Ende des 19. Jahrhunderts weithin das Französische durchgesetzt. Die Nationalgeschichte – und sie war es, die an allen europäischen Schulen gelehrt wurde – schuf nationale Erzählungen und Legenden, die von Augenblicken des Ruhms, aber auch der Demütigung handelten.

Die Nationalismen bedienten sich auch der Sprache und Ikonografie der Religion. So erstanden die polnische oder die serbische Nation wieder auf wie Christus nach der Kreuzigung, und Opfer in der Gegenwart, so wurde versprochen, würden in der Zukunft himmlische Königreiche auf Erden bringen. Umgekehrt stellten sich religiöse Organisationen – etwa die katholische Kirche in Polen oder die orthodoxe Kirche in Serbien – enthusiastisch hinter die Nation. Im Ersten Weltkrieg riefen alle beteiligten Religionen, vom Christentum bis zum Islam, ihren Gott um Beistand an. »Tötet Deutsche«, lautete die Botschaft des Bischofs von London im Jahr 1914. »Tötet sie nicht um des Tötens willen, sondern um die Welt zu retten. Getötet werden sollen die Guten wie die Bösen; getötet werden sollen die jungen Männer wie die alten …«

Der Krieg wurde fast überall als notwendiger, integraler Bestandteil der Herausbildung der Nation verstanden, sogar als ihre Heiligung; das Militär als ihr Verteidiger und Retter trug einen besonderen Glorienschein. Als 1848 überall in Europa nationalistische Aufstände ausbrachen, bemerkte ein Abgeordneter des Frankfurter Parlaments, »dass ein Volkstum durch seine bloße Existenz noch kein Recht hat auf politische Selbständigkeit, sondern erst durch die Kraft, sich als Staat unter anderen zu behaupten«.[7] Nach Ansicht des deutschen Historikers Heinrich von Treitschke, dessen Vorträge und Schriften vor dem Ersten Weltkrieg sehr populär waren, schuf der Krieg nicht nur den Staat, sondern auch die Nation, indem er Menschen im Dienst einer gemeinsamen Sache zusammenschweißte (auch wenn die Menschen lieber nicht wie beliebige Schrottteile zusammengeschweißt worden wären). Autoritäre Regierungen haben häufig Kriege benutzt, um das eigene Volk gegen einen gemeinsamen äußeren Feind zu einen. Auch hat der Krieg ihnen als nützlicher Vorwand zur Unterdrückung von Widerspruch und vermeintlich gefährlichen Revolutionären gedient. Deutsche Konservative, darunter Kaiser Wilhelm II., waren vor 1914 bestrebt, den Reichstag aufzulösen, in dem zu ihrem Entsetzen die Sozialdemokraten immer mehr Sitze gewannen, und die Verfassung gleich mit zu entsorgen. Als Deutschland 1914 in den Krieg zog, musste der Reichskanzler eingreifen, um zu verhindern, dass Wilhelm und seine Anhänger die Sozialdemokratie verboten. Es war eine kluge Entscheidung, denn nicht nur stimmten die sozialdemokratischen Abgeordneten, die größte Fraktion im Reichstag, für Kriegskredite, sondern Deutschland zog geeint in den Krieg, da die Arbeiterklasse die Kriegsanstrengung unterstützte.

Für viele Nationalisten war der Krieg der Geburtshelfer der Nation und verlieh ihr Lebenskraft. Mussolini befand, allein der Krieg bringe »alle menschlichen Energien zu höchster Anspannung« und drücke »den Völkern, die den Mut dazu haben, den Stempel des Adels auf«. Tatsächlich wurde argumentiert, dass ein Volk, das nicht bereit sei, für seine Existenz zu kämpfen, es nicht verdiene, zu überleben. »Ist nicht der Krieg«, hieß es in einer führenden britischen Militärzeitschrift vor dem Ersten Weltkrieg, »der große Plan der Natur, durch den degenerierte, schwache oder auf andere Weise schädliche Staaten aus dem gemeinsamen Wirken zivilisierter Nationen ausgeschieden und von jenen aufgenommen werden, die stark, vital und von segensreichem Einfluss sind?«

Nicht nur im 19. Jahrhundert, sondern noch heute werden Niederlagen im Krieg mit Worten beschrieben, die an Kastration und Entmannung erinnern. Die Vorstellung, welche die französischen Revolutionäre mit ihrer Levée en masse verbanden, dass nämlich die Staatsbürger Staat und Nation verpflichtet seien, wurde auf gespenstische Weise auf die Spitze getrieben, als es die NS-Führung 1945 ablehnte, irgendwelche Maßnahmen zu ergreifen, die das Überleben der deutschen Bevölkerung hätten sichern können. Als das Internationale Komitee des Roten Kreuzes vorschlug, in Berlin sichere Zonen einzurichten, in denen Zivilisten vor der bevorstehenden Schlacht geschützt wären, wies der Chef des Oberkommandos der Wehrmacht das Ansinnen voller Verachtung zurück. Man wolle nur den Widerstandswillen der Deutschen auf die Probe stellen: »Zusage wäre erster Schritt zum Weichwerden!«[8] In der Folge starben weitere Hunderttausende Deutsche, Soldaten wie Zivilisten. Unterdessen schimpfte Hitler in seinem Bunker, bevor er Selbstmord beging, das deutsche Volk habe ihn enttäuscht. Der Staat gehörte nicht mehr den Bürgern, sondern die Bürger gehörten dem Staat.

Der Nationalismus diente dazu, Kriege anzufachen, und er führte, wie in der Vendée, zur Verteufelung des Gegners – ob Soldat oder Zivilist –, der als existenzielle Bedrohung einer gerechten Sache und als Hindernis auf dem Weg zur Vervollkommnung der Nation betrachtet wurde. Als General Sherman 1864 bei seinem Marsch ans Meer eine Schneise der Zerstörung hinterließ, sagte er: »Wir kämpfen nicht gegen feindliche Armeen, sondern gegen ein feindliches Volk und müssen Alt und Jung, Arm und Reich ebenso wie seine organisierten Armeen die harte Hand des Krieges spüren lassen.« Im Deutsch-Französischen Krieg behandelten die Deutschen jeden Franzosen, der gegen sie zu den Waffen griff, als rechtlos. Darüber hinaus konnten ganze Gemeinden bestraft werden. Der preußische Generalstabschef Helmuth von Moltke empfahl »als wirksamstes Mittel die Zerstörung des betreffenden Gehöftes oder bei größerer Beteiligung die der gesamten Ortschaft«.[9] Als der französische Widerstand im Winter 1870/71 nicht abflaute, stellte ein deutscher Offizier erschrocken fest, wie groß der gegenseitige Hass zwischen Franzosen und Deutschen war und wie stark er auf seine Truppe abfärbte: »Man rächt sich für gräuelhafte Angriffe durch Gräueltaten, die an den Dreißigjährigen Krieg erinnern.«[10] In Moltkes Hauptquartier gab der amerikanische General Philip Sheridan, der im Bürgerkrieg das Shenandoahtal verwüstet hatte, den Rat, nach dem Sieg über das feindliche Heer die Zivilbevölkerung derart unter Druck zu setzen, dass sie die Regierung anflehen würde, Frieden zu schließen: »Es muss den Leuten nichts bleiben als die Augen, um den Krieg zu beweinen.«[11]

Zivilisten waren häufig noch unerbittlicher als das Militär. Die Frau des preußischen Ministerpräsidenten Otto von Bismarck, ansonsten eine gleichmütige deutsche Hausfrau, hegte einen »grimmigen Hass gegen die Gallier«, die »samt und sonders tot geschossen und gestochen« werden sollten.[12] Jahre später warnte Moltke in einer seiner letzten öffentlichen Reden vor der neuen Art von Kriegen – zu deren Entfesselung er selbst beigetragen hatte. Das Zeitalter der »Kabinettskriege« – Kriege, die von Herrschern mit begrenzten Zielen geführt wurden – sei vorüber, sagte er, »wir haben jetzt nur noch den Volkskrieg, und einen solchen mit allen seinen unabsehbaren Folgen heraufzubeschwören, dazu wird eine irgend besonnene Regierung sich sehr schwer entschließen«. Den Großmächten würde es schwerfallen, einen solchen Krieg zu Ende zu bringen oder aber eine Niederlage einzugestehen. »Meine Herren«, fügte er hinzu, »es kann ein siebenjähriger, es kann ein dreißigjähriger Krieg werden – und wehe dem, der Europa in Brand steckt, der zuerst die Lunte in das Pulverfass schleudert!«[13]

In diesem Pulverfass lieferten der Nationalismus die Motivation und die industrielle Revolution die Mittel. Dank besserer Lebensbedingungen wuchsen die Bevölkerungen, weshalb mehr potenzielle Soldaten zur Verfügung standen, und die neuen Fabriken konnten das, was diese brauchten, millionenfach ausstoßen, von Stiefeln bis zu Bajonetten. Früher war der Umfang der Rüstungsproduktion begrenzt gewesen, weil die Waffen von ausgebildeten Handwerkern manuell hergestellt wurden. Nach der Einführung von standardisierten, maschinell hergestellten austauschbaren Teilen und Montagebändern konnten Kanonen in Großserie produziert werden, ähnlich wie die preiswerten Klaviere, die in die Wohnzimmer der wachsenden Mittelschicht Einzug hielten. Der Militärhistoriker Holger Herwig hat ausgerechnet, dass die Handwerker einer der größten preußischen

Waffenschmieden in der ersten Hälfte des 19. Jahrhunderts dreißig Jahre gebraucht hätten, um die 320 000 Mann der preußischen Armee mit genügend Gewehren auszurüsten; doch schon 1860 war ein einziger französischer Rüstungsfabrikant in der Lage, in nur vier Jahren eine Million Gewehre herzustellen.

1860 zog die englische Königin Viktoria im stillen, weitläufigen Gelände von Wimbledon Common an einer Schnur, um einen Schuss aus dem neuen Whitworth-Gewehr auszulösen und damit die Gründung der National Rifle Association zu begehen. Sie traf auf einem gut 350 Meter entfernten Ziel mitten ins Schwarze. Gezogene Läufe machten Gewehre und Kanonen zielgenauer, und metallurgische Verbesserungen ermöglichten die Verwendung stärkerer Sprengstoffladungen, sodass die tödlichen Kugeln oder Granaten auf größere Entfernung mit mehr Kraft trafen. Da Kartuschen, Patronen und Granaten die jahrhundertelang übliche Trennung von Projektil, Schießpulver und Schusspflaster aufhoben, konnten Gewehre und Feldartillerie nun schneller geladen werden und öfter schießen, außerdem brauchten die Soldaten dafür weit weniger Ausbildung. Ende der 1860er-Jahre wurde das französische Heer mit dem Chassepotgewehr ausgerüstet (wie es nach seinem Erfinder genannt wurde). Dabei handelte es sich um einen Hinterlader, dessen Visier bis 1600 Meter reichte und mit dem man, auch wenn jede Patrone einzeln geladen werden musste, bis zu sechs Schuss pro Minute abfeuern konnte. Mit Patronen gefüllte Magazine erhöhten die Schussrate weiter. Im Amerikanischen Bürgerkrieg kam ein einigermaßen geübter Soldat mit einem Gewehr und Magazinen auf bis zu 16 Schuss pro Minute.

Ende des 19. Jahrhunderts trat dann das Maschinengewehr auf den Plan, das pro Minute Hunderte von Patronen verschießen konnte. Nach der endlosen Schlacht von Verdun soll ein französischer General gesagt haben: »Drei Mann und ein Maschinengewehr können ein Bataillon von Helden aufhalten.« Heute schafft die berühmte Kalaschnikow 600 Schuss pro Minute über eine Entfernung von 800 Metern.

Eine weitere große Kriegsneuerung des 19. Jahrhunderts bestand darin, dass die Armeen, die früher marschiert waren, jetzt per Zug oder Schiff transportiert werden konnten. (Von den Bahnhöfen mussten sie, wenn keine Lastwagen bereitstanden, freilich immer noch marschieren.) Vor der industriellen Revolution waren Armeen wie Heuschrecken: Sobald sie alles in Reichweite kahl gefressen hatten, zogen sie weiter. Die Größe von Napoleons Armeen war, wie die Heere Alexanders oder Friedrichs des Großen, durch die Menge des Vorrats (von Munition bis zur Verpflegung) begrenzt, die sie mit sich führen konnten. Napoleon verlor in Russland den größten Teil seiner Grande Armée, weil seine Soldaten verhungerten oder erfroren. Mit Eisenbahn oder Dampfschiff konnten Truppen jetzt schneller über weite Entfernungen verlegt werden und länger im Feld bleiben, da ständig frischer Nachschub herangebracht werden konnte.

Auch der Seekrieg veränderte sich stark. Zwar stattete die britische Marine ihre ersten Dampfschiffe für alle Fälle weiterhin mit Segeln aus, aber die Dampfkraft und die neuen Turbinen machten die Schiffe zuverlässiger, manövrierfähiger und schneller. Kohle und Bekohlungsstationen – später auch Schwerölstationen – wurden überall auf der Welt zu wichtigen strategischen Vorposten und Zielen. Aufgrund der neuen Technologie konnten die Schiffe gepanzert werden (anfangs über dem Holzrumpf) und wesentlich schwerere Kanonen tragen. Die Erfindung des um 360 Grad drehbaren Geschützturms bedeutete, dass Schiffe nicht mehr nur Breitseiten abfeuern konnten – wodurch sie sich auf ganzer Länge dem gegnerischen Beschuss aussetzten –, sondern auch Schüsse über Bug und Heck. Obwohl manche Marineoffiziere überzeugt waren, dass ganz aus Metall bestehende Schiffe sinken würden, bauten am Ende des 19. Jahrhunderts alle Kriegsmarinen der Welt Stahlschiffe. 1906 ließ der britische König Edward VII. in Portsmouth vor 50000 Zuschauern die HMS *Dreadnought*, damals das größte Kriegsschiff, das je die Weltmeere befahren hatte, vom Stapel. Die »enorme Metallmasse«, berichtete der Korrespondent der *Daily Mail*, »glitt so sanft, geräuschlos und mit gleichmäßiger Geschwindigkeit ins Wasser, dass man an einen Vogel denken musste, der anmutig in sein natürliches Element eintaucht«. Die *Dreadnought* war schwerer und schneller als alles, was irgendeine andere Kriegsmarine besaß, einschließlich der deutschen, und genau deshalb war sie in erster Linie gebaut worden. (Die europäische Wirtschaft war jedoch schon damals derart integriert, dass das Schiff aus dem besten Stahl bestand, den der deutsche Krupp-Konzern herzustellen vermochte.) Ihre Panzerung betrug 5000 Tonnen, und sie verfügte über zehn Kanonen des Kalibers 30 cm sowie Batterien kleinerer Geschütze. Mit ihrem Stapellauf waren die Schiffe der anderen Marinen von einem Augenblick auf den nächsten überholt, und so sahen sich die anderen Mächte (wenn auch widerstrebend) genötigt, nachzuziehen und eigene Versionen des neuen Schiffstyps zu bauen. Die zunehmende Reichweite der Schiffskanonen – sie stieg von rund 15 Kilometern im Ersten Weltkrieg auf 30 Kilometer im Zweiten – bedeutete, dass die Flotten außerhalb der Sichtweite gegeneinander kämpften. Unweigerlich waren die Seestreitkräfte gleichzeitig bestrebt, Gegenmaßnahmen zu entwickeln: von schnellen Zerstörern bis zu Torpedobooten, die die schwereren, langsameren Schiffe auf Seeminen treiben sollten.

Wie der Landkrieg stieß auch der Seekrieg in neue Dimensionen vor. Mit U-Booten wurde er zunehmend unter Wasser ausgefochten und richtete sich fortan ebenso gegen die Handels- wie gegen die Kriegsschiffe des Gegners. Am Ende des Ersten Weltkriegs begannen die Kriegsplaner, das Flugzeug einzubeziehen, um feindliche Schiffe aufzuspüren und zu versenken; in den 1920er-Jahren wurden die ersten Flugzeugträger gebaut.

Die von der industriellen Revolution ausgelösten Veränderungen geschahen nicht über Nacht, und während Militärs und Gesellschaften lernten, die neuen Mittel zu nutzen und zu organisieren, passierten viele Pannen. 1859 schickte Napoleon III., der Neffe seines großen Namensvetters, eine gewaltige Expeditionstruppe mit der Eisenbahn nach Italien, um gegen Österreich zu kämpfen. Die Soldaten trafen zwar ein, aber ohne Decken, Verpflegung und Munition. Es war, wie Napoleon eingestand, »das Gegenteil dessen, was wir hätten tun sollen«. Russland geriet 1904/05 im Krieg gegen Japan in ähnliche Schwierigkeiten, als aufgrund schlechter Planung bei der Transsibirischen Eisenbahn Chaos ausbrach und wichtiger Nachschub auf Abstellgleisen verrottete.

Im Sommer 1914 indes war Deutschland imstande, mit 20000 Zügen zwei Millionen Mann und 1,189 Millionen Pferde mitsamt Ausrüstung mit nur wenigen Störungen nach Belgien und Nordfrankreich an die Westfront zu transportieren. In den ersten beiden Augustwochen überquerte alle zehn Minuten ein Zug mit jeweils 54 Waggons den Rhein auf der strategisch wichtigen Hohenzollernbrücke in Köln Richtung französischer Grenze. Die preußische Regierung und nach 1871 die Reichsregierung waren den Wünschen des Militärs gefolgt und hatten das Eisenbahnnetz so ausgebaut, dass Truppen und Nachschub rasch an die Grenzen gebracht werden konnten. Die Deutschen gehörten auch zu den Ersten, die erkannten, dass die neue Eisenbahn nur dann Nutzen brachte, wenn sie gut durchorganisiert war. Deutschland hatte auch als Erstes den Generalstab eingeführt, das notwendige Hirn, um das Ungeheuer der neuen Massenarmee bewegen zu können. Im 19. Jahrhundert hieß es scherzhaft, es gäbe fünf vollkommene Dinge in Europa: die Kurie der katholischen Kirche, das britische Parlament, das russische Ballett, die französische Oper – und den deutschen Generalstab. Diese mit hochintelligenten, ehrgeizigen Offizieren besetzte Institution hatte sich von einer kleinen experimentellen Gruppe aus der Zeit, als Preußen mit Napoleon rang, bis 1905 zu einer professionellen, geschlossen agierenden Behörde mit rund 800 Mitarbeitern entwickelt. Die wichtige Eisenbahnabteilung bestand aus 80 Mann. General Wilhelm Groener, der 1914 an ihrer Spitze stand, war derart besessen von Eisenbahnlinien und Knotenpunkten, dass er seine Hochzeitsreise damit verbrachte, mit seiner Angetrauten Fahrpläne zu entwerfen.

Aufgabe des Generalstabs war es, Informationen über den Gegner zu sammeln und vor allem Pläne auszuarbeiten, um den Sieg sicherzustellen. Stabsoffiziere beschäftigten sich mit allem Möglichen, von Befestigungen, um deren Stärken und Schwächen zu erkennen, bis zu amerikanischen Zirkussen, um zu lernen, wie man eine große Zahl von Menschen, Tieren und Ausrüstung über große Entfernungen transportierte. Die von ihnen erarbeiteten Pläne wurden Jahr für Jahr geprüft, modifiziert und wieder geprüft.

Der moderne Krieg zwang die Gesellschaften, wenn sie keine Niederlage riskieren wollten, sich insgesamt besser zu organisieren und ihre Ressourcen besser zu mobilisieren. Der entscheidende Faktor für den Sturz des Zarenregimes 1917 war vermutlich dessen Unfähigkeit, die Truppen an der Front mit genügend Nachschub zu versorgen und die Städte in der Heimat ausreichend zu ernähren.

Samuel Pepys war im 17. Jahrhundert ein Vorbote der wachsenden Bürokratie in moderner Zeit. Selbst in Friedenszeiten weitete der Staat, die Erfordernisse des Kriegs stets im Blick, die Kontrolle über die Gesellschaft stetig aus. Wachsende Bürokratien häuften Statistiken an und optimierten die Buchführung, weil die Regierungen wissen mussten, wie sie an die benötigten Finanzmittel, Ressourcen und Männer kamen. Volkszählungen, die die meisten Staaten im 19. Jahrhundert einführten, lieferten jede Menge nützlicher demografischer Daten, nicht zuletzt die Zahl der Männer im wehrfähigen Alter. Heute halten wir die Staatsbürgerschaft und die entsprechenden Papiere für selbstverständlich, aber im 19. Jahrhundert hatten die Regierungen häufig nur ungenaue Vorstellungen davon, über wie viele Staatsbürger sie geboten und wer von ihnen verpflichtet war, für das Land zu kämpfen. Nun aber bestimmten neue Gesetze und Verordnungen, wer dazuzählte und wer nicht. Nach 1842 durften Preußen im wehrfähigen Alter nicht mehr ohne Erlaubnis auswandern. In französischen Dörfern, wo man die Wehrpflicht als ungerechte Wegnahme wertvoller Arbeitskräfte betrachtete, wurden die Namen junger Männer häufig nicht in die amtlichen Listen eingetragen, weshalb Beamte ausgeschickt wurden, um die Einwohner vor Ort zu zählen. Traten Wehrpflichtige nicht zum Dienst an, was oft geschah, musste jemand sie aufspüren. Auch die Verbesserung des Gesundheitswesens, der Ernährung, der Lebensumstände und der Bildung hatte viel damit zu tun, dass der Staat kräftige, gesunde Rekruten brauchte.

Als ich in den 1960er-Jahren in Großbritannien studierte, wunderte ich mich, dass sämtliche Pubs nachmittags schlossen. Die Behörden hatten diese Schließzeiten 1915 eingeführt, um zu verhindern, dass Fabrikarbeiter zu viel tranken oder die Nachmittagsschicht versäumten, und die Briten mussten damit leben, bis in den 1980er-Jahren die Vorschriften gelockert wurden. Wenn ein moderner Krieg ausbrach, beschleunigte und vertiefte dies die staatliche Kontrolle über die Gesellschaft: Fabriken wurden beschlagnahmt, Rohstoffe wurden dorthin geleitet, wo sie am nötigsten gebraucht wurden, und Facharbeiter in wichtigen Industrien, etwa dem Bergbau, durften nicht mehr ohne Genehmigung den Arbeitsplatz wechseln oder sich zum Wehrdienst melden. Wissenschaftler waren schon lange von militärischer Bedeutung – man denke nur an Archimedes oder Leonardo da Vinci –, nun aber spannten Regierungen die Wissenschaft zunehmend für den Krieg ein, indem sie spezielle Forschungszentren gründeten, Zuschüsse an die Wirtschaft zahlten oder Universitäten Forschungsmittel bewilligten. Einer von Hitlers vielen Fehlern bestand darin, den Wert der Wissenschaft zu unterschätzen, obwohl Deutschland auf diesem Gebiet einst führend gewesen war. Das NS-Regime vernachlässigte die Grundlagenforschung und gestattete einigen seiner besten Wissenschaftler, sich zum Militärdienst zu melden, sodass ihre Expertise nicht genutzt werden konnte – oft genug ließen sie ihr Leben auf dem Schlachtfeld. Auch trieb es jüdische Wissenschaftler, darunter Albert Einstein, ins Exil, wo sie ihre Fähigkeiten den Gegnern zur Verfügung stellen konnten. Ohne die emigrierten Wissenschaftler hätten die Alliierten die Atombombe wahrscheinlich nicht so schnell entwickeln können (oder Hitler hätte sie, welch schaurige Alternative, in die Hand bekommen).

Das Manhattan-Projekt zur Entwicklung der Bombe war das größte Einzelbeispiel wissenschaftlicher Forschung für militärische Zwecke, aber der Krieg regte die Forschung für ein breites Spektrum neuer Waffen und Technologien an. Insbesondere Briten und Amerikaner brachten Hunderte von Wissenschaftlern bei Projekten zusammen, die von der Radarentwicklung bis zur Raketentechnik reichten. Zum ersten Mal wurde die später sogenannte operative Forschung eingesetzt, um Effizienz, Kosten und Nutzen bestimmter technischer Mittel oder Strategien zu kalkulieren.

Auf den ersten Blick erscheint die Erfindung eines Apparats zur Sprühtrocknung von Eiern durch das britische Ernährungsministerium trivial. Und die kühne Tat eines britischen Ingenieurs, der im Ersten Weltkrieg rumänische Erdölquellen sprengte und so deren Förderung für die Mittelmächte verhinderte, ist kaum mehr als eine Fußnote der Kriegsgeschichte. Doch beide Ereignisse verweisen auf einen weiteren wichtigen Aspekt moderner Kriegführung: die Versorgung mit Ressourcen für den Unterhalt der eigenen Bevölkerung oder für die eigene Kriegsanstrengung einerseits, deren Unterbindung für den Gegner durch Sabotage, direkte Angriffe oder Blockade andererseits. »Eine ausreichende Bevorratung an Waffen, Benzin und Munition«, schrieb der deutsche General Erwin Rommel, »ist die Voraussetzung für jede Armee, die eine Schlacht erfolgreich durchstehen will. Die Schlacht wird vor den eigentlichen Kampfhandlungen von den Quartiermeistern geschlagen und entschieden.«[14] Napoleon versuchte, den Handel zwischen Großbritannien und dem Kontinent zu unterbrechen, um London zur Einstellung der Feindseligkeiten zu zwingen, doch die Briten antworteten mit ihrer bevorzugten Strategie: der Seeblockade. Im Ersten Weltkrieg griffen sie wieder zu diesem Mittel, diesmal gegen Deutschland. Ohne notwendige Produkte wie Lebensmittel oder Naturphosphate, unverzichtbar für die Düngemittelproduktion, war die deutsche Wirtschaft immer weniger in der Lage, seine Kriegsanstrengungen zu unterstützen. Deutschland antwortete, wie auch später im Zweiten Weltkrieg, mit dem uneingeschränkten U-Bootkrieg gegen britische Schiffe sowie neutrale Schiffe, die britische Häfen anliefen. Obwohl Deutschland die Knappheit zum Teil wettmachen konnte, indem es das besetzte Belgien ausplünderte und sich 1918 durch den Friedensschluss mit Russland Zugriff auf Getreide und Rohstoffe aus der Ukraine verschaffte, verfügte es nie über das gleiche Maß an Ressourcen wie die alliierten Mächte. Bevor Ende 1941 der Pazifikkrieg ausbrach, verhängten die USA ein Embargo für Metalle und Erdöl gegen Japan, das weitgehend von solchen Importen abhing. Die Japaner hatten sich für den Krieg entschieden und eine Zeit lang jede Gegenwehr beiseite gefegt, doch langfristig gingen ihnen die Ressourcen aus, während amerikanische Bomber, Zerstörer und U-Boote die japanischen Schiffe schneller versenkten, als sie ersetzt werden konnten.

Die Versorgung mit Nahrungsmitteln war stets ein kritischer Punkt im Kampf um Ressourcen. Belagerungstruppen setzten darauf, dass Hunger die Garnisonen zur Aufgabe zwingen würde. Armeen marschieren, wie Napoleon bemerkte, auf ihren Mägen; ihnen die Verpflegung zu entziehen war seit jeher eine probate Kriegstaktik. So schwächte der römische Feldherr Fabius Maximus Hannibals Heer, indem er dessen Nachschublinien unterbrach; Russland begegnete Invasoren von Napoleon bis Hitler mit einer Taktik der verbrannten Erde: der Vernichtung der eigenen Ernten und Viehbestände.

Als der Krieg umfassender wurde, gewann die Versorgung der Heimatfront entscheidende Bedeutung. Am Ende des Ersten Weltkriegs litten viele Deutsche Hunger, insbesondere die unteren Schichten in den Städten. Verzweifelte Hausfrauen gingen, auf leere Töpfe und Pfannen schlagend, auf die Straße. Das deutsche Oberkommando sah dies später als Teil des »Dolchstoßes in den Rücken des Heeres«, der es den deutschen Truppen unmöglich gemacht habe weiterzukämpfen. Eine Ursache der

Lebensmittelknappheit war die britische Blockade, aber sie war auch das Ergebnis schlechter Planung und ineffizienter Rationierung seitens der Reichsregierung. Großbritannien gelang es in beiden Weltkriegen weitaus besser, seine Lebensmittelproduktion zu erhöhen und eine gerechtere Verteilung zu organisieren. Im Zweiten Weltkrieg verdoppelten die Briten ihre Ackerfläche, indem sie Weiden und Parks umpflügten; durch die Konzentration auf Feldfrüchte wie Weizen und Kartoffeln (auf Kosten der Tierhaltung) erhöhten sie den Anteil heimischer Nahrungsmittel an ihrer Ernährung. Strenge staatliche Kontrollen sorgten dafür, dass der knappe Schiffsraum für kalorienreiche Lebensmittel wie Fleisch und Käse genutzt wurde anstatt für Zucker, Nüsse oder frisches Obst. Als mein Vater, der in der kanadischen Marine diente, zum ersten Mal nach Großbritannien kam, um seine angeheirateten britischen Verwandten kennenzulernen, brachte er als Geschenk ein riesiges Bananenbüschel mit, das er während der Durchfahrt durch den Panamakanal erworben hatte. Die Mitreisenden in der Eisenbahn machten große Augen und baten darum, nur einmal an den Früchten riechen zu dürfen. Auch wenn die meisten Briten während des gesamten Krieges keine einzige Banane oder Orange zu Gesicht bekamen, nur winzige Mengen Zucker oder Butter zu sich nahmen und einige merkwürdige Gerichte aßen, war ihre Ernährung ausreichend, um sie zu sättigen und gesund zu erhalten.

Kriege, insbesondere lang andauernde, stellen viele Anforderungen und sind häufig extrem kostspielig, wenn nicht gar ruinös. Bei Ausbruch des Ersten Weltkriegs ging alle Welt, einschließlich der europäischen Kriegführenden selbst, davon aus, dass er nach kurzer Zeit enden würde, wenn Geld und Ressourcen verbraucht wären. Stattdessen lernten die Staaten rasch, wie sie das Volksvermögen in weit größerem Maße, als sie sich hatten vorstellen können, verwalten und ausbeuten konnten. Der Historiker Walter Scheidel schätzt, dass kriegführende Staaten wie Frankreich, Deutschland oder Großbritannien im Ersten Weltkrieg ihren Anteil am Bruttoinlandsprodukt auf das Vier- bis

Achtfache vergrößerten. Mitte des Zweiten Weltkriegs investierte Deutschland 73 Prozent seines Bruttosozialprodukts in die Kriegsanstrengung. Als der Frieden eintrat, gaben die Regierungen dann weder die im Krieg erworbenen Machthebel wieder aus der Hand, noch verlernten sie, wie sie die gesellschaftlichen Ressourcen requirieren konnten. Selbstverständlich sanken auch die Steuern nicht auf Vorkriegsniveau. Als Russland nach 1917 zur Sowjetunion wurde, installierten Lenin und sein Nachfolger Stalin eine »Kommandowirtschaft«, die Ressourcen und Arbeitskräfte zuteilte, als befände sich das Land noch im Krieg.

Weil Industrie, Technologie und eine effizientere Organisation der Gesellschaft selbst in Friedenszeiten die Mobilisierung der Ressourcen ermöglichten, sahen sich die europäischen Staaten genötigt, ihre Streitkräfte zu vergrößern, wollten sie nicht hinter ihren Nachbarn zurückbleiben. Am Ende des 19. Jahrhunderts hatten alle Großmächte mit Ausnahme Großbritanniens, das sich für seinen Schutz auf die See und die mächtigste Kriegsmarine der Welt verließ, die Wehrpflicht eingeführt, die jungen Männern im wehrfähigen Alter auferlegte, für eine bestimmte Zeit Wehrdienst zu leisten und danach weitere Jahre als Reservisten bereitzustehen. Das bedeutete, dass die Staaten über große stehende Heere verfügten und über noch viel größere Kräfte, die im Krisenfall mobilisiert werden konnten. Dennoch sahen Konservative in der Wehrpflicht eine potenzielle Gefahr: Männer aus der Unterschicht militärisch auszubilden konnte bedeuten, Waffen in die Hände von Revolutionären zu geben. Und Stadtbewohner, so nahm man weithin an, waren schwächer und weniger fähig, Härten und Disziplin zu ertragen, als stämmige Bauern vom Lande. Ein weiteres Problem bestand darin, dass größere Armeen mehr Offiziere benötigten, was bedeutete, dass man den Kreis, aus dem sie rekrutiert wurden, über den Landadel und die Aristokratie, die jahrhundertelang das Offizierskorps dominiert hatten, hinaus erweitern musste. Von der Mittelschicht, die ein bequemes bürgerliches Leben gewöhnt war, vielleicht künstlerische oder intellektuelle Neigungen besaß, aber ganz gewiss nicht durch Freiluftsport gestählt war, konnte man nach Ansicht der alten Offizierskaste nicht erwarten, dass sie deren Werte teilte oder gar deren Bereitschaft, König und Land zu dienen und für sie zu sterben.

Doch diese Befürchtungen erwiesen sich als grundlos. Während die französischen Behörden erwarteten, dass etwa 20 Prozent der einberufenen Reservisten nicht zum Dienst antreten würden, war es 1914 nicht einmal ein Prozent. Die Männer aus der Mittelschicht, die ins Offizierskorps eintraten, infizierten dieses durchaus nicht mit ihren Werten, sondern nahmen im Gegenteil aristokratische Werte an, und bei gewöhnlichen Wehrpflichtigen bewirkte das Militär – wenn überhaupt etwas –, dass ihr Patriotismus zunahm. Ein deutscher General forderte seine Offiziere vor dem Ersten Weltkrieg auf, ihre Soldaten zu loyalen Untertanen zu erziehen. Sozialistische Ideen, sagte er, seien eine Krankheit, die durch eine gute Dosis militärischer Ausbildung geheilt werden könne. Er wäre kaum erfreut gewesen, wenn er gewusst hätte, dass der spätere Schöpfer der bolschewistischen Roten Armee, Leo Trotzki, den Wert militärischen Drills ebenfalls zu schätzen wusste. Die Armee, verkündete er, sei »die Schule, wo die Partei moralische Härte, Opfergeist und Disziplin lehren kann«.[15]

Veränderungen sind für hierarchische Organisationen nie einfach, und das Militär hat Neuerungen wie die Wehrpflicht stets skeptisch aufgenommen. Die britische Armee hielt noch lange, nachdem die meisten kontinentalen Armeen diese Praxis als ineffektiv aufgegeben hatten, daran fest, jungen Männern den Kauf von Kommandos zu gestatten. Für den Staat war das eine bequeme Einnahmequelle, und die Armee konnte auf diese Weise sicherstellen, dass die »richtige Sorte« Männer zu ihr kam. (Die Royal Navy hatte verständlicherweise nie einen Sinn darin gesehen, reichen, unausgebildeten Dummköpfen das Kommando über ihre teuren Schiffe zu übertragen.) Diese Praxis wurde 1871 schließlich abgeschafft, nachdem von unfähigen Offizieren verursachte Katastrophen – vor allem der so vergebliche wie verlustreiche Angriff der Leichten Brigade im Krimkrieg – zu viel öffentliche Empörung erregt hatten, um sie unter den Teppich kehren zu können.

Neue Waffen wurden häufig mit ähnlicher Skepsis aufgenommen. Wie die Ritter in ihren Rüstungen die Tatsache zu ignorieren versucht hatten, dass ihre Zeit angesichts von Armbrust, Langbogen und Gewehr abgelaufen war, spielten viele Offiziere im 19. Jahrhundert die Bedeutung neuer Waffen und Taktiken herunter und weigerten sich, Gegenmaßnahmen ins Auge zu fassen. Feldmarschall Garnet Wolseley etwa, ein beeindruckender Anglo-Ire, der in Konflikten überall im Empire gedient hatte und von 1895 bis 1901 Oberbefehlshaber der britischen Armee war, lehnte Schützengräben ab, weil sie nach seiner Ansicht die Bereitschaft der Soldaten verringerten, herauszuklettern und zu kämpfen. 1903 argumentierte Ferdinand Foch, damals noch Oberst und Professor an der französischen Militärakademie, mit simpler Mathematik, dass zwei angreifende Bataillone doppelt so viele Patronen verschießen könnten wie ein verteidigendes; also müsse man für einen Sieg nur dafür sorgen, doppelt so viele Angreifer zu haben wie Verteidiger. 1910 tat er, der vier Jahre später im Ersten Weltkrieg alliierter Oberbefehlshaber werden sollte, Flugzeuge mit den Worten ab: »Tout ça c'est du sport.«

Vor dem Ersten Weltkrieg (und mitunter noch lange danach) betrachteten viele Militärs die Kavallerie weiterhin als eine Hauptkomponente auf dem Schlachtfeld. Man müsse, hieß es im britischen Kavalleriehandbuch von 1907, grundsätzlich akzeptieren, dass das Gewehr, so wirkungsvoll es auch sei, nicht die Geschwindigkeit des Pferdes, die Ausstrahlung des Reiterangriffs und den Schrecken kalten Stahls ersetzen könne. In den 1890er-Jahren hatte der britische Generalinspekteur der Kavallerie erklärt, rauchfreies Schießpulver verleihe der angreifenden Kavallerie, entgegen pessimistischen Annahmen, einen Vorteil, denn mit dem neuen Schießpulver könne der Gegner sich zwar besser verbergen, weil seine Waffen keine verräterischen Rauchschwaden mehr erzeugten, aber da die heranstürmenden Reiter auf den nunmehr rauchfreien Schlachtfeldern klar zu sehen seien, würde ihr Anblick die Verteidiger umso mehr demoralisieren. Außerdem verachteten Kavallerieoffiziere, die überwiegend der landbesitzenden Oberschicht entstammten, die Artilleriesoldaten, die sie als bloße Techniker betrachteten. In der österreichischen Armee bezeichneten Kavallerieoffiziere ihre artilleristischen Kollegen geringschätzig als »Pulverjuden«, und sogar diese selbst hielten das Reiten für wichtiger als technisches Können. Viele Männer und Pferde mussten noch ihr Leben lassen, bevor die Kavallerie ihre Pferde gegen die verabscheuten neuen Panzer und gepanzerten Fahrzeuge eintauschte.

Dass viele Militärkreise stolz auf ihre Intellektfeindlichkeit waren, war auch nicht hilfreich. Als Mitte des 19. Jahrhunderts die Generalstabsakademie der britischen Armee gegründet wurde, geschah dies gegen Einwände hoher Militärs, und in den ersten Jahren wurde jeweils nur eine Handvoll Offiziere dort ausgebildet. Als ein Offizier aus einem angesehenen britischen Regiment erwog, sich dort zu bewerben, erklärte ihm einer seiner Offizierskollegen: »Nun, ich will dir einen guten Rat geben: Erzähl es keinem deiner Offizierskollegen, wenn du nicht willst, dass man dich gründlich verachtet.« Horace Smith-Dorrien, im Ersten Weltkrieg einer der kompetenteren britischen Generale, behielt seine Zeit an der Akademie in angenehmer Erinnerung: »Ich habe jede Minute meiner zwei Jahre dort genossen. Ich glaube zwar nicht, dass man uns so viel beigebracht hat, wie möglich gewesen wäre, aber es gab viel Sport und nicht allzu viel Arbeit.« Obwohl es ihm nie gelang, die Bibliothek zu finden, bestand er die Abschlussprüfung.

Trotz ihres Gehabes waren die europäischen Militärs sich widerwillig bewusst, dass die Kriegführung und die Welt um sie herum sich veränderten. Durch Beobachter, die sie an die Orte größerer Konflikte sowohl in Europa als auch in der übrigen Welt schickten, erfuhren sie aus erster Hand, wie wirkungsvoll die Defensive geworden war. Während sie die neuen Techniken ablehnten, waren sie für Erkenntnisse der aufkommenden Wissenschaft der Psychologie empfänglicher: zum einen zur Lösung der von der neuen Hardware verursachten Probleme, zum andern, weil sie es mit einer neuen Art von Rekruten zu tun bekamen, die eine gewisse Bildung besaßen und daher anders behandelt werden mussten als des Lesens und Schreibens unkundige Bauern. Die Frage, wie man Soldaten motiviert, hat sich gestellt, seit es Kriege gibt, aber erst in den vergangenen zwei Jahrhunderten wird sie systematischer untersucht. Das Militär heuerte Psychologen an, um mit deren Hilfe die besten Rekruten zu finden, diese in der Ausbildung und im Einsatz zu testen und zu erforschen, wie Menschen sich unter Druck verhalten.

Doch allzu oft wurden Psychologie und Motivation vor dem Ersten Weltkrieg als Allheilmittel gegen erhöhte Feuerkraft auf dem Schlachtfeld betrachtet. Oberst Louis Loyzeau de Grandmaison, einer der führenden französischen Militärtheoretiker jener Zeit, schrieb in seinem Standardwerk über die Infanterieausbildung: »Man sagt uns zu Recht, dass psychologische Faktoren im Kampf von überragender Bedeutung seien. Aber das ist nicht alles: Genau genommen gibt es keine anderen Faktoren, denn alle anderen – Bewaffnung, Beweglichkeit – üben nur indirekt Einfluss aus, indem sie moralische Reaktionen auslösen. [...] Das menschliche Herz ist der Ausgangspunkt aller Fragen des Krieges.« Soldaten wurden in der Handhabung des Bajonetts im Nahkampf geschult, um ihnen Entschlossenheit im Angesicht des Feindes einzuflößen. Doch gegen Maschinengewehre und Giftgas auf den Schlachtfeldern des Ersten Weltkriegs reichten Entschlossenheit und Tapferkeit allein nicht aus.

Sosehr es das Militär vorgezogen hätte, eine eigene Kaste zu bleiben, sah es sich doch gezwungen, dem sozialen und politischen Wandel der modernen Gesellschaften Rechnung zu tragen. Krieg und Kriegsvorbereitung stellten immer größere Anforderungen, was die Gesellschaft zu Veränderungen zwang, doch dies war nie ein einseitiger Prozess. Die Menschen sind keine träge Masse, die darauf wartet, von einer mächtigen Hand geformt zu werden; sie haben Ideen und Werte, die ihrerseits die

Entwicklung des Militärs und seine Beziehung zur Gesellschaft prägen. Wie gesehen, entfachte der Nationalismus im 19. und 20. Jahrhundert Kriege und erlegte den Staatsbürgern die Pflicht auf, ihrem Land zu Hilfe zu eilen; aber gleichzeitig begannen die Bürger, größeres Interesse an der Politik und an den Entscheidungen ihrer Regierungen zu entwickeln und das Recht einzufordern, beides zu gestalten.

Die schrittweise Erweiterung des Wahlrechts, zunächst für Männer (in Deutschland gab es seit der Reichsgründung 1871 ein allgemeines Wahlrecht für Männer) und nach dem Ersten Weltkrieg auch für die meisten Frauen, ermutigte die Wähler, ihren Regierungen auf die Finger zu schauen. Dank kostenloser öffentlicher Bildung, zunehmender Alphabetisierung und dem Aufkommen billiger Zeitungen mit riesigen Auflagen erhielt die Öffentlichkeit einen weit größeren Zugang zu Nachrichten selbst aus weit entfernten Ländern. Und die Verbreitung des Telegrafen, der die Welt im Jahr 1914 auf ähnliche Weise verband wie heute das Internet, ermöglichte es den Menschen, Ereignisse wie Kriege und internationale Krisen buchstäblich in Echtzeit zu verfolgen. Im Krimkrieg 1853–1856 betrat ein neuer Typus des Journalisten die Bühne: der Kriegsberichterstatter. Insbesondere William Howard Russells Depeschen für die Londoner *Times* versetzten die britische Öffentlichkeit in Erregung und Schrecken gleichermaßen. Erstmals sahen die Briten, wie unfähig ihr Militär sein konnte und wie schlecht ihre Soldaten behandelt wurden. Der darauffolgende allgemeine Aufschrei der Empörung führte zu überfälligen Veränderungen in der Armee und ebnete Florence Nightingale und ihren Kolleginnen den Weg zur Verbesserung der Militärkrankenhäuser und der allgemeinen medizinischen Versorgung von Soldaten.

Zeitungen und Verleger erkannten, dass Krieg gut fürs Geschäft war. Während des Deutsch-Französischen Krieges verdreifachte sich beispielsweise die Auflage der Londoner *Daily News.* An der Jahrhundertwende gelangte der ehrgeizige junge Winston Churchill mit Reportagen aus dem Zweiten Burenkrieg zu Ruhm und verdiente mit ihnen gutes Geld. Kriegsberichterstatter und Kriegsfotografen wie Ernest Hemingway, Edward R. Murrow, Robert Capa, Michael Herr oder Marie Colvin wurden zu modernen Helden. Die Schrecken des Krieges selbst zu sehen kann in der Heimat tiefen Eindruck hinterlassen; Film, Fernsehen und heute die sozialen Medien haben unsere Möglichkeiten, dies zu tun, erheblich erweitert. Die amerikanische Regierung verlor während des Vietnamkriegs die Schlacht um die öffentliche Meinung, weil die Abendnachrichten im Fernsehen und die Reportagen der Druckmedien große Teile der Bevölkerung zu der Überzeugung brachten, dass der Krieg sowohl ungerecht als auch schändlich sei. Nach Kriegsende besuchte Oberst Harry Summers, ein führender amerikanischer Militärtheoretiker, Hanoi, wo er im Gespräch mit einem nordvietnamesischen Oberst erklärte: »Sie wissen, dass Sie uns nie auf dem Schlachtfeld besiegt haben.« Nach kurzem Nachdenken erwiderte der Nordvietnamese: »Das mag sein, aber es spielt keine Rolle.«

Demokratien, deren Politiker stets die nächste Wahl im Blick haben, fällt es besonders schwer, unpopuläre Kriege fortzuführen, wie die Franzosen in ihrem Indochinakrieg erfahren mussten. Aber selbst die autoritäre Sowjetunion musste für ihren erfolglosen, unpopulären Krieg in Afghanistan in den 1980er-Jahren einen hohen politischen Preis zahlen.

Die öffentliche Meinung kann aber auch umgekehrt wirken und Regierungen zu Haltungen und Kriegen drängen, die sie nicht wollen. Marine- und Heeresverbände, Veteranenorganisationen und die Rüstungsindustrie sind überaus geschickt darin, die Öffentlichkeit dazu zu bringen, höhere Militärausgaben zu fordern. US-Präsident Dwight D. Eisenhower, der als General wusste, wovon er sprach, warnte 1961 in seiner Abschiedsrede, man müsse sich in »den Regierungsräten […] davor schützen, dass der militärisch-industrielle Komplex ungerechtfertigten Einfluss erlangt, egal ob er erwünscht oder unerwünscht ist«.[16] Aufgrund der öffentlichen Meinung in ihren Ländern gerieten

Deutschland und Großbritannien in den 1890er-Jahren wegen der Samoainseln im Südpazifik aneinander, obwohl die Diplomaten und politischen Führungen zu Verhandlungen bereit waren. »Zwar wusste die große Mehrzahl der [...] deutschen Stammtisch- und Bierbankpolitiker gar nicht, ob Samoa einen Fisch-, einen Vogel- oder einen Mädchennamen bedeutete«, beklagte sich ein deutscher Diplomat, »aber je weniger man davon wusste, mit umso lauterer Stimme rief man der Regierung zu, dass dieses Ding Samoa deutsch sei und für ewige Zeiten deutsch bleiben müsse.«[17] General Charles Gordon wurde 1884 von der britischen Regierung nach Khartum entsandt, um ägyptische Truppen zu entsetzen, die dort von Sudanesen unter der Führung des Mahdi (die gegen die ägyptische Missregierung revoltierten) eingeschlossen waren. Premierminister William Gladstone hatte gezögert, überhaupt zu intervenieren, aber seine Regierung stand unter dem Druck der Öffentlichkeit, in deren Augen der sonderbare, halbverrückte Gordon ein Held war. Entgegen der strikten Anweisung, sich zurückzuziehen, sobald seine Mission erfüllt war, entschied sich Gordon, zu bleiben und den – vergeblichen – Versuch zu unternehmen, den sudanesischen Aufstand niederzuschlagen. Das Ergebnis war, dass er und seine winzige Truppe in Khartum belagert wurden. Mit seiner zur Schau gestellten Frömmigkeit, seiner offensichtlichen Schlichtheit und seiner Überzeugung, von Gott gesandt zu sein, um den Sudan zu retten – ob nun von Missregierung oder dem Islam oder beidem –, zog Gordon die britische Öffentlichkeit mittels Depeschen aus Khartum geschickt auf seine Seite (zumindest bis die Truppen des Mahdi die Telegrafenleitung kappten). In seiner Wut auf Gordon verzögerte Gladstone die Entsendung einer kostspieligen Expeditionstruppe, doch als Pfarrer im ganzen Land Gebete für Gordon sprachen, die Zeitungen über Britanniens Schande schrieben und »Gordon oder Gladstone« forderten und schließlich sogar Königin Viktoria sich einschaltete (»General Gordon ist in Gefahr«, sagte sie zum Kriegsminister, »Sie haben die Pflicht, ihn zu retten«), musste er nachgeben.

Er entsandte eine Expeditionstruppe, die zwei Tage nach Gordons Ermordung in Khartum eintraf. 1896 schickte eine konservative Regierung eine weitere Expeditionstruppe, um Gordon zu rächen; in den anschließenden Kämpfen verloren Tausende Sudanesen ihr Leben, und am Ende übernahm Großbritannien die Verantwortung für den Sudan.

Auch Regierungen und Militärs lernten, auf der Klaviatur der öffentlichen Meinung zu spielen. Im Ersten und Zweiten Weltkrieg wurden Kriegsberichterstatter auf allen Seiten sorgfältig kontrolliert, weil allzu realistische Berichte über die Kampfhandlungen die Stimmung in der Heimat negativ beeinflussen konnten. Nachdem das US-Militär Reportern im Vietnamkrieg ungewöhnlich viele Freiheiten gelassen hatte, kam es zu dem Schluss, diesen Fehler nicht noch einmal zu begehen. Dementsprechend wurden die Medien in beiden Irakkriegen streng kontrolliert und gesteuert. Möglicherweise hatten die Amerikaner von den Briten gelernt, die 1982 im Falklandkrieg alles daransetzten, Meldungen aus dem Südatlantik zu verhindern, auch wenn sie noch so harmlos waren.

Flottenparaden, Truppenaufmärsche, Militärkapellen und waghalsige Kunststücke von Jagdfliegern hatten die Leute über Jahre hinweg unterhalten und, so hoffte man, mit Stolz auf ihre Streitkräfte erfüllt, sodass sie bereit wären, die Mittel für deren Unterhalt aufzubringen. Während in den meisten Demokratien die Streitkräfte heute im Alltag weniger präsent sind, veranstalten Länder wie Russland, China oder Iran weiterhin große Paraden, um öffentlichen Rückhalt zu gewinnen. Als Admiral Tirpitz sich vor 1914 daranmachte, die deutsche Kriegsflotte auszubauen, bestand einer seiner ersten Schritte darin, eine »Abteilung für Nachrichtenwesen und allgemeine Parlamentsangelegenheiten« zu schaffen; diese beeinflusste in den folgenden Jahrzehnten Reichstagsabgeordnete, veranstaltete Dutzende von öffentlichen Vorträgen, verbreitete in großen Auflagen Pamphlete und sorgte dafür, dass jedes neue Schlachtschiff möglichst öffentlichkeitswirksam vom Stapel lief. Als Großbritannien auf die maritime

Herausforderung Deutschlands mit dem Bau seiner Dreadnoughts antwortete, bemühte sich die Royal Navy ihrerseits um öffentliche Unterstützung für die dafür benötigten Mittel. Als es wegen steigender Flottenkosten und Sozialausgaben 1909 zu einer Krise kam, ließ sie Schiffe die Themse hinauf nach London fahren, um dort eine Woche lang ein großes Spektakel mit Feuerwerk, Schaukämpfen und einem speziellen Kinderprogramm zu veranstalten, das vier Millionen Besucher anlockte.

Heute zieht das absurde Schauspiel stolzierender Soldaten aus Indien und Pakistan, die allabendlich am Grenzübergang an der Grand Trunk Road mit Stechschritt, zackigem Stampfen und abrupten Drehungen das Einholen und Zusammenlegen der Flaggen zelebrieren, auf beiden Seiten eine immer größere Zuschauermenge an und ist zu einem YouTube-Hit geworden. Ein harmloser Spaß? Immerhin besitzen beide Länder Atomwaffen und teilen eine lange Geschichte von Konflikten und gegenseitigem Misstrauen. Und Militarismus kann für demokratische Gesellschaften gefährlich werden, egal, ob er nun bedeutet, das Militär zum besten, edelsten Teil der Gesellschaft zu erheben oder der Zivilgesellschaft militärische Werte wie Disziplin und Gehorsam einzuimpfen.

Insbesondere in Pakistan wird das Militär als Bollwerk und Beschützer der Nation angesehen und ist von ziviler Aufsicht und Kontrolle weitgehend ausgenommen. Der berüchtigte Geheimdienst ISI (Inter-Services Intelligence) hat in Indien, im umstrittenen Kaschmir, in Afghanistan und in Zentralasien terroristische Gruppen unterstützt und finanziert – zum Schaden dieser Länder wie auch Pakistans selbst. Es ist sehr wahrscheinlich, dass einige pakistanische Generale Nukleartechnologie an Nordkorea verkauft haben. Zivile Politiker, die versuchten, das Militär in die Schranken zu weisen, blieben nie lange im Amt und landeten, wenn sie Glück hatten, im Exil. Sowohl in Indien als auch in Pakistan hat die zivile Politik militärische Züge angenommen; manche Parteien finanzieren paramilitärische Organisationen, deren Mitglieder Uniform tragen, mit Fahnen aufmarschieren und sich mit Stöcken bewaffnen, um Gegner einzuschüchtern. Im Fall der Indischen Volkspartei (Bharatiya Janata Party, BJP) hat man allerdings eher den Eindruck, dass die paramilitärische Nationale Freiwilligenorganisation (Rashtriya Swayamsevak Sangh, RSS) die Partei finanziert.

Der Erste Weltkrieg hatte tiefgreifende Auswirkungen auf die europäischen Gesellschaften, nicht zuletzt dadurch, dass Werte und Organisationen aus der Kriegszeit noch lange nach Kriegsende bestehen blieben. Ehemalige Soldaten bildeten paramilitärische Gruppen, von denen manche, wie die deutschen Freikorps im Baltikum oder die Black and Tans in Irland, in jenen Kleinkriegen weiterkämpften, die Europa bis in die Mitte der 1920er-Jahre in Atem hielten. Die Politik der Rechten in Deutschland war erfüllt von der Sehnsucht nach dem »Geist von 1914«, der die Deutschen, so glaubte man, um der gemeinsamen Sache willen alle Unterschiede hatte vergessen lassen. Kriegsveteranen marschierten in ihren Uniformen durch die Straßen, und die neuen faschistischen und kommunistischen Bewegungen traten in ihren eigenen Uniformen und Formationen auf, gehorchten ihren Anführern blind und rückten aus, um ihre Feinde in Schlägereien zu verwickeln. »Für uns«, so ein italienischer Faschist, »ist der Krieg nie zu Ende gegangen. Wir haben die äußeren Feinde einfach durch innere ersetzt.«

Kriege hinterlassen in der Gesellschaft Spuren von Militarismus, können aber auch eine Folge von Militarismus sein. Das europäische 19. Jahrhundert ist ein warnendes Beispiel dafür, was in einer langen Friedenszeit passieren kann, wenn militärische Werte die zivilen übertrumpfen und das Militär glaubt, der übrigen Gesellschaft überlegen, ja ihr bester, tapferster Teil zu sein, versehen mit dem besonderen, wenn nicht gar heiligen Auftrag, die Nation zu schützen. In Deutschland stellte Wilhelm Voigt, ein einfallsreicher Kleinkrimineller, unabsichtlich die Auswirkungen des Militarismus auf die deutsche Gesellschaft bloß und zog sie ins Lächerliche. Mit einer zusammengeklaubten Hauptmannsuniform bekleidet, übernahm er in Berlin das

Kommando über einen Trupp Soldaten und führte ihn ins nahe gelegene Köpenick. Dort besetzte er das Rathaus, verhaftete den Bürgermeister und raubte die Stadtkasse aus. Obwohl man ihn schließlich aufspürte und ins Gefängnis steckte, wurde er als »Hauptmann von Köpenick« für viele antimilitaristisch eingestellte Deutsche und für Deutschlands Feinde zum Volkshelden, sodass er nach seiner Freilassung mit Vorträgen über seine Erlebnisse ein recht gutes Auskommen hatte.

Voigts Geschichte belegt die besondere Stellung, die das Militär in Deutschland einnahm. Es war allein dem Kaiser verantwortlich, und sowohl dieser als auch die Militärs lehnten jede Rechenschaft gegenüber dem Reichstag ab. Obwohl der vom Heer ausgearbeitete Schlieffenplan Deutschland auf einen Zweifrontenkrieg gegen Frankreich und Russland und den Einmarsch in Belgien festlegte (dessen Neutralität zu wahren man sich verpflichtet hatte), erfuhr Reichskanzler Theobald von Bethmann Hollweg erst 1912 von ihm; seine einzige Reaktion bestand in der Versicherung, dass er, wenn das Militär diese Strategie für notwendig erachte, alles tun werde, um sie diplomatisch zu unterstützen. Seine Verehrung für das Militär ging so weit, dass er bei seinem ersten Reichstagsauftritt als Kanzler in der Uniform eines Obersten erschien.

Allerdings traten damals überall in Europa gekrönte Häupter und ihre Erben in der Öffentlichkeit in Uniform auf. Kaiser Wilhelm II. liebte seine Uniformsammlung und war merkwürdigerweise besonders stolz auf eine britische Admiralsuniform. In den meisten Ländern trugen Jungen militärähnliche Schuluniformen und lernten bei den Kadetten marschieren, während Mädchen häufig an Matrosenuniformen erinnernde Schürzenkleider trugen. Wenn sie älter waren, konnten Jungen in Organisationen wie die Pfadfinder eintreten, deren Ziel es war, sie auf den Dienst für Herrscher und Vaterland vorzubereiten. Mädchen konnten sich Organisationen wie den Girls Guides anschließen, die sie zu guten Ehefrauen, Müttern und Krankenschwestern machten.

Das Militär war sich bewusst, dass es weitgehend freie Hand hatte. Zwar stand die britische Armee unter strengerer ziviler Aufsicht und Kontrolle als die meisten anderen Armeen, war aber dennoch kurz davor (oder schon dabei), sich in Gesprächen mit den Franzosen zu verpflichten, Frankreich im Fall eines Krieges mit Deutschland zu Hilfe zu eilen. Nachdem der einzige jüdische Offizier im französischen Generalstab fälschlicherweise wegen Geheimnisverrats an Deutschland verurteilt worden war, weigerte sich die Armee in der Dreyfus-Affäre zehn Jahre lang, den Fall neu aufzurollen. Als deutsche Soldaten 1913 im elsässischen Zabern durch ihr brutales Verhalten gegenüber Zivilisten das Gesetz brachen, bestritt das Oberkommando des Heeres mit voller Rückendeckung des Kaisers, dass etwas Unrechtes geschehen war; am Ende verteidigte Bethmann Hollweg vor dem Reichstag wider besseres Wissen die Haltung des Militärs. Während Duelle in Großbritannien in der Mitte des 19. Jahrhunderts außer Mode gekommen waren, verteidigten Militärbehörden auf dem Kontinent, sogar im republikanischen Frankreich, diese Praxis und weigerten sich, dagegen vorzugehen, weil sie angeblich den Kampfgeist der Offiziere stärkte. Am Vorabend des Ersten Weltkriegs protestierte der preußische Kriegsminister, General Erich von Falkenhayn, beim Reichskanzler gegen eine geplante Gesetzesänderung über die Bestrafung von Zweikämpfen: »Es darf [...] nicht übersehen werden, dass die Wurzel des Zweikampfes in dem Boden der Ehranschauung wächst. Diese Ehranschauung ist ein wertvolles, für das Offizierskorps unersetzliches Gut.«[18]

Kriege sind oft als Duelle im großen Maßstab gesehen worden, die Sprache der Ehre und Schande wurde auf die Nation übertragen. Zu kämpfen war ehrenhaft, zu kapitulieren eine Schande, die nur durch einen weiteren Krieg ausgelöscht werden konnte. Die Vorstellung, dass Krieg nicht nur natürlich, sondern für die Gesellschaft essenziell sei, eine Prüfung für die Menschen und ihren Staat, hat eine lange Geschichte. So meinten die Römer, ein gemeinsamer Feind sei gut für sie. »Unter den

Bürgern«, schrieb der römische Historiker Sallust über Roms Kampf gegen Karthago, »gab es keinen Rangstreit, keinen Streit um die Herrschaft. Die Furcht vor dem Feinde erhielt unser Vaterland in der Ordnung.«[19] Diese Einstellung findet man mitunter auch noch im heutigen Rom. »Krieg ist schrecklich«, sagte US-Präsident George W. Bush 2006 in einem Interview, »aber er fördert etwas, wissen Sie, er berührt irgendwie das Innerste der Amerikaner, die freiwillig in den Kampf ziehen, um ihre Seele zu schützen.«

Im 19. Jahrhundert wurde zudem die Wissenschaft bemüht, um das Gute zu erklären, das dem Krieg innewohne. Dazu diente insbesondere der sogenannte Sozialdarwinismus, eine Abwandlung von Darwins Evolutionstheorie. Danach entwickeln sich menschliche Gesellschaften, als wären sie lauter getrennte Arten, und der Krieg bildet einen wichtigen, wenn nicht gar entscheidenden Teil dieser Entwicklung. Dies war eine – ganz und gar unwissenschaftliche – Fehlinterpretation von Darwins Lehre, aber die Vorstellung, dass ein Vorgang, den Darwin das »Überleben der Geeignetsten« genannt hatte, das Schicksal der menschlichen Gesellschaften bestimme oder dass jede dieser Gesellschaften einen natürlichen Prädator oder Feind habe, war enorm einflussreich, bis hin zu Hitler und seiner NS-Bewegung – und sie ist es in radikalen Kreisen bis heute.

Populärkultur, von Sammelkarten in Zigarettenschachteln mit den Konterfeis großer Kriegshelden bis zu Zeitschriften für Jungen, trug dazu bei, die spezielle Aura und Stellung von Krieg und Streitkräften sowie die Bedeutung militärischer Werte für eine starke Gesellschaft hervorzuheben. 1913 beschrieb der Herausgeber des damals neuen britischen *Boy's Journal* seine Zeitschrift stolz als »im Wesentlichen ein den männlichen Jugendlichen zum Mann machendes Blatt«. Die Artikel seiner Autoren, fuhr er fort, seien »naturgemäß von hohen Idealen durchdrungen – der Liebe zum Heim und zum Heimatland; einem starken Gefühl für die Größe unseres Empires; Patriotismus und guter Kameradschaft; Reinheit von Geist und Körper; Moral ebenso wie körperlichem Mut; und Verachtung für alles, was unaufrichtig, kleinlich, niederträchtig oder brutal ist«.

Mannschaftsspiele impften den Teilnehmern die richtige Art von männlichen und gemeinschaftlichen Werten ein. Nach Ansicht von Robert Baden-Powell, dem Gründer der Pfadfinder, förderten sie auch die Fähigkeit, zu führen und schnelle Entscheidungen zu treffen. (Er hätte wahrscheinlich dem amerikanischen Highschool-Trainer beigepflichtet, der zur Zeit des Vietnamkriegs einem Schüler sagte, er müsse den Sportunterricht ernst nehmen, dann werde er »gegenüber den Schlitzaugen in Vietnam im Vorteil« sein.) Für viele Viktorianer war der Krieg tatsächlich eine besonders gehobene Form des Sports. Das Gedicht *Vitaï Lampada* des unter Eduard VII. einflussreichen Schriftstellers Henry Newbolt beginnt mit einem Cricketmatch, in dem der junge Schlagmann aufgefordert wird, sein Bestes zu geben, um seiner Mannschaft zum Sieg zu verhelfen, und endet im blutgetränkten Wüstensand im Sudan, wo der Junge, inzwischen Offizier, seine Männer mit den Worten anfeuert: »Los! Vorwärts! Spielt das Spiel!«

Waren Soldaten einst wie Hunde und Bettler in Gasthäusern unerwünscht, stand man ihnen jetzt, zumindest die meiste Zeit, ehrerbietig gegenüber. Rudyard Kipling, der die Stimmen einfacher britischer Soldaten vortrefflich wiedergab, bezweifelte, dass die Veränderungen in Großbritannien, das seine Armee nie besonders wertgeschätzt hatte, allzu tief reichten:

> Ich ging in eine Kneipe und wollte ein Glas Bier, der Wirt sagt:
> »Rotröcke werden hier nicht bedient.«
> Die Mädels hinterm Tresen lachen und kichern sich halbtot,
> ich wieder raus auf die Straße und sag mir:
> Es heißt Tommy dies und Tommy das und »Tommy, hau ab«;
> Aber »Danke, Mister Atkins«, wenn's zur Sache geht.
> Wenn's zur Sache geht, my boys, wenn's zur Sache geht,
> es heißt »Danke, Mr. Atkins«, wenn's zur Sache geht.[20]

In Großbritannien wurde die Marine der Schild der Nation. Ein anderes von Newbolts bekanntesten Gedichten handelt von dem großen elisabethanischen Seefahrer Francis Drake, der, so glaubte man, in der Stunde der Not wiederkehren würde, um Britannien zu retten, wie es die letzte Strophe verspricht:

> Drake liegt in seiner Hängematte, bis die großen Armadas
> kommen,
> (Käpt'n, schlaft Ihr dort unten?)
> zwischen Kanonenkugeln schaukelnd, auf die Trommel
> horchend,
> und die ganze Zeit von Plymouth Hoe träumend.
> Ruf ihn auf hohe See, ruf ihn den Sund hinauf, ruf ihn, wenn
> du dem Feind entgegensegelst;
> wo das alte Gewerbe blüht und die alte Fahne weht,
> wird man ihn finden, achtsam und erwachend, wie man ihn
> fand vor langer Zeit!

Irgendwo zwischen den Drohgebärden und den Appellen an den Patriotismus lauerte die Sorge, dass sich die Gesellschaft einem Krieg nicht gewachsen zeigen könnte. In den entwickelten Ländern befürchtete man am Ende des 19. Jahrhunderts – wie mancherorts noch heute –, der moderne Mensch sei moralisch und physisch schwächer als seine Vorfahren. Als in Großbritannien Freiwillige für den Burenkrieg gesucht wurden, waren die Behörden und große Teile der Öffentlichkeit entsetzt, in welch schlechtem Zustand diejenigen waren, die sich meldeten. Ob es nun an der Verstädterung lag, an zu viel Komfort – oder auch zu wenig gesundem Essen, zu wenig frischer Luft – oder an falscher Erziehung: Die moderne Gesellschaft schien keine Krieger mehr hervorzubringen, die sie verteidigen konnten. Nach Ansicht William Balcks, Autor des maßgeblichen deutschen Taktikhandbuchs, war der moderne Mann dabei, seine physischen und geistigen Kräfte zu verlieren: »Die zunehmende Verbesserung der Lebenslage mehrt den Selbsterhaltungstrieb, mindert die Opferfreudigkeit.«[21] 1905 veröffentlichte der junge britische Konservative Elliott Evans Mills ein beunruhigendes Pamphlet mit dem Titel *The Decline and Fall of the British Empire*; darin behandelte er Themen wie »Die Vorherrschaft der Stadt über das ländliche Leben und deren katastrophale Auswirkungen auf den Glauben und die Gesundheit des britischen Volks«, »Übermäßige Besteuerung und städtische Auswüchse« und »Die Unfähigkeit der Briten, sich selbst und ihr Empire zu verteidigen«. Immer wieder gab es Verweise auf den Niedergang und Fall des Römischen Reiches. (Die Japaner kauften eine Sonderausgabe für ihre Schulen.) Für Feldmarschall Garnet Wolseley, der die Veränderungen der britischen Gesellschaft ebenso verabscheute wie die Schützengräben, war es ein böses Omen, dass Balletttänzer und Opernsänger in so hohem Ansehen standen. Männer schienen ihm weniger männlich zu werden und Frauen weniger weiblich. In Frankreich war man weithin besorgt über einen Rückgang der Geburtenrate. Ein bekannter deutscher Intellektueller sagte wenig taktvoll zu einem französischen Journalisten: »Ein Volk, dessen Männer keine Soldaten sein wollen und dessen Frauen sich weigern, Kinder zu kriegen, ist ein in seiner Vitalität gelähmtes Volk; es ist dazu verdammt, von einer jüngeren und frischeren Rasse beherrscht zu werden.« Einer der Gründe, warum die Militärs vor 1914 kurze, entscheidende Kriege planten, war ihre – von der zivilen Führung geteilte – Befürchtung, die modernen Gesellschaften würden an einem langen Krieg zerbrechen.

Tatsächlich waren solche Befürchtungen fehl am Platz. Eines der größten Rätsel des Ersten Weltkriegs ist, dass sowohl die Soldaten als auch die Zivilisten so lange durchhielten. Russland, die verletzlichste der kriegführenden Mächte, hielt bis 1917 stand, alle anderen taumelten weiter bis Ende 1918. Zwar gab es Meutereien und einzelne Widerstandsakte, aber Europas Armeen und Marinen hielten durch. Eine Erklärung könnte sein, dass die schleichende Durchdringung der Zivilgesellschaft mit militärischen Werten viele Europäer psychologisch auf den

Krieg vorbereitet hatte. Zudem bestand die Hoffnung (die sich im Nachhinein als tragischer Irrtum erwies), der Krieg würde der große Entscheider sein und danach würden ruhigere Zeiten kommen – dem Sturm (drückende Luft, dann Blitz und Donner und ein kurzer, heftiger Regen) würden frische Luft und ein klarer Himmel folgen.

V

WIE KRIEGER GEMACHT WERDEN

> »Für die stärksten Seelen sind aber wohl diejenigen mit Recht zu erklären, welche, indem sie das Gefährliche so wie das Angenehme aufs deutlichste erkennen, doch deswegen nicht zurückweichen vor den Gefahren.«
>
> Perikles, *Gefallenenrede*

Zwei Schlachten, räumlich getrennt (die eine in Europa, die andere in Amerika) und auch zeitlich (um rund 400 Jahre). In der ersten gab es, wenn überhaupt, nur wenige größere Geschütze, in der zweiten hatten die Soldaten Gewehre und wurden von Feldartillerie unterstützt. Schwerter und Messer hatten sie in beiden Schlachten, und an beiden nahmen berittene Krieger teil. Beide waren Teil eines Bürgerkriegs, und in beiden Fällen veränderte der Ausgang die Geschichte. Und beide trieben das Blutvergießen auf Rekordhöhe.

Man fragt sich, wie die Beteiligten an diesen Punkt des offenen Konflikts gelangten. Und man fragt sich, wie diejenigen, die kämpften – fast immer Männer –, dies tun konnten. Wie konnten sie Stunde um Stunde dem Tod ins Auge blicken? Oder anderen den Tod bringen, manchmal mit Pfeilen oder Gewehren aus der Ferne, aber häufig genug auch von Angesicht zu Angesicht im Nahkampf?

Am 29. März 1461, Palmsonntag, trafen bei dem winzigen Dorf Towton, rund 20 Kilometer südwestlich von York, mitten in einem Schneesturm zwei Heere aufeinander. Die Schlacht war Teil einer ganzen Reihe von Waffengängen in jener als Rosenkriege bekannten komplizierten dynastischen und politischen Auseinandersetzung, in der es darum ging, wer über England herrschen würde: das Haus York oder das Haus Lancaster. Daneben ging es aber auch, wie in Kriegen üblich, um viele andere Dinge, etwa um Beschwerden der einfachen Engländer und um Meinungsverschiedenheiten über die Frage, welche Art von Regierung das Land haben sollte. Rund 50 000 Bogenschützen, Fußsoldaten und Ritter auf Pferden kämpften an diesem Tag miteinander, bis, so wurde berichtet, die Flüsse rot von Blut waren. Schließlich gaben die Lancasterianer angesichts eintreffender Verstärkung für die Yorkisten auf und flohen. Viele wurden von den triumphierenden Yorkisten auf der »Blutwiese«, wie sie später genannt wurde, niedergemacht; andere trampelten in Panik ihre eigenen Kameraden zu Tode, wieder andere ertranken in einem nahe gelegenen Fluss.

In einem seiner Historiendramen ließ Shakespeare den unterlegenen König Heinrich VI. die Schlacht mit den Wechselfällen der Natur vergleichen:

> Dies Treffen steht so wie des Morgens Krieg
> Von sterbendem Gewölk mit regem Licht,
> Dann, wann der Schäfer, auf die Nägel hauchend,
> Es nicht entschieden Tag noch Nacht kann nennen.
> Bald schwankt es hierhin, wie die mächt'ge See,
> Gezwungen von der Flut dem Wind zu trotzen;
> Bald schwankt es dorthin, wie dieselbe See,
> Gezwungen vor des Windes Wut zu weichen.
> Bald überwiegt die Flut und dann der Wind;
> Nun stärker eins, das andre dann das stärkste;
> Beid' um den Sieg sich reißend, Brust an Brust,
> Doch keiner Überwinder, noch besiegt:
> So wäget gleich sich dieser grimme Krieg.[1]

Heinrich floh nach Frankreich, und der siegreiche Eduard IV. bestieg den Thron, bis eine weitere Schicksalswende des Krieges Heinrich 1470 – vorübergehend – zurückbrachte. Während die meisten heute mit den Einzelheiten der Rosenkriege nicht mehr vertraut sind, bleibt Towton im Gedächtnis als die größte und blutigste Schlacht, die jemals in England geschlagen wurde. Schätzungsweise 28 000 Soldaten verloren ihr Leben, viele mehr wurden verwundet oder nach der Schlacht hingerichtet. Geht man davon aus, dass die englische Bevölkerung damals rund zwei Millionen zählte, entspräche dies heute, bei einer Bevölkerung von 56 Millionen, rund 784 000 Toten.

Vier Jahrhunderte später und durch einen Ozean von Towton getrennt, kämpften am 17. September 1862, einem warmen Herbsttag, am Antietam Creek in Westmaryland erneut einige Tausend Mann gegeneinander. Die konföderierten Truppen befanden sich seit August in der Offensive und waren nach Virginia vorgerückt, wo sie eine Reihe von Siegen errangen. Die Unionstruppen waren in die Defensive gedrängt und ihre Führer offensichtlich nicht in der Lage, ihre Territorien zu schützen. In einem für ihn typischen kühnen, gewagten Zug hatte General Robert E. Lee die konföderierten Truppen Anfang September nordwärts nach Maryland geführt, sodass er Washington im Südosten und Pennsylvania im Norden bedrohen konnte. Die Unionstruppen, die ihm durch die liebliche Landschaft von Maryland mit ihren sanften Hügeln, Wäldern und Flüssen langsam entgegenzogen, waren seinen Truppen mit 87 000 zu 38 000 Mann zwar zahlenmäßig überlegen, nicht aber, was die Befehlsebene betraf. Lee kam nicht zuletzt dank der Vorsicht und der Fehlentscheidungen seiner Gegner einem Sieg sehr nahe.

Die Schlacht begann bei Sonnenaufgang auf einer breiten, von Norden nach Süden verlaufenden Front. Im Gegensatz zu Towton besitzen wir Augenzeugenberichte jenes Tages. »Wir sprangen über den Zaun«, beschreibt ein Major des 6th Wisconsin Volunteer Infantry Regiment das erste Zusammentreffen mit den Konföderierten auf einem Kornfeld, »und rückten ladend, feuernd und schreiend vor. Die Männer erfüllte eine große, hysterische Erregung, ein Drang, voranzugehen, und eine rücksichtslose Geringschätzung des Lebens, überhaupt von allem außer dem Sieg.« Die »Rebellen«, wie sie von den Unionisten genannt wurden, flohen und rannten um ihr Leben. »Eine große Zahl von ihnen wurde erschossen, als sie über die hohen Post- und Eisenbahnzäune am [Hagerstown] Turnpike kletterten.« An anderer Stelle harrten konföderierte Soldaten unter ständigem Beschuss vier Stunden lang in einer Geländevertiefung aus. Am Ende war diese »Bloody Lane«, den Berichten von Überlebenden zufolge, mit Toten bedeckt, das Blut floss wie ein Wasserlauf. An der Burnside Bridge hielt ein kleiner Trupp von Scharfschützen aus Georgia eine weit größere Unionstruppe auf, bis ihm die Munition ausging und die Unionisten mit Bajonetten angriffen. Der Unionsgeneral beschloss, Vorsicht über Kühnheit zu stellen und seine Reserve zu schonen, sodass Lee und seine Truppen sich bei Tagesende geordnet zurückziehen konnten. Er ließ zwischen 1500 und 2700 seiner Männer tot zurück; hinzu kamen schätzungsweise 7700 bis 9000 Verwundete. Die Union beklagte rund 2000 Gefallene und fast 10 000 Verwundete. Unionsgeneral Joseph Hooker beschrieb den Anblick, den ein Kornfeld nach dem Ende der Kämpfe bot: »… jeder Getreidehalm im größeren nördlichen Teil des Feldes war dicht über dem Boden wie mit einem Messer abgeschnitten.« Die Toten hätten »in Reihen dagelegen, so wie sie wenige Minuten zuvor als Linie gestanden hatten. Das Schicksal hat mich noch nie zum Zeugen eines blutigeren, trostloseren Schlachtfelds gemacht.« Es war der blutigste Tag im Amerikanischen Bürgerkrieg, ja sogar in allen Kriegen, in denen die Vereinigten Staaten gekämpft haben. Obwohl die Union keinen klaren Sieg errungen hatte, setzte die Schlacht dem Versuch des Südens, Maryland und vielleicht sogar Washington einzunehmen, ein Ende. Wenig später erließ Präsident Abraham Lincoln die Emanzipationsproklamation, und der Schlachtausgang könnte Großbritannien mit dazu bewogen haben, die Konföderation nicht anzuerkennen.

Im Süden herrschte nach der Schlacht am Antietam eine gedrückte Stimmung; dem konföderierten Präsidenten Jefferson

Davis zufolge hatte man »die höchstmöglichen Kräfte mobilisiert, während der Feind gerade erst beginnt, seine Macht zur Geltung zu bringen«. Dennoch kämpfte die Konföderation noch zweieinhalb Jahre weiter. Der englische Bürgerkrieg vierhundert Jahre zuvor hatte nach der Schlacht von Towton sogar weitere 24 Jahre gedauert.

Was bringt Männer und – seltener – Frauen dazu, in einen bewaffneten Konflikt zu ziehen und auch dann noch weiterzukämpfen, wenn die Schlacht oder die Sache verloren zu sein scheint? Und wie kommt es, dass diese Kämpfe die edelsten und die niedersten Seiten der menschlichen Natur zum Vorschein bringen? So wie wir vom Krieg fasziniert und abgestoßen zugleich sind, sind wir es auch von denjenigen, die kämpfen: den Kriegern. Wir bewundern sie und fürchten sie zugleich. Und wir fragen uns, ob wir tun könnten, was sie tun. Es ist uns ein Rätsel, was sie so mutig macht. »Selbst wenn ich auf die chinesischen Toten schaue – mich zwinge, sie anzusehen, bis ich es nicht mehr aushalte –, tritt keine ›Erleuchtung‹ [satori] ein«, sagte ein japanischer Soldat im Zweiten Weltkrieg. »Ich kann das Problem, woher im eigenen Herzen praktische Tapferkeit kommt, immer noch nicht enträtseln.« Manchen verleihe Ignoranz Mut, sagte Perikles in seiner Trauerrede für die Athener, die im ersten Jahr des Peloponnesischen Kriegs gefallen waren, während ihnen »Erwägung aber Zaudern bringt: Für die stärksten Seelen sind aber wohl diejenigen mit Recht zu erklären, welche, indem sie das Gefährliche so wie das Angenehme aufs deutlichste erkennen, doch deswegen nicht zurückweichen vor den Gefahren.«[2] Eine der vielen Ironien des Krieges ist, dass die Dinge, für die es sich zu leben lohnt, auch diejenigen sind, für die es sich zu sterben lohnt.

Einzelne, ob mutig oder nicht, kämpfen aus den gleichen Gründen wie Gruppen, einschließlich Nationen: um etwas zu gewinnen, um sich zu verteidigen oder aufgrund von Ideen und Gefühlen. Die Liste ist keineswegs vollständig, aber unter anderem folgende Gründe haben Menschen auf die Frage genannt, warum sie kämpften: weil sie keine Wahl hatten; um ihre Lieben oder ihre Nation zu verteidigen; aus Ehrgefühl; aus Angst vor ihren Offizieren; um die Anerkennung derjenigen zu gewinnen, die sie achten; um sich zu beweisen; um sich selbst zu prüfen; um zu vergewaltigen, zu plündern und zu rauben; um des Ruhmes willen; für eine Sache; für ihre Kameraden; um im Leben voranzukommen.

In Friedenszeiten mögen Freiwillige, die zum Militär gehen, überhaupt nicht ans Kämpfen denken, sondern eher daran, die Welt zu sehen oder eine nützliche Ausbildung zu erhalten. Die britischen Streitkräfte wurden einst heftig dafür kritisiert, dass sie auf Rekrutierungsplakaten tropische Strände, Skipisten oder Unterrichtsräume zeigten, ohne den geringsten Hinweis darauf, dass die Rekruten eines Tages möglicherweise ihr Leben aufs Spiel setzen müssten. In Kanada hat jüngst ein amerikanischer Deserteur den Flüchtlingsstatus beantragt, weil ihm nicht klar gewesen sei, dass beim Militär zu sein bedeuten könne, in den Krieg zu ziehen.

Mächtige Staaten – die zumindest teilweise durch militärische Stärke dazu geworden sind – setzen häufig einfach voraus, dass ihre Bürger ihnen gehören und jeder Versuch, sich der Wehrpflicht zu entziehen, einem Hochverrat gleichkomme. Der Vater Friedrichs des Großen, Friedrich Wilhelm I. von Preußen, schickte Werber aus, um hochgewachsene Männer für sein geliebtes Regiment der »Langen Kerls« zu finden. In vielen Gesellschaften wurden Sklaven oder Kriegsgefangene in den Militärdienst gezwungen. (Sparta allerdings, wo nur freie Männer im Heer dienen durften, hatte kein Zutrauen zu seinen versklavten Heloten. Im Peloponnesischen Krieg forderte man sie einmal auf, sich im Gegenzug für ihre Freilassung freiwillig zum Wehrdienst zu melden, richtete dann aber alle, die sich meldeten, umgehend hin, um solch gefährliche Tatkraft auszumerzen.) Die großen Flotten des Osmanischen Reichs wurden im 16. Jahrhundert von christlichen Sklaven gerudert, und die Elitetruppe der Janitscharen wurde regelmäßig mit christlichen Jungen aufgefüllt, die ihren Familien weggenommen und zum Übertritt zum Islam gezwungen wurden. Wie die römischen Legionen zuvor wurden die Janitscharen schließlich zu Königsmachern, bis der Sultan sie 1826 mithilfe einer neuen, moderneren Armee unter Einsatz von Kanonen vernichtete.

Vor Anbruch des modernen Krieges, der ganze Gesellschaften einbezog und gebildete Soldaten verlangte, griffen die europäischen Mächte bevorzugt auf die entbehrlichsten Mitglieder der Gesellschaft zurück, um die Reihen ihrer Armeen zu füllen. Als Shakespeares Erzschelm Falstaff, gerade von Prinz Heinrich zum Hauptmann befördert, diesem seine bunte Truppe vorführt, ist der Prinz entsetzt: »Zeitlebens sah ich keine so erbärmlichen Schufte.« Falstaff erwidert unverdrossen: »Pah! pah! Gut genug zum Aufspießen; Futter für Pulver, Futter für Pulver; sie füllen eine Grube so gut wie bessere; hm, Freund! sterbliche Menschen! sterbliche Menschen!«[3] Im Europa des 18. Jahrhunderts wurden Verbrecher, sogar Mörder, häufig vor die Wahl gestellt (die selten wirklich eine war): Hinrichtung oder Militärdienst. Mittellose, alleinstehende Männer wurden von sogenannten Presskommandos einfach aufgegriffen, um in Armee oder Marine zu dienen. Manchmal wurden junge Männer auch, wie in George Farquhars Stück *Der Werbeoffizier*, mit Alkohol traktiert, bis sie unterschrieben. Einer Legende zufolge, die durchaus wahr sein könnte, hatten englische Pubs Krüge mit Glasboden, sodass der Trinker sehen konnte, ob jemand ein Geldstück hineingeworfen hatte; denn die Annahme des »Königsshillings« kam der Unterschrift unter den Rekrutierungsvertrag gleich.

Gute Bauern oder gelernte Handwerker waren für die Herrscher viel wertvoller zu Hause. Friedrich der Große erklärte, seine Soldaten bestünden großenteils »aus der Hefe des Volkes, aus Taugenichtsen, die die Müßigkeit der Arbeit vorziehen, aus Wüstlingen, die unter den Fahnen ein freies Leben und ungestraftes Treiben suchen, aus ungeratenen Söhnen, wilden Gesellen«.[4] Der Herzog von Wellington bezeichnete seine Soldaten, die auch nach der Französischen Revolution noch auf die alte Art und Weise rekrutiert wurden, als Abschaum der Erde.

Und in die Erde kehrten sie zurück, in namenlose Gräber. Als nach dem Ende der Napoleonischen Kriege Frieden einkehrte, trugen viele Briten voller Stolz künstliche Gebisse aus »Waterloo-Zähnen«, die Plünderer den Gefallenen auf dem Schlachtfeld herausgebrochen hatten. 1822 war in einer Londoner Zeitung zu lesen, die Schlachtfelder der Napoleonischen Kriege würden von Knochen gesäubert, menschlichen wie tierischen; diese würden tonnenweise nach Hull verschifft und von dort nach Yorkshire gebracht, um von mächtigen, dampfbetriebenen Knochenmühlen zermahlen zu werden. In diesem Zustand würden sie an Bauern verkauft, die mit ihnen ihr Land düngten.

Selbst die schlimmsten Kriege können aber auch der Flucht dienen. Die französische Fremdenlegion war stets dafür bekannt, dass sie nicht auf dem wahren Namen des Bewerbers bestand und nicht nach seiner Vergangenheit fragte. Nach dem Zweiten Weltkrieg rekrutierte sie eine ganze Reihe von Männern mit französischen Namen, die mit deutschem oder italienischem Akzent sprachen und mit militärischen Dingen vertraut zu sein schienen. Auch Armut war (und ist) immer ein Grund, zum Militär zu gehen. Heute werben die amerikanischen Streitkräfte intensiv in armen ländlichen und städtischen Gebieten Rekruten an. Es war kein Zufall, dass im frühmodernen Europa so viele Söldner aus dessen ärmsten Teilen kamen, etwa Schottland, der Schweiz oder Irland. Im Militärdienst bekamen sie mehr oder weniger regelmäßig ihren Sold, wurden ernährt und erhielten die Gelegenheit, sich auf ihren Märschen selbst zu beschaffen, was immer sich ihnen bot, von Geld bis Frauen. Den besonders Entschlossenen und vom Glück Begünstigten bot das Militär zudem die Möglichkeit, sozial aufzusteigen. Eine der bekanntesten Figuren des Dreißigjährigen Krieges, Peter Ernst von Mansfeld, illegitimer Sohn eines deutschen Grafen, zeichnete sich zunächst als Kämpfer für die Habsburger und das Heilige Römische Reich aus, wofür ihn der Kaiser als Belohnung legitimierte. Obwohl er Katholik blieb, wechselte er auf die protestantische Seite, zum Teil wohl, weil er sich von den Habsburgern schlecht behandelt fühlte, aber auch, weil er sich von den Protestanten mehr Geld und Land erhoffte. Ein Jahrhundert später startete Samuel Greigh als einfacher Matrose und stieg dank seiner Tapferkeit und seiner Erfolge in Seeschlachten zu einem der Lieblingsadmirale Katharinas der Großen auf, die auch seinen imposanten Sarkophag im Dom von Tallinn in Auftrag gab.

Es gibt noch eine andere Flucht, die der Krieg ermöglicht: diejenige vor Stumpfsinn und Langeweile. Im Europa der Renaissance boten junge Männer aus der Oberschicht aus reinem Vergnügen dieser oder jener Armee ihre Dienste an. »Ich habe zu jeder Zeit als Abenteurer auf eigene Kosten gedient«, verkündete ein junger Engländer stolz. Er habe nie ein Kompaniekommando oder eine Bezahlung angenommen, weil er frei sein wollte, nach Belieben zu kommen und zu gehen. Der Brite Benjamin Harris, der in den Napoleonischen Kriegen als einfacher Schütze kämpfte und seine Tage als Ladenbesitzer in London beendete, schrieb in seinen Memoiren: »Ich für meinen Teil kann nur sagen, dass ich in meiner aktiven Dienstzeit das Leben mehr genossen habe als jemals danach. Und wenn ich in meinem Geschäft in der Richmond Street in Soho bei der Arbeit bin und auf diesen Abschnitt meines Lebens zurückschaue, den ich im Feld auf der [Iberischen] Halbinsel verbrachte, scheint er mir als einziger der Erinnerung wert zu sein.«[5]

»Lange Abschottung von den Realitäten des Krieges«, schrieb George P. Gooch, einer der führenden britischen Liberalen, vor dem Ersten Weltkrieg, »hat unsere Vorstellungskraft abgestumpft. Wir lieben die Erregung kein bisschen weniger als die lateinischen Völker; unser Leben ist öde geworden; ein Sieg ist etwas, das die Geringsten unter uns verstehen können.« Überall in Europa verspürten junge Männer die Anziehungskraft dieser Erregung. Ernest Psichari, ein junger Franzose, der wegen seiner Abenteuer in den französischen Afrikakolonien bereits ein Held war, verachtete den Pazifismus, der nach seiner Ansicht Frankreich schwächte. In seinem Buch *L'appel des armes*, das er kurz vor dem Ersten Weltkrieg veröffentlichte, als die Spannungen in Europa bereits zunahmen, schaute er erwartungsvoll voraus auf das, was er »die große Ernte der Gewalt« nannte, »zu der uns eine unbeschreibliche Gnade hinzieht und hinreißt«. Psichari fiel im August 1914, kurz nach Kriegsbeginn. Der vielversprechende junge englische Dichter Rupert Brooke sehnte sich nach »irgendeinem Aufruhr«. Als der Krieg ausbrach, meldete er sich umgehend freiwillig zur Armee. In einem seiner letzten Gedichte, verfasst kurz vor seinem Tod im Jahr 1915, frohlockte er:

> Nun, Gott sei gedankt, der uns diese Stunde gebracht hat,
> Der unsere Jugend ergriffen und uns aus dem Schlaf geweckt,
> Mit sicherer Hand, klarem Auge und geschärfter Kraft,
> Um uns, wie Schwimmer in die Reinheit springen, froh
> Von einer alt und kalt und schwach gewordnen Welt abzuwenden,
> Die kranken Herzen zu verlassen, die Ehre nicht zu rühren vermochte,
> Die Halbmänner und ihre schmutzigen, trostlosen Lieder
> Und die ganze kleine Leere der Liebe![6]

Selbst in Friedenszeiten bietet das Militär die verlockende Aussicht auf eine geschützte Welt, in der die Regeln klar sind und Entscheidungen, jedenfalls aus Sicht der unteren Ränge, von anderen getroffen werden. Und wie ein Wanderzirkus oder ein Tourneetheater hat es eigene Werte, die denen der übrigen Gesellschaft häufig auf erfreuliche Weise widersprechen. In einem der *Vertrauten Gespräche* des großen Renaissancephilosophen Erasmus von Rotterdam, der vom Soldatenleben sagte, es gebe »nichts Schändlicheres und Unseligeres«, macht ein Mönch einem Soldaten Vorhaltungen, weil er seine Familie verlassen hatte, um Soldat zu werden und andere Christen abzuschlachten. Warum er so arm sei, fragt der Mönch. »Du fragst, wieso?«, erwidert der Soldat. »Was ich an Sold und an Beute, durch Kirchenraub, Diebstahl und Plündern zusammenbrachte, das ging alles wieder drauf beim Wein, bei den Huren und beim Würfeln.«[7] Die Soldaten der Renaissance – es lassen sich Parallelen in der Gegenwart finden, in den Bürgerkriegen Afrikas zum Beispiel – unterstrichen ihre Andersartigkeit gegenüber Zivilisten, indem sie Bart und Haupthaar wachsen ließen, ausgefallene Hüte und auffällige Kleidung trugen und mit überdimensionierten Schamkapseln protzten. Wenn ein Mann Soldat werde, bemerkte Machiavelli, sehe man häufig, »dass er plötzlich nicht nur seine Kleidung ändert, sondern sich auch in Sitten und Gewohnheiten, in Sprache und Benehmen von den Gebräuchen des gewöhnlichen Lebens entfernt«.[8] Während des Amerikanischen Unabhängigkeitskriegs beklagten sich die Einwohner von New York bei den britischen Behörden über das Benehmen der hessischen Söldner, nachdem sie ihren Sold erhalten hatten: »Drei Tage lang geben sie sich dem Rausch hin, und wir müssen aufreibende, kummervolle Szenen durchleben; sie schlagen sich, trommeln und pfeifen und tanzen die ganze Nacht, spielen Karten und würfeln, und unter unseren eigenen Dächern spielt sich jede nur vorstellbare Abscheulichkeit ab.«

Während die einen der Wunsch, aus der Armut oder vor Bestrafung zu fliehen, zum Militär treibt, werden andere selbst in der Schlacht von ihrer Kultur ermutigt und getragen. Werte und Weltanschauungen, einschließlich Religion und Nationalismus, motivieren Individuen ebenso wie Nationen. Religionen versprechen denen, die in der Schlacht fallen, Unsterblichkeit oder Belohnung im Jenseits. Im Glauben, sie kämen nach ihrem Tod direkt in den Himmel, wie die Ayatollahs ihnen versichert hatten, stürmten in dem langen Krieg zwischen Iran und Irak in den 1980er-Jahren Tausende von iranischen Freiwilligen über minenverseuchte Schlachtfelder; manche hielten Schlüssel in der Hand, die man ihnen gegeben hatte, um angeblich ihren Eintritt ins Paradies zu beschleunigen. Die von der weißrussischen Schriftstellerin Swetlana Alexijewitsch interviewten sowjetischen Frauen sagten alle, sie hätten im Zweiten Weltkrieg keine andere Wahl gehabt, als sich freiwillig zu melden, weil ihr Vaterland angegriffen worden war.

Predigten, Bücher, Pamphlete, Theaterstücke und Gemälde, später Radio, Kino und Fernsehen können enormen Druck auf Menschen ausüben, in den Krieg zu ziehen. Im revolutionären Frankreich waren Bilder und Schauspiele, die den Heldenmut im Krieg verherrlichten, allgegenwärtig. Zwischen 1789 und 1799 entstanden über 3000 Revolutionslieder. Im Ersten und Zweiten Weltkrieg drängten in großen Mengen gedruckte Plakate mit Slogans wie »Euer Land braucht euch« oder »Ich will DICH für die US Army« Männer, sich freiwillig zu melden, und Zivilisten, die Kriegsanstrengung zu unterstützen.

Männern bietet der Krieg Gelegenheit, sich zu beweisen, gegenüber ihresgleichen wie gegenüber Älteren. In Deutschland hörten junge Männer vor 1914 von den Älteren immer wieder Geschichten darüber, was sie erlitten und geopfert hatten, um in den Einigungskriegen den Nationalstaat zu errichten, und sie sehnten sich – jedenfalls sagten sie das – nach einer Chance, es ihnen gleichzutun. Währenddessen träumten bei Deutschlands Feinden, Frankreich und Großbritannien, junge Männer davon, heldenhaft ihre Heimat zu verteidigen und (im Fall von Frankreich), Rache zu üben für die Niederlage von 1870/71. Es sind fast immer junge Männer, die sich im Kriegsfall als Erste freiwillig melden oder eingezogen werden. Sie sind körperlich fitter und widerstandsfähiger als die Älteren und haben meist noch keine familiären und nachbarschaftlichen Bande geknüpft, die ihre Bereitschaft, ihr Leben aufs Spiel zu setzen, verringern.

Die Annahme, dass es die Männer sind, die in den Krieg ziehen sollten, scheint für fast alle Zeiten und Kulturen gültig zu sein; obwohl es Beispiele weiblicher Krieger gibt, war die überwältigende Mehrheit der Krieger Männer. Und als sich in verschiedenen Ländern Kriegsregeln herausbildeten, wurden Frauen zusammen mit Alten, Kindern und manchmal auch Priestern als Nichtkombattanten eingestuft. Die Gründe dafür, dass meistens Männer und nicht Frauen das Kämpfen übernahmen, sind fast ebenso umstritten wie die Ursachen des Krieges selbst – die Erklärungen reichen auch hier von der Biologie bis zur Kultur.

Im Durchschnitt sind Männer größer und kräftiger und wohl auch aggressiver als Frauen, aber es gibt auch viele große, kräftige Frauen, die es mit Männern aufnehmen oder sie sogar übertreffen können. Dass Männer mehr Testosteron produzieren als Frauen, mag sie aggressiver machen – obwohl sich die Wissenschaftler hier keineswegs einig sind –, aber es gibt auch viele von Natur aus sanfte Männer, die nicht kämpfen wollen. Militaristische Gesellschaften wie diejenige Spartas und das Militär generell hätten nicht so viel Zeit darauf verwandt, ihren Soldaten die »richtige« Einstellung einzubläuen, bestünde die große Mehrheit der Männer wirklich aus geborenen Killern. Wenn Frauen freiwillig kämpfen oder dazu gezwungen sind, können sie genauso hart sein wie Männer.

In China erzählt man sich, wie Sunzi einst den König von Wu aufsuchte, um ihm Ratschläge für den Krieg zu geben. Der König hatte Sunzis Schriften gelesen und fragte ihn, ob er die königlichen Konkubinen zu Soldaten machen könne. Der Gelehrte bejahte und lehrte die Frauen die Übungsanweisungen. Dann teilte er sie in zwei Kompanien ein, gab ihnen Speere und ließ sie marschieren. Als er ihnen befahl kehrtzumachen, kicherten sie. Sunzi war nachsichtig und sagte, es sei der Fehler des Generals, wenn seine Kommandos nicht klar seien. Er ließ die Übung mehrere Male wiederholen, und wieder marschierten die Frauen. Sunzi befahl den Trommlern, das Signal für die Kehrtwende zu geben, und wieder gehorchten die Frauen nicht und kicherten. Nach mehreren Versuchen sagte Sunzi schließlich, die Kommandos des Generals seien klar gewesen, und wenn die Soldaten nicht gehorchten, seien ihre Offiziere schuld. Er befahl, die Konkubinen, die das Kommando über die Kompanien hatten, zu köpfen. Sie waren aber die Favoritinnen des Königs, weshalb dieser protestierte. Doch Sunzi war unerbittlich: Er habe die Aufgabe übernommen, die Truppen auszubilden, und könne den Befehl, die Frauen zu verschonen, nicht akzeptieren. Die beiden wurden hingerichtet und neue Offiziere ernannt. Danach marschierten die Frauen fehlerfrei und schweigend.

Dass man in verschiedenen Kulturen Kriegsgöttinnen verehrte – Astarte, Athene, Kali, die Walküren – und Legenden von Kriegerköniginnen wie Zenobia von Palmyra erzählte, ist vielleicht als Anerkennung des Potenzials von Frauen zu sehen. Freilich war es auch ein Weg, dieses Potenzial auf göttliche oder womöglich unnatürliche Frauen zu beschränken. In vielen Kulturen gibt es Geschichten über herausragende Kriegerinnen – teils Legenden, teils auf Tatsachen beruhend: von Boudicca, der britannischen Königin des 1. Jahrhunderts, die häufig auf einem Streitwagen dargestellt wird, bis zu Lakshmibai, der Rani von Jhansi, die im Indischen Aufstand von 1857 an der Spitze ihrer Truppen gegen die Briten kämpfte. Manche kämpften als Frauen, aber viele verkleideten sich als Männer, etwa Deborah Sampson im Amerikanischen Unabhängigkeitskrieg oder Lizzie Compton und Frances Hook im Amerikanischen Bürgerkrieg, die sich erneut anwerben ließen, nachdem ihre Identität entdeckt worden war. Wie die Kriegerinnen in Filmen wie *Crouching Tiger, Hidden Dragon, Wonder Woman* oder *Kill Bill* sind sie jedoch Ausnahmen; sie stehen außerhalb der normalen Ordnung der Dinge, wo Krieg nach wie vor eine Domäne der Männer ist.

Man hat die Amazonen trotz antiker griechischer Berichte, die sie irgendwo in Kleinasien ansiedelten, lange für reine Fabelwesen gehalten. Die Griechen waren fasziniert und schockiert von den Geschichten über solche »unnatürlichen« Frauen, die angeblich ihre Brüste abschnitten, um ihre Bogen besser spannen zu können, und ihre männlichen Kinder verkrüppelten. Sie sollen in Schlachten erfolgreich gegen Männer gekämpft haben, bis sie schließlich unterlagen und die rechte Ordnung wiederhergestellt wurde.

Jüngste archäologische Funde lassen indes den Schluss zu, dass die Amazonen nicht nur die Fabelwesen waren, an die die alten Griechen glaubten. Da Archäologen heute das Geschlecht von Skeletten bestimmen können, fand man heraus, dass viele Überreste, die männlichen Kriegern zugeordnet worden waren, in Wirklichkeit von Frauen stammen. Bei den nomadischen Reitervölkern aus den Steppen, die die Griechen »Skythen« nannten, scheinen Frauen den Männern selbst im Kampf gleichgestellt gewesen zu sein; auch wurden sie mit ihren Waffen begraben. Etwa 37 Prozent der Toten auf den bekannten skythischen Begräbnisstätten waren Kriegerinnen. Aus späterer Zeit hat man auch Gräber von Wikingerkriegerinnen gefunden.

In Dahomey, dem heutigen Benin an der afrikanischen Westküste, gab es ein modernes Pendant zu den Amazonen. Reichtum und Macht von Dahomey fußten auf dem Sklavenhandel und einer hochmilitarisierten Gesellschaft. Der viktorianische Reisende Richard Francis Burton, der das Land 1863 besuchte, beschrieb es als »kleines schwarzes Sparta« und war erstaunt über seine Elitetruppe aus Kriegerinnen. Am Anfang des 17. Jahrhunderts, so erzählte man, hätten einem Herrscher Männer für seine Armee gefehlt, weshalb er eine Kompanie aus Frauen in Uniformen gesteckt habe, um seine Feinde zu täuschen. Seine Vortäuschung wurde rasch zur Realität, weil sich die Frauen als höchst effektive Palastwache und Kampftruppe erwiesen. Sie stellten vermutlich nicht weniger als ein Drittel des königlichen Heeres. Sie waren kräftig, diszipliniert und mit Musketen, später mit Hinterladern bewaffnet. Sie standen im Ruf, grausame, unerbittliche Kämpferinnen zu sein, die sich weit besser schlugen als die Männer. In Dahomeys letzten Schlachten in der zweiten Hälfte des 19. Jahrhunderts kämpften sie bis zum bitteren Ende. Sie seien »bemerkenswert mutig und entschlossen« gewesen, bemerkte ein französischer Seemann, und hätten sich »mit ungeheurer Tapferkeit« den französischen Bajonetten entgegengeworfen.

Wir erinnern uns an solche Kriegerinnen, weil sie in der Geschichte so selten vorkommen. Wenn Frauen eine aktive Rolle in Kriegen spielten, dann in der Regel als Mätressen oder Ehefrauen, die ihre Männer begleiteten, als Krankenschwestern, Köchinnen oder Verkäuferinnen von Lebensmitteln oder Sex. Im 16. Jahrhundert befanden sich im Tross der spanischen Armee in den Niederlanden 400 Prostituierte zu Pferd und weitere 400 zu Fuß. Im Amerikanischen Bürgerkrieg wurden die Frauen, die die

Potomac-Armee des Unionsgenerals Joseph Hooker begleiteten, mit einem neuen Wort für Prostituierte bezeichnet: *hooker.* Angelsächsische Armeen waren, nicht zuletzt auf gesellschaftlichen Druck, in Bezug auf offizielle Bordelle zimperlich, aber die indische Armee betrieb unter der Hand welche. Die französische Armee hatte immer schon Bordelle, sie waren eine Selbstverständlichkeit. Als vietnamesische Unabhängigkeitskämpfer, die Viet Minh, 1953 Dien Bien Phu im damaligen Französisch-Indochina belagerten, waren zusammen mit den französischen Truppen zwei mobile Feldbordelle mit algerischen und marokkanischen Frauen in der Stadt eingeschlossen, die am Ende mithalfen, die Verwundeten zu pflegen. Meist handelte es sich, wie bei den »Trostfrauen« im japanisch besetzten Korea und China, um Zwangsprostituierte.

In den frühneuzeitlichen Kriegen Europas bildete der Tross selbst bei relativ kleinen Heeren einen regelrechten Rattenschwanz. Während der spanischen Belagerung der niederländischen Stadt Bergen-op-Zoon im Jahr 1622 wunderte sich ein Einheimischer über »solch eine kleine Armee mit so vielen Karren, Packpferden, Marketendern, Lakaien, Frauen, Kindern und Gesindel im Gefolge, die die Armee selbst zahlenmäßig bei weitem übertrafen«. Die Militärbehörden versuchten häufig, die Größe des Trosses zu begrenzen, aber solange die Armeen sich nicht selbst versorgen konnten, waren sie auf private Händler angewiesen. Darüber hinaus war es fast unmöglich, verzweifelte Frauen daran zu hindern, den Heeren zu folgen; hätten ihre Männer sie zurückgelassen, wären sie selbst und ihre Kinder wahrscheinlich verhungert. Fielen die Männer in der Schlacht oder starben an einer Krankheit, mussten die Frauen so schnell wie möglich einen neuen Ehemann oder Beschützer finden.

Obwohl sie einer anderen sozialen Schicht entstammte als die meisten im Tross, befand sich auch die Spanierin Juana Smith in einer prekären Lage, als sie während Wellingtons Spanienfeldzug ihren späteren Ehemann Harry kennenlernte. Sie war 14 Jahre alt, mittellos – ihre Familie gehörte zwar dem spanischen Adel an, wurde aber infolge der französischen Invasion und des anschließenden Krieges ruiniert – und bis auf eine ältere Schwester allein. Harry Smith war ein britischer Offizier, der sich mit dem gleichen Ungestüm, mit dem er in der Schlacht kämpfte, unsterblich in sie verliebte. Durch die Heirat mit ihm gewann Juana zwar einen Beschützer – zumindest solange er lebte, was damals bei einem jungen Offizier oft nicht allzu lang war –, aber sie durchschnitt durch die Ehe mit einem Protestanten das Band zu ihren Landsleuten.

Aller Wahrscheinlichkeit zum Trotz wurde es eine lange und überaus glückliche Ehe. Juana folgte ihrem Mann durch Spanien, teilte die Härten des Feldzugs, in dessen Verlauf Wellington Napoleons Truppen nordwärts vor sich hertrieb, und suchte auf den Schlachtfeldern von Vitoria und später Waterloo nach ihm, sobald die Kanonen verstummt waren. Sie begleitete ihn auch zu seinen Einsätzen in Indien und Südafrika, wo die Stadt Ladysmith nach ihr benannt wurde.

Während Frauen im 20. Jahrhundert in viele zuvor männliche Domänen vordrangen, waren die Streitkräfte nur langsam bereit, sie als Gleiche zu akzeptieren und im Kampf einzusetzen. Dieses Zögern (oder dieser Widerstand, wie man wohl eher sagen sollte) wurde auf unterschiedliche Weise begründet: Frauen seien von Natur aus Ernährer und keine Krieger; ihre Anwesenheit auf dem Schlachtfeld schade der Disziplin, da die Männer ihrer Einheiten versuchen würden, sie zu beschützen; sie seien körperlich und mental nicht für die Härten des Krieges geeignet. Vielleicht fürchteten die Männer auch nur, dass die Zulassung von Frauen ihre verschworene Gemeinschaft zerstören würde. Amerikanische Marines, so eine Offizierin, hätten das Gefühl, dass die Anwesenheit von Frauen es ihnen unmöglich machen würde, »zu furzen, zu rülpsen, dreckige Witze zu reißen, nackt herumzulaufen, Sexgeschichten auszutauschen, zu kabbeln und einfach wie junge Männer unter sich zu sein«.[9] Warum versuchten Frauen, »die letzte gute Sache, die uns [Männern] geblieben ist, zu zerstören«, fragte ein Angehöriger einer US-Spezialeinheit eine Kameradin.[10]

In den vergangenen Jahrzehnten haben die meisten westlichen Streitkräfte nach und nach Frauen als reguläre Soldaten zugelassen, aber alte Gewohnheiten sterben nur langsam. In den 1990er-Jahren begrüßte ein russischer Marineoffizier die erste Kadettin an der Marineakademie mit den Worten: »Ein Mädchen allein kann die Marine nicht ruinieren.« Amerikanische Frauen, die zu den Marines gingen, dem vielleicht härtesten aller Truppenteile, bekamen es mit Feindseligkeit, Frauenhass und sogar sexuellem Missbrauch zu tun. Auch aus der Gesellschaft schlug ihnen Ablehnung entgegen. Frauen in Uniform galten, so widersprüchlich es ist, entweder als geschlechtslos oder als sexbesessen. Die britische Armee entfernte im Ersten Weltkrieg die Brusttasche von Frauenuniformen – aus Furcht, sie würde die Aufmerksamkeit auf die nackte Tatsache darunter lenken. Im Zweiten Weltkrieg wurde den Angehörigen des amerikanischen Frauen-Armeekorps (WAC) in einer Flüsterkampagne nachgesagt, sie seien kaum besser als Prostituierte. Viele der ehemaligen Soldatinnen, mit denen Swetlana Alexijewitsch sprach, mussten bei ihrer Rückkehr erleben, dass Frauen, die nicht gekämpft hatten, ihnen vorwarfen, sie seien nur an die Front gegangen, um sich Männer zu angeln: »Wir wissen genau, was ihr dort gemacht habt.«[11]

Kriegerinnen hatten auch mit dem Vorurteil zu kämpfen, sie seien weicher als Männer. Einer der Kommentare während meiner Reith Lectures zum Thema Krieg, der mir besonders in Erinnerung geblieben ist, kam von einer jungen Offizierin aus York. Sie sei Mutter zweier kleiner Kinder, sagte sie, aber als sie nach Afghanistan geschickt wurde, habe sie sich gezwungen, nicht an sie zu denken. Während sie dort gewesen sei, habe es in ihrer Einheit einen Milzbrandalarm gegeben, und sie und ihre Kameraden hätten Injektionen bekommen, zusammen mit der Warnung, dass sie Frauen unfruchtbar machen könnten. Wieder habe sie einfach nicht darüber nachdenken können. Im Saal war es völlig still geworden.

Die Erfordernisse des Massenkriegs im 20. Jahrhundert bedeuteten, dass sich die Streitkräfte für Frauen öffnen mussten, aber typischerweise nicht als Kämpfer, sondern als Krankenschwestern, Schreibkräfte, Fahrerinnen oder Pilotinnen zur Überführung von Flugzeugen. Die Briten entdeckten, dass Frauen besonders gut in der mühseligen Auswertung von Luftaufnahmen waren, vielleicht, wie ein Offizier vermutete, weil sie Erfahrung mit feinen Nadelarbeiten hatten.

Sogar die Nationalsozialisten, die so sehr darauf bestanden, die Domäne der Frauen seien »Kinder, Küche, Kirche«, mussten sich im Zweiten Weltkrieg dazu durchringen, sie zum Wehrdienst zuzulassen. 1945 dienten 500 000 Frauen als Hilfskräfte in der Wehrmacht. In der Roten Armee waren es wahrscheinlich doppelt so viele. In Friedenszeiten hatten die sowjetischen Behörden stets die Gleichberechtigung von Männern und Frauen betont (die Wirklichkeit sah anders aus), aber erst die verheerenden Verluste an Männern während der deutschen Invasion führten dazu, dass die Streitkräfte Frauen aufnahmen, darunter viele Freiwillige. Sowjetische Frauen waren als medizinisches Personal an der Front, aber auch als Kämpferinnen, Flugabwehrkanoniere, Partisanen hinter den deutschen Linien, Infanteristinnen, Panzerbesatzungen und Pilotinnen. Bei der sowjetischen Luftwaffe gab es drei reine Fraueneinheiten, deren berühmteste ein Bomberregiment war, dem die Deutschen den Spitznamen »Nachthexen« gaben.

Die sowjetischen Männer fanden die Anwesenheit der Frauen anfangs verstörend, zum einen, weil viele von ihnen sehr jung waren, und zum anderen, weil ihre Gegenwart sie an ihr Zuhause erinnerte. Olga, eine Sanitätsinstrukteurin, erzählte im Interview mit Alexijewitsch: »Einmal saß ich nachts vorm Unterstand und sang leise vor mich hin. Ich dachte, alle schlafen, keiner hört mich, doch am nächsten Morgen sagte der Kommandeur zu mir: ›Wir haben nicht geschlafen. Wir haben solche Sehnsucht nach einer Frauenstimme …‹« Der Kommandeur eines Flugabwehrregiments meinte anfangs, dass Frauen als Soldaten ungeeignet seien, schließlich galt das »militärische Handwerk [...] seit Jahrhunderten als Männersache«. Zudem seien die Granaten zu schwer, als dass Frauen sie tragen könnten; ihre Anwesenheit im selben Unterstand sei für Männer verstörend; auch wisse jeder, dass stundenlanges Sitzen auf kalten Metallsitzen für Frauen abträglich sei; und »schließlich – wo sollten sie sich die Haare waschen und trocknen«? Doch die Erfordernisse des Krieges zwangen sowohl die Männer als auch die Frauen der Einheit, sich anzupassen. »Wir haben zusammen einen harten Weg zurückgelegt«, resümierte eine Frau.[12]

Die Deutschen behandelten gefangene sowjetische Soldatinnen häufig besonders brutal, indem sie sie vorführten, um zu zeigen, dass sie Ungeheuer waren, oder auf der Stelle erschossen. Die Soldatinnen der Roten Armee hatten stets zwei Patronen zur Hand: eine, um sich zu erschießen, bevor die Deutschen es taten, die zweite für den Fall, dass die erste danebenging.

Etwa 27 000 sowjetische Frauen kämpften im Untergrund gegen die Deutschen. In Italien sollen während des Zweiten Weltkriegs 35 000 Frauen zu den Partisanen gehört haben, von denen einige in Kämpfen starben. Frauen kämpften und starben auch in Jugoslawien, Griechenland, Polen und Dänemark. Die französische Résistance neigte dazu, Frauen lediglich mit Hilfstätigkeiten zu betrauen, unter anderem, weil das gaullistische Freie Frankreich es ablehnte, Frauen Waffen auszuhändigen. »Wenn Frauen eingesetzt werden müssen«, beschied ein männlicher Résistancekämpfer die Briten, »dann nimmt man am besten ältere Frauen«, von denen anzunehmen sei, dass sie »keine Versuchung für ihre Kameraden« darstellten. Ab 1943 verzichtete der gefürchtete Maquis, der zuerst in den Bergen und Hügeln Südfrankreichs gekämpft hatte, gänzlich auf die Beteiligung von Frauen.

Auch nach 1945 haben Frauen in aller Welt in Guerillakriegen gegen ausländische Besatzer oder ihre eigenen Regierungen gekämpft, aber nach dem Ende der Kämpfe wurde ihr Beitrag häufig heruntergespielt oder aus der Geschichte getilgt. Nachdem die Sandinisten 1979 in Nicaragua gesiegt hatten, wurden die meisten Frauen demobilisiert oder in reine Fraueneinheiten versetzt. Nach dem algerischen Unabhängigkeitskrieg erhielten die Frauen, die in ihm gekämpft hatten, keinerlei Pension.

Die Biologie ist zweifellos keine hinreichende Erklärung für die seit Langem bestehenden kulturellen Geschlechterunterschiede, die sich erst heute sporadisch und unbeständig zu ändern beginnen. Angesichts der tiefgreifenden gegenseitigen Beeinflussung von Krieg und Gesellschaft können wir nicht ignorieren, wie sehr unsere Auffassungen darüber, wie Männer und Frauen zu sein haben, vom Krieg geprägt sind. Wir wissen, dass die Kultur – im weitesten Sinne die Werte und Überzeugungen, die einer Gesellschaft lieb und teuer sind und zu ihrem Zusammenhalt beitragen – die Menschen genauso formt wie die Biologie (oder sogar noch stärker). Wir leben sie unserem Nachwuchs vor und erziehen sie in unserem Sinn.

In der Menschheitsgeschichte besteht zwischen Krieg und Männlichkeit eine sehr lange und enge Beziehung, und wir neigen zu der Ansicht, dass für Frauen Heim und Familie im Mittelpunkt stehen. In Homers *Ilias* sagt Hektor, als er auszieht, um gegen die Griechen zu kämpfen, beim Abschied zu seiner Frau Andromache:

> Geh jetzt nach Haus und kümmere dich um deine Geschäfte,
> Webstuhl und Spindel, und gib den dienenden Frauen die
> Weisung,
> emsig zu wirken. Der Krieg soll Männer beschäftigen, alle –
> mich am stärksten von ihnen –, die in Ilion leben.[13]

Mussolini befand, Krieg sei für Männer das, was Mutterschaft für Frauen sei. Faschisten waren den traditionellen Geschlechterrollen besonders zugetan. Vichy-Frankreich erklärte den Muttertag zu einem besonderen Feiertag und verlieh Orden an gute Mütter. »Der Mann soll zum Kriege erzogen werden«, hatte Friedrich Nietzsche erklärt, »und das Weib zur Erholung des Kriegers […].«[14] NS-Propagandachef Joseph Goebbels, sein gelehriger Adept, zumindest was die Rolle der Frau betrifft, ergänzte scheinheilig: »Wenn wir die Frau aus den Gebieten des öffentlichen Lebens ausschalten, so nicht, weil wir sie entehren wollen, sondern weil wir ihr ihre eigentliche Ehre zurückgeben wollen.«[15] Solche Einstellungen sind auch in liberaleren Gesellschaften keineswegs verschwunden.

Nicht nur die männliche Sicht auf die Frau als Kriegerin ist zwiespältig, sondern auch die weibliche. Über Generationen hinweg empfanden Feministinnen Diskussionen über kämpfende Frauen als unangenehm; sie zogen es vor, Krieg als Männersache zu betrachten. Die Philosophin Jean Bethke Elshtain, die sich unter anderem mit der Beziehung zwischen Geschlechterrollen und Krieg beschäftigt hat, war erstaunt über ein Sonderheft der Zeitschrift *Women's Studies International Forum*, die sich der Förderung feministischer Forschung widmet. Das angekündigte Thema »Frauen und Männerkrieg«, befand sie, ermuntere Frauen, sich abzuwenden: »Krieg ist Männersache: Männer sind die historischen Urheber organisierter Gewalt. Ja, Frauen wurden hineingezogen – und sie waren gezwungen, zu beobachten, zu leiden, zu verkraften, zu trauern, zu ehren, zu bewundern, zu bezeugen, zu arbeiten. Aber die *Beschreibung* und *Definition* des Krieges stammt von Männern, und die Frauen sind davon ›betroffen‹; sie ›reagieren zumeist‹.«[16] Während es zahlreiche Untersuchungen über die Auswirkungen des Krieges auf Frauen gibt, findet man über die Frau als Kriegerin oder das weiter gefasste Thema von Geschlecht und Krieg vergleichsweise wenig.

In vielen Gesellschaften, früher wie heute, wird Jungen gesagt, sie sollten »Männer« sein, wozu unter anderem gehört, jene Qualitäten zu zeigen, die wir mit Kriegern assoziieren. Sie bekommen Spielzeugwaffen, kleine Uniformen oder Kriegsspiele. Wenn sie älter werden, erdulden sie zur Initiation ins Mannesalter Rituale, häufig schmerzhafte. Im Europa des 19. Jahrhunderts betrachtete man den Wehrdienst weithin als »Schule der Männlichkeit«. Männer lernten viel mehr als Frauen, davor Angst zu haben, feige zu sein. Der Vorwurf, sich »weibisch« zu verhalten, evoziert

Empfindsamkeit und Schwäche. In der Militärausbildung beschämen Unteroffiziere und Offiziere neue Rekruten noch heute, indem sie sie »Pussy« oder »Mädchen« nennen. Wenn Frauen neben Männern kämpfen, droht das die Vorstellungen darüber, wie ein Mann zu sein habe, zu untergraben. Ein Unteroffizier der amerikanischen Eliteeinheit Navy SEALs – Motto: »Der einzige leichte Tag war gestern« – drückte es so aus: »Diese Jungs sind zu der Vorstellung erzogen worden, dass Mädchen schwächer und weniger wert sind, und sie beziehen ihre ganze Identität und Männlichkeit aus dem, was sie tun. Wenn sie also Frauen auf dem Gelände sehen, geraten sie in Panik und fragen sich: ›Oh, mein Gott, was macht das aus mir?‹«

Frauen haben durchaus ihren Anteil an der Erschaffung des männlichen Kriegers. Als sie von ihrem Freund einen Brief erhalten habe, in dem er eingestand, bei schweren Kämpfen geweint zu haben, sei sie überzeugt gewesen, einen Feigling geliebt zu haben, erzählte eine Amerikanerin zur Zeit des Zweiten Weltkriegs; sie habe ihm nie wieder geschrieben. Frauen – etwa die spartanischen Mütter im antiken Griechenland oder die Britinnen im Ersten Weltkrieg, die Männern im wehrfähigen Alter, die nicht in Uniform unterwegs waren, weiße Federn überreichten – haben Männer gedrängt, in den Krieg zu ziehen, und sie geschmäht, wenn sie sich weigerten. In verschiedenen Kulturen haben Frauen Männer verhöhnt, indem sie sich nackt auszogen oder ihre Genitalien entblößten, um sich über die vermeintliche männliche Feigheit lustig zu machen. Während der linken Regierung von Salvador Allende in Chile warfen einige seiner konservativen weiblichen Gegner Körner auf Soldaten, weil diese »Hühner« seien und Angst hätten, Allende zu stürzen.

Frauen waren gegen den Krieg – mitunter mit der Begründung, sie würden Leben geben und nicht nehmen –, aber sie waren oft auch dessen Cheerleader. »Denken Sie nicht, dass ich weine, weil meine beiden älteren Söhne tot sind«, erklärte eine Bulgarin zu Beginn des 20. Jahrhunderts. »Ich weine, weil die beiden Jüngeren nicht alt genug sind, um dabei zu helfen, die

Türken hinauszuwerfen.« Im Preußen des 19. Jahrhunderts sammelten Frauen Geld für den Bau von Schlachtschiffen. In England kehrten militante Suffragetten wie Emmeline und Christabel Pankhurst nach 1914 der Forderung nach dem Frauenwahlrecht den Rücken und setzten sich stattdessen mit ganzer Kraft für den Krieg ein, einschließlich der Wehrpflicht für Männer. Mitten im Krieg, 1916, erschien im Londoner Massenblatt *Morning Post* eine »Botschaft an die Pazifisten«, verfasst von einer Frau, die sich als »Mütterchen« bezeichnete; als Broschüre nachgedruckt, verkaufte sich der Aufruf in weniger als einer Woche 70 000-mal. Britische Frauen, schrieb sie dort, würden als Mütter der Männer, die für den Erhalt von Ehre und Traditionen des britischen Empire kämpften, keine Friedensrufe dulden. »Es gibt nur eine Temperatur für die Frauen des britischen Volkes, und das ist ›Weißglut‹.« Die Frauen würden »die menschliche Munition der ›einzigen Söhne‹« hergeben, um die Lücken zu füllen. Die Frauen – das »wohlerzogene«, »ängstliche« Geschlecht – hätten den Krieg nicht gewollt, würden sich aber ihrer Verantwortung gewachsen zeigen. »[W]ir haben unsere Tennisschläger an den Nagel gehängt, unseren Kleinen von der Schule geholt, seine Mütze fortgelegt […].« Wenn ihre Söhne nicht zurückkehrten, resümierte das »Mütterchen« stolz, hätten britische Frauen die glorreiche Erinnerung an ihre Männer.[17]

Frauen, schrieb Virginia Woolf in ihrem Essay *Ein eigenes Zimmer*,

> haben seit Jahrhunderten als Spiegel gedient, Spiegel mit der magischen und erhebenden Kraft, die Gestalt des Mannes in doppelter Größe wiederzugeben. Ohne diese Kraft wäre die Erde wahrscheinlich immer noch Sumpf und Urwald. Die Ruhmestaten all unserer Krieger wären unbekannt. Wir würden immer noch die Umrisse von Hirschen auf abgenagte Hammelknochen kratzen und Schaffelle gegen Feuersteine tauschen oder was sonst an schlichtem Zierrat unseren unverbildeten Geschmack anspräche. Übermenschen und Zeigefinger des Schicksals hätte

> es nie gegeben. Der Zar und der Kaiser hätten niemals Kronen getragen oder verloren. Welchen Nutzen sie in zivilisierter Gesellschaft auch immer haben mögen, Spiegel sind für alle grausamen und heroischen Taten unabdingbar. Deswegen bestehen sowohl Napoleon als auch Mussolini so nachdrücklich auf der Unterlegenheit der Frauen, denn wenn sie nicht unterlegen wären, würden sie auch nicht mehr vergrößern. Das erklärt zum Teil, wie unentbehrlich Frauen so oft für Männer sind.[18]

Achill, diese westliche Inkarnation des großen Kriegers, der von Kindesbeinen an vor allem dazu erzogen worden war, eine formidable Tötungsmaschine zu werden, wandte sich, als Agamemnon, der Anführer der griechischen Belagerer Trojas, ihn gedemütigt hatte, voll Schmerz und Wut an seine Mutter, die Meeresnymphe Thetis, und bat sie um Hilfe. Sie versprach ihm Rache und gab ihm eine spezielle Rüstung. In der wirklichen Welt hat es viele kleine Achills gegeben. Julian Grenfell, sein Bruder Billy und zwei Cousins, Sprösslinge einer alten englischen Adelsfamilie, wuchsen vor dem Ersten Weltkrieg in herrschaftlichen Häusern auf, zu deren Besuchern Premierminister, berühmte Schriftsteller, Mitglieder des Königshauses und herausragende Offiziere gehörten. Die Grenfells zeichneten sich im Wettkampf und in der Jagd aus, beides eine Vorbereitung auf den Krieg, zumindest auf denjenigen alten Stils. Zum Familienstammbaum zählten Admirale, Generale und ein Feldmarschall. Die Grenfells wurden mit Tapferkeitsorden ausgezeichnet und fielen in Britanniens Kriegen überall auf der Welt. Bei Ausbruch des Ersten Weltkriegs befand sich Julian Grenfell in Südafrika und suchte verzweifelt nach einer Möglichkeit, nach Europa zurückzukehren, um an den Kämpfen teilzunehmen. »Es ist furchtbar, in einer Zeit wie dieser hier festzusitzen«, schrieb er an seine Mutter, Lady Desborough. »In England muss es jetzt wundervoll sein!«[19] Als er schließlich die Schützengräben der Westfront erreicht hatte, schrieb er seiner Mutter außergewöhnlich offenherzige Briefe über seine Erlebnisse als Soldat, seine Angst, ein

Feigling zu sein, und den Nervenkitzel der Schlacht. Sie zeigte sie stolz in ihrem Bekanntenkreis herum und überredete den Herausgeber der *Times*, sie anonym zu veröffentlichen.

Das Wichtigste für den Herzog von Wellington war nicht, dass seine Offiziere eine Karte lesen konnten oder wussten, wie ein Geschütz funktioniert, sondern dass sie tapfer waren. Vor 1914 wurde Jungen aus der englischen Mittel- und Oberschicht (wie den Brüdern Grenfell und deren Cousins) an Privatschulen sowie von ihren Familien und Freunden vor allem eines vermittelt: dass sie Haltung zu bewahren und ihre Gefühle unter Kontrolle zu halten hatten. Wenn der Tod sie ereilte, sollten sie ihm tapfer entgegensehen. In großen Auseinandersetzungen wie den beiden Weltkriegen war es nahezu undenkbar, nicht teilzunehmen, wenn so gut wie jeder sich freiwillig meldete und Männer im wehrfähigen Alter, die keine Uniform trugen, von Zivilisten schief angesehen wurden. Es sei weder Mut noch Eigeninitiative gewesen, erklärte ein Engländer, was ihn im Ersten Weltkrieg an die Front in Frankreich gebracht hatte: »Im Gegenteil, ich wurde von der Welle der Weltereignisse mitgerissen, das ist alles. Es ist Schwäche, die Unfähigkeit, dem Zug der Zeit zu widerstehen. Nein, es ist keine Schwäche; es ist Jugend.«

Kulturen brauchen Helden, und nur allzu oft sind es Krieger, die uns dabei am lebendigsten vor Augen stehen: Hektor, Achill, Dschingis Khan, Lanzelot, Robert I. von Schottland, Julius Cäsar, Babur, Friedrich der Große, Napoleon, Manfred von Richthofen, Geronimo, Richard Löwenherz, Saladin. Das Alte Testament ist voller Geschichten über große Krieger: Joshua, Gideon, David. Jeder von uns hat seine eigene Liste, aber Helden überwinden kulturelle Grenzen. Alexander der Große begann seinen Feldzug nach Asien damit, dass er auf dem vermeintlichen Grab Achills Kränze niederlegte. Napoleon träumte von Alexander, als er in Ägypten einmarschierte, und sein Neffe, der glücklose Napoleon III., versuchte seinem Onkel nachzueifern, indem er seine Truppen im Deutsch-Französischen Krieg selbst befehligte und auf diese Weise in die Katastrophe von Sedan führte.

Als Europa im 19. Jahrhundert das Mittelalter wiederentdeckte, war man nicht zuletzt vom Bild des geharnischten edlen Ritters fasziniert, der bereit war, für seine eigene Ehre und die seiner Dame zu kämpfen und zu sterben. »Die strengen Begriffe der militärischen Ehre«, hieß es in einem österreichischen Heereshandbuch von 1889, »adeln den Offiziersstand in seiner Gesamtheit, verleihen demselben den Charakter der Ritterlichkeit.«[20] Als ein junger Soldat namens Huntly Gordon 1914 auf der Überfahrt nach Frankreich an der Reling lehnte, zitierte sein Kamerad aus Shakespeares *Heinrich V.*: »Nun, Lords, nach Frankreich, welches Unternehmen / Für euch wie uns wird eben glorreich sein.«[21] Die jungen Männer, die 1914 in den Krieg zogen, sei es aus europäischen Großstädten oder Kanada oder Australien, waren mit den klassischen Sagen und Epen, mit großer Literatur, mit den *Drei Musketieren* oder den scheinbar endlosen Folgen von Abenteuergeschichten für Jungen aufgewachsen.

Krieg kann Abenteuer bedeuten; er ist aber auch ein Geschäft gewesen – häufig ein sehr profitables. Söldner, »Freelancer« (wie sie nach ihrer Waffe genannt wurden) oder Auftragskämpfer haben eine lange, häufig unehrenhafte Geschichte. Im 13. und 14. Jahrhundert zogen Banden bewaffneter Männer durch Italien und boten sich wohlhabenden Stadtstaaten für deren Auseinandersetzungen mit ihren Nachbarn an. Unter ihnen waren Einheimische, aber auch Männer, die über die Alpen gekommen waren, womöglich Veteranen von Kreuzzügen oder dynastischen Kriegen, die kaum etwas anderes konnten als kämpfen. Ihre Anführer unterschrieben einen Vertrag, eine *condotta*, mit der sie zusagten, eine bestimmte Zahl an Soldaten zu stellen. Diese *condottieri* brachten ihre eigenen Waffen und ihre eigene Rüstung mit und kämpften in der Regel so lange, wie sie bezahlt wurden. Traf aus irgendeinem Grund ihr Sold nicht ein, konnte es passieren, dass sie mitten in einem Feldzug oder sogar während einer Schlacht den Kampf abbrachen und sogar ihren Auftraggeber als Geisel nahmen. Waren die Feldzüge, die für gewöhnlich in den trockenen Sommermonaten stattfanden, zu Ende, durchstreiften die *condottieri* häufig das Land und nahmen sich, was immer sie in die Hände bekamen. Wie ein heutiger Bandenchef mit seinen Tätowierungen angibt, so hatte ein *condottiere* sich sein Motto auf die Brustplatte gravieren lassen: »Feind Gottes, Feind der Frömmigkeit, Feind des Friedens«.

Machiavelli verachtete die Söldner als gefährliche Parasiten im Staatskörper und forderte die italienischen Herrscher auf, Milizen aus Zivilisten aufzustellen, die über die richtigen Tugenden verfügten, ihrer Stadt treu ergeben und, ebenso wichtig, diszipliniert und gut ausgebildet seien. Die Herausforderung bestehe darin, aus Zivilisten – Bauern, Schuhmachern, Bürokräften, Lehrern – einen geschlossenen Truppenverband zu machen, der Befehlen gehorche und Härten aushalte und bereit sei, zu töten und getötet zu werden.

Wie viele seiner Zeitgenossen konsultierte Machiavelli die antiken Autoren. »Kunst und Gewandtheit in Führung der Waffen«, stellte der viel bewunderte Vegetius fest, »und nicht der Krieger Menge, dann übel angebrachte Tapferkeit waren es, welche in jedem Kriege den Römern den Sieg erworben haben.« Die Römer hätten die Welt erobert, weil sie ihre Soldaten ständig ausbildeten, strenge Disziplin einforderten und die Kriegskunst ernst nahmen:

> Was hätte sonst das kleine römische Heer gegen die Menge des gallischen Volkes vermocht? Was hätte der Römer kleiner Körperbau gegen der Deutschen stark beleibte Kraft wagen dürfen? Bekannt ist, dass die Spanier nicht nur an der Köpfe Zahl, sondern auch an der Leibesstärke uns stets überlegen waren und dass wir uns mit der Afrikaner Verschmitztheit und Reichtümer nie messen konnten, auch lässt sich nicht bezweifeln, dass die Griechen uns an Künsten und an Klugheit überlegen sind.[22]

In Gesellschaften wie der römischen hatte die vorherrschende Kultur die jungen Männer meist schon darauf vorbereitet, Soldat zu werden. In anderen Zeiten und andernorts musste der Einfluss der Zivilgesellschaft auf Rekruten erst überwunden werden – symbolisch wie buchstäblich –, bevor sie zu guten Soldaten gemacht werden konnten. Die Zivilkleidung gegen eine Uniform einzutauschen, einen Standardhaarschnitt zu bekommen und in eine Kaserne umzuziehen: All dies sind Kennzeichen des Übergangs von einer Welt in eine andere. Alte Bindungen an Familie, Freunde und Gemeinschaften müssen ersetzt werden durch neue Bindungen ans Regiment, Marine- oder Luftwaffengeschwader. Standarten wie die Bronze- oder Silberadler, die römische Legionen trugen, Fahnen oder Geschichten über vergangene Triumphe oder Niederlagen sind Bestandteile einer neuen gemeinsamen Identität.

Nachdem Kaiser Augustus zwei an die Parther verlorene Legionsadler zurückgewonnen hatte, ließ er einen Tempel für sie errichten und eine Münze zu ihren Ehren prägen. Im 16. Jahrhundert nahmen die gefürchteten deutschen Söldner, die Landsknechte, neue Mitglieder in einer ausgefeilten, quasireligiösen Zeremonie auf. Die Rekruten schritten durch ein Spalier aus Hellebarden und Piken zu ihrer Einschreibung, bei der ihr Name in ein Register eingetragen wurde und sie ihren ersten Sold erhielten. Dann wurden ihnen die strengen Disziplinarvorschriften vorgelesen, und sie schworen einen Eid auf deren Einhaltung. Um sie jederzeit an ihren Eid zu erinnern, wurden in ihren Lagern Galgen aufgestellt, symbolische oder tatsächliche – und Letztere wurden auch benutzt.

Militärische Disziplin beruhte immer großenteils auf Furcht vor Bestrafung, vom Kasernenarrest bis zur Hinrichtung. Von den alten Griechen bis zu den Irokesen war auch das Spießrutenlaufen als Strafe geläufig: Der Verurteilte musste durch eine von seinen Kameraden gebildete Gasse laufen, während sie auf ihn einschlugen; preußische Offiziere schlugen ihre Männer mit der flachen Seite ihres Schwertes, ihre spanischen Kollegen nutzten dafür den Ladestock ihrer Muskete. In der britischen Armee und Marine kam jahrhundertelang die neunschwänzige Katze zum Einsatz, eine mehrsträngige Peitsche, die auf dem Rücken des

Verurteilten blutige Striemen hinterließ. Der spätere Admiral Jacky Fisher fiel als 13-jähriger Kadett in Ohnmacht, als er erstmals Zeuge einer Prügelstrafe wurde.

Obwohl sich die Art der Vergehen, deren Soldaten beschuldigt wurden, mit der Zeit änderte – würde Blasphemie immer noch dazugehören, wäre es in den meisten westlichen Kasernen ziemlich still –, blieben einige Anklagen über Zeit und Raum hinweg bemerkenswert konstant. Befehlsverweigerung, Verlust der Waffe und Desertion gefährden allesamt Ordnung und Geschlossenheit, was besonders gefährlich in einer Schlacht ist. »Der gemeine Soldat«, meinte Friedrich der Große, »soll vor dem Officiere mehr Furcht als vor dem Feinde haben!« Zu anderer Zeit sagte ein Mann von ganz anderem Zuschnitt, der russische Revolutionär Leo Trotzki, im Grunde das Gleiche: »Ein Soldat muss vor der Wahl stehen zwischen einem möglichen Tod, wenn er vorrückt, und dem sicheren Tod, wenn er zurückweicht.« Wie viele andere Armeen vorher und nachher griff die Rote Armee sowohl zu Trotzkis Zeiten als auch im Zweiten Weltkrieg zum Mittel summarischer Exekutionen auf dem Schlachtfeld.

1941 erlebte William McNeill, ein junger Amerikaner, der wie Millionen andere zum Wehrdienst eingezogen worden war, eine andere, ebenso alte Methode, wie das Militär Individuen zu Soldaten macht. In einer trockenen, staubigen texanischen Wüste musste er endlosen Drill über sich ergehen lassen, während ein »ungebildeter Unteroffizier« Befehle brüllte. »Eine nutzlosere Übung lässt sich kaum vorstellen.« Jahre später erkannte McNeill, inzwischen ein anerkannter Historiker, dass der Drill auch ein emotionales Erlebnis war: »Mit Worten lässt sich das Gefühl nicht beschreiben, das die endlosen, gleichförmig ausgeführten Bewegungen auslösen, die zum Drill gehören.« Er habe ein gewisses Wohlbehagen und Vergnügen dabei empfunden, Teil eines kollektiven Rituals zu sein. Das Marschieren sei zum Selbstzweck geworden: »Sich schneidig zu bewegen und im Gleichschritt zu bleiben reichte aus, dass wir uns in unserer Haut wohlfühlten, zufrieden damit, gemeinsam zu marschieren, und irgendwie im Einklang mit der großen weiten Welt.« In unserer heutigen individualistischen Gesellschaft finden wir die Verwandlung von Menschen in Automaten, wie sie bei der Massengymnastik in Pjöngjang oder bei den im Stechschritt marschierenden Soldaten der Militärparaden zu beobachten ist, lächerlich; wir verachten sie, bewundern aber das Zusammenspiel, das einen Ruderachter über das Wasser gleiten oder ein Ballettensemble über die Bühne schweben lässt. McNeill schrieb schließlich ein Buch über die Bedeutung dessen, was er »muskuläre Verbundenheit« nennt. Beides zusammen, Drill und Disziplin, schafft die Krieger, die Befehlen gehorchen und wie trainierte Sportler und Tänzer selbst unter schwierigsten Bedingungen gemeinsam Aufgaben erfüllen. »Es ist einfach wunderbar«, sagte Wellington über seinen »Abschaum der Erde«, »dass wir in der Lage sind, so viel aus ihnen zu machen.«

Wir mögen die bloße Vorstellung eines Drills verabscheuen, der Männer in Teile einer großen Maschine verwandelt und ihre Muskeln automatisch arbeiten lässt, aber er ist notwendig, wenn sie in der Schlacht funktionieren sollen. Eine klare Aufgabe zu haben, wie beispielsweise Matrosen auf einem Schiff, kann Panik verhindern. Drill und Disziplin bewirken auch, dass Soldaten etwas Unnatürliches tun, nämlich ihr eigenes Leben zu riskieren und anderen ihr Leben zu nehmen. Wenn Drill und Disziplin versagen und Militäreinheiten den Zusammenhalt verlieren, stellen sie nicht nur eine geringere Bedrohung für den Feind dar, sondern werden auch verwundbar. In der Schlacht am Antietam wurde das 16. Connecticut Infantry Regiment, das erst einen Monat zuvor aufgestellt worden war, buchstäblich ohne jedes Training in den Kampf geschickt. Die Männer wussten kaum, wie sie ihre Waffen gebrauchen sollten; tatsächlich hatten sie erst am Vortag gelernt, sie zu laden. Sie wussten weder, wie man marschiert, noch, wie man als Einheit agiert, was schon unter optimalen Umständen schwierig ist, umso mehr auf dem Schlachtfeld; und ihre Offiziere besaßen weder die Autorität noch das Wissen, um sie befehligen zu können. Als die abgehärteten, erfahrenen Soldaten der Konföderation ihre Flanke aus einem Getreidefeld heraus angriffen, entstand Chaos. Die Offiziere, ebenso unerfahren wie ihre Männer, hatten keine Ahnung, was zu tun war. »Sagen Sie uns, was wir machen sollen«, sagte einer von ihnen verzweifelt zu seinem Oberst, »und wir werden versuchen, Ihnen zu gehorchen.« Die Männer gerieten einfach in Panik und flohen. Ein konföderierter Soldat berichtete von einer Traube verängstigter Unionssoldaten, die am Fuß eines Hügels »in einer unordentlichen Linie zusammenhockten«, offenbar unfähig, sich zu bewegen. »Wir haben eine Salve nach der anderen in sie hineingefeuert«, so der Südstaatensoldat, »zweifellos mit schrecklicher Wirkung.« Das Unionsregiment verlor an diesem Tag ein Viertel seiner Männer.

Militärische Rangordnung, Zusammenhalt und starke Moral können eigene Gefahren mit sich bringen. »Von euch werden die meisten wissen«, sagte ein hoher Funktionär im Oktober 1943 zu einer Gruppe von Untergebenen, »was es heißt, wenn 100 Leichen beisammen liegen, wenn 500 daliegen oder wenn 1000 daliegen. Dies durchgehalten zu haben und dabei – abgesehen von Ausnahmen menschlicher Schwächen – anständig geblieben zu sein, das hat uns hart gemacht. Dies ist ein niemals geschriebenes und niemals zu schreibendes Ruhmesblatt unserer Geschichte …«[23] Der Redner war Heinrich Himmler, Hitlers ergebener Gehilfe und Chef des parteieigenen Militärapparats, der SS, auf deren Konto die schlimmsten Gräueltaten der Nationalsozialisten gingen. Sein Publikum bestand aus SS-Offizieren im besetzten Polen, und das »Ruhmesblatt«, von dem er sprach, war die Ermordung der europäischen Juden. Während es manchen Soldaten ein sadistisches Vergnügen bereitet, hilflose Menschen zu quälen und zu töten, sehen andere darin einfach eine Aufgabe, die erledigt werden muss.

Ein starkes Kameradschaftsgefühl und die Bereitschaft, Befehlen zu gehorchen, bringen Männer dazu, gemeinsam zu kämpfen und durchzuhalten; sie können zugleich zu systematisch organisierter Grausamkeit und Boshaftigkeit führen. *Ganz normale*

Männer betitelte Christopher Browning seine Studie über ein deutsches Polizeibataillon, das in Polen Juden ermordete. Einige der Männer waren Antisemiten, aber die meisten befolgten schlichtweg nur Befehle. Ihnen war freigestellt, sich versetzen zu lassen, wenn sie die Aufgabe zu hart fanden, aber von den 500 Angehörigen des Bataillons nutzte nicht einmal ein Dutzend diese Möglichkeit. 1944 rückte eine SS-Kompanie in das französische Dorf Oradour-sur-Glane ein und tötete sämtliche Einwohner, die sie aufspüren konnte: Männer, Frauen und Kinder. Zur Rechtfertigung wurde später angeführt, der Ort sei stark in der Résistance engagiert gewesen. 642 Menschen wurden ermordet, obwohl die SS keinerlei Beweise für Widerstandsaktivitäten gefunden hatte. Einer der SS-Mörder erklärte später gegenüber einem anderen deutschen Kriegsveteranen: »Von einem alten SS-Mann zu einem anderen gesagt, Herr Müller, es war nichts. In Russland haben wir so etwas jeden Tag gemacht.« Das zerstörte Dorf ist seitdem verlassen geblieben, als Mahnmal an diese dunkle Zeit.

Wir können uns aber nicht mit der Tatsache beruhigen, dass die »normalen« Männer des Polizeibataillons oder der SS Nationalsozialisten waren. Auch Militärs aus gut funktionierenden Demokratien mit starken liberalen Werten sind fähig, Gräueltaten zu begehen. Eine der ständigen Herausforderungen, vor denen auch jene Gesellschaften stehen, die derart willkürliche Gewalt verabscheuen, besteht darin, ihre Soldaten zu Mördern auszubilden, und zwar zu *kontrollierten* Mördern. Es gilt, die heikle Balance zu halten zwischen einer Ausbildung, die Rekruten dazu bringt, ihre normalen menschlichen Vorbehalte gegen das Töten zu überwinden – andernfalls wären sie für den Kampf untauglich –, und ihrer Zügelung, damit sie nicht zu weit gehen.

Der Krieg hat seine eigenen Gesetze. Eines der ältesten und beständigsten ist, dass Zivilisten und diejenigen, die sich ergeben haben, möglichst zu verschonen sind. Doch wir alle kennen Geschichten oder Bilder von der Plünderung von Städten, der Exekution von Kriegsgefangenen, der Beschießung von Kirchen, die voller Flüchtlinge sind, oder von in Brand gesteckten Bauernhöfen; wir erinnern uns an Namen wie Oradour, Wounded Knee oder Nanking. Für jeden Amerikaner, der während des Vietnamkriegs gelebt hat, ist der Vorfall von My Lai, wo eine Gruppe normaler amerikanischer Soldaten ein Massaker beging, ein Symbol der Barbarei dieses Krieges. (Auch die vietnamesischen Truppen verübten Gräueltaten, aber Vietnam hat sich mit deren Aufarbeitung Zeit gelassen.) 1968 kamen amerikanischen Vietnam-Reportern Berichte von der kaltblütigen Ermordung von rund 500 Dorfbewohnern jeden Alters durch eine amerikanische Patrouille zu Ohren. Ein mutiger Hubschrauberpilot, der vor Ort war, tat sein Möglichstes, um die Vietnamesen zu retten, und schrieb später einen Bericht an seine Vorgesetzten, die jedoch nichts unternahmen. Hohe Offiziere in Vietnam und später in Washington taten alles, um den Vorfall zu vertuschen. 1969 interviewte Mike Wallace, einer der angesehensten Journalisten Amerikas, Paul Meadlo, einen der an dem Massaker beteiligten Soldaten. Dieser gab freimütig zu, aus nächster Nähe auf die hilflosen Zivilisten geschossen zu haben. »Und wie viele haben Sie getötet?«, fragte Wallace. Das sei schwer zu sagen, antwortete Meadlo, denn mit einem automatischen Gewehr verstreue man die Kugeln einfach so. Vielleicht zehn oder 15, fügte er hinzu. »Männer, Frauen und Kinder?« Ja, bestätigte Meadlo. »Auch Babys?«, fragte Wallace. »Auch Babys.« Meadlos Mutter, die von Seymour Hersh interviewt wurde, der die Geschichte zuerst an die Öffentlichkeit gebracht hatte, sagte: »Ich habe ihnen einen guten Jungen gegeben, und sie haben mir einen Mörder zurückgeschickt.«

VI

KÄMPFEN

»Niemand hat es geschafft, den wirklichen Eindruck dessen, was ein Gefecht ist, einzufangen. Viele Bücher sind geschrieben, Hunderte Meter Film belichtet, Tausende von Worten gesprochen worden, aber mit allen diesen Mitteln ist es nicht gelungen, das wahre Schreckensbild, den furchtbaren Lärm, den Geruch und die Angst wiederzugeben, die einen aufspringen und den im Innern aufgestauten Horror herausschreien lassen. Und doch ist, unter all dem verborgen, etwas wirklich Schönes am Gefecht.«

Aus dem Tagebuch eines im Zweiten Weltkrieg im Pazifik eingesetzten US-Soldaten

Der Krieg ist ein Mysterium, sowohl für diejenigen, die kämpfen, als auch für diejenigen, die nur am Rande stehen. Und es ist ein verstörendes, beunruhigendes Mysterium. Es sollte abstoßen, ist aber oft genug faszinierend und von verführerischer Wirkung. Es verspricht Ruhm und bietet Leid und Tod. Wir nicht am Kampf Beteiligten mögen Krieger fürchten, aber wir bewundern sie auch, lieben sie sogar. Und wir können nicht so tun, als gehörten wir nicht zur selben Familie und besäßen nicht das gleiche Potenzial fürs Kämpfen. Vielleicht hatte der australische Schriftsteller Frederic Manning, der mit *The Middle Parts of Fortune* einen der größten Romane über den Ersten Weltkrieg geschrieben hat, recht, als er sagte: »Krieg wird von Männern geführt, nicht von Ungeheuern oder Göttern. Er ist eine spezifisch menschliche Aktivität. Wenn man ihn ein Verbrechen gegen die Menschheit

Abb. 1: Wladimir Iljitsch Lenin im April 1917 bei der Ankunft im Finnischen Bahnhof in Petrograd (St. Petersburg). Ohne den Ersten Weltkrieg hätten er und seine winzige radikale Gruppe, die Bolschewiken, niemals die Gelegenheit erhalten, die Macht in Russland zu erobern. Zu den vielen unbeabsichtigten Folgen von Kriegen gehören tiefgreifende politische Veränderungen, da Regime zusammenbrechen und manche Bevölkerungen die Geduld verlieren.

Abb. 2: Winterliche Nachschubwege über den Ladogasee während der Belagerung von Leningrad (St. Petersburg). Belagerungen sind seit Langem ein Mittel der Kriegführung, um den Kampfwillen des Feindes zu brechen. Im Zweiten Weltkrieg belagerte die deutsche Wehrmacht Leningrad fast 900 Tage. Die Stadt widerstand, aber eine unbekannte Zahl (mutmaßlich über eine Million) ihrer Einwohner kam ums Leben.

Abb. 3: Im Amerikanischen Bürgerkrieg in der blutigen Schlacht am Antietam 1862 gefallene Konföderierte, fotografiert von dem berühmten Fotografen Alexander Gardner, der dafür bekannt war, für seine Aufnahmen Leichen zu arrangieren, was er vielleicht auch für dieses Foto getan hat. Bürgerkriege sind häufig lang und verlustreich, weil sie Leidenschaften aufwühlen. Im Amerikanischen Bürgerkrieg starben mehr Amerikaner als in allen anderen Konflikten, an denen die USA beteiligt waren, zusammengenommen.

Abb. 4: Die erste große republikanische Offensive im Spanischen Bürgerkrieg. Hier hat Gerda Taro, die erste Kriegsfotografin, den Häuserkampf bei Madrid im Jahr 1936 festgehalten, als die Republikaner, die die legitime Regierung verteidigten, die rechtsgerichteten Aufrührer unter General Francisco Franco zurückzuschlagen versuchten.

Abb. 5: Eine britische Arbeiterin während des Ersten Weltkriegs beim Füllen einer Granate. Frauen übernahmen bislang als »Männerarbeit« angesehene Tätigkeiten, da viele Männer auf die Schlachtfelder zogen. Die in Munitionsfabriken verwendeten Chemikalien verfärbten die Haut der Frauen gelb – die »Kanarienmädchen« genannten Arbeiterinnen brachten sogar Babys mit gelber Hautfarbe zur Welt. Dass Frauen zur Kriegsanstrengung beitrugen, ließ soziale und rechtliche Einschränkungen ihrer außerhäuslichen Berufstätigkeit bröckeln.

Abb. 6: Sowjetische Pilotinnen des 588. Nachtbomber-Regiments, von den Deutschen »Nachthexen« genannt. Obwohl in der Kriegsgeschichte die große Mehrheit der Kämpfer Männer waren, gibt es viele Beispiele für weibliche Krieger, von den Amazonen bis zu den heutigen Soldatinnen. Im Zweiten Weltkrieg waren Frauen auch Scharfschützen, Kanoniere und Partisanen.

Abb. 7: Eine Vickers Vernon der Royal Airforce, die in den 1920er-Jahren Truppen und Bomben über Bagdad und den Tigris flog. Dass die Briten Flugzeuge einsetzten, um die aufständischen Irakis, die nach dem Ersten Weltkrieg unter britische Herrschaft geraten waren, niederzuwerfen, ist ein frühes Beispiel für die Nutzung der neuen Technologie der Luftwaffe.

Abb. 8: Frauen in einem durch Luftangriffe beschädigten Viertel von Idlib in Syrien. Dieses im März 2020, im zehnten Jahr des syrischen Bürgerkriegs, aufgenommene Foto zeigt, was dieser Konflikt Zivilisten abverlangt. Während es seit dem Ersten Golfkrieg in den 1980er-Jahren keinen großen Krieg zwischen Nationen mehr gab, kosten langwierige Bürgerkriege überall auf der Welt weiterhin Hunderttausende Zivilisten das Leben und veranlassen noch viele mehr zur Flucht.

Abb. 9: Die erste erfolgreiche Explosion einer Atombombe in Alamogordo in New Mexico im Juli 1945. Das Manhattan-Projekt, in dem Berechnungen von Physikern wie Albert Einstein in die Realität umgesetzt wurden, gab den USA eine neue, überaus zerstörerische Waffe an die Hand, deren Einsatz gegen die japanischen Städte Hiroshima und Nagasaki das Ende des Zweiten Weltkriegs im Pazifik beschleunigte, aber seither umstritten ist. Stand 2020 besitzen neun Staaten Atomwaffen – bislang nur zur Abschreckung.

Abb. 10: Greenham Common, Vereinigtes Königreich: Der Frauenprotest gegen die Stationierung amerikanischer Cruise Missiles im Jahr 1982. Seit dem vorangegangenen Jahr versuchten Frauen mit gewaltlosen Mitteln die Aufstellung der Marschflugkörper zu verhindern. Hier haben einige der 30 000 Demonstrantinnen eine Menschenkette um den Luftwaffenstützpunkt gebildet. Die Geschichte der Versuche, Kriege zu begrenzen oder ganz zu verbieten, ist so alt wie die des Krieges selbst.

Abb. 11: Nordvietnamesische Soldaten zwischen aufgegebener amerikanischer Militärausrüstung. Der Vietnamkrieg, in den 1960er-Jahren hauptsächlich zwischen den USA und Nordvietnam sowie dessen Anhängern in Südvietnam ausgefochten, endete 1972 mit einem Waffenstillstand. Während die Amerikaner militärisch nicht besiegt wurden, verloren sie die politische Schlacht. 1975 übernahm Nordvietnam die Herrschaft über Südvietnam.

Abb. 12: Ein österreichischer Soldat an der italienischen Front im Ersten Weltkrieg. Während man sich Schlachtfelder häufig als offene Räume vorstellt, findet der Krieg tatsächlich auf vielen Terrains statt – vom Dschungel bis zu schneebedeckten Bergen. Der Konflikt zwischen Italien und Österreich 1915–1918 wurde häufig in großer Höhe ausgefochten, was die Bewegung von Männern und Ausrüstung zu einer besonderen Herausforderung machte.

Abb. 13: Eine Szene aus *Apocalypse Now*, in der bewaffnete Huey-Hubschrauber Bodenziele angreifen. Im Vietnamkrieg waren die Vereinigten Staaten technologisch überlegen; der Huey war entscheidend für ihre Luftherrschaft. Der in den Philippinen gedrehte Spielfilm von Francis Ford Coppola klagt die Verrücktheit und Grausamkeit des Krieges an, gibt aber auch seine Erregung wider.

Abb. 14: Amerikanische Marineinfanteristen 1950 in der Anfangsphase des Koreakriegs. Obwohl sich das moderne Militär immer mehr auf Technologien stützt, umfasst der Krieg weiterhin den Einsatz von Bodentruppen. Als Nordkorea 1950 den Süden der Koreanischen Halbinsel angriff, entsandten die Vereinigten Staaten im Auftrag der Vereinten Nationen Truppen, die die Invasion aufhielten. Diese Aufnahme stammt von dem berühmten amerikanischen Fotografen David Douglas Duncan.

Abb. 15: Amerikanische Militärpolizisten führen 2002 einen inhaftierten Taliban im US-Marinestützpunkt in der kubanischen Guantánamo-Bucht in seine Zelle. Regeln für die Behandlung von Kriegsgefangenen hat es in vielen Kulturen gegeben, seit dem 19. Jahrhundert erhielten sie durch eine Reihe von Genfer Konventionen eine präzisere Ausformung. Die Vereinigten Staaten haben viel Kritik dadurch auf sich gezogen, dass sie im Zuge ihres Kriegs gegen den Terror Gefangene festhalten, ohne ihnen den Schutz der Genfer Konventionen zuzubilligen.

Abb. 16: Militärparade am chinesischen Nationalfeiertag. Hier fahren im Jahr 2001 in Peking Boden-Boden-Lenkflugkörper an den versammelten Massen auf dem Tienanmen-Platz und der chinesischen Führung auf dem gleichnamigen Tor (dem Tor des »himmlischen Friedens«) vorbei. Trotz der Beteiligung von Zivilisten ist die Parade zu einer Heerschau der chinesischen Streitkräfte geworden.

Abb. 17: Ein römischer Sarkophag aus dem 3. Jahrhundert, auf dem zu sehen ist, wie römische Soldaten über weniger gut bewaffnete »Barbaren« siegen (so nannten die Römer außerhalb ihrer Zivilisation lebende Völker). Der Bildhauer gab eine verbreitete Ansicht der Römer wieder, nach der ihre Erfolge in ihrer Disziplin und ihrem Kriegsgeist begründet waren. Es war üblich, dass sich betuchte Zivilisten in solchen Sarkophagen begraben ließen, da die Römer, wie viele andere Gesellschaften, militärische Tugenden und Triumphe bewunderten.

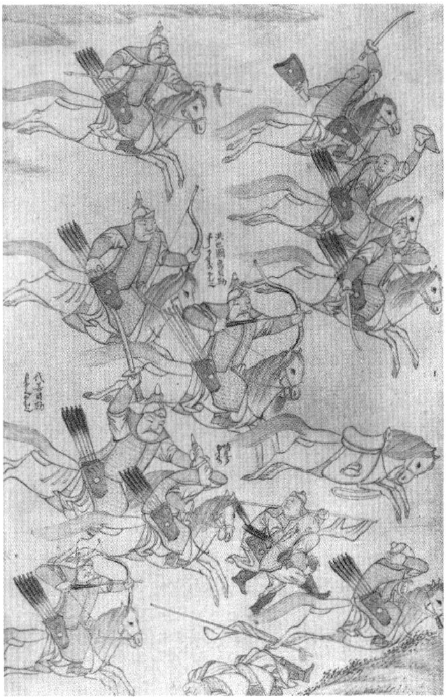

Abb. 18: Eine Seite aus einer Biografie Nurhacis, des Begründers der chinesischen Qing-Dynastie, aus dem 18. Jahrhundert. Die Qing-Dynastie löste 1644 die Ming-Dynastie ab und regierte China bis 1911. Die Kavallerie spielte bis zum 20. Jahrhundert in der Kriegführung eine große Rolle. Berittene Krieger (wie die europäischen Ritter oder die Mongolen) waren mobil und konnten, wie diese Illustration zeigt, Fußsoldaten überwältigen und in die Flucht schlagen.

Abb. 19: Albrecht Dürers Holzstich *Die vier apokalyptischen Reiter* von 1498 gehört zu einer Reihe von Illustrationen zur Offenbarung des Johannes. Er zeigt (von links nach rechts) den Ansturm von Tod, Hungersnot, Krieg und Pest. Wie oft im Krieg zu beobachten, zeigt Dürer die vier in enger Formation, in der sie hilflose Zivilisten gnadenlos niedertrampeln.

Abb. 20: Jacques-Louis David, *Bonaparte beim Überschreiten der Alpen am Großen Sankt Bernhard* (1802) – eine von fünf Versionen des Bildes, mit dem der Maler den Ruhm und Heldenmut Napoleons feierte, der sich auf dem Weg zum Sieg über die Österreicher in Norditalien befand. David liefert allerdings eine stark idealisierte Wiedergabe der Reise. Wie andere Kriegführer vor und nach ihm wusste Napoleon um die Macht der Propaganda und nahm bildende Künstler und Schriftsteller dafür in Dienst; viele stellten ihm, wie David, auch bereitwillig ihr Talent zur Verfügung.

Abb. 21: Paolo Uccello zeigt auf seinem um 1438 entstandenen Gemälde *Die Schlacht von San Romano* den Sieg von Truppen des Stadtstaats Florenz über diejenigen des Rivalen Siena. Hier führt der Florentiner Befehlshaber Niccolò da Tolentino, bekannt für seine waghalsige Tapferkeit, einen Kavallerieangriff an.

Abb. 22: Francisco de Goya, »Und sind wilde Tiere«, Blatt 5 der *Schrecken des Krieges*, 1810–1814. Goya zeigt in seinen Grafiken die Schrecken und Grausamkeiten, die Spanien während der Revolution gegen die Bourbonen-Monarchie sowie während der französische Invasion von 1808 und des anschließenden Spanischen Unabhängigkeitskriegs erlebte. Auch Zivilisten leisteten den Invasoren Widerstand. Hier greifen Spanierinnen, eine mit einem Kind auf der Hüfte, französische Soldaten an.

Abb. 23: Félix Vallotton, naturalisierter Franzose, hatte sich beim Ausbruch des Ersten Weltkriegs freiwillig zum Militärdienst gemeldet, wurde aber wegen seines Alters abgewiesen. Sein Gemälde *Verdun* (1917) gibt den Kampf um die große französische Festung wieder, in dem während des langen deutschen Angriffs über 600 000 Soldaten fielen.

Abb. 24: Alexander Jackson, *Gasangriff, Liévin* (1918). Einem Freund gestand der kanadische Maler ein, die Schlachtfelder besäßen in der Nacht eine eigentümliche Schönheit: »Es war, mit unseren Gaswolken und den deutschen Leuchtsignalen und Geschossen in allen Farben, wie ein wundervolles Feuerwerk.« Im Ersten Weltkrieg beschäftigten viele Regierungen offizielle Kriegsmaler, obwohl ihnen deren drastischen Darstellungen der Front nicht immer gefielen.

Abb. 25: Käthe Kollwitz, *Trauerndes Elternpaar* (1914–1932). Die Künstlerin verlor im Oktober 1914 ihren Sohn, um den sie und ihr Mann bis zu ihrem eigenen Tod trauerten. In ihren Werken beschäftigte sie sich wiederholt mit den Themen Verlust und Trauer. Die hier abgebildeten Skulpturen schuf sie für das Grab ihres Sohns in Belgien. Ursprünglich waren sie weiter voneinander entfernt platziert als heute, aber auch enger zusammenstehend wirken die Figuren jeweils in ihrer ganz eigenen Trauer gefangen.

Abb. 26: Albin Egger-Lienz, *Den Namenlosen* (1914). Dieses Beispiel österreichischer Kriegskunst aus dem Ersten Weltkrieg zeigt den modernen, industrialisierten Krieg, der nur noch wenig vom vermeintlichen Glanz vormoderner Kriege besaß. Obwohl kein offizieller Künstler, konnte Egger-Lienz an der Front malen. Hier bildet er die Soldaten als entmenschlichte anonyme Figuren ab, die ins Feindfeuer marschieren wie in einen Sturm.

Abb. 27: Henry Moore, *Figures in a Shelter*. Der hauptsächlich für seine Skulpturen bekannte Moore hielt in einer Reihe von Skizzen fest, was Zivilisten im Zweiten Weltkrieg erdulden mussten. Zumeist in Grautönen gehalten, mit gelegentlichen gedämpften Farbeinsprengseln, zeigen sie die Tristheit, aber auch die Gefährlichkeit des Alltagslebens im Jahr 1941, als London immer noch bombardiert wurde. Hier zeichnet Moore Menschen, die im Schutz eines U-Bahnschachts schlafen.

Abb. 28: George Grosz, *Maul halten und weiter dienen*. Wie Goya nutzte Grosz seine Kunst, um gegen den Krieg zu protestieren. Auf dieser Skizze von 1926, eine von mehreren Darstellungen dieses Themas, dient ihm das Bild Christi am Kreuz dazu, Kriegsprofiteure an den Pranger zu stellen. Es brachte ihm eine Anklage wegen Blasphemie ein. Später stuften die Nationalsozialisten seine Werke als »entartete« Kunst ein.

Abb. 29: Graham Sutherland, *Devastation, 1941. An East End Street.* Sutherland, der im Auftrag der britischen Regierung die Auswirkungen des Zweiten Weltkriegs auf die Britischen Inseln dokumentierte, schildert in seiner *Devastation*-Serie die Folgen der Luftangriffe auf englische Städte, mit denen das nationalsozialistische Deutschland die Leistungskraft und den Willen der Briten brechen wollte. Dieses Bild zeigt ein in Trümmern liegendes Reihenhaus im Londoner East End, das besonders hart getroffen wurde.

Abb. 30: Eric Ravilious, *Spitfires at Sawbridgeworth, Hertforshire* (1942). Ravilious, offizieller Kriegsmaler, malte die Küstenschutzanlagen und die Flugzeuge, mit denen die Briten einen deutschen Angriff zurückschlagen wollten. Die Spitfire-Jäger spielten in der Schlacht um England 1940 eine entscheidende Rolle, da sie verhinderten, dass die Deutschen die Lufthoheit gewannen.

nennt, übersieht man mindestens die Hälfte seiner Bedeutung: Er ist auch die Bestrafung eines Verbrechens.«[1]

Seit der Zeit der frühesten Höhlenzeichnungen haben Menschen versucht, den Krieg darzustellen und sein komplexes Wesen künstlerisch zu erfassen – in Tagebüchern, Briefen, Memoiren, Gedichten, Sagen, Romanen und Filmen. Doch wie verlässlich sind diese Darstellungen? Erinnerungen sind fehlbar, und je komplexer und intensiver die Ereignisse waren, desto schwieriger ist es, sich daran zu erinnern, was wirklich geschah. Darüber hinaus hat jede Generation ihre eigenen klaren Vorstellungen davon, wie Krieg dargestellt werden soll, und hebt jeweils eigene Aspekte hervor. Zudem spielt es eine Rolle, wer der Erzählende ist: Ein General oder Admiral wird eine Schlacht als Ganzes beschreiben, während ein einfacher Soldat oder Matrose nur seinen Anteil schildern wird. Und in der Luft oder unter der Meeresoberfläche zu sein bedeutet etwas anderes, als am Boden zu kämpfen.

Auch wurden die Kriegsberichte während eines Großteils der Geschichte von der Minderheit derjenigen angefertigt und aufbewahrt, die lesen und schreiben konnten. Wir wissen, was der Ritter auf dem Pferderücken oder der Kapitän auf dem Poopdeck dachte und fühlte, aber nicht, was im einfachen Fußsoldaten oder Matrosen vorging. Wie in vielem anderen war der Erste Weltkrieg auch darin bahnbrechend, dass die Mehrheit der Kämpfer lesen und schreiben konnte. Deshalb beruht ein Großteil unseres Wissens über Kampferfahrungen auf den vier Jahren dieses Konflikts. Gleichwohl stammen die meisten Veröffentlichungen aus diesem Krieg von Autoren aus der gebildeten Mittel- und Oberschicht; Stimmen aus den unteren Schichten zu finden ist schwierig, auch wenn es indirekt möglich ist, etwa durch die Auswertung dessen, was Offiziere über die von ihnen zensierten Briefe ihrer Männer berichtet haben.

Man muss sich jedoch davor hüten, aus einigen wenigen Berichten auf die Gesamtheit der höchst vielfältigen Kriegserfahrungen zu schließen. Nach dem Ersten Weltkrieg wurde die Erinnerung insbesondere in Westeuropa von der Westfront beherrscht, mit ihren Bildern von Schlamm, Läusen, Ratten, Tod, vergeblichen Angriffen und kaltherzigen, unfähigen Generalen. Unter den Hunderten von Romanen, Memoiren und Gedichten von Kriegsteilnehmern gelang es freilich nur einer Handvoll, ein eigenständiges, eindringliches Bild des Krieges zu zeichnen, darunter die Erinnerungen von Robert von Ranke-Graves und Siegfried Sassoon, die Gedichte von Wilfred Owen und wiederum Sassoon in Großbritannien sowie die Romane von Henri Barbusse in Frankreich oder Erich Maria Remarque in Deutschland, dessen *Im Westen nichts Neues* ein internationaler Bestseller wurde. Gleichwohl haben viele Soldaten im Ersten Weltkrieg – und dies gilt auch für viele andere Kriege – nie einen Kampf erlebt oder waren an ruhigen Fronten eingesetzt, wo kaum etwas geschah. Es gab sehr unterschiedliche Schlachtfelder – an der ausgedehnten Ostfront, auf dem Balkan, im Nahen Osten, in Afrika und Asien, auf See –, entsprechend unterschieden sich die Kriegserfahrungen und ihre Darstellungen. Deshalb ist das, was ich hier anführe, lediglich eine Auswahl dessen, was existiert und was über die Kriegserfahrung gesagt werden kann.

Meine Beispiele stammen überwiegend aus Landkämpfen. See- und Luftkämpfe sind für die Beteiligten ebenso intensiv, aber uns Zuschauern fällt es schwerer, uns in Piloten oder Seeleute hineinzuversetzen. Wir können den Schlachtfeldern am Himmel und, sofern wir keine Taucher sind, den Orten der großen Seeschlachten oder den Gräbern derjenigen, die auf See gestorben sind, keinen Besuch abstatten. Gewiss fochten die Besatzungen der Galeeren und auch der frühen Segelschiffe direkt miteinander, aber mit der Verbesserung der Steuerung und dann mit dem Einzug der Dampfkraft ging es im Seekrieg nur noch darum, die gegnerischen Schiffe zu versenken. Im 20. Jahrhundert sahen die Seeleute den Feind häufig nicht einmal, da er sich hinter dem Horizont befand. Die Fliegerasse des Ersten Weltkriegs konnten sich in ihren Kämpfen noch ins Gesicht sehen, viele kannten einander mit Namen. Für die Soldaten, die in den Massenschlachten am Boden kämpften, waren sie moderne Versionen der geharnischten Ritter, die dem Krieg eine menschliche Dimension verliehen – und so sahen sie sich häufig auch selbst. Der Luftkrieg hat sich seitdem jedoch so sehr verändert, dass Piloten inzwischen überflüssig geworden sind und im Luftkampf künftig Maschinen aufeinandertreffen werden. Unsere Helden und die Geschichten, die wir kennen, stammen überwiegend aus dem Landkrieg. Unter den 42 Schlachten vom Beginn des 17. Jahrhunderts bis zu Pearl Harbor im Jahr 1941, die das Smithsonian Institute in seinem 2018 erschienenen Bestseller *Battles That Changed History* anführt, befinden sich nur fünf Seeschlachten.

Können wir hoffen, auch nur annähernd zu verstehen oder nachzuempfinden, wie es ist, in einer Schlacht gegen andere Menschen zu kämpfen? Die Gerüche, Geräusche und Empfindungen des Kämpfens, die Allgegenwart von Angst und Tod, den Wahnsinn, der Soldaten beim Angriff packen kann, die Panik der Unterlegenen? Auch wenn das Ziel schwer fassbar ist, werden wir es weiter versuchen, weil der Krieg ein so untrennbarer Teil des Menschseins sowie unserer Geschichte und Entwicklung ist. Und vielleicht können wir aus der Kakofonie der Stimmen aus so vielen Zeiten und Orten bestimmte Dinge heraushören, die für das Kämpfen charakteristisch sind; etwa die allgegenwärtige Präsenz des Todes, der sich Krieger aus verschiedenen Kulturen auf unterschiedliche Weise gestellt haben. Die alten Griechen kannten die Schrecken der Schlacht, aber ihre Schriftsteller beschrieben sie leidenschaftslos; sie bilanzierten kühl die zugefügten und erhaltenen Wunden und betrauerten kaum die Verschwendung von Menschenleben. Der Tod war etwas, was Kriegern zustieß. In der *Ilias* fahren Speere und Pfeile in Mägen, Augen, Brüste oder Leisten, und die Männer sterben unter Qualen. Einer von ihnen haucht sein Leben aus, wie Homer berichtet, »gestreckt, auf der Erde, / gleichend dem Wurm; sein Blut rann düster und netzte den Boden«.[2] Und kein Himmel wartet als Trost auf sie; sie versinken in Dunkelheit. Dagegen versprechen Christentum und Islam als Entschädigung für Leid und Opfer auf Erden ewiges Leben im Jenseits.

Auch Schlamm und Chaos sind von Anfang an Kennzeichen des Krieges gewesen. Eine Schlacht ist eine der bestorganisierten menschlichen Aktivitäten, aber auch ein Unterfangen, bei dem die Wahrscheinlichkeit, dass etwas schiefläuft, am größten ist. Kein Plan, stellte Helmuth von Moltke fest, überlebe die erste Feindberührung. In Tolstois *Krieg und Frieden* stolpert Pierre Besuchow verwirrt über das Schlachtfeld von Borodino, ohne eine Vorstellung davon zu haben, wie die Schlacht steht, ob die Russen oder die Franzosen siegen oder verlieren; auch die Offiziere und Soldaten, denen er begegnet, wissen es nicht, ebenso wenig wie die Generale beider Seiten. In nachträglich verfassten Memoiren von Generalen mag es den Anschein haben, als sei ein strategischer Generalplan wie vorgesehen umgesetzt worden, aber die Wirklichkeit sieht viel chaotischer aus. Selbst die großen Feldherrn – sei es Napoleon, der eine Anhöhe oder einen Turm suchte, um einen Überblick übers Schlachtfeld zu erhalten, oder General Norman Schwarzkopf im Zweiten Golfkrieg, der elektronische Augen vor Ort hatte – konnten nur ins Durcheinander schauen und einzuschätzen versuchen, wie sich die Schlacht entwickelt. Inmitten einer Schlacht können Befehle zu spät kommen, nicht ausführbar sein oder nie eintreffen, und die Empfänger können sie missverstehen oder ignorieren. Die Katastrophe der britischen Leichten Brigade im Krimkrieg, die direkt ins Mündungsfeuer der russischen Kanonen stürmte, war die Folge eines unklaren Befehls und des voreiligen Kommandos des Earl of Cardigan, den es nach Ruhm drängte. In der Schlacht von Crécy im Jahr 1346, in der die Engländer zahlenmäßig weit unterlegen waren, konnte der französische König seine Ritter nicht zurückhalten, die über die eigenen Leute hinweg angriffen. »Die Hinteren«, berichtete ein Chronist, »hielten nicht an, bevor sie nicht die erste Reihe erreicht hatten. Und als die Anführer die anderen kommen sahen, rückten auch sie vor. So bestimmten

Stolz und Eitelkeit den Gang der Ereignisse. Jeder wollte seine Kameraden übertrumpfen.«

Von der Frühmoderne bis weit ins 19. Jahrhundert fand der Krieg für Soldaten buchstäblich und im übertragenen Sinn im Nebel statt. Letzteres gilt bis heute. Julian Grenfell schrieb an seine Mutter, nachdem er 1914 in Frankreich eingetroffen war, als der Krieg noch nicht in den Schützengräben erstarrt war, seine Einheit absolviere Märsche und Rückmärsche, während in der Ferne Kanonen grollten und niemand zu wissen scheine, was vorging. »Zumindest für den einfachen Soldaten«, schrieb der Amerikaner Tim O'Brien in *Was sie trugen*, einer großartigen Erzählung über den Vietnamkrieg, »hat der Krieg das Aussehen – die Anmutung – eines dichten, unheimlichen Nebels, zäh und beständig.«[3]

Michael Howard, später ein angesehener Kriegshistoriker, landete im Herbst 1943 als junger Offizier bei Salerno, südlich von Neapel. Dem deutschen Feind begegnete er zum ersten Mal, als er nachts mit seiner kleinen Truppe ausgeschickt wurde, einen Hügel zu erobern. Sie verirrten sich in der Dunkelheit und trafen später als geplant und ungeordnet am Ausgangspunkt ein, als das Sperrfeuer, das ihren Angriff unterstützen sollte, bereits im Gang war. Während Howard mit seinen Männern hinter einer Steinmauer in Deckung ging, sausten deutsche Kugeln über ihre Köpfe hinweg. Er kam sich vor, schrieb er später, als spiele er den tapferen Zugführer in einem B-Movie: »Also gut, dachte ich, wenn ich schon als David Niven besetzt bin, sollte ich mich auch wie David Niven verhalten; also zischte ich: ›Los, rüber – mir nach!‹« Die Männer stolperten in der Dunkelheit einen Abhang hinunter, zwischen Bäumen hindurch und über Terrassenmauern hinweg. »Danach entstand ein solches Durcheinander, dass es schwerfällt, eine zusammenhängende Erzählung daraus zu machen«, schrieb Howard später, aber er erinnerte sich, wie ein Verrückter geschrien zu haben, und an das Blitzen und Krachen deutscher Geschütze und Granaten. Der Angriff war erfolgreich, die Deutschen zogen sich zurück. Am nächsten Morgen beerdigten die Briten die deutschen Gefallenen, »geschrumpfte, erbärmliche Puppen«.

Viele Kämpfer haben auch versucht, den Druck zu schildern, den sie spürten, und die Intensität der Erfahrungen – eine Mischung aus Todesangst, der Notwendigkeit, Befehlen zu gehorchen, und der merkwürdigen Erleichterung, die sich in einer Schlacht einstellen kann. David Thompson, ein einfacher Soldat aus New York, versuchte seine Reaktionen in Antietam festzuhalten: »Die Wahrheit ist, wenn die Kugeln in Baumstämme einschlagen und harte Geschosse Schädel wie Eierschalen knacken, ist das brennende Verlangen in der Brust des durchschnittlichen Mannes, sich in die Büsche zu schlagen.« Trotzdem sei er aufgestanden und vorgerückt, als der Befehl dazu kam. »Sofort war die Luft vom Zischen der Kugeln und Pfeifen von Schrapnellen erfüllt. Die innere Anspannung war so groß, dass ich in jenem Augenblick die einzigartige Wirkung erlebte, die, glaube ich, in Goethes Leben bei einer ähnlichen Gelegenheit erwähnt wird – die ganze Landschaft wurde für einen Moment in hellrotes Licht getaucht.« Manning, dessen Roman auf seinen Erlebnissen an der Somme beruht, sprach von »einem hellen harten Angriffspunkt«,[4] und eine der sowjetischen Soldatinnen, die Swetlana Alexijewitsch interviewte, erzählte: »Am schlimmsten war natürlich das erste Gefecht. Der Himmel dröhnt, die Erde stöhnt, du meinst, das Herz müsse explodieren, die Haut jeden Moment zerreißen. Ich hätte nie gedacht, dass die Erde so krachen kann. Alles krachte, alles donnerte. Und bebte …«[5]

Inmitten einer Schlacht erfasst die Beteiligten manchmal eine merkwürdige Ruhe. In seinen Erinnerungen an den Ersten Weltkrieg, *Ein Jahr auf der Hochebene*, berichtet der Italiener Emilio Lussu von einem der vielen vergeblichen Angriffe auf die österreichischen Linien. Er und seine Kameraden wurden einen offen einzusehenden Hügel hinabgeschickt, der von den Salven österreichischer Maschinengewehre bestrichen wurde:

> Für einen Augenblick verfiel ich in völlige geistige Stumpfheit, der ganze Körper wurde schwer und steif. »Vielleicht bin ich verwundet«, dachte ich, obwohl ich spürte, dass ich unversehrt war. Das nahe MG-Feuer und das Lärmen der nachdrängenden Truppen brachten mich wieder zu Bewusstsein. Sogleich gewann ich wieder völlige Klarheit über die Lage. Ich fühlte weder Zorn noch Hass, wie man sie bei einer Rauferei empfindet, es erfüllte mich vielmehr eine absolute Ruhe, eine Art grenzenlose Müdigkeit, die den wachen Verstand umschloss. Dann fiel auch diese Müdigkeit von mir ab; ich begann wieder zu laufen, und zwar schnell.[6]

Was aus den Berichten derjenigen, die in Gefechten gekämpft haben, immer wieder hervorsticht, ist ihre Angst – natürlich davor, verwundet oder getötet zu werden, aber auch davor, den Kriegstest nicht zu bestehen, der Panik nachzugeben und sich unrühmlich zu verhalten. »Männer töteten und starben, weil sie sich andernfalls geschämt hätten«, schreibt Tim O'Brien, der in Vietnam kämpfte. »Es war das, was sie vor allem in den Krieg gebracht hatte, nichts Positives, keine Träume von Ruhm und Ehre, nur der Wunsch, die Schamröte der Ehrlosigkeit zu vermeiden.«[7] Sogar Julian Grenfell hatte Angst, wie er nach dem ersten Gefecht in Frankreich seiner Mutter eingestand. Er hätte gern behauptet, es genossen zu haben, aber »es ist blutig. Ich machte mir selbst ein bisschen vor, als würde es mir gefallen; aber es war nicht gut; es macht einen nur leichtsinnig, unachtsam und von sich selbst eingenommen. Aber wenn man sich selbst eingesteht, dass es blutig ist, fühlt man sich wieder gut und wird abgebrüht.«[8]

Während es unter Friedensbedingungen schwer zu sagen ist, wer mutig sein wird und wer nicht, können Ausbildung und Disziplin und manchmal auch Führung die Krieger durch die gefährlichsten Gefechte bringen. In der Schlacht von Gettysburg wäre eine wichtige Anhöhe, Little Round Top, beinah den Konföderierten in die Hände gefallen; es war eine kleine, unterlegene

Truppe unter dem Kommando eines Collegeprofessors, die der Union eine Niederlage ersparte. Gegen alle Wahrscheinlichkeit griffen die Unionisten mit Bajonetten an und schlugen die Konföderierten zurück.

Manchmal, erinnerte sich Howard, spiele man die Kriegerrolle, um sowohl die anderen als auch sich selbst zu beeindrucken. Während eines Angriffs, der am Tag geschah, fand er sich mit einem jungen Offizierskameraden in einem Schützengraben wieder. »Das ist wie in einem schlechten amerikanischen Film«, meinte er. »Ja«, erwiderte sein Kamerad, »nur nicht so lustig.« In Vietnam bedienten sich O'Briens Soldaten einer groben Sprache, um der schrecklichen Weichheit zu begegnen: »Sie sagten *plattgemacht, angezündet, beim Strullen abgeknallt.* Nicht aus Grausamkeit, sondern weil sie eine Bühne hatten.«[9]

Um mit dem Tod fertigzuwerden, haben Soldaten oft Witze über ihn gemacht, etwa indem sie in beiden Weltkriegen Leichen des Feindes aufrichteten und ihnen Zigaretten zwischen die Finger steckten. Im Falklandkrieg zwischen Großbritannien und Argentinien wurde der britische Zerstörer *Antrim* von einer argentinischen Fliegerbombe getroffen, und da Treibstoff auslief, bestand Brandgefahr. Im Moment der größten Anspannung, während Warnsirenen schrillten und die Besatzung herumhastete, tauchte plötzlich ein Heizer auf und brüllte: »Halt!« Jeder an Bord, Offiziere wie einfache Matrosen, hielt inne. Der Heizer zeigte einen Gang hinunter, rief: »Zulus! Tausende von ihnen!«, und verschwand. (Der Film *Zulu* über den Zulukrieg im 19. Jahrhundert ist offenbar beim britischen Militär besonders beliebt, obwohl sich die Zulus recht gut schlugen.) Der spätere Admiral Chris Parry, damals ein junger Mann, erinnerte sich gut an diesen Moment, weil er die Anspannung löste.

Religion oder Rituale waren in vielen Kulturen schon immer Bestandteil von Schlachten. Über die Jahrhunderte hinweg haben sich Krieger mit Tänzen, Ritualen und Gebeten auf den Kampf vorbereitet; auch haben sie Amulette getragen oder einen Aberglauben beschworen, um sich zu schützen. Die Boxer, die an der Wende zum 20. Jahrhundert in China gegen die Mandschu-Dynastie rebellierten und Ausländer attackierten, glaubten sich durch ihr Kampfsporttraining gegen Kugeln gefeit. Rituale können auch zur Katharsis am Ende einer Schlacht führen. Als Äneas seinen Vater überredete, aus Troja zu fliehen, bat er den alten Mann, die heiligsten Gegenstände mitzunehmen: »Nimm du, Vater, das heilige Gut, der Väter Penaten, / mir, der aus solchem Kriege erst kam, aus triefendem Blutbad, / bleibt die Berührung verwehrt, bis ich in strömenden Flüssen / rein wieder ward.«[10]

Auch Alkohol und Rauschgift können Kriegern helfen, sich auf den Kampf vorzubereiten und nach der Schlacht mit dem Erlebten fertigzuwerden. Wie viele kontinentale Streitkräfte verteilte auch die britische Armee große Mengen Branntwein oder Rum an ihre Soldaten; in Vietnam nahmen die amerikanischen Soldaten Drogen, um ihre Angst zu dämpfen. Lussu erzählt in seinen Erinnerungen an den Ersten Weltkrieg, dass die Alkoholwolken, die ihnen von den angreifenden Österreichern entgegenschlugen, die italienischen Soldaten einmal fast überwältigt hätten. Aber auch seine Offizierskameraden tranken viel, nicht zuletzt, um den Wahnsinn des Krieges auszuhalten. Er sah, wie einer von ihnen versuchte, sich die Pistole an den Kopf zu halten und durch den Helm zu schießen. »Ich wehre mich, indem ich trinke«, sagte ein anderer zu ihm. »Sonst wäre ich schon längst im Narrenhaus.« Keine von beiden Seiten könne die andere sehen, und doch würden sie weiter versuchen, einander umzubringen. »Ist das nicht grauenvoll? Deshalb besaufen wir uns auch alle, auf der einen Seite wie auf der anderen.«[11] Heutige Armeen verstehen es besser, mit Stress umzugehen, aber in Gefechten ist er unvermeidlich.

Manche Soldaten suchen den Tod, etwa der letzte byzantinische Kaiser, der 1453 in der vergeblichen Hoffnung, die osmanischen Eroberer würden ihn töten, auf den zertrümmerten Mauern seiner Stadt entlanglief. Die meisten versuchen jedoch, ihn zu vermeiden, oder hoffen zumindest, dass es nicht sie, sondern andere trifft.

Der Tod im Gefecht kommt meist plötzlich und zufällig. Lussu befand sich auf der Hochebene zwischen Italien und dem heutigen Slowenien, das damals zu Österreich-Ungarn gehörte. Schlecht ausgerüstet und geführt, wurden er und seine Kameraden wiederholt in verlustreiche Angriffe auf die österreichischen Linien getrieben. Er erzählt, wie er mit einem Freund von der Universität auf den Befehl für einen weiteren Angriff wartete. Sie teilten sich Zigaretten und eine Feldflasche mit Branntwein, unterhielten sich über Homer und fragten sich, ob der große trojanische Krieger Hektor, wenn er Branntwein gehabt hätte, in der Lage gewesen wäre, mit seiner griechischen Nemesis Achill fertigzuwerden. »Ich habe vieles von dem, was mir im Krieg zugestoßen ist, vergessen«, schreibt Lussu. »Aber diesen Augenblick werde ich nie vergessen. Ich sah meinen Freund an, der zwischen zwei Zügen an der Zigarette lächelte. Da löste sich aus dem österreichischen Graben ein einzelner Schuss. Mastinis Kopf fiel nach vorn, die Zigarette zwischen den Lippen, und aus einem roten Mal an der Stirne rann ein dünner Faden Blut. Langsam sank er zusammen und blieb zu meinen Füßen liegen. Ich hob ihn auf. Er war tot.«[12]

Zwar betrauern Kämpfer ihre Toten, aber sie können es sich nicht erlauben, in der Trauer zu verweilen. »Man leidet indirekt«, schrieb Frederic Manning, »mit dem unveräußerlichen Mitgefühl von Menschen für Menschen.« Man vergesse schnell und sei auch erleichtert, noch am Leben zu sein. »Der Geist wendet sich ebenso ab wie die Augen. Er beschwichtigt sich nach diesem ersten verzweifelten Ausruf: ›Das bin ich!‹ … Nein, das bin nicht ich. Ich sollte nicht so sein.«[13]

Das Wissen um den Tod macht das Leben umso kostbarer. Ernst Jünger berichtet in seinem Buch *In Stahlgewittern*, das zu den klassischen Kriegsmemoiren zählt, dass nach der Rückkehr aus einem Gefecht an der Westfront im Jahr 1917, in dem seine Einheit Verluste erlitten hatte, das Dorf, in dem die Überlebenden einquartiert waren, von freudigen Wiedersehensrufen erfüllt war: »Dieses Trankopfer nach glücklich bestandener Schlacht zählt zu den schönsten Erinnerungen alter Krieger. Und wenn zehn vom Dutzend gefallen waren, die letzten zwei trafen sich mit tödlicher Sicherheit am ersten Ruheabend beim Becher, brachten den toten Kameraden ein stilles Glas und besprachen scherzend die gemeinsamen Erlebnisse.«[14] Im Zweiten Weltkrieg in Burma war George McDonald Fraser überrascht und wohl auch ein wenig schockiert, dass nach einer Schlacht, in der einer von ihnen gefallen war, keiner der Soldaten des Abschnitts viel über den Kampf oder den Toten sprach. »Sie äußerten keinen Kummer, keine Wut oder ersichtliche Erleichterung oder überhaupt irgendein Gefühl; nichts deutete darauf hin, dass sie verängstigt oder verstört waren; auch nervös oder erregt schienen sie nicht zu sein. Wenn sie an diesem Abend ruhiger waren als sonst, nun, sie waren hundemüde.«[15] Dennoch – und wieder war Fraser schockiert – breiteten sie, bevor sie sich schlafen legten, eine Plane aus, auf die sie die Habseligkeiten des Gefallenen legten, und jeder von ihnen nahm sich etwas. Es war, wie Fraser erkannte, ihre Art, des Toten zu gedenken und ihm Ehre zu erweisen.

Natürlich dreht sich im Krieg nicht alles um Angst, Tod und Aktion. Es geht auch um Warterei und Langeweile, um Geschimpfe über die Verpflegung, über Läuse, Ratten, das Wetter und höhere Offiziere. Römische Soldaten schrieben von den Landesgrenzen Briefe voller Klagen nach Hause, und wenn sie das Pech hatten, am Hadrianswall in Nordengland stationiert zu sein, flehten sie darum, ihnen warme Kleidung zu schicken. Zwei Jahrtausende später baten in China stationierte japanische Soldaten ihre Familien, ihnen Socken und Unterwäsche zu schicken. Ein in Ägypten gefundener Papyrus zitiert einen römischen Soldaten mit einer anderen häufigen Klage: »Aber du hast mir nie geschrieben, wie es um deine Gesundheit steht, wie es dir geht. Ich mache mir Sorgen um dich, denn du bekommst zwar häufig Briefe von mir, schreibst aber nie zurück, damit ich weiß, wie es dir geht …«

In den Schützengräben des Ersten Weltkriegs fanden Soldaten eine Ablenkung oder wenigstens einen Weg, mit der Realität umzugehen, indem sie ihre Erlebnisse aufschrieben. (In diesem Krieg war die große Mehrheit der Soldaten, zumindest an der Westfront, gebildet.) Der französische Soldat Robert Dorgelès, im Zivilberuf Blechschmied, bekannte, der Wechsel vom Zivilleben zum Militär habe ihn förmlich betäubt und überwältigt: »Ich glaubte, den unbekannten Pfad einer aus den Fugen geratenen Welt zu betreten, und hatte mich schon am Tag meine Abreise in einen Kriegsschriftsteller verwandelt.« Hersteller warben für besondere Stifte und kleine Notizbücher, in denen das Frontleben festgehalten werden konnte; Zeitungen von und für Soldaten boten sich als Medium für ihre Texte an. Das US-Blatt *Stars and Stripes* veröffentlichte in der kurzen Zeit der amerikanischen Kriegsteilnahme 100 000 Gedichtzeilen von amerikanischen Soldaten.

Die Heimat liegt für die Kämpfenden in weiter Ferne, nicht nur geografisch. Mehr noch als das Militärleben in Friedenszeiten stellt der Krieg die normalen Ansprüche an das Leben und die üblichen Begriffe von Zeit und Raum auf den Kopf. Der Winter ist ein Feind, wenn man an Napoleon im Jahr 1812 oder an die deutsche Wehrmacht im Zweiten Weltkrieg denkt, aber ein Freund aus Sicht der Russen, die ihre Heimat verteidigten. Die Zeit kann sich vor einer Schlacht unerträglich dehnen, im Kampf aber derart beschleunigen, dass Sekunden wie Minuten erscheinen. Frasers erster Nahkampf mit Japanern um einen kleinen Tempel dauerte ungefähr eine Minute, so glaubt er, aber die Szene und seine mit ihr verbundenen Gefühle prägten sich ihm für den Rest seines Lebens ein: »Eine ständige nervöse Erregung, in der gelegentliche Wutanfälle, Schrecken, Euphorie, Erleichterung und Verwunderung aufblitzten.«[16] Ein britischer Soldat, der im Ersten Weltkrieg in der Nähe von Mons kämpfte, erinnerte sich: »Eine Schlacht war eine wunderbar aufregende Sache, wenn sie im Gang war …« Ein deutscher Soldat, der auf der anderen Seite kämpfte, empfand beim Vorrücken ein »Triumphgeheul, ein wildes, unheimliches Singen, das in mir aufwallte, mich emporhob und beseelte, all meine Sinne erfüllte. Ich hatte die Angst überwunden. Ich hatte mein sterbliches Selbst besiegt.«

Krieg stellt alles, was wir für die natürliche Ordnung und die Moral einer Gesellschaft halten, auf den Kopf. Im Krieg ist es richtig und sogar notwendig, Gebäude, Brücken und Eisenbahngleise, ja die gesamte Infrastruktur, die das Überleben von Gesellschaften gewährleistet, in die Luft zu sprengen und andere Menschen zu töten oder zu verletzen. Was in Friedenszeiten grotesk und abscheulich ist – der Geruch von Tod und nicht begrabenen Leichen, Dreck, Ratten, Läuse, fauliges Wasser, verdorbene Lebensmittel –, gehört im Krieg zum Alltag. Die Gegenstände, mit denen wir uns in Friedenszeiten umgeben – modische Kleider etwa oder Sportausrüstung –, verlieren ihren Wert, während Dinge, über die wir nie viel nachgedacht haben (wie Drahtscheren oder Fußpuder) enorm wichtig werden. O'Brien führt in *Was sie trugen* Listen solcher Dinge an, die von Soldat zu Soldat variieren können, aber einiges immer enthalten: den Stahlhelm, den Pressverband für den Fall einer Verwundung, Mückenschutzmittel, Marschverpflegung und Wasser. Im Sommer 1919 erhielt der kanadische Maler David Milne den Auftrag, die jetzt stillen Schlachtfelder der Westfront, auf denen Kanadier gekämpft hatten, zu malen. In einem Brief an einen Freund zählte er auf, was er in einem einzigen Granattrichter gefunden hatte: Lebensmitteldosen, Granaten, Handgranaten, Wasserflaschen, Patronengurte, Gasmasken, Helme, Kleidung. Nur ein Jahr zuvor war dieser »Haufen Abfall«, wie Milne ihn nannte, noch die unverzichtbare Ausrüstung von Soldaten gewesen.

Der Krieg verändert und unterbricht die gewohnten Abläufe des Alltags. Im Ersten Weltkrieg waren an der Westfront die Nächte sicher und die Tage gefährlich. Bei Tageslicht waren die Soldaten den wachsamen Blicken der anderen Seite ausgesetzt. Am Tag ruhte man sich aus, in der Nacht wurde gearbeitet, wurde Nachschub herangeschafft, wurden Schützengräben repariert oder neu ausgehoben, Tunnel gegraben oder Vorstöße ins Niemandsland unternommen. Der Vollmond war nicht romantisch, sondern ein Feind. Ein Feuerwerk am Himmel war nicht festlich, sondern der Vorbote von Tod und Zerstörung.

Auch die Bedeutung von Landschaften änderte sich: Flüsse und Kanäle dienten nicht mehr dem Transport oder der Bewässerung von Feldern, sondern waren Verteidigungslinien oder Hindernisse auf dem Vormarsch. Berge, Wälder und Täler waren Bestandteile von Schlachtplänen, taktische Ziele, die zu erobern oder zu halten waren. Der Höhenzug von Vimy in Nordfrankreich erhebt sich nur etwa 60 Meter über die Ebene, aber es kostete die Kanadier 10 000 Tote und Verwundete, als sie ihn 1917 von den Deutschen eroberten. Weite Felder und Bauernhöfe produzierten kein neues Leben, sondern Tod und Ernten aus Kriegsmaterial, und sie tun es nach wie vor, wenn Winterfröste entlang der ehemaligen Westfront nicht explodierte Granaten zutage fördern, die noch heute Leben kosten können.

Verhaltensweisen, die in Friedenszeiten inakzeptabel sein mögen – etwa Fluchen oder Gotteslästerei –, werden im Krieg zur Normalität. Ebenso das »Organisieren«, in Friedenszeiten »Diebstahl« genannt. Als die Männer von Frasers Abschnitt einmal aus der Luft abgeworfenen Nachschub bergen sollten, fühlte er sich für seine Männer gekränkt, als der kommandierende Offizier sie misstrauisch begrüßte und davor warnte, etwas zu entwenden. Zu Frasers Überraschung nahmen die Männer es unwidersprochen hin und erledigten einen heißen Tag lang zügig und klaglos ihren Auftrag. Am Ende lobte der kommandierende Offizier ihren Arbeitseifer und ihre Ehrlichkeit, und sie erhielten zur Belohnung einige Zigarettenpäckchen. Zurück im Lager, breiteten die Männer eine Plane aus, und Fraser verfolgte staunend und bewundernd, wie sie aus ihren Wasserflaschen haufenweise Zucker rieseln ließen und aus ihrer Kleidung und unter ihren Mützen losen Tee, Zigaretten, Tabak und Lebensmitteldosen hervorholten. Die Plane habe am Ende ausgesehen wie die Lebensmittelabteilung von Harrods.

Auch die sexuellen Normen ändern sich im Krieg. Wir denken sofort an Vergewaltigung, einen Akt der Dominanz und Zerstörung, aber Sex kann im Krieg auch eine Bestätigung des Lebens sein. Das Wissen darum, dass der Tod nah sein könnte, macht Verbote und Restriktionen der Friedenszeit sinnlos. »Nach den Maßstäben der meisten Menschen waren wir unmoralisch«, sagte ein amerikanischer Soldat des Zweiten Weltkriegs. »Aber wir waren jung und konnten morgen sterben.« Was zählte, war der emotionale Kontakt zu einem anderen Menschen, auch wenn er durch bezahlten Sex zustande kam. »Es war mir schon vorher aufgefallen«, sagte eine Bordellbesitzerin in New Orleans während des Ersten Weltkriegs, als sich die Stadt mit US-Soldaten füllte, »dass der Gedanke an den Krieg und ans Sterben die Männer scharf machte.« Es sei weniger ums Vergnügen gegangen, fügte sie hinzu, als »um eine Art Nervenzusammenbruch, der nur mit einem Mädchen und einem Streit behandelt werden konnte«. Mannings Hauptfigur Bourne fühlt sich von einer jungen französischen Bäuerin, die ihm ein Mittagessen serviert, merkwürdig berührt und angezogen, nicht zuletzt, weil sie ihn an seine Sterblichkeit und Einsamkeit erinnert: »Im schaudernden Zurückweichen vor dem Tod wendet man sich instinktiv der Liebe zu als einem Akt, der die Vollkommenheit des Lebens zu bekräftigen scheint.«[17] An der Front denke er nicht an Frauen, notiert er. Tatsächlich sind viele Experten der Ansicht, dass Sex umso unwichtiger wird, je näher Männer und Frauen dem Schlachtfeld kommen, wohl deshalb, weil sie sich aufs Überleben konzentrieren und zu beschäftigt, verängstigt oder einfach erschöpft sind.

Tabus aller Art zu brechen kann ebenso wie die schiere Zerstörung, die der Krieg mit sich bringt, ein seltsames Hochgefühl auslösen. Im Juli 1917 berichtete der junge schottische Artillerieoffizier Huntley Gordon seiner Mutter in einem Brief von einem nächtlichen Besuch im zerstörten Ypern, das kurz zuvor Ziel eines weiteren schweren Bombardements der Deutschen gewesen war. Er habe in den verlassenen Straßen, in denen kaum noch ein Haus stand, »eine merkwürdige Schönheit« entdeckt. Einem der Häuser habe die Fassade gefehlt, sodass man wie bei einem gigantischen Puppenhaus in die Zimmer sehen konnte, in denen zum Teil noch die Möbel standen und ein oder zwei Bilder schief an den Wänden hingen. Auf dem Weg zur alten Menenpoort habe er den weiten Platz vor den Trümmern der Tuchhallen, dieses gotischen Meisterwerks, überquert. »Ich habe vom Taj Mahal im Mondlicht gehört – aber für mich hätte es niemals so beeindruckend sein können wie diese Ruine. Die Steine und Steinmetzarbeiten schimmerten schneeweiß, und der mächtige Belfried stand da, seine gezackten Türme in den dunklen Himmel streckend, wie ein riesiger Eisberg.«[18] Im Vorübergehen bemerkte er an einem Laternenmast den zusammengekrümmten Leichnam eines Soldaten.

Im Zweiten Weltkrieg bewirkte der Langstreckenbomber, dass sich auch Zivilisten zunehmend als Teil der Schlachtfronten wiederfanden, sodass auch sie den Nervenkitzel der Zerstörung erlebten. Im Oktober 1940 kam der junge kanadische Diplomat Charles Ritchie nach einem schweren Bombenangriff auf London aus einem Kino im Zentrum der Stadt. »Es schien«, notierte er in seinem Tagebuch, »als stünde der ganze Piccadilly in Flammen. Feuerzungen leckten an der Kolonnade des London Pavilion. Wir fuhren durch Bomben und Schrapnelle zum Dorchester – überall schien es zu brennen.« Er und sein Begleiter seien »aufgeregt wie Kinder« und vergnügt gewesen. »In dieser Orgie der Zerstörung und in der Gefahr liegt etwas Rauschhaftes, aber der nächste Tag war der Morgen nach der Ausschweifung. Ich wurde vom Geräusch von zusammengekehrtem Glas geweckt.«[19] Am 6. August 1945 war der japanische Dozent Toyofumi Ogura auf dem Heimweg von einer morgendlichen Besorgung, als er einen gewaltigen Blitz sah. Er blieb stehen und blickte gelähmt vor Schreck auf den riesigen Wolkenwirbel, der immer höher aufstieg und sich immer weiter ausbreitete. Er sei unfähig gewesen, erinnerte er sich, diesen Anblick in Worte zu fassen: »Mit den schlichten Begriffen und Fantasien, die sich die antiken Autoren ausgedacht haben, ließ sich diese schreckliche Paradevorstellung von Wolken und Licht auf der Bühne des Himmels nicht beschreiben.« Er ging weiter auf die Stadt zu, von dem Drang getrieben, die Zerstörung mit eigenen Augen zu sehen, »die größte, die Menschen jemals erlebt haben«, wie er später schrieb.[20]

Zu erklären, was es heißt, sich im Krieg zu befinden, ist niemals leicht. Es fällt schwer, die richtigen Worte und Bilder zu finden, umso mehr, wenn die zu Hause Gebliebenen nichts von den Realitäten des Lebens an der Front hören wollen. Huntley Gordon erzählt in seinen Memoiren, wie sehr ihm während eines Heimaturlaubs in Edinburgh ein Strom von Besuchern mit »dummen« Fragen darüber, wie es an der Front wirklich sei, auf die Nerven ging. »Es geht, danke, es geht« war alles, was er antwortete. »Was sonst hätte man sagen können? Wie hätten sie auch nur ansatzweise verstehen können? Wir befanden uns jetzt einfach in verschiedenen Welten.«[21]

Der moderne Krieg verschärft den Gegensatz zwischen diesen Welten noch. Heute können Kombattanten von den Schlachtfeldern abgezogen und an jeden beliebigen Ort der Welt gebracht werden; aber schon im Ersten Weltkrieg war es möglich, dass Soldaten an einem Tag an der Front im Schützengraben lagen und am nächsten zu Hause in ihrem eigenen Land waren.

Was diejenigen, die kämpfen, auch verärgern kann, ist der Eindruck, dass viele zu Hause vom Krieg profitieren. Die einfachen Soldaten in Mannings Roman oder in Frasers Memoiren schimpfen regelmäßig über die hohen Löhne, die Arbeiter beispielsweise im Bergbau oder in der Rüstungsindustrie bekommen, über die Profite von Unternehmern oder einfach darüber, dass Zivilisten sich ihres Lebens erfreuen. Der junge schottische Offizier John Reith (der spätere Lord Reith und langjährige Chef der BBC) verbrachte einen Teil seines ersten Fronturlaubs im Ersten Weltkrieg in London. Er traf sich mit seinem Bruder zum Abendessen, konnte aber das reichhaltige Essen und die prächtige Umgebung nicht genießen. Er war irritiert davon, wie viele Männer keine Uniform trugen. »Mir war diese Art von Leben fremd geworden, und ich fand sie abstoßend.«[22]

Während der japanischen Invasion Chinas in den späten 1930er-Jahren schrieb ein japanischer Soldat: »Ich frage mich, ob die Menschen zu Hause in ihrer großen Freude über die ständig siegreichen japanischen Soldaten verstehen, welch unendlichen Schmerz diese Siege mit sich bringen.« Erich Maria Remarques *Im Westen nichts Neues* ist zwar ein Roman, aber er beruht auf Remarques eigenen Erlebnissen als deutscher Soldat. Die Szenen, in denen sein Protagonist Paul Bäumer zu beschreiben versucht, was Krieg wirklich bedeutet, gleichen dem, was in zahllosen Memoiren und Briefen aus dem Ersten Weltkrieg berichtet wird. Auf Urlaub zu Hause, stellt er fest, dass er nicht in der Lage ist, seiner Familie und seinen Bekannten etwas über die Wirklichkeit des Krieges mitzuteilen. Er will seine sterbende Mutter und seinen Vater nicht beunruhigen, und die anderen wollen nur die Art von Geschichten hören – über Ruhmestaten oder den bevorstehenden Sieg –, die er nicht erzählen kann. Traurig sagt er sich, dass er niemals hätte nach Hause kommen sollen.

Eine weitere Kluft zwischen Kriegs- und Heimatfront tut sich dadurch auf, dass die Zivilisten den Feind häufig stärker hassen, als es die Kämpfer an der Front tun. Im Zweiten Weltkrieg zeigte eine britische Untersuchung, dass Bewohner ländlicher Gebiete, die nicht vom deutschen »Blitz« betroffen waren, eher dafür waren, zur Vergeltung deutsche Städte zu bombardieren, als diejenigen, die in von den Angriffen schwer getroffenen Städten lebten. Eine Befragung amerikanischer Soldaten im selben Krieg ergab, dass diejenigen, die die USA noch gar nicht verlassen hatten, eher der Ansicht zustimmten, die Japaner seien »allesamt« auszumerzen, als diejenigen, die bereits im Pazifik waren. Kämpfer, die wie Ernst Jünger eingestehen, mit »einem berserkerhaften Grimm« und dem »übermächtigen Wunsch zu töten« in die Schlacht gezogen zu sein,[23] sind seltener anzutreffen als solche, die wie ein britischer Offizier im Zweiten Weltkrieg über den Feind sagen: »Tatsächlich achteten wir sie als tapfere Soldaten, aber unsere Aufgabe war es, sie zu besiegen und den Krieg zu gewinnen.« Indem Achill in der *Ilias* einen Trojaner »Freund« nennt, bevor er ihn tötet, erkennt er an, dass sie beide Krieger sind, die tun, was sie tun müssen. »Man kann ihnen nicht vorwerfen, dass sie sich verteidigt und uns beschossen haben«, bemerkt Gordon über die deutschen Soldaten im Ersten Weltkrieg.[24] Er könne sie nicht hassen; tatsächlich empfinde er ein gewisses Mitleid mit ihnen, weil sie vielleicht noch mehr durchmachen müssten als die Briten. Im weihnachtlichen Waffenstillstand an der Westfront, der sich entlang der Frontlinien spontan ausbreitete, bis die Militärbehörden ihm ein Ende setzten, und in den informellen Leben-und-leben-lassen-Arrangements – damit zum Beispiel beide Seiten ungestört ihre Gefallenen bergen konnten – drückte sich das Gefühl aus, die beiderseits erlebte Härte, aber auch Menschlichkeit könnten Fronten überwinden.

Frank Richards, dessen Buch *Old Soldiers Never Die* eine der wenigen Darstellungen des Ersten Weltkriegs aus der Feder eines einfachen Soldaten ist, beteiligte sich 1914 an einem solchen Waffenstillstand. Zuerst kamen die einfachen Soldaten aus der Deckung, dann auch die Offiziere. »Wir haben den ganzen Tag miteinander herumgealbert«, berichtet er. Die Deutschen schickten ein Fass Bier hinüber in die britischen Gräben, die Briten revanchierten sich mit Plumpudding. Einer der Deutschen, der Englisch sprach, habe erwähnt, »dass er einige Jahre in Brighton gearbeitet habe und ihm dieser verdammte Krieg bis zum Hals stehe und er froh wäre, wenn alles vorbei sei. Wir sagten ihm, dass er nicht der Einzige sei, der genug von alldem habe.«[25]

Dieses Kameradschaftsgefühl gab es auch in anderen Kriegen zu anderen Zeiten und an anderen Orten. Ein japanischer Soldat, der Ende der 1930er-Jahre in China kämpfte, war erschüttert, als sein Kommandeur befahl, verwundete chinesische Soldaten zu verhören und anschließend zu töten: »Auch wenn sie unsere Feinde sind, sind sie doch Menschen mit einer Seele wie alle anderen Lebewesen auf der Welt. An diesen hilflosen Männern das eigene Schwert auszuprobieren ist wahrhaft grausam.« Eine sowjetische Frau, die im Zweiten Weltkrieg Sanitäterin in einem Kavallerieregiment war, erzählte von dem Bedauern, das sie empfand, nachdem sie in einem Gefecht zwei deutsche Soldaten erschossen hatte: »Der eine, erinnere ich mich, war so ein

Hübscher, ein junger Deutscher. Er tat mir leid, er war zwar ein Faschist, aber trotzdem … Irgendwie ließ mich das Gefühl lange nicht los; man will nicht töten, verstehen Sie? Man sollte meinen, man ist wütend, voller Hass: Warum sind sie hergekommen, was wollen sie hier auf unserem Boden? Aber einen von ihnen eigenhändig zu töten – das ist schlimm. Sehr schlimm.«[26] Einer viel zitierten Studie über amerikanische Soldaten im Zweiten Weltkrieg zufolge waren nur 15 bis 25 Prozent von ihnen bereit, gezielt auf den Feind zu schießen; die übrigen schossen entweder überhaupt nicht oder zielten daneben. Ähnliche Untersuchungen über japanische und deutsche Soldaten kamen zu weitgehend gleichen Resultaten. Es überrascht nicht, dass solche Erkenntnisse – sie wurden seither infrage gestellt – das Interesse daran erhöhten, psychologische Einsichten und Instrumente in die militärische Ausbildung zu integrieren, um Rekruten in effektive Killer zu verwandeln, die auf dem Schlachtfeld nicht zögern.

Manchmal, wenn auch nicht immer, können Militärführer für das Verhalten von Männern und Frauen in der Schlacht entscheidend sein. Alexander der Große, Julius Cäsar, Admiral Horatio Nelson, General George Patton und Napoleon scheinen allesamt die außergewöhnliche Fähigkeit besessen zu haben, ihre Männer dazu zu bewegen, zu töten und sich kühn dem Tod zu stellen. Jeder von ihnen spielte bewusst die Rolle des Führers, förderte Legenden um seine Person und manipulierte Symbole und Omen. Alexander wandte Listen an, damit die Priester, wenn sie in der Leber von Tieren nach Vorzeichen suchten, Hinweise auf einen Sieg fanden. Als ihm jemand in einer dürren Wüste einen Helm voll Wasser anbot, schüttete er ihn mit großer Geste aus, um zu zeigen, dass er lieber mit seinen Männern litt. Ein legendärer chinesischer General, dem man ein Fass mit süßem Wein überreichte, befahl, es in einen Fluss zu leeren, damit er und seine Männer gemeinsam das Gemisch aus Wein und Wasser trinken konnten. Napoleons Propaganda stellte seinen dramatischen Galopp über die Alpen heraus, während er in Wahrheit auf einem langsamen Maultier saß; auch verbreitete sie seine Behauptung, er habe bei der Rast im Hospiz am Großen St. Bernhard ein Exemplar von Titus Livius' römischer Geschichte entdeckt und darin die Passage über Hannibal gelesen, seinen Vorläufer bei der Alpenüberquerung.

Große Befehlshaber besitzen auch jene undefinierbare Eigenschaft des Charismas, die einhergeht mit einer scheinbar übermenschlichen Ausstrahlung und der Fähigkeit, in die menschliche Seele zu blicken. Der schlachterprobte General Dominique-René Vandamme sagte über Napoleon: »Es ist so, dass ich, der weder Gott noch Teufel fürchtet, wie ein Kind zu zittern anfange, wenn ich mich ihm nähere.« Napoleons großem Widersacher, dem Herzog von Wellington, zufolge war die Anwesenheit des Kaisers auf dem Schlachtfeld 40 000 Mann wert. Als er nach seiner endgültigen Niederlage an Bord des Schiffes ging, das ihn in sein einsames Exil auf St. Helena bringen sollte, bezauberte Napoleon umgehend die gesamte Besatzung und die Wachoffiziere.

Auch Offiziere niederen Ranges konnten eine solche Wirkung auf dem Schlachtfeld haben. Physischer Mut trug dazu bei, war aber nicht alles. In Mannings Roman verfügt Hauptmann Malet über eine beachtliche Ausstrahlung: »Der Eindruck, den er hinterließ, war nicht einer von Masse, sondern von Kraft und Geschwindigkeit. Es waren sein Ausdruck, sein Benehmen, etwas in der Art, wie er sich bewegte und sprach, die einem das Gefühl vermittelten, dass er die unbändige, zerstörerische Energie, die in ihm wohnte, nur mit enormer Kraftanstrengung im Zaum zu halten vermochte. Vielleicht brach sie sich in der Schlacht Bahn und stillte ihren unersättlichen Appetit.«[27] Seine Männer bewunderten seine Nonchalance und seinen Wagemut, wenn er etwa oberhalb der Schützengräben entlangging oder ins Niemandsland zurückeilte, um einen Stock aus Eschenholz zu holen, den er zurückgelassen hatte.

Manche Führer, etwa General Patton oder Feldmarschall Montgomery, waren großspurig und extrovertiert. Andere, wie General Slim, dem MacDonald Fraser in Burma begegnete, beeindruckten auf andere Weise. Slim sei, sagt Fraser, der einzige ihm bekannte Mann gewesen, »der eine aus ihm selbst kommende Kraft besaß, eine Stärke der Persönlichkeit, die mir seither ein Rätsel ist, denn es gab keinen offensichtlichen Grund für sie …« An der Erscheinung lag es nicht – für Fraser sah Slim eher wie ein Vorarbeiter aus, der zum Fabrikdirektor befördert worden war, oder wie ein Bauer –, auch nicht an seiner Wortgewandtheit, denn er setzte sich zu seinen Soldaten und sprach mit ihnen einfach und unprätentiös über den Feldzug gegen die Japaner. Doch Fraser gewann den Eindruck, Slim verstehe die einfachen Soldaten: »Ich glaube, seine große Gabe war es, uns dieses Gefühl zu vermitteln, dass er uns nahe war, so als würde er beiläufig mit einem verständigen Neffen plaudern (nicht umsonst wurde er ›Onkel Bill‹ genannt).«[28]

Zumeist jedoch scheinen einfache Soldaten und Matrosen ihre Offiziere lediglich toleriert zu haben, sofern sie sie nicht regelrecht verachteten, weil sie unmögliche Befehle gaben, das Geschehen vor Ort nicht verstanden und, was insbesondere für die höheren Ränge galt, abgehoben waren von den Realitäten der Schlacht. Emilio Lussu hat ein lebendiges Porträt eines seiner Generale im Ersten Weltkrieg hinterlassen, der auf Ruhm aus war, was immer es seine Truppen auch kosten mochte. »Lieben Sie den Krieg?«, fragte der General, während er wie verrückt mit den Augen rollte. Als Lussu erwiderte, das täte er eigentlich nicht, brach die Verachtung aus dem General heraus: »Aha, Sie sind für den Frieden! […] Wie irgendeine normale kleine Hausfrau …«[29] Obwohl die Italiener noch keine Artillerie besaßen, war der General entschlossen, die Österreicher anzugreifen – mit vorhersehbarem Resultat. Als sein Maultier eines Tages an den Rand eines Kliffs tänzelte und ihn abzuwerfen versuchte, rührte keiner seiner Männer einen Finger. Der Soldat, der schließlich vorsprang, um ihn zu retten, wurde später von seinen Kameraden verprügelt und als Schande seiner Einheit beschimpft.

Abstrakte Ideale, so mächtig sie sein mögen, und selbst große Führer waren nie die wichtigsten Kräfte, die den Kämpfenden

Rückhalt gaben. Die griechischen Hopliten, die Schweizer Landsknechte, Matrosen, ob auf Galeeren oder Flugzeugträgern, Geschwaderpiloten: Sie alle verließen sich aufeinander und kämpften füreinander. Helm und Brustharnisch legten die Männer, so sah es Plutarch, ihrer selbst wegen an, »den Schild aber der gemeinsamen Ordnung wegen«.[30] Man liebe seinen Kameraden so sehr, erklärte ein Ritter aus dem 14. Jahrhundert, dass man bereit sei, mit ihm zu sterben oder zu leben. Soldaten mögen grob miteinander umgehen, können aber erstaunlich sanft sein. »Freundschaft« ist ein zu schwaches Wort für ihr Verhältnis zueinander und »Liebe« zu romantisch, aber es finden sich Elemente von beidem in dem, was Kämpfer über die Jahrhunderte hinweg auszudrücken versuchten. »Kameradschaft« ist wohl die beste Annäherung. Manning spricht von »einer Gefühlsintensität, die Freundschaft nie erreicht«. Auch wenn die Männer im Krieg meist zufällig zusammengewürfelt werden, können sie ein derart starkes Zusammengehörigkeitsgefühl entwickeln, dass sie bereit sind, ihr Leben füreinander zu geben. Siegfried Sassoon hasste den Krieg schon bald als einen »schmutzigen Trick«, mit dem seine Generation hereingelegt worden sei, kehrte um seiner Kameraden willen aber doch zu seiner Einheit zurück. Als Bäumer in *Im Westen nichts Neues* nach seinem Urlaub seine Freunde wiedersieht, stellt er schlicht fest: »Hier gehöre ich hin.«[31] Ernst Jünger erinnert sich auf ähnliche Weise an seine Rückkehr an die Front, nachdem er von einer Verwundung genesen war: »Es war, als ob ich in den Kreis einer Familie zurückkehrte.«[32]

Als die Franzosen bei ihrem unseligen Versuch, die Vietnamesen in Indochina zu besiegen, in Dien Bien Phu belagert wurden, fielen ihre Außenposten einer nach dem anderen, und die Besatzungen wurden in Gefangenenlager gebracht. Unter den Gefangenen waren einige Deutsche aus der Fremdenlegion, die beschlossen, sich nun um sich selbst zu kümmern. Sie teilten dem Viet-Minh-Lagerkommandanten mit, sie seien zur Einsicht gekommen und würden die Franzosen nicht länger unterstützen. Daraufhin verbesserten sich ihre Behandlung und ihre Verpflegung erheblich. Jeden Morgen ließen sie einen Vortrag des Kommandanten über sich ergehen, der von den Siegen sprach, die der Viet Minh am Vortag errungen hatte. Die deutschen Fremdenlegionäre jubelten und sangen die Internationale, die Hymne der kommunistischen Weltbewegung. Dann verkündete der Kommandant eines Tages, man habe von Fremdenlegionären gehaltene Hügel nach schweren Kämpfen erobert. Die deutschen Gefangenen blieben stumm. »Macht schon, singt!«, forderte der Lagerkommandant sie auf. »Worauf wartet ihr?« Die Deutschen sahen sich an, um dann ein Lied anzustimmen, das auf die Napoleonischen Kriege zurückgeht: »Ich hatt' einen Kameraden / Einen bessern findst du nit …« Das kostete sie all ihre Privilegien.

Wer gekämpft hat, möchte in der Regel die Schrecken des Krieges vergessen – oder es wenigstens versuchen –, aber viele Veteranen schauen nostalgisch auf die Kameradschaft und das einfachere Leben mit wenigen Alternativen und Wahlmöglichkeiten zurück. Manchen fehlt auch die Erregung. Wahrscheinlich würde er »nie wieder auf die Linien herabblicken«, schrieb ein britischer Pilot nach dem Ersten Weltkrieg, »nie wieder den Himmel nach Hunnen absuchen, nie wieder seine Geschütze auf ein lebendiges Ziel abfeuern, nie wieder das infernalische Stakkato hinter sich hören, nie wieder die Leuchtspurgeschosse vom Boden aufsteigen sehen. All das war aus und vorbei. Nie mehr die Morgenpatrouille und das hart gekochte Ei; nie mehr die grandiosen Besäufnisse und die unvergleichliche Kameradschaft; nie mehr die panische Erregung und die unheimliche Furcht. All das war vorüber, und das Leben war leer.« In Kathryn Bigelows Spielfilm *Tödliches Kommando – The Hurt Locker* kehrt der Held, der Bombenentschärfer William James, der im Irak wiederholt sein Leben aufs Spiel gesetzt hat, nach einem Auslandseinsatz nach Hause zurück, und seine Frau bittet ihn, Frühstücksmüsli aus dem Supermarkt zu holen. In der denkwürdigen nächsten Szene starrt er verwirrt auf das Supermarktregal voller verschiedener Müslimarken. Kurz darauf meldet er sich freiwillig zum Dienst zurück.

Frank Richards traf sich nach dem Ersten Weltkrieg jahrelang mit einem Freund in einem Pub, um Geschichten auszutauschen. »Üblicherweise beendeten wir unsere Abende mit dem alten Song auf die Melodie einer bekannten Hymne, ›Old soldiers never die, they simply fade away‹.«[33] Als Anfang der 1960er-Jahre in London das Antikriegsmusical *Oh, What a Lovely War!* auf die Bühne kam, waren viele Kämpfer aus dem Ersten Weltkrieg noch am Leben. Einer meiner Freunde hatte es sich eines Abends angesehen und saß inmitten von Busladungen alter Veteranen. Erinnerungsselig sangen sie die alten Lieder mit und klatschten vergnügt im Takt. Es dürfte nicht die Publikumsreaktion gewesen sein, die sich die Darsteller und ihre linke Regisseurin Joan Littlewood vorgestellt hatten.

Dieses Vergnügen am Krieg ist Zivilisten in friedlichen Gesellschaften unangenehm. Ein kanadischer General, den ich einst für eine Bildungssendung im Radio interviewte, sprach von der erregenden Erfahrung des Krieges (allerdings erst, nachdem ich den Rekorder ausgeschaltet hatte). Es sei wie eine rasende Motorradfahrt. Das Wissen darum, dass man jeden Augenblick verunglücken und sterben könne, erhöhe den Nervenkitzel. Noch verstörender ist die Erkenntnis, dass manche Kombattanten die Macht über Leben und Tod genießen und Vergnügen am Töten und Zerstören haben. Der Australier Ion Llewellyn Idriess, der als Scharfschütze am Ersten Weltkrieg teilgenommen hatte, sagte, er habe »nur großen Stolz« darüber empfunden, dass er »in fairer Kriegführung einem starken Mann das Leben genommen habe«. Im Zweiten Weltkrieg stellte ein britischer Pilot fest, dass er nach dem Abschuss zweier deutscher Flugzeuge nicht schlafen konnte: »Ich konnte noch tagelang über nichts anderes reden; noch Wochen danach konnte ich an nichts anderes denken … es war süß und berauschend.«

Einer der erschreckenden Aspekte von Ernst Jüngers Erinnerungen ist, dass er ohne jede Entschuldigung oder Erklärung seine Gefühle offenlegt. In einer frühen Ausgabe von *In Stahlgewittern*, die er später revidierte, um die Brutalität des Textes zu mildern, erzählt er, wie er einen Engländer erschoss: »Er klappte wie ein Messer zusammen und blieb liegen.« In einer anderen Passage, die er nicht änderte, berichtet er, wie er und seine Männer eine britische Vorhut beschossen. Die Engländer »stutzten und begannen im Feuer wie die Hasen hin und her zu springen, während Staubwölkchen zwischen ihnen aufwirbelten«.[34]

Julian Grenfell sprach in den Briefen an seine Mutter ähnlich offen darüber, wie froh er war, im Krieg zu sein, und welchen Spaß er dabei hatte: »Ich liebe Krieg. Es ist wie ein großes Picknick ohne die Zwecklosigkeit eines Picknicks. Ich habe mich noch nie so wohl und glücklich gefühlt. Niemand schimpft mit einem, weil man schmutzig ist.« Die Erregung des Kampfs »belebt alles, jeden Blick, jedes Wort und jede Handlung«. Als er das erste Mal einen Mann erschoss, habe er, so räumte er ein, ein komisches Gefühl gehabt, »aber schon bald ist es so, als würde man auf ein Krokodil schießen, nur amüsanter, denn er schießt zurück«. Wie Jünger betrachtete Grenfell den Tod, den er brachte, mit milder Neugier. »Er gab ein Grunzen von sich und verkrampfte sich«, beschrieb er einen getroffenen Deutschen. Er hoffe, teilte er seiner Mutter mit, dass der Krieg noch lange dauere; »danach wird die Eberjagd die einzige annehmbare Tätigkeit sein, oder man wird aus schierer Langeweile sterben«.[35] Er starb im Mai 1915 durch einen Kopfschuss. Auch sein Bruder und zwei Cousins fielen in jenen ersten Kriegsmonaten.

Als Lord Reith in den 1960er-Jahren seine Erinnerungen an die Zeit als junger Transportoffizier im Ersten Weltkrieg aufschrieb, fiel es ihm schwer, einen Verleger zu finden, weil sie nicht zur herrschenden Meinung passten, dass jeder, der das Unglück gehabt hatte, im Krieg gewesen zu sein, ihn hassen müsse. Reith war freudig erregt und glücklich, in Frankreich zu sein. Einen nächtlichen Ritt durch Armentières beschrieb er so: »Wie seltsam alles war. Wie herrlich aufregend. Es war erregend, überhaupt auf einem Pferd zu sitzen; auf einem Pferd durch die dunklen Straßen dieser verlassenen fremden Stadt zu reiten, anstatt genau zu dieser Zeit mit seiner Mutter in Glasgow zum Abendgottesdienst aufzubrechen.« Obwohl er als Transportoffizier hinter den Linien relativ komfortabel lebte, schwebte er jedes Mal, wenn er und seine Männer mit ihren Pferden und Wagen offenes Gelände durchquerten, in Todesgefahr. Er nahm erfreut zur Kenntnis, dass er keine Angst hatte, schrieb dies aber dem Zufall zu und keiner besonderen Tugend. Es sei interessant, notierte er, »in dem Wissen über einen Rübenacker zu gehen, dass man jeden Augenblick aus dem endgültigsten aller Gründe aufhören konnte zu gehen«. Er fragte sich, ob sein christlicher Glaube vielleicht eine Hilfe war: »Ich fühlte, dass es besondere Transportmittel gab von dem zerwühlten Schlachtfeld, auf dem wir standen, zu den grünen Wiesen und stillen Wassern dahinter.« Als er aufgrund einer schweren Gesichtsverletzung dienstuntauglich war, schrieb er seinen Eltern: »Ich bin restlos angewidert. Es ging mir so gut, und ich genoss die Arbeit und alles.«[36]

Reith spricht in seinen Memoiren auch die Schönheit an, die der Krieg hervorbringen kann: das Tageslicht im Sommer, die Wildblumen im Niemandsland, der von explodierenden Luftabwehrgranaten weiß gefleckte blaue Himmel. Nachtkämpfe konnten besonders spektakulär sein. Lussu beschreibt einen österreichischen Artillerieangriff: »Es war, als erhellten diese vielen Feuer über dem dunklen Fichtenwald die Säulen und Schiffe einer unermesslich großen Basilika.«[37] Todesnähe kann die Welt schöner und kostbarer machen. Man sitzt unter Beschuss in einem dreckigen Reisfeld, schreibt O'Brien, »und dann wird es plötzlich für ein paar Sekunden ganz still, man hebt den Kopf, sieht die Sonne und ein paar flauschige weiße Wolken, und die unendliche Friedlichkeit prallt gegen deine Augäpfel. Die ganze Welt wird neu geordnet, und obwohl man sich mitten im Krieg befindet, hat man sich nie friedlicher gefühlt.«[38]

Bücher und Filme könnten es nicht einfangen, sagte eine russische Veteranin des Zweiten Weltkriegs, »nicht ganz so, wie es war. Und wenn ich selber darüber rede – dann stimmt es auch nicht. Ist nicht das Wahre. Nicht so schrecklich und nicht so schön. Wissen Sie, wie schön ein Morgen im Krieg sein kann …

Vor dem Gefecht … Du schaust dich um und weißt: Es könnte dein letzter Morgen sein … Und die Welt ist so schön … So schön …«[39]

Wie der Krieg selbst hat auch der anschließende Frieden auf sehr unterschiedliche Weise Einfluss auf die Kämpfer: Sie empfinden Wehmut, Stolz, Hass auf den Krieg, posttraumatischen Stress, Wut, Bedauern. Ein amerikanischer Vietnamveteran sagte über seine Kriegserfahrung (es bleibt unklar, ob er froh darüber war oder nicht): Dieser Krieg »hat den Jungen in mir weggebrannt und einen Mann aus gehärtetem Stahl zurückgelassen«. Sinaida Wassiljewna, im Zweiten Weltkrieg Sanitätsinstrukteurin in einer sowjetischen Infanteriekompanie, stellte fest: »Im Krieg altert die Seele.«[40]

Manche Veteranen brachten es nicht über sich, über ihre Kriegserlebnisse zu sprechen. Eine Frau, die als Unteroffizierin in einer Luftabwehreinheit gedient hatte, sagte zu Alexijewitsch: »Wem konnte ich schon sagen, dass ich verwundet worden war, eine Kopfverletzung hatte? Hätte ich das getan – wer hätte mich dann eingestellt? Wer hätte mich geheiratet? Wir waren stumm wie Fische.«[41] Manchmal konnten Kriegsveteranen mit ihren Enkeln sprechen, vielleicht, weil für diese jungen Menschen der Krieg weit weg war, vielleicht auch, weil diese Kinder nicht wirklich begriffen, was sie hörten.

Swetlana Alexijewitsch hat recht: »Der Krieg bleibt, was er immer war: eines der größten Mysterien des Menschen.«[42] Das letzte Wort in diesem Kapitel soll der Konföderiertengeneral Robert E. Lee haben, der 1862 in der Schlacht von Fredricksburg angesichts der vielen ebenso vergeblichen wie verlustreichen Angriffe der Unionstruppen bemerkte: »Es ist nur gut, dass der Krieg so schrecklich ist, wir würden sonst vielleicht Gefallen daran finden.«

VII

ZIVILISTEN

»Den Menschen darf nichts bleiben als die Augen, um über den Krieg zu weinen.«

General Philip Sheridan

Für gewöhnlich ist der April in Berlin ein schöner Monat: Die Kälte des Winters und der Schnee sind zarten grünen Blättern und Frühlingsblumen gewichen. Die Berliner feiern die anbrechende Jahreszeit, indem sie durch die vielen Parks und entlang der Seeufer ihrer Stadt spazieren. 1945 jedoch gab es nichts zu feiern. Die Rote Armee stürmte westwärts, das NS-Regime brach zusammen, und viele seiner führenden Vertreter setzten sich in den Westen und Süden Deutschlands ab, um sich in Sicherheit zu bringen. Am 20. April, berichtet Marta Hillers in ihrem erschütternden, anonym erschienenen Buch *Eine Frau in Berlin*, sei aus dem fernen Dröhnen der sowjetischen Kanonen ein »Dauergetrommel« geworden: »Wir leben in einem Ring von Rohren, der sich stündlich verengt.« Auf den Straßen tauschen verängstigte Menschen Neuigkeiten aus; niemand weiß genau, was vor sich geht, aber alle fürchten das Schlimmste. Gerüchte schwirren durch die Stadt. Manche sind falsch – wie zum Beispiel, Amerikaner und Briten hätten sich mit den Russen überworfen und wollten nun mit den Deutschen verhandeln –, manche treffen zu – wie dasjenige, dass die Behörden die von ihnen angelegten Lebensmittellager geöffnet hätten. Wer dazu in der Lage war, eilte in die Geschäfte, um zu ergattern, was immer er mitnehmen konnte, auch wenn die feindlichen Granaten die Menschen stets erneut in Schutzräume trieben. »Plötzlich fällt einem der

Frühling ein«, notierte Hillers. »Durch die brandschwarzen Ruinen der Siedlung weht in Schwaden Fliederduft aus herrenlosen Gärten.«[1] In jener Nacht hockt sie, während draußen weiter sowjetische Granaten einschlagen, zusammen mit ihren Nachbarn im Kellerschutzraum und fragt sich, wann die sowjetischen Truppen kommen und was sie den Frauen antun werden.

Allzu oft richten wir den Blick nur auf die Kämpfer, ihre Schlachten, Siege und Niederlagen, und schenken den Zivilisten, die willentlich oder unwillentlich in den Krieg hineingezogen werden, zu wenig Aufmerksamkeit. Zivilisten können, wie wir wissen, ihre Regierungen oder Gemeinschaften zum Krieg drängen und den Krieg bejubeln, wie es französische Revolutionäre in den 1790er-Jahren, wie es viele im Ersten Weltkrieg und wie es auch viele derjenigen taten, die im April 1945 in Berlin auf die Ankunft der Roten Armee warteten. Zivilisten, so halten es viele Kombattanten in ihren Erinnerungen fest, hassen den Feind oftmals mehr, als es die Frontkämpfer tun. Und Krieg ist für Zivilisten nicht zwangsläufig schlecht; sie können von ihm profitieren, sei es durch Teilhabe an der Siegesbeute oder durch bessere Gelegenheiten, Geld zu verdienen, aufzusteigen oder Tabus zu brechen. Aber Zivilisten sind oft genug auch unschuldige Opfer des Krieges, die in Form von Hunger, Mord, Vergewaltigung, Versklavung, Zwangsarbeit oder Massendeportation einen hohen Preis für die Niederlage zu bezahlen haben.

Wie die Berlinerinnen, die Ende April 1945 in jenem Keller darüber sprachen, was wohl von den sowjetischen Soldaten zu erwarten war, befürchteten, droht weiblichen Zivilisten im Krieg ein besonderes Schicksal. Durch die gesamte Geschichte, zu allen Zeiten und an allen Orten waren sie die Trophäe der Krieger: Sie wurden verschleppt und zu Angehörigen ihres Haushalts gemacht oder an Ort und Stelle vergewaltigt. »Ihr dürft vergewaltigen«, sagte ein französischer Kommandeur während des algerischen Unabhängigkeitskriegs zu seinen Männern, »aber tut es diskret.« Stalin gelang es, den schlachterprobten jungen jugoslawischen Kommunisten Milovan Djilas zu schockieren, indem er die Vergewaltigungen, die seine Soldaten in den von den Nationalsozialisten befreiten Gebieten begingen, verteidigte. »Nun«, sagte der sowjetische Diktator zu seinem Gast, »stellen Sie sich einen Mann vor, der auf dem ganzen Weg von Stalingrad nach Belgrad gekämpft hat – über Tausende von Kilometern seines eigenen verheerten Landes hinweg, über die Leichen seiner Kameraden und liebsten Angehörigen hinweg! Wie kann ein solcher Mann noch normal reagieren? Und was ist schon dabei, wenn er sich mit einer Frau amüsiert, nach allen Schrecknissen?«[2]

Allein in Deutschland wurden 1945 schätzungsweise nicht weniger als zwei Millionen Frauen von sowjetischen Soldaten vergewaltigt, manche innerhalb kurzer Zeit von einer Vielzahl von Männern. Das Tagebuch von Marta Hillers hält fest, mit welcher Anspannung sie und ihre Nachbarinnen auf das Eintreffen der ersten sowjetischen Soldaten warteten. Ihre Erleichterung darüber, dass die Männer, denen sie zuerst begegneten, freundlich waren mit gutmütigen Gesichtern – »nur Männer« eben –, verwandelte sich rasch in Bestürzung und Schrecken, als diese zu trinken begannen. Die sowjetischen Vorgesetzten unternahmen anfangs wenig, um ihre Männer unter Kontrolle zu halten, und ließen ausufernde Plünderungen von Alkohollagern zu, was dazu beitrug, dass die letzten Hemmungen fielen, die die Rotarmisten noch gehabt haben mochten. Marta Hillers konnte die Soldaten überreden, von einem verwundeten jungen Mädchen abzulassen, wurde aber selbst in jener Nacht und an den folgenden Tagen mehrmals vergewaltigt, bis sie einen Beschützer fand. Sie nahm ihre Lage sogar mit einem gewissen Galgenhumor hin. Sie stellte fest, dass die Rotarmisten sich bevorzugt beleibte Frauen aussuchten, wie die Frau des Likörfabrikanten aus der Nachbarschaft, die es geschafft hatte, sich während des Krieges gut zu ernähren.

Erst als deutsche Kommunisten sich darüber beschwerten, dass ihre Frauen und Töchter vergewaltigt wurden, erkannten die sowjetischen Besatzungsbehörden, dass die brutale Behandlung der deutschen Bevölkerung nicht der geeignete Weg war, um sie für den Sozialismus zu gewinnen, und darüber hinaus dem Ansehen der Sowjetunion bei Wohlwollenden in anderen Ländern schadete. Solche »Schandtaten und Eigenmächtigkeiten«, hieß es in einem im August 1945 erlassenen Befehl des Chefs der Sowjetischen Militärmission in Deutschland, Marschall Georgi Schukow, »kompromittieren uns sehr stark, vor allem in den Augen der deutschen Antifaschisten, und helfen den Faschisten ausgezeichnet dabei, gegen die Rote Armee und die sowjetische Regierung Agitation und üble Nachrede zu betreiben.«[3]

Marta Hillers erkannte bei den Vergewaltigern unterschiedliche Motive: sexuelle Erleichterung, den Wunsch nach Nähe zu einer Frau und die symbolische Demonstration ihrer Macht über die Frauen und ihre Gesellschaft. Vergewaltigung war ein Gewaltakt, mit dem die Sowjets deutsche Frauen und die Deutschen als Nation demütigen und schänden wollten. Sieg und Niederlage im Krieg werden oft in geschlechtsbezogenen Begriffen ausgedrückt – als Prüfung der Männlichkeit oder entsprechend als Verlust der Jungfräulichkeit oder als Entmannung. In der Antike kam es vor, dass unterlegene Männer kastriert und vergewaltigt wurden, und manchmal geschieht dies heute noch. In den 1990er-Jahren wurden in Bosnien zwischen 20 000 und 50 000 Frauen (und auch einige Männer) vergewaltigt; alle Seiten begingen solche Verbrechen, aber die meisten Opfer waren bosnische Moslems.

Die Vergewaltigung von Frauen als Gebärerinnen von Kindern besitzt die zusätzliche Bedeutung der Vernichtung einer bestimmten Volksgruppe. Serbische Vergewaltiger machten sich einen Spaß daraus, moslemischen Frauen zu sagen, sie würden künftige serbische Krieger zur Welt bringen. Serbische Nationalisten sperrten Frauen in »Vergewaltigungslager« oder Bordelle, und serbische Kämpfer verübten öffentliche Vergewaltigungen, um einzuschüchtern und um Informationen zu erhalten, aber auch, um Nichtserben zur Flucht zu bewegen.

Im Krieg vergewaltigte Frauen müssen nicht nur mit ihren

physischen und psychischen Verletzungen leben, sondern haben häufig auch noch darunter zu leiden, dass sie von ihrer eigenen Gemeinschaft wie Aussätzige behandelt werden. Deutsche Frauen, die 1945 vergewaltigt wurden, fanden Trost darin, über ihre gemeinsame Erfahrung zu sprechen, doch vielfach wurde ihnen von ihren eigenen Männern das Leben schwer gemacht. Der Verlobte von Marta Hillers fand es schamlos, dass sie ihre Vergewaltigungen überhaupt erwähnte, und verließ sie. Die Frauen bemühten sich, so gut es ging, sowohl mit der Grausamkeit als auch mit der Realität dessen, was ihnen widerfahren war, zurechtzukommen. Eine von ihnen sagte, sie würde einfach vieles verdrängen, um überhaupt irgendwie weiterleben zu können.

Da Frauen oft als Mütter der Nation betrachtet werden, reagieren Gesellschaften mitunter rigoros auf Hinweise, sie hätten sich willentlich mit dem Feind eingelassen. In Frankreich wurden nach der Befreiung Frauen, die Beziehungen mit Deutschen eingegangen waren, öffentlich gedemütigt, indem man ihnen den Kopf kahl schor. In Deutschland, wo die Nationalsozialisten die Rolle der Frau als Ehefrau und Mutter betonten, reagierte man während des Krieges besonders panisch auf die Vorstellung, polnische Zwangsarbeiter, die man zu Tausenden ins Land geholt hatte, um vor allem auf Bauernhöfen zu arbeiten, könnten sexuelle Beziehungen zu örtlichen Frauen anknüpfen. »Wir können und dürfen nicht tatenlos zusehen«, verkündete ein Stellenleiter des Rassenpolitischen Amts der NSDAP, »dass sich volksfremde Menschen [...] in unser ureigenstes Volksleben hineindrängen, deutschblütige Frauen schwängern und unseren Nachwuchs verderben.«[4]

Die Gestapo schaute nicht tatenlos zu, sondern ließ in ganz Deutschland Polen wegen »verbotenem Umgang« öffentlich erhängen. Deutsche Frauen wurden manchmal in die Strafaktionen einbezogen. Im schönen Eisenach, dem Geburtsort von Johann Sebastian Bach, musste eine Frau mit geschorenem Kopf auf dem Marktplatz stehen, Rücken an Rücken an ihren polnischen Geliebten gefesselt; auf einem Schild über ihren Köpfen war zu lesen: »Ich habe mich mit einem Polen eingelassen.«[5] Nach 1945 wurden Frauen, die (häufig einfach, um zu überleben) Beziehungen mit alliierten Soldaten eingingen, zum Gegenstand böser Witze: »Es dauerte sechs Jahre, um die deutschen Soldaten zu besiegen – aber nur fünf Minuten, um eine deutsche Frau rumzukriegen.«

Im Lauf der Jahrhunderte wurden viele Versuche unternommen, Unschuldige vor dem Wüten des Krieges zu schützen. Oftmals und vielerorts wurden Zivilisten als eigene, von den Kriegern getrennte Kategorie betrachtet, und es gab Regeln, wie die jeweilige Gruppe zu behandeln sei; zum Beispiel sollte man Zivilisten nicht als Kombattanten betrachten, ihr Leben und häufig auch ihr Eigentum sollten verschont werden. In den vom Krieg entfachten Leidenschaften werden Regeln jedoch leicht gebrochen oder ignoriert, und Zivilisten müssen furchtbar leiden, wenn sie in der Nähe der Schlachtfelder wohnen oder von einer Belagerung betroffen sind. Als im September 1941 die deutsche Belagerung von Leningrad begann, hatte die Stadt rund drei Millionen Einwohner; als sie im Januar 1944 endete, hatten 1,75 Millionen fliehen können, und etwa eine Million war gestorben. Für gewöhnlich sterben die Schwachen – Kinder, Alte, Arme – als Erste.

Manchmal sind Zivilisten, um diesen furchtbaren Begriff der Militärstrategen zu verwenden, »Kollateralschäden«, aber häufig wird ganz bewusst auf sie gezielt, um den Feind zu schwächen. Die totalen Kriege des 20. Jahrhunderts forderten der Menschheit einen enormen Zoll ab. Im Zweiten Weltkrieg kamen zwischen 50 und 80 Millionen Zivilisten – genau werden wir es nie wissen – ums Leben. Die Spanne ist nicht zuletzt deshalb so groß, weil, wie so oft zuvor, Akten entweder nicht geführt oder vernichtet wurden und weil man sich nicht darüber einig ist, wer zu den Opfern zu zählen ist: nur durch Waffen Getötete oder auch diejenigen, die an Hunger oder Krankheiten starben.

Thukydides erwähnt kommentarlos, dass die Athener, nachdem sich die Bewohner der Insel Melos im sechzehnten Jahr des

Peloponnesischen Krieges bedingungslos ergeben hatten, »alle männlichen Erwachsenen von Melos, die in ihre Hände fielen«, töteten. »Weiber und Kinder dagegen machten sie zu Sklaven.«[6] Beim Massaker von Nanking im Jahr 1937 ermordeten die Japaner bis zu 300 000 Zivilisten, vergewaltigten 20 000 Frauen und brannten ein Drittel der Stadt nieder. Im Zweiten Weltkrieg zog Deutschland nicht nur Kriegsgefangene zur Zwangsarbeit heran – unter Bruch von auch von ihm unterzeichneten Konventionen –, sondern zwang zudem vier bis fünf Millionen Zivilisten (vorwiegend aus der besetzten Sowjetunion, aber auch aus Polen, Frankreich und schließlich Italien sowie aus anderen europäischen Ländern), für seine Kriegsanstrengung zu arbeiten. Die Sklavenarbeiter erhielten Hungerrationen und wurden misshandelt. Wer arbeitsunfähig war – »nutzlose Mäuler« –, wurde getötet. Frauen wurden sterilisiert oder zu Abtreibungen gezwungen.

Stalin ließ verschiedene nichtrussische Minderheiten, denen er vorwarf, mit den Deutschen zu kollaborieren, deportieren, darunter rund 1,2 Millionen Wolgadeutsche, deren Vorfahren Generationen zuvor nach Russland gekommen waren, und 180 000 Krimtataren. Krieg (oder die Androhung von Krieg) wurde auch dazu genutzt, Zivilisten zur Flucht zu bewegen, wie es die zionistischen Milizen 1948 in Palästina oder die Serben in den 1990er-Jahren in Bosnien taten.

Ein Aufenthalt in Beirut, wo ich eine der Reith Lectures hielt, ließ mich erneut darüber nachdenken, was der Krieg für Zivilisten bedeutet. Die Stadt hatte sich anscheinend von dem Bürgerkrieg erholt, der zwischen 1975 und 1990 im Libanon getobt hatte, aber wenn man genauer hinsah, fand man seine Spuren immer noch, etwa Einschusslöcher in Häuserwänden oder die Ruine des Holiday Inn im Stadtzentrum. Im Nationalmuseum kann man das Loch sehen, das in ein römisches Mosaik geschlagen wurde, damit ein Scharfschütze sein Gewehr auf die Grüne Linie richten konnte, die vor dem Museum verlaufende Grenze zwischen den verschiedenen Bürgerkriegsparteien. Menschen, die den Krieg erlebt hatten, erzählten mir, sie hätten gelernt, die Geräusche der verschiedenen Gewehre und Geschosse zu unterscheiden, in Schutzräumen etwas Schlaf zu finden und inmitten der Trümmer ihrer geliebten Stadt ihr tägliches Leben fortzuführen, so gut es eben ging. »Sihtak bil dinya«, trösteten sie einander, wenn wieder einmal das Haus oder Geschäft eines Bekannten in die Luft gesprengt worden war: Deine Gesundheit ist alles auf der Welt wert.

Als bedeutender Hafen am östlichen Mittelmeer hat Beirut in seiner 5000-jährigen Geschichte viele Kriege erlebt. Seine Bewohner glauben, dass die Stadt mindestens siebenmal zerstört und wiederaufgebaut wurde. Hethiter, Phönizier, die alten Griechen und Römer, Byzantiner, Mameluken, Osmanen und zuletzt Franzosen und Syrer wollten Beirut allesamt besitzen. 1110, am Ende des Ersten Kreuzzugs, wurden die Stadt und ihre Einwohner nicht mit Raketen und Kalaschnikows, sondern mit hölzernen Belagerungstürmen und Schwertern angegriffen – die Verluste an Zivilisten waren, wie so oft zuvor und danach, gewaltig. Die Kreuzfahrer unter König Balduin I. von Jerusalem hatten die Stadt land- wie meerseits eingeschlossen, und keine befreundete Flotte war in der Lage, den überwiegend moslemischen Beirutern zu Hilfe zu kommen. Zwei Monate lang, hielt ein Chronist einige Jahre später fest, griffen die Belagerer derart unablässig an, »dass die Bürger weder bei Tag noch bei Nacht nicht einmal eine Stunde Ruhe hatten, denn die Unseren lösten sich bei ihren Angriffen ab und ermüdeten auf diese Art die Bürger durch die unerträglichen Anstrengungen«. Als die Stadt schließlich fiel, flohen die verzweifelten Einwohner ans Meer, wo sie auf die von den Schiffen gesprungenen christlichen Truppen stießen, »und so gerieten diese Unglücklichen zwischen zwei Feinde, von denen bald die einen, bald die anderen auf sie eindrangen und sie mit ihren Schwertern niederhieben«. Einige Tausend sollen ums Leben gekommen sein, bevor Balduin des Gemetzels müde war und befahl, es zu beenden.[7]

Die Plünderung von Städten und die Vergewaltigung und

Abschlachtung ihrer Einwohner haben eine so lange wie unehrenhafte Geschichte. Manchmal versuchen Kommandeure, ihre Soldaten zu zügeln, aber allzu oft befehlen sie ihnen, Gräueltaten zu begehen, oder ermuntern sie, nach Belieben mit den Zivilisten zu verfahren. Als die japanische Armee 1937 Nanking einnahm, wiesen die Offiziere ihre Männer an, chinesische Zivilisten zu foltern, zu töten und zu vergewaltigen. Die jungen Rekruten, berichtete ein Offizier, seien zuerst schockiert gewesen, als sie sahen, was geschah, aber schon bald hätten sie dasselbe getan.

Je länger oder verlustreicher eine Belagerung ist, desto wahrscheinlicher erwartet die Bewohner nach der Einnahme ihrer Stadt ein furchtbares Schicksal, weil die angreifenden Soldaten Widerstand als Verlängerung der Härten betrachten, die sie haben aushalten müssen. Nachdem spanische Soldaten 1579 Maastricht von den niederländischen Rebellen erobert hatten, massakrierten sie ein Drittel der Einwohner. An das Schicksal Magdeburgs im Dreißigjährigen Krieg erinnerte man sich jahrhundertelang als Beispiel für Kriegsgräuel an Zivilisten. Die überwiegend protestantische Stadt hatte etwa 25 000 Einwohner, als die Katholische Liga mit habsburgischen Truppen sie im März 1631 zu belagern begann. Als sie im Mai schließlich fiel, steckten die kaiserlichen Truppen sie in Brand, wodurch 1700 der 1900 Gebäude der Stadt zerstört wurden. Die Soldaten liefen Amok und vergewaltigten Frauen und Mädchen. Rund 20 000 Zivilisten kamen ums Leben, und eine Zählung im folgenden Jahr ergab, dass Magdeburg nur noch 449 Einwohner hatte.

In Shakespeares Drama *Heinrich V.* drängt der britische König seine Truppen in einer Rede, die in den englischen Literaturkanon Eingang gefunden hat, zum Angriff auf die französische Stadt Harfleur: »Noch einmal stürmt, noch einmal, liebe Freunde! / Sonst füllt mit toten Englischen die Mauer!«[8] Diese heroischen Worte eines viel bewunderten Kriegerkönigs sind bei britischen Sportreportern, Börsenanalysten und Politikern gleichermaßen beliebt. Doch sie sollten Heinrichs nächste Ansprache lesen, die er, nach einem komischen Zwischenspiel, zwei Szenen weiter hält und in der er dem Stadthauptmann und den Bürgern von Harfleur ankündigt, dass seine Soldaten keine Gnade walten lassen würden, wenn sie kämpfen müssten, um die Stadt einzunehmen. Sie sollten besser kapitulieren, erklärt er den von der Stadtmauer herabblickenden Männern von Harfleur, solange sie es noch könnten:

> Wo nicht, erwartet augenblicks besudelt
> Zu sehn vom blinden blutigen Soldaten
> Die Locken eurer gellend schrei'nden Töchter;
> Am Silberbart ergriffen eure Väter,
> Ihr würdig Haupt geschmettert an die Wand;
> Gespießt auf Piken eure nackten Kinder,
> Indes der Mütter rasendes Geheul
> Die Wolken teilt, wie dort der jüd'schen Weiber
> Bei der Herodes-Knechte blut'ger Jagd.
> Was, sagt ihr? Gebt ihr nach und wollt dies meiden?
> Wo nicht, durch Widerstand das Ärgste leiden?[9]

Krieg kommt nicht freundlich daher und lässt Zivilisten keine Wahl, ob sie hineingezogen werden wollen oder nicht. Generale ordnen eine Taktik der verbrannten Erde an, wenn sie und ihre Armeen sich zurückziehen. In den letzten Tagen des Zweiten Weltkriegs kümmerte das Schicksal der eigenen Zivilisten das deutsche Oberkommando so wenig, dass es befahl, Berlin »bis zum letzten Mann und zur letzten Patrone« zu verteidigen, und zwar »jeden Häuserblock, jedes Haus, jedes Stockwerk, jede Hecke, jeden Granattrichter«.[10] Dieser Befehl erging im März 1945, als klar abzusehen war, dass der endgültige Zusammenbruch Deutschlands nur noch eine Frage von Wochen war. Die Autorin von *Eine Frau in Berlin* beobachtete, wie deutsche Soldaten durch ihr Viertel marschierten. »Was ist los?«, fragte sie. »Wo geht's hin?« Sie würden dem Führer bis in den Tod folgen, flüsterte einer von ihnen. »Offenbar sind wir, wir Volk oder Zivilisten […], ihnen gleichgültig«, kommentierte die Tagebuchschreiberin.[11]

Im Krieg marschieren alle Armeen, selbst eigene oder verbündete, durch friedliche Landstriche und versorgen sich mit den dort verfügbaren Lebensmitteln. Bauernhäuser gehen in Flammen auf, Vieh wird fortgetrieben. Kriegsschiffe versenken Handelsschiffe oder blockieren Häfen. Bomber werfen Bomben auf Ziele ab, die einen militärischen Nutzen haben mögen, zu denen häufig aber auch Wohnhäuser, Schulen und Krankenhäuser zählen. Zivilisten versuchen zu überleben, so gut es geht, müssen aber nicht nur Soldaten, sondern auch Krankheiten und Hunger fürchten.

Im ersten Viertel des 16. Jahrhunderts schrien in den von prächtigen Renaissancepalästen gesäumten Straßen der norditalienischen Stadt Pavia die Kinder vor Hunger. Die Einwohnerzahl der Stadt sank von 16000 im Jahr 1500 auf unter 7000 im Jahr 1529. Ein Jahrhundert später verloren im Dreißigjährigen Krieg verschiedene deutsche Kleinstaaten zwischen 25 und 40 Prozent ihrer Bevölkerung. Ein Teil dieser Todesfälle war gezielt herbeigeführt worden, viele aber waren das Nebenprodukt der Bewegungen großer Truppenkontingente, die Krankheiten verbreiteten, welche eine ohnehin schon durch Nahrungsknappheit geschwächte Bevölkerung trafen. Die tödliche Influenzaepidemie, die die Welt am Ende des Ersten Weltkriegs heimsuchte und bis zu 50 Millionen Menschen das Leben kostete, wurde vermutlich durch die umfangreichen Truppentransporte an die Fronten in aller Welt verbreitet.

Zivilisten absichtlich zum Ziel zu erklären gehört seit Langem zu den Taktiken der Kriegführung, sei es, um ihnen Ressourcen abzupressen, den Feind zum Innehalten zu zwingen oder seinen Kampfwillen zu schwächen. Jahrhundertelang verlangten europäische Belagerungsarmeen Zahlungen dafür, dass sie Städte oder Klöster vor Zerstörung und deren Bewohner vor Ermordung verschonten. Zudem eröffnet die Anarchie, die der Krieg so oft mit sich bringt, auch privaten Glücksrittern Gelegenheiten, bei Zivilisten Beute zu machen. Im 14. Jahrhundert, während des Hundertjährigen Kriegs zwischen England und Frankreich, zogen Banden, die sich Namen wie »Schlagende Stöcke« und »Eiserner Arm« gaben, erpressend, folternd und mordend durch Frankreich, so wie es bewaffnete Gangs im libanesischen Bürgerkrieg taten und heute in Libyen und im Kongo tun. Zwischen 1356 und 1364 mussten mehr als 450 Gemeinden in Frankreich Lösegeld zahlen. Manchmal verlangten die Armeen und Banden, wie später die Mafia oder die Cosa Nostra, regelmäßige Schutzgeldzahlungen. Im 16. Jahrhundert konnten in Deutschland und den Niederlanden Haushalte oder Gemeinden Bescheinigungen als Nachweis solcher Zahlungen erwerben, in Deutschland »Brandschatzungssteuer« genannt. Die Militärbehörden hatten für diesen Zweck sogar Vordrucke, in die nur noch der Betrag und das Datum eingetragen werden mussten. Wurde die regelmäßige Steuer nicht rechtzeitig entrichtet, folgte eine sogenannte Exekution, die häufig darin bestand, ganze Dörfer niederzubrennen oder sogar deren Bewohner hinzurichten. Selbst wenn sich Invasionsarmeen an ihre eigenen Regeln halten, werden Zivilisten weiterhin als Auszubeutende betrachtet, deren Vorräte und Ersparnisse man sich aneignen und deren Häuser man für die Unterbringung von Soldaten nutzen kann. Manchmal zeigen sich Armeen bereit, dafür zu bezahlen, aber die Schuldscheine, die sie ausgeben, erweisen sich häufig als wertlos.

Thukydides hat in seiner *Geschichte des Peloponnesischen Kriegs* beschrieben, wie die Spartaner im ersten Jahr des Krieges Attika verwüsteten, um die Athener dazu zu bewegen, hinter ihren Mauern hervorzukommen und ihre Felder und Ställe zu verteidigen. Ein Gebietsstreit zwischen dem Königreich Polen und dem mit ihm verbündeten Großherzogtum Litauen einerseits und dem Deutschritterorden andererseits führte im Sommer 1414 zum Hungerkrieg, in dem beide Seiten die Taktik der verbrannten Erde anwandten, um die jeweils andere durch Hunger zum Nachgeben zu zwingen. Im mittelalterlichen Europa benutzten die Ritter, deren galanter Verhaltenskodex so sehr bewundert wurde, eine euphemistisch »Chevauchée« – »Reiterzug« – genannte Kriegstaktik: Zwar zogen sie reitend umher, so viel war richtig, aber das Ziel ihres Zuges war es, alles auf ihrem Weg zu plündern, zu brandschatzen oder dem Erdboden gleichzumachen – Tiere, Getreide, Gebäude, Menschen. Deshalb sieht man heute noch mancherorts in Frankreich befestigte Bauernhöfe und Kirchen, in denen die Armen Zuflucht suchten.

Das rettete sie allerdings nicht immer, denn Gebäude können gestürmt oder in Brand gesteckt werden. »Krieg ohne Feuer«, sagte der wirkliche Heinrich V., »ist so wertlos wie eine Wurst ohne Senf.« 1360, während des Hundertjährigen Kriegs, wurden in Orly hundert Bauern hingemetzelt, als die Engländer in eine Kirche einbrachen. Um ihre Gegner zu zwingen, ihre befestigten Burgen zu verlassen, um ihren Besitz zu verteidigen, griffen die edlen Krieger zum Mittel der Zerstörung, einschließlich der Ermordung von Bauern und Leibeigenen, die sie als niederes Volk ansahen. (Auch hielten das Beutemachen und Plündern die einfachen Soldaten bei Laune.) Kurz nach Ausbruch des Hundertjährigen Kriegs unternahmen die Engländer eine berühmte, über 40 Kilometer weite Chevauchée, die eine Schneise der Verwüstung hinterließ. Ein italienischer Dichter, der 25 Jahre nach Kriegsbeginn Frankreich besuchte, bekannte, er habe sich zwingen müssen zu glauben, dass es dasselbe Land sei, das er zuvor gesehen habe.

Die Ansprache des Herzogs von Burgund und Marschalls von Frankreich in Shakespeares *Heinrich V.* bildet einen eindrucksvollen Kontrapunkt zum Kriegsruhm, von dem seine Figuren anderswo in dem Stück sprechen (Burgund bedrängt die Könige Frankreichs und Englands, die Kämpfe einzustellen):

> … so lasst mich's nicht beschämen,
> Vor diesem königlichen Kreis zu fragen,
> Was für ein Anstoß oder Hindernis
> Dem nackten, armen und zerstückten Frieden,
> Dem Pfleger aller Künst' und Überflusses

Und freudiger Geburten, nicht erlaubt,
In diesem schönsten Garten auf der Welt,
Dem fruchtbar'n Frankreich, hold die Stirn zu heben.

Er führt seinen hochgestellten Zuhörern die menschlichen Kosten vor Augen:

Wie unser Wein nun, Brachland, Wiesen, Hecken
Durch fehlerhaften Trieb zur Wildnis arten,
So haben wir samt unserm Haus und Kindern
Verlernt und lernen nicht, weil Muße fehlt,
Die Wissenschaften, unser Land zu zieren.
Wir wachsen auf gleich Wilden; wie Soldaten,
Die einzig nur auf Blut gerichtet sind …[12]

Brutalität gegenüber Zivilisten dient auch dazu, sie gefügig zu machen und ihnen die Lehre zu erteilen, dass Widerstand sich nicht auszahlt. Im Neunjährigen Krieg, auch »Tyrone's Rebellion« genannt, der Mitte der 1590er-Jahre begann, als die Iren sich gegen die englischen Besatzer erhoben, gingen die Engländer mit äußerster Härte gegen die Aufständischen vor. Arthur Chichester, der gnadenlose Gouverneur von Carrickfergus, prahlte in einem Brief an seinen Vorgesetzten mit einer Razzia am Lough Neagh, westlich von Belfast (heute ein friedlicher See, bekannt für seine Aale und die Möglichkeiten, Vögel zu beobachten): »Wir haben den ganzen See entlang, keine vier Meilen von Dungannon entfernt, getötet, gebrandschatzt und zerstört.« Er habe mindestens hundert Tote gezählt und ebenso viele oder mehr durch Brandlegung vernichtet. »Wir haben niemanden verschont, welchen Ranges oder Geschlechts auch immer, und dies hat unter der Bevölkerung großen Schrecken verbreitet …« Solche Maßnahmen hat es immer gegeben. 1942, während ihres Kriegs gegen China, haben die Japaner mit ihren drei Alles – alles niederbrennen, alles töten, alles zerstören – eine ähnliche Politik verfolgt. Und heute legen die syrischen

Regierungstruppen rebellische Städte und Dörfer in Schutt und Asche.

Im Amerikanischen Bürgerkrieg setzte General Sherman nicht nur auf Massenvergeltung an Zivilisten, um Angriffe etwa auf Flussschiffe der Union abzuschrecken, sondern gelangte auch, wie seine Nachfolger später in Vietnam, zu der Überzeugung, der Schlüssel zum Sieg bestehe darin, die Unterstützung abzuschneiden – von Informationen bis zu Verpflegung –, die Zivilisten der Südstaaten ihren Truppen auf dem Heimatterritorium zukommen lassen könnten. »Die Regierung der Vereinigten Staaten«, erklärte er in einem Brief an den Finanzminister, »kann jetzt mit Gewissheit von der verlässlichen Regel ausgehen, dass alle im Süden Feinde von allen im Norden sind; und sie sind nicht nur feindselig, sondern alle, die über Waffen verfügen, tragen sie in organisierten Regimentern oder als Guerillas.« Sherman sah in jedem Südstaatler, ob jung oder alt, Mann oder Frau, einen Feind. Um den Sieg zu erreichen, unterzog er Zivilisten in Schlüsselstaaten der Konföderierten wie Mississippi, Georgia und South Carolina einer speziellen Behandlung: Er ließ die Einwohner ausgewählter Dörfer und Städte vertreiben, Gebäude in Brand stecken, Pferde und Rinder requirieren sowie Ernten zerstören. Bei seinem Marsch ans Meer 1864 hinterließ er eine rund hundert Kilometer lange Spur der Verwüstung quer durch Georgia; im folgenden Jahr erlitt South Carolina das gleiche Schicksal.

Die Europäer betrachteten den Amerikanischen Bürgerkrieg mit einem gewissen Mitleid als Beweis dafür, dass die Amerikaner in ihrer zivilisatorischen Entwicklung noch nicht so weit gekommen waren, wie es den Anschein gehabt hatte. In den Jahrzehnten vor dem Ersten Weltkrieg waren die Europäer zunehmend davon überzeugt, dass Krieg etwas war, dem sich nur noch weniger fortgeschrittene und weniger zivilisierte Teile der Welt hingaben. Nach dem Deutsch-Französischen Krieg von 1870/71 fanden die einzigen Konflikte in Europa auf dem Balkan statt, und die konnte man damit abtun, dass Nationen wie Serbien, Bulgarien, Rumänien und Griechenland gerade erst die Herrschaft des Osmanischen Reichs abgeschüttelt und daher etwas nachzuholen hatten. Die neu gegründete Carnegie-Stiftung für internationalen Frieden verfasste einen Bericht über die beiden Balkankriege von 1912 und 1913 und kommentierte die von allen Seiten begangenen Gräuel an Zivilisten. »In den älteren Zivilisationen«, hieß es dort mit beruhigendem Blick auf das restliche Europa, »gibt es eine Synthese von moralischen und sozialen Kräften, verkörpert in Gesetzen und Institutionen, die Charakterstärke verleihen, die öffentliche Haltung prägen und für Sicherheit sorgen.« Der Bericht erschien im Frühsommer 1914, kurz bevor Europa in einen Krieg stürzte, der zeigen sollte, wie sehr es selbst zu Gräueln an Zivilisten fähig war.

Der Schritt hin zum totalen Krieg im 20. Jahrhundert verwischte die Trennlinie zwischen Kampf- und Heimatfront. Schließlich sei die Frau, die in einer Fabrik Patronen herstelle, genauso Teil der Kriegsanstrengung wie der Soldat, der sie verschieße, so das Argument. Der zunehmende Nationalismus und die Partizipation der Massen an ihren jeweiligen Gesellschaften lieferten den Treibstoff und die Rechtfertigung für einen allumfassenden Hass auf den Feind – Kombattanten und Zivilisten gleichermaßen; zudem standen aufgrund der großen Fortschritte in Industrie, Wissenschaft und Technik mehr Mittel bereit, um entsprechend zu handeln, obgleich auch ältere Taktiken gegen Zivilisten angewandt wurden: Seeblockaden, Zwangseinquartierung von Soldaten, Requirierungen, verbrannte Erde.

Nach dem Ersten Weltkrieg nahm man lange an, die Geschichten über deutsche Gräueltaten in Belgien seien das Produkt einer geschickten alliierten Propaganda. Tatsächlich trafen viele von ihnen zu, wie Historiker gezeigt haben. Deutsche Truppen erschossen willkürlich unschuldige belgische Zivilisten oder benutzten sie als menschliche Schilde; auch steckten sie willkürlich Gebäude in Brand. Deutschland raubte Belgien einen Großteil seines Vermögens, von Gold bis zu Vieh, und rund 120 000 belgische Zivilisten wurden nach Deutschland oder ins deutsch besetzte Nordfrankreich verschleppt, wo sie unter jämmerlichen

Bedingungen und bei miserabler Verpflegung Zwangsarbeit leisten mussten.

Doch die Deutschen waren nicht die Einzigen, die Zivilisten malträtierten. Die britische Blockade Deutschlands, die auch Lebensmitteleinfuhren betraf, ist bis heute umstritten. Die britische Historikerin Mary Cox hat jüngst nachgewiesen, dass in Armut lebende deutsche Kinder, deren Eltern sich die immer teureren Lebensmittel nicht leisten konnten, unterernährt und im Wachstum gestört waren, und zwar sowohl während als auch unmittelbar nach dem Krieg, als die britische Blockade aufrechterhalten wurde, um Deutschland zur Annahme der alliierten Friedensbedingungen zu zwingen. Die Russen griffen 1915, als ihre Armeen vor den vorrückenden Deutschen zurückweichen mussten, nicht nur zur Taktik der verbrannten Erde, sondern zwangen auch nichtrussische Minderheiten, ihre angestammten Siedlungsgebiete zu verlassen. Rund 300 000 Litauer, 350 000 Juden und 750 000 Polen mussten ostwärts ins Innere Russlands ziehen. Besonders Juden wurden zum Ziel von Repressionen; während des gesamten Krieges kam es in russisch beherrschten Gebieten zu gegen sie gerichteten Pogromen.

Als Österreich 1914 und – mit größerem Erfolg – erneut im folgenden Jahr in Serbien einmarschierte, behandelten seine Truppen die Zivilbevölkerung mit großer Brutalität. Über 1000 Zivilisten, darunter Frauen und Kinder, die verdächtigt wurden, der serbischen Armee geholfen zu haben, wurden »mit abscheulichster Grausamkeit« getötet, wie ein ausländischer Beobachter berichtete. Im Osmanischen Reich nutzte das regierende Komitee für Einheit und Fortschritt der Jungtürken-Bewegung den Krieg als Vorwand, um einen systematischen Völkermord an der armenischen Minderheit zu begehen. Zwischen einer und anderthalb Millionen Armenier starben durch Massaker oder die Entbehrungen, die sie auf den Todesmärschen aus ihrer Heimat im Nordosten Kleinasiens quer durch die Wüste nach Syrien erlitten.

In der Zwischenkriegszeit ermöglichten technische Fortschritte – tödlichere Bomben, Flugzeuge mit größerer Reichweite und Tragkraft, U-Boote, Giftgas, die Kernspaltung –, in größerem Umfang und aus größerer Entfernung zu töten. Trotz aller Abscheu vor der gewaltigen Zahl an Todesopfern, die der Erste Weltkrieg gefordert hatte, betrachteten westliche Regierungen nach seinem Ende die Bombardierung aus der Luft als billiges, leicht einzusetzendes Mittel, um aufmüpfige Zivilisten unter Kontrolle zu bringen, insbesondere wenn sie, wie so oft, als weniger zivilisiert galten. Die Briten bombardierten Anfang der 1920er-Jahre Dörfer im Irak und in Afghanistan aus der Luft, und auch die Italiener setzten 1935 bei der Invasion Äthiopiens Bomber ein. (Mussolinis Schwiegersohn, Graf Galeazzo Ciano, fand, die explodierenden Bomben sähen aus der Luft wie Blüten aus.) Im Spanischen Bürgerkrieg wurden schließlich auch in Europa Zivilisten aus der Luft bombardiert, als 1937 nationalsozialistische und faschistische Piloten, die auf der Seite von General Francos Falangisten im Einsatz waren, die baskische Stadt Guernica zerstörten und dabei mehrere Hundert Zivilisten töteten.

Zu Beginn des Zweiten Weltkriegs war man sich, zumindest auf alliierter Seite, noch nicht im Klaren darüber, welche Ziele bei einem Luftangriff als legitim anzusehen waren. (Ein britischer Minister soll 1939, als die Möglichkeit der Bombardierung deutscher Industrieanlagen im Ruhrgebiet zur Sprache kam, eingewandt haben, das sei doch Privateigentum.) Solche Bedenken wurden von der Totalität des Krieges beiseitegefegt, obwohl sie, wiederum auf alliierter Seite, nie ganz verschwanden.

Alle Kriegsteilnehmer führten Luftangriffe auf Zivilisten durch, um die Kriegsanstrengung des Feindes zu unterbrechen und seinen Kampfeswillen zu schwächen. Ziele waren Häfen, Fabriken, Eisenbahnrangierbahnhöfe, Treibstoffdepots, Staudämme und Brücken, aber auch Wohngebiete und Stadtzentren. Hermann Göring versprach Hitler im Sommer 1940, er werde Großbritannien durch die Bombardierung seiner Flughäfen und Großstädte, insbesondere Londons, dazu bringen, um Frieden zu ersuchen. Auf der anderen Seite glaubte Arthur Harris, Chef des britischen Bomberkommandos, fest daran, der Krieg gegen

Deutschland könne von Bombern gewonnen werden und das entscheidende Ziel sei die Moral der Deutschen – und es gelang ihm, seine Vorgesetzten, einschließlich Winston Churchills, davon zu überzeugen. Im Oktober 1943 erklärte er in einer streng geheimen Denkschrift, das Ziel sei

> die Zerstörung der deutschen Städte, die Tötung deutscher Arbeiter und die Zerschlagung des zivilisierten sozialen Lebens in ganz Deutschland. Es sollte unterstrichen werden, dass die Zerstörung von Gebäuden, öffentlichen Einrichtungen, Transportmitteln und Leben, die Schaffung eines Flüchtlingsproblems von bislang unbekanntem Ausmaß und der Zusammenbruch der Moral an der Heimat- wie der Kampffront durch die Furcht vor noch umfassenderen und heftigeren Bombenangriffen akzeptierte und beabsichtigte Ziele unserer Bombenpolitik sind. Keinesfalls sind sie Nebeneffekte von Versuchen, Fabriken zu treffen.[13]

1943 starben in Hamburg mindestens 40 000 Menschen durch alliierte Luftangriffe, viele in dem von den Bomben ausgelösten Feuersturm, und bei der Bombardierung Dresdens im Februar 1945 kamen 35 000 Menschen ums Leben. (Letztere Zahl ist, wie die Wahl dieses Angriffsziels, bis heute umstritten.) Die amerikanische Bombardierung Tokios im selben Jahr mit Brandbomben – eine mit Absicht gewählte Waffe, weil viele Gebäude der Stadt aus Holz bestanden – zerstörte über 40 Quadratkilometer, tötete 80 000 bis 100 000 Menschen und machte eine Million obdachlos. Laut Generalmajor Curtis LeMay, in dessen Verantwortung der Angriff lag, wurden die Japaner »zu Tode geschmort, gekocht und gebacken«. Es war kein Versehen, dass in den Nürnberger Prozessen Flächenbombardements nicht in die Anklagen gegen NS-Kriegsverbrecher aufgenommen wurden.

Der totale Krieg verwischte auch die in den vorangegangenen Jahrhunderten gezogene Trennlinie zwischen den genauen Rollen von Kombattanten und Nichtkombattanten. Uniform, Hierarchie, Disziplin und Vorschriften dienten dazu, Militärs von Zivilisten zu unterscheiden. Erstere hatten das Recht, Gewalt anzuwenden, Letztere nicht. Aber was geschah, wenn Zivilisten zu den Waffen griffen oder bewaffneten Invasoren Widerstand leisteten? Galt das Kriegsrecht auch für sie? Konnten und sollten Zivilisten in solchen Fällen bestraft werden – wie es zum Beispiel General Sherman im amerikanischen Süden tat? Fragen wie diese waren Teil breiterer und andauernder Versuche, den Krieg zu kontrollieren und zu regulieren. Aber sie verweisen auch auf die zunehmende Bedeutung von Zivilisten im Krieg.

Vor dem modernen Zeitalter kümmerte es Herrscher wenig, ob Zivilisten Kriege unterstützten, aber mit dem Aufkommen des Nationalismus, der zunehmenden Komplexität und den steigenden Anforderungen des Krieges wurden sie – ihre Zustimmung und ihre Arbeitskraft – für die Kriegsanstrengung immer wichtiger. Zivile Freiwillige wie die patriotischen Frauenhilfsvereine in Preußen während der Napoleonischen Kriege oder das Mitte des 19. Jahrhunderts gegründete Internationale Komitee vom Roten Kreuz kümmerten sich um Soldaten oder Kriegsopfer, sammelten Geld für Soldatenfamilien, errichteten und führten Krankenhäuser für Verwundete oder kauften Anleihen, um den Kriegseinsatz zu finanzieren. Frauen, junge wie alte, konnten Arbeitsplätze übernehmen, um Männer für die Front freizusetzen, oder den Behörden bei der Überwachung von Verdunkelungen oder der Feuerwache helfen. Umgekehrt ist es für Regierungen schwierig, wenn nicht unmöglich, Kriege weiterzuführen, wenn die Öffentlichkeit oder ein beträchtlicher Teil von ihr die Unterstützung versagt, wie 1917 in Russland, 1918 in Deutschland und in den 1960er- und 1970er-Jahren während des Vietnamkriegs in den Vereinigten Staaten geschehen. Schon während eines Krieges können Zivilisten die Kriegsanstrengung ihres Landes auf verschiedenste Weise sabotieren und schwächen. Ein Extrem ist der direkte Widerstand – ob von Pazifisten, die sich auf Eisenbahngleise legen oder Einberufungsbehörden blockieren, oder durch Widerstandskämpfer, die gegen die eigene Regierung oder aber

Besatzer zu den Waffen greifen. Das andere Ende des Spektrums bildet der Unwille zur Zusammenarbeit, etwa die Weigerung, Kriegsanleihen zu zeichnen oder Überstunden zu leisten. Als die Sowjetunion und Deutschland kurz vor Ausbruch des Zweiten Weltkriegs ihren Nichtangriffspakt unterzeichneten (nach den Diktatoren beider Länder auch Hitler-Stalin-Pakt oder, nach den Außenministern, Molotow-Ribbentrop-Pakt genannt), befahl Moskau den kommunistischen Parteien auf der ganzen Welt, ihre Haltung vollständig umzukehren und sich nicht mehr gegen NS-Deutschland, sondern gegen die Demokratien zu wenden. (Dies war einer der Anstöße für George Orwell, den Roman *1984* zu schreiben.) Die mächtige Kommunistische Partei Frankreichs ließ über Nacht ihre Forderung, Deutschland den Krieg zu erklären, fallen und befürwortete nun den Frieden. Als die Regierung die Mobilmachung anordnete, riefen Kommunisten an den Bahnhöfen: »Geht nicht!« und: »Frieden! Frieden!« Es gab (schwer zu belegende) Berichte, kommunistische Arbeiter würden die Rüstungsproduktion sabotieren.

Im Zweiten Weltkrieg kamen riesige Gebiete mit Millionen von Bewohnern unter Besatzungsherrschaft. In Europa gerieten 180 Millionen Menschen unter die Herrschaft der Achsenmächte Deutschland und Italien sowie ihrer kleineren Verbündeten, und in Asien herrschte Japan über 460 Millionen Bewohner der von ihm besetzten Gebiete. Manche Zivilisten kollaborierten mit den Eroberern, mitunter sogar begeistert. In China willigte der führende Nationalist Wang Jingwei ein, eine Marionettenregierung von Japans Gnaden zu führen, nicht zuletzt, weil er glaubte, zusammen mit Japan den westlichen Imperialismus vertreiben und ein neues Asien aufbauen zu können. In den Augen des belgischen Intellektuellen Henri de Man waren die Nationalsozialisten eine »Erlösung« von der liberalen Demokratie. Die herrschenden Eliten und ihre Unterstützer im Marionettenstaat Vichy-Frankreich sahen die Gelegenheit gekommen, die Uhr zurückzudrehen und Frankreich wieder auf die nach ihrer Ansicht ewigen konservativ-katholischen Werte zu gründen. Als die Deutschen die Auslieferung der französischen Juden verlangten, um sie in die Vernichtungslager zu deportieren, kooperierte Vichy willfährig.

Von ihren eigenen Rassentheorien geblendet und von den zunehmenden Anforderungen des Krieges genötigt, aus den besetzten Gebieten herauszupressen, was nur möglich war, trieben die Achsenmächte sowohl in Europa als auch in Asien Zivilisten in den aktiven Widerstand. Zwangsarbeit, Strafsteuern, willkürliche Tötungen und vorsätzlicher Völkermord stellten die Menschen vor die harte Wahl, Widerstand zu leisten oder aller Wahrscheinlichkeit nach ohnehin zu sterben. Als überall in Asien, von den Philippinen bis China, und in ganz Europa der Widerstand wuchs, griffen die Achsenmächte zu immer drastischeren Maßnahmen – Japan etwa zu solchen wie der »Drei-Alles-Politik« in China, die Nationalsozialisten zur kollektiven Bestrafung jedes Ortes, an dem sich Widerstand regte. »Das glänzende Ergebnis dieser Heldentat ist«, stellte ein deutscher Diplomat in Griechenland fest, nachdem deutsche Soldaten griechische Dorfbewohner massakriert hatten, »dass zwar Säuglinge tot sind, aber die Partisanen leben …«[14] Ukrainer, die die deutschen Truppen zunächst mit traditioneller Gabe von Salz und Brot als Befreier von sowjetischer Herrschaft willkommen geheißen hatten, bildeten Partisaneneinheiten, als die Nationalsozialisten mit Erschießungen und der Massendeportation von Zwangsarbeitern in den Westen begannen.

Widerstand bestand im Zweiten Weltkrieg nicht nur darin, ein Gewehr in die Hand zu nehmen oder Eisenbahnschienen zu sprengen, sondern auch darin, den allabendlichen Nachrichten der BBC zu lauschen, wie es Tausende von Menschen überall in Europa taten, obwohl darauf die Todesstrafe stand. Widerstand war auch das Drucken und Verbreiten von Informationen über die Besatzer und den Stand des Krieges. In Belgien waren rund 12 000 Menschen daran beteiligt, etwa 300 Untergrundzeitungen herzustellen und zu verteilen. Im besetzten Frankreich applaudierten Kinogänger, wenn in Wochenschauen britische Soldaten gezeigt wurden, und wechselten den Platz, wenn sich ein Deutscher neben sie setzte. In Polen beklagte sich ein deutscher Offizier darüber, dass polnische Kinder ihm gegenüber unverschämt seien. Im besetzten Dänemark versammelten sich große Menschenmengen an öffentlichen Orten, um dänische Volkslieder zu singen. Die Niederländer pflanzten Blumenrabatten in ihren Nationalfarben. In Prag waren die Straßen am Jahrestag des Münchener Abkommens, das die Tschechoslowakei zerschlagen hatte, menschenleer. Solche Gesten mögen sinnlos erscheinen, aber sie halfen, die Hoffnung aufrechtzuerhalten.

Einzelne bemühten sich nach besten Kräften, die Erinnerung ihrer Völker zu bewahren und die Schrecken der Gegenwart zu dokumentieren. In Sarajevo schmuggelte ein muslimischer Bibliothekar unter Lebensgefahr eine seltene illustrierte jüdische Handschrift aus dem 14. Jahrhundert aus dem Nationalmuseum von Bosnien-Herzegowina, um sie vor den Nationalsozialisten zu retten. In Wilna gelang es jüdischen Gelehrten, die von den Nationalsozialisten gezwungen wurden, eine riesige Sammlung beschlagnahmter jüdischer Dokumente zu katalogisieren, viele davon hinauszuschaffen und unter Fußbodendielen oder in Wänden zu verstecken. Fotografen setzten sich über nationalsozialistische Anordnungen hinweg, machten Aufnahmen von Ghettos und Konzentrationslagern und bewahrten sie auf. Als die Nationalsozialisten 1933 an die Macht kamen, beschloss der Dresdner Romanistikprofessor Victor Klemperer, sein Tagebuch fortzuführen. Darin äußerte er sich regelmäßig auch über seinen Gesundheitszustand und sagte voraus, dass er nicht lange leben werde (er starb im Jahr 1960 im Alter von 78 Jahren). Klemperer sagte von sich selbst, er sei kein Held, aber um die wachsende Kontrolle der Nationalsozialisten über die deutsche Gesellschaft und die vielen Verbrechen des Regimes, einschließlich des Zweiten Weltkriegs und des Holocausts, zu dokumentieren, wie er es tat, brauchte es großen Mut. »Aber ich schreibe weiter«, notierte Klemperer 1942. »Das ist *mein* Heldentum. Ich will Zeugnis ablegen, und exaktes Zeugnis!«[15] Obwohl die Nationalsozialisten ihn trotz der Konversion seiner Familie zum Christentum als Juden einstuften, wurde er aufgrund seiner Ehe mit einer »arischen« Frau verschont. Als die Einschränkungen sich immer enger um ihn legten, durfte sie immer noch ungehindert reisen; dabei schmuggelte sie mutig seine Tagebuchblätter aus dem Haus für »Mischehen«, in das sie hatten umziehen müssen. Ebenso mutig versteckte eine befreundete Ärztin die Blätter bis Kriegsende.

Die Alliierten ermutigten und unterstützten bewaffneten Widerstand, wo immer sie konnten. Aufgabe der 1940 gegründeten britischen Special Operations Executive war es, Widerstandskämpfer auf dem Kontinent zu ermutigen, »Europa in Brand zu stecken«. Nach dem deutschen Angriff auf die Sowjetunion 1941 änderten die kommunistischen Parteien Europas erneut ihren Kurs und schlossen sich dem Widerstand an. Trotz der Unterdrückung durch das NS-Regime vermochten die deutschen Kommunisten einen Großteil ihrer Aktivitäten im Untergrund fortzusetzen, und die kommunistische Organisation mit ihrer strengen Hierarchie und ihren selbstständig agierenden Zellen erwies sich als höchst geeignet für die Widerstandstätigkeit. Die wachsenden Widerstandsnetze, kommunistische wie nichtkommunistische, verhalfen alliierten Piloten und Soldaten zur Flucht. Sie lieferten auch wichtige Informationen – darunter Pläne von Teilen des Atlantikwalls, den die Deutschen zur Abschreckung alliierter Landungsversuche errichtet hatten – sowie detaillierte Angaben über Stärke, Organisation und Bewegungen der Achsentruppen. Zudem sabotierten sie Fabriken, Eisenbahnverbindungen sowie Telefon- und Telegrafenleitungen. Wer von den Besatzern gefasst wurde, den erwartete ein furchtbares Schicksal, häufig genug waren auch Unbeteiligte betroffen.

Was uns, die wir in friedlichen Gesellschaften leben, erstaunt, ist die oftmals außerordentliche Zähigkeit und Anpassungsfähigkeit, die Zivilisten und Zivilgesellschaften in der fremden, schreckenerregenden Welt des Krieges beweisen, in der sie sich ungewollt wiederfinden. Die Menschen erdulden Entbehrungen, die sie vor Kriegsbeginn für unerträglich gehalten hätten. Sie richten sich in Ruinen ein, passen ihren Tagesablauf an sichere Ausgangszeiten an und schlafen in beengten Schutzräumen inmitten fremder Personen. Sie lernen, ohne Strom oder Wasser zu leben, und verzehren Dinge, über die sie in Friedenszeiten die Nase gerümpft hätten – etwa undefinierbare Fleischstücke, öligen Dosenfisch, geschmacklose Kartoffeln oder Kaffee aus Getreide. Nella Last lebte während des Zweiten Weltkriegs in Barrow-in-Furness, rund 65 Kilometer nördlich von Liverpool, in einer vom Schiffsbau geprägten Gegend, die regelmäßig Ziel deutscher Luftangriffe war. Ihr eigenes geliebtes Haus wurde beschädigt, aber sie ließ sich nicht unterkriegen, arbeitete den ganzen Tag beim Frauenfreiwilligendienst und erledigte in wenigen Stunden eilig ihre Hausarbeit. Sie hielt Hühner, baute Gemüse an und war stolz darauf, ihre Lebensmittelrationen so lange wie möglich zu strecken. Immer wieder vertraute sie ihrem Tagebuch an, dass sie niedergeschlagen sei, sich aber um ihrer Familie und ihrer Umgebung willen heiter gebe. Sie rief sich den holländischen Jungen in Erinnerung, der einen Finger in das Leck eines Deiches drückte und so das Wasser zurückhielt. »Ich muss meine Deiche stark genug erhalten – oder ich gehe irgendwann unter.«

Frauen werden zu großen Improvisateurinnen; sie schneidern beispielsweise, wie Scarlett O'Hara in *Vom Winde verweht*, Kleider aus Vorhängen. Im Zweiten Weltkrieg begegneten britische Frauen der Knappheit an Seiden- und Nylonstrümpfen damit, dass sie sich hinten auf ihre Beine Nähte malten, sodass es aussah, als würden sie Strümpfe tragen. Und sie taten Dinge, von denen sie nie geglaubt hätten, dazu fähig zu sein. Nach Ansicht der Autorin von *Eine Frau in Berlin* bezogen Frauen ihre Kraft daraus, dass sie sich auf die alltäglichen Dinge konzentrierten, etwa das Anstehen nach Lebensmitteln. »Immer haben wir Frauen das Nächstliegende im Kopf«, schrieb sie über ihre Nachbarinnen. »Die Wurst steht zurzeit im Vordergrund dieser Hirne und verstellt ihnen perspektivisch die großen, doch fernen Dinge.« Sie selbst erfreute sich daran, ihre Bettwäsche zu waschen, nachdem die sowjetischen Soldaten abgezogen waren. »Es tat not nach all den gestiefelten Gästen«, bemerkte sie mit bitterem Humor.[16]

Libussa Fritz-Krockow stammte aus einer alten Gutsbesitzerfamilie im Osten Deutschlands. Sie heiratete 1944 standesgemäß einen Wehrmachtsoffizier, der in den Krieg zog – sie hatte keine Ahnung, wohin – und sie, ihre Mutter und ihren kleinen Haushalt, zu dem bald noch ihr Baby zählte, der Obhut ihres Stiefvaters überließ. Familien wie ihre waren traditionsbewusst, und die Werte, die sie hochhielten, waren weitgehend männlicher und militärischer Art. Die Männer in ihrer Welt glaubten an Ordnung, Disziplin und Gehorsam – nützliche Eigenschaften auf dem Schlachtfeld, aber nicht in dem Chaos, das um sie herum entstand, als die Rote Armee näher kam und die deutsche Ostfront zusammenbrach. In ihren Erinnerungen, *Die Stunde der Frauen*, erzählt sie, wie sie, ihre Mutter und das Hausmädchen von ihrem Stiefvater und den anderen wohlgeborenen Männern ihres Bezirks das Ruder übernahmen. Sie verhandelte mit den Sowjets, bestach Beamte, beschaffte Lebensmittel und stahl, um zu überleben, weil die Männer es nicht konnten: »Zum Spinat sich zu bücken und auf dem Bauche zu kriechen fürs schlichte Überleben, ganz ohne Ehre und Amt, dazu taugen sie nicht. Das bleibt dann für uns.«[17] Es gelang ihr, ihre kleine Frauengruppe und ihr Baby unversehrt nach Westen in die amerikanische Zone zu bringen; dann kehrte sie in den Osten zurück, um nach ihrem Stiefvater zu suchen, der in einem improvisierten sowjetischen Gefangenenlager eingesperrt war. Sie spürte ihn auf und sagte ihm durch den Stacheldrahtzaun, sie habe eine Drahtschere und Zugfahrkarten in den Westen bei sich. Zuerst wollte er nicht gehen, weil er sein Wort als Ehrenmann und Offizier gegeben hatte, nicht zu fliehen. Erst als sie vorgab, nicht zu wissen, wie sie allein reisen solle, willigte er ein mitzukommen.

Es überrascht kaum, dass Libussa, nachdem ihre kleine Familie im Westen in Sicherheit war, nicht wieder in das alte Verhältnis von Abhängigkeit und Unterwürfigkeit gegenüber den Männern zurückkehren konnte. Marta Hillers, der anonymen Tagebuchschreiberin aus Berlin, ging es ähnlich. Sie betrachtete die Männer von nun an als das schwächere Geschlecht, erbärmlich und ohnmächtig: »Eine Art von Kollektiv-Enttäuschung bereitet sich unter der Oberfläche bei den Frauen vor. Die männerbeherrschte, den starken Mann verherrlichende Naziwelt wankt – und mit ihr der Mythos ›Mann‹.«[18] Sie sah die Niederlage im Krieg als eine Niederlage des männlichen Geschlechts.

Der Krieg stellt traditionelle Rollenmuster und Erwartungen auf den Kopf. Im Europa der Renaissance wurde von Frauen in belagerten Städten erwartet, sich an der Verteidigung zu beteiligen. Während einer 18-monatigen Belagerung von Siena in den Jahren 1552/53 wurden an alle Frauen zwischen 12 und 50 Jahren, reiche wie arme, Körbe und Spaten oder Hacken ausgegeben. Wenn in den Straßen der entsprechende Befehl ertönte, hatten sie ihre Haushalte zu verlassen, um auf den Stadtmauern zu arbeiten.

Je totaler der Krieg wurde, desto größer wurde die Nachfrage nach der Arbeitskraft und den Fähigkeiten von Frauen. Am Ende des Ersten Weltkriegs war der Beitrag der Frauen zu den Kriegsanstrengungen in vielen Ländern, darunter Dänemark, Deutschland, Großbritannien, Kanada, Polen und die Vereinigten Staaten, ein überzeugendes Argument dafür, ihnen das Wahlrecht zu gewähren.

Im Ersten Weltkrieg stieg der Anteil der Frauen, die außerhalb ihres Haushalts arbeiteten, in den meisten am Krieg beteiligten Ländern sprunghaft an. In Großbritannien stellten Frauen bei Kriegsausbruch 23, am Kriegsende hingegen 34 Prozent der Arbeitnehmer in Industrie und Transportwesen. »Der Kaiser«, stellte eine schottische Wohlfahrtsbeauftragte in einer britischen Munitionsfabrik fest, »hat den britischen Frauen Gelegenheiten gegeben, die ihre eigenen Väter, Brüder und Mütter ihnen immer verwehrt haben.« Auch vor dem Krieg hatten Frauen in Büros und Fabriken gearbeitet, aber jetzt übernahmen sie Arbeiten, die bisher als männliche Domäne gegolten hatten. Vielerorts tauschten Frauen lange Röcke gegen Hosen ein und ließen sich die

Haare kurz schneiden, weil es sicherer und bequemer war. Frauen ersetzten Männer als Busschaffner oder Landarbeiter. »Munitionettes« übernahmen anstelle von Männern die gefährliche Arbeit in Rüstungsfabriken. Viele (»Kanarienmädchen« nannten die Briten sie) nahmen aufgrund der Chemikalien, denen sie ausgesetzt waren, eine hellgelbe Hautfarbe an, manchmal gebaren sie sogar ebenso gefärbte Babys. 1915 berief das Munitionsministerium Wohlfahrtsbeauftragte – es waren Frauen –, die den Gesundheitszustand und die Arbeitsbedingungen der Munitionsarbeiterinnen überwachen sollten, sich dann aber, wohl unvermeidlich, auch mit störrischen männlichen Arbeitgebern und Gewerkschaftsfunktionären auseinandersetzen mussten, die nicht einsahen, warum Frauen für die gleiche Arbeit den gleichen Lohn wie Männer erhalten sollten.

In beiden Weltkriegen waren arbeitende Frauen, besonders wenn sie traditionelle Männerberufe ausübten, mit Vorbehalten am Arbeitsplatz konfrontiert, vor allem vonseiten männlicher Kollegen, die fürchteten, die geringere Entlohnung von Frauen könnte die Arbeitgeber veranlassen, ihren eigenen Lohn zu senken oder einzufrieren; die Männer gaben den Frauen zu verstehen, dass sie nicht willkommen seien. In einer Birminghamer Fabrik lockerten Schichtarbeiter die Muttern an ihren Drehbänken, sodass die Frauen der nachfolgenden Schicht aufgehalten wurden. Eine Britin, die im Zweiten Weltkrieg ihren Friseurberuf aufgegeben hatte, um als Nieterin zu arbeiten, wartete vergeblich darauf, einen Job zugeteilt zu bekommen, als sie sich an ihrem ersten Arbeitstag zusammen mit einer Gruppe männlicher Kollegen zum Dienstantritt meldete. Als sie den Vorarbeiter fragte, was sie tun solle, erwiderte dieser: »Oh, ja! Wir haben unseren Sonnenschein ganz vergessen!« Er drückte ihr einen Besen in die Hand: »Hier! Nimm ihn und fege ein bisschen.« Die Reaktionen der Betriebsleitungen auf solche Vorfälle und noch offenere sexuelle Belästigungen, etwa das Verbot von Make-up am Arbeitsplatz, trugen nicht gerade zur Entspannung bei. Boeing verursachte einen öffentlichen Aufschrei, als es 53 Frauen nach

Hause schickte, weil ihre Pullis angeblich zu eng waren, und sich dann mit der Behauptung zu rechtfertigen suchte, enge Pullis stellten ein Sicherheitsproblem dar, weil sie sich in Maschinen verfangen könnten. Auch in Mittelschichtberufen waren Frauen oftmals kaum willkommener. Als der britische Ingenieursverband Institution of Mechanical Engineers 1944 die erste Frau als Vollmitglied aufnahm, erhoben seine Mitglieder Protest. Frauen, schrieb ein Ingenieur, seien zu zartfühlend für die »deftige, ungehobelte Sprache«, der sie unweigerlich begegnen würden. Seine eigentliche Sorge dürfte er offenbart haben, als er hinzufügte, Ingenieure hätten bereits mit zu viel Konkurrenz zu kämpfen, und nach dem Krieg wisse man ja nie …

Für viele Frauen kam die Lohnarbeit nur zu den Aufgaben hinzu, die sie als Mütter und Hausfrauen ohnehin erledigten, was die Regierungen nur sehr langsam wahrnahmen. In London gingen Frauen mit ihren Kleinkindern auf die Straße und hielten Schilder hoch, auf denen sie forderten: »Tagesstätten für Kinder! Kriegsarbeit für Mütter!« Für manche Frauen waren die Belastungen – die Suche nach einer Tagesbetreuung, die alltäglichen Einkäufe, der Haushalt – zu viel. Die Fehlzeiten britischer Arbeiterinnen waren doppelt so hoch wie diejenigen der Männer, was Arbeitgeber in der Regel vor allem darauf zurückführten, dass Frauen zu den Geschäften eilen mussten, bevor diese schlossen oder alles ausverkauft war. Ein Beamter des Ernährungsministeriums, vermutlich ein Mann, gab den wenig hilfreichen Rat: »Es sollte verheirateten weiblichen Kriegsarbeitern nicht unmöglich sein, eine Nachbarin oder Freundin zu finden, die für sie Lebensmittel einkauft.« Nachdem die Vereinigten Staaten in den Zweiten Weltkrieg eingetreten waren, ermahnte die US-Regierung die Frauen, nicht untätig zu sein und eine Kriegsarbeit aufzunehmen: »Erst in den letzten Jahren, und vor allem in den Vereinigten Staaten, ist es Frauen gestattet worden, sich der Gewohnheit außerordentlicher Muße hinzugeben.«

Josephine von Miklos, die aristokratischen Verhältnissen entstammte und an der Wiener Universität einen Doktorgrad erworben hatte, stöhnte über den Schmutz und die Langeweile ihrer Arbeit in einer Munitionsfabrik in Neuengland, führte sich aber vor Augen, dass »auch die Männer von Bataan ihren Dreck und Unrat nicht gemocht haben. Den chinesischen und russischen und australischen Soldaten macht es keinen Spaß zu kämpfen, ebenso wenig den Männern auf See.« Andere Frauen genossen die neue Erfahrung, zum ersten Mal in ihrem Leben gutes Geld zu verdienen. Eine Schottin, die während des Zweiten Weltkriegs in der Flugzeugmotorenfabrik von Rolls-Royce in Hillington bei Glasgow arbeitete (wo Frauen sogar wegen niedriger Löhne gestreikt hatten), erinnerte sich, dass sie bei Kriegsende mehr als fünf Pfund pro Woche verdient hatte: »Ich war ziemlich aufgeregt, zu Hause einen Fünfpfundschein vorzuzeigen. Ich hatte noch nie einen Fünfpfundschein gesehen.«[31]

Nicht alles, was sich für die Frauen änderte, war von Dauer. Als die Männer aus den Weltkriegen zurückkehrten, nahmen sie ihre einstigen Arbeitsplätze wieder ein, und viele Arbeitgeber teilten die Ansicht der Veteranen, dass die Frauen nur Lückenbüßer gewesen seien. Auch die meisten Vorkehrungen für arbeitende Mütter, wie Kindertagesstätten und Krippen, überlebten kaum die Nachkriegsjahre.

In der Presse von Ländern wie den USA und Großbritannien waren düstere Voraussagen zu lesen, denen zufolge es zu Sittenverfall führe, wenn man Frauen aus ihrer häuslichen Umgebung heraushole; auch mache dies, nicht weniger fatal, sie unweiblich und übermäßig selbstbewusst. Doch für viele Frauen war die Möglichkeit, arbeiten zu gehen, eine Befreiung. Sie genossen die Freiheit, die ihnen das selbst verdiente Geld gab, und die Kameradschaft bei der Arbeit. »Ich genieße meine vier Stunden Arbeit am Nachmittag über alles«, bekannte eine Frau, die während des Zweiten Weltkriegs in einer britischen Fabrik Teilzeit arbeitete. »Ich bin geradezu erpicht darauf hinzugehen. Schließlich fühlt man sich als Hausfrau, die 15 Jahre lang der Dummkopf gewesen war, als sei man aus dem Käfig entkommen und frei. Viele der Teilzeitkräfte empfinden es so – hinauszukommen und ein paar neue Gesichter zu sehen –; es ist alles so anders, so anders als das Staubwischen.« Nella Last vertraute ihrem Tagebuch an, dass es eine große Erleichterung war, sowohl von ihrem langweiligen Ehemann wegzukommen als auch das Gefühl zu haben, etwas Sinnvolles zu tun. Als ihr Mann sich einmal beschwerte, dass sein Tee noch nicht bereitstand und sie nicht mehr so »süß« sei, gab sie zurück: »Wer will schon eine Frau von fünfzig, die süß ist? Und außerdem fühle ich mich so viel besser!« Als die britischen Behörden versuchten, die Women's Land Army in der Siegesparade zum Kriegsende hinter den Pfadfindern einzureihen, streikten die Frauen. »Die Armee war erschüttert«, sagte eine der Frauen. »Sie wussten nicht, wie sie mit dieser Art von Ungehorsam umgehen sollten. Aber wir waren fest entschlossen. Wenn sie uns nicht woanders einreihen würden, wären wir bereit gewesen, nach Hause zu gehen.«[34] Die Armee gab nach, und die Landarmee-Frauen marschierten hinter den Frauen des Auxiliary Territorial Service.

Wie sich Krieg auf Zivilisten auswirkt, hängt ebenso davon ab, wo sie sind, wie davon, wer sie sind. Wer reich und mächtig ist, kann sein Geld und seine Beziehungen nutzen, um sich vom Militärdienst freizukaufen oder um sich knappe Luxusgüter zu beschaffen, wie etwa Lebensmittel und Wein. Im besetzten Paris war Coco Chanel in der Lage, im Hotel Ritz mit einem gut aussehenden deutschen Geliebten eine recht angenehme Kriegszeit zu verbringen, wohingegen die Einwohner von Leningrad, wo Lebensmittel derart knapp wurden, dass es zu Fällen von Kannibalismus kam, den Krieg völlig anders erlebten – und vielfach nicht überlebten. Amerikanische Soldaten kämpften und fielen auf den Straßen nach Berlin, Rom und Tokio, während zu Hause in Amerika die Wirtschaft boomte.

Die Kriegsausgaben bewirkten in den USA und anderen alliierten Ländern, etwa Kanada, was John Maynard Keynes nach der Weltwirtschaftskrise von 1929 angeraten hatte: Durch eine großzügige Ausgabenpolitik und die Aufgabe der heiligen Kuh eines ausgeglichenen Staatshaushalts brachten die Regierungen ihre Wirtschaft wieder in Gang. Der unersättliche Appetit des Krieges auf Ressourcen und Rüstungsmaterial ließ neue Unternehmen entstehen und belebte die vorhandenen. Alistair Cooke, der Washingtoner Korrespondent des *Guardian*, der später durch seine BBC-Serie *Letter from America* internationale Berühmtheit erlangte, überredete seine Herausgeber 1941 kurz nach Pearl Harbor, ihn auf eine Rundreise durch die Vereinigten Staaten zu schicken. Er besuchte bekannte Großstädte wie New Orleans, wo Higgins Industries in neuen Fabriken und mit stetig wachsender Belegschaft Tausende von Landungsbooten herstellte, aber auch unbedeutende Kleinstädte wie Charlestown in Indiana. Vor dem Krieg hatte Charlestown 939 Einwohner, zwei Kirchen, eine Handvoll Geschäfte und ein Steakhouse, doch 1940 hatte die Bundesregierung beschlossen, dort eine Sprengstofffabrik zu errichten. Als Cooke die Stadt besuchte, waren 15 000 neue Einwohner aus ganz Nordamerika hinzugekommen, die sich in gemieteten Zimmern und Wohnwagen eingerichtet hatten, so gut es ging; auch gab es mehr Straßen, Brücken und Polizisten. In Ländern wie Großbritannien, den Vereinigten Staaten und Kanada konnten Arbeiter ihre neue Bedeutung nutzen, um höhere Löhne und bessere Sozialleistungen einzufordern.

In der Sowjetunion, die ihre Wirtschaft auch in Friedenszeiten wie im Kriegszustand organisierte, waren die Arbeiter ebenso wichtig, aber weit weniger mächtig. Zudem hatte das Ausmaß des deutschen Vordringens zur Folge, dass sowjetische Industrien in aller Eile weit ins Hinterland umgesiedelt wurden, wo viele Arbeiter während der langen, kalten Winter in Zelten wohnen und in ungeheizten Fabriken Überstunden leisten mussten. Nach Kriegsende konnten die enormen Schäden an der sowjetischen Infrastruktur nach und nach behoben werden, aber die neuen Herausforderungen des Kalten Kriegs bedeuteten, dass die sowjetische Produktion auf Kriegsvorbereitung ausgerichtet blieb. An eine Ausweitung von Arbeiterrechten, die Gewährung von Bewegungsfreiheit oder eine ausreichende Versorgung mit Konsumgütern war nicht zu denken.

Wenn der Frieden kommt und die schmerzlichen Erinnerungen an den Krieg verblassen, kann es vorkommen, dass auch Zivilisten jene Nostalgie empfinden, mit der Kriegsteilnehmer an die Intensität der Kameradschaft an den Fronten zurückdenken. Vera Brittain, die ihr Leben lang Kriegsgegnerin war, schrieb auf anrührende Weise über die Verluste, die sie im Ersten Weltkrieg erlitten hatte. Doch sie schrieb auch: »Wenn ich heute an den Krieg zurückdenke, ist nie Sommer, sondern immer Winter; immer herrscht Kälte, Dunkelheit und Trostlosigkeit, hin und wieder die kurze Wärme einer Erregung, die uns all das – gegen jeden Verstand – verklären ließ. Sein Symbol ist für mich auf ewig eine Kerze in einem Flaschenhals, das Flämmchen flackert im eisigen Luftzug und schafft doch eine kleine Illusion von Licht in einer unendlichen, undurchdringlichen Finsternis.«[19]

VIII

DAS UNKONTROLLIERBARE KONTROLLIEREN

»Es scheint mir komisch, Regeln über einen Krieg festzulegen. Das ist doch kein Spiel. Und worin liegt der Unterschied zwischen einem zivilisierten Krieg und irgendeiner anderen Art von Krieg?«

Pancho Villa

1827 wanderte ein junger Deutscher in die Vereinigten Staaten aus und ließ eine turbulente Laufbahn hinter sich; er hatte als Soldat der preußischen Armee gegen Napoleon gekämpft und wegen seiner liberalen Ansichten, zu denen eine ebenso feste wie unverhohlene Feindschaft gegenüber der preußischen Krone gehörte, mehrmals im Gefängnis gesessen. Franz (in Amerika Francis) Lieber war Idealist, Universalgelehrter, Dichter, Philosoph und Fitnessfanatiker, zu dessen großem Freundes- und Bekanntenkreis unter anderen Jeremy Bentham, Alexis de Tocqueville, John Stuart Mill und Daniel Webster gehörten. In seiner neuen Heimat wurde er ein prominenter Intellektueller und Pädagoge. Eine seiner vielen Veröffentlichungen war die erste Ausgabe der *Encyclopedia Americana*; später wurde er an der Columbia University zum ersten amerikanischen Professor für Politikwissenschaft (ein Begriff und ein Fach, zu deren Miterfindern er zählt).

Als der Amerikanische Bürgerkrieg ausbrach, war Lieber ein überzeugter Anhänger der Union, während seine Familie, wie so viele andere Familien, gespalten war: Ein Sohn fiel als konföderierter Soldat, ein anderer wurde als Unionssoldat schwer verwundet. Lieber wurde Vorsitzender der Loyal Publication Society, die Propagandaartikel für die Sache der Union verfasste, schrieb aber auch selbst weiter, wobei er sich zunehmend auf die Frage konzentrierte, wie beide Seiten miteinander umgehen sollten. Er vertrat die mutige These, dass konföderierte Gefangene nicht als Verräter, sondern als Kombattanten und daher gemäß den üblichen Kriegsgesetzen behandelt werden sollten. Nach seiner Ansicht war dies nicht nur moralisch richtig, sondern auch vernünftig: »Wenn ein Straßenräuber meinen Geldbeutel verlangt und ich es, unbewaffnet, wie ich bin, für angebracht halte, ihn ihm zu geben, erkenne ich zweifellos den Räuber an; es ist nicht mehr als die Anerkennung einer Tatsache.« 1862 schrieb Lieber an Henry Halleck, den Oberbefehlshaber der Unionsarmee, und bot ihm an, einen Verhaltenskodex für Unionssoldaten zu verfassen. Das Ergebnis, von Präsident Lincoln im folgenden Jahr als Generalbefehl Nr. 100 erlassen, war ein Schlüsseldokument auf dem Weg zur Kodifizierung des modernen Kriegsrechts; vieles von dem, was seither beschlossen wurde, etwa die Genfer Konvention, beruht auf diesem sogenannten Lieber-Kodex.

Gut ein Jahrzehnt später nahm in Wien Bertha Kinsky von Wchinitz und Tettau, eine mittellose, aber bildschöne junge Frau aus einer alten Adelsfamilie, bei der wohlhabenden Familie von Suttner die Stelle einer Gouvernante an. Wie es manchmal so ist, verliebte sich der Sohn des Hauses in sie und sie sich wahrscheinlich auch in ihn. Wie zu erwarten, waren die Eltern gegen die Verbindung. Das inzwischen verheiratete junge Paar floh aus Wien und landete schließlich im kurz zuvor von Russland eroberten Kaukasus. Berthas Ehemann versuchte es mit einer Geschäftsidee nach der anderen, vom Holzhandel, der fehlschlug, bis zum Entwerfen von Tapetenmustern; ihren kärglichen Lebensunterhalt verdiente er mal als Reit-, mal als Französischlehrer. Außerdem schrieben beide Artikel für europäische Zeitungen, die Bertha jedoch größere Bekanntheit einbrachten als ihrem Mann.

Als 1877 ein Konflikt zwischen Russland und dem Osmanischen Reich ausbrach, erlebte sie aus erster Hand, was Krieg bedeutete. Fortan stellte sie ihre beachtliche Energie zunehmend in den Dienst des Kampfs gegen den Krieg. Mit ihrem Mann im Schlepptau zog sie nach Westen, wo sie als Friedenskämpferin zu einiger Berühmtheit gelangte. 1889 veröffentlichte sie ihren bekanntesten Roman, *Die Waffen nieder!*. (»Tiefe Überzeugungen, aber untalentiert«, befand Tolstoi.) So überfrachtet und überambitioniert er war und so unwahrscheinlich seine Geschichte, fand seine leidenschaftliche Antikriegsbotschaft doch einigen Widerhall in einem Europa, das sich immer mehr der destruktiven Kräfte bewusst wurde, die von der industriellen Revolution und dem Erstarken des Nationalismus entfesselt wurden. Von Suttner traf sich mit Staatsmännern wie Theodore Roosevelt, um sie zu drängen, dem Krieg zu entsagen; auch entwickelte sich eine enge Partnerschaft mit dem schwedischen Industriellen Alfred Nobel.

Als Ingenieur und Erfinder hatte Nobel ursprünglich für den Bergbau gedachte neue, stärkere Sprengstoffe entwickelt. Bewaffnete Kräfte überall auf der Welt hatten jedoch rasch deren Potenzial für bessere, noch tödlichere Waffen erkannt. Mit seinem Vermögen wuchs auch Nobels schlechtes Gewissen. Er wünschte, sagte er, er könnte eine Waffe »von derart schrecklicher Effizienz der völligen Vernichtung« entwickeln, dass Krieg undenkbar würde. Von Suttner überredete ihn, stattdessen einen Friedenspreis auszusetzen, und da sie verschwenderisch Geld ausgab, warb sie anschließend so schamlos wie erfolgreich dafür, ihn selbst zu erhalten. Ihr Ziel und das von Nobel und ihren zahlreichen Gesinnungsgenossen war es, den Krieg ein für alle Mal abzuschaffen.

Lieber und von Suttner vertraten zwei sich überlappende Stränge des langen Kampfes der Menschheit zur Begrenzung, Kontrolle und schließlich Abschaffung des Krieges. Selbst eingefleischte Pazifisten wie von Suttner waren bereit, an Gesetzen mitzuwirken, die die Kriegführung regelten; dabei hofften sie, die Menschheit werde eines Tages einsehen, dass Gewalt keinen Platz in ihren Angelegenheiten mehr habe. Immanuel Kant, der in seinem friedlichen Königsberg viel über den Krieg nachdachte, war der Ansicht, die Entwicklung eines international anerkannten Kriegsrechts sei ein Schritt auf dem langen und steinigen Weg zum Ziel der völligen Abschaffung des Krieges – und dass die Fehler der Menschheit sie daran hindern könnten, diesen Idealzustand jemals zu erreichen.

1913 verbrachte der junge Harvard-Absolvent John Reed, der sich bereits einen Namen als radikaler Enthüllungsjournalist gemacht hatte, vier Monate bei dem mexikanischen Guerillaführer Pancho Villa. In dieser Zeit erhielt Villa eine Broschüre mit den neuesten Regeln der Kriegführung, auf die man sich auf der Haager Friedenskonferenz von 1907 geeinigt hatte; er studierte sie, laut Reed, mehrere Stunden lang: »… sie interessierten ihn nicht nur, sondern belustigten ihn ungemein.« Er wollte mehr über die Konferenz wissen und fragte, ob ein Vertreter Mexikos an ihr teilgenommen hatte. Vor allem aber hielt er das ganze Unterfangen für absurd: »Es scheint mir komisch, Regeln über einen Krieg festzulegen. Das ist doch kein Spiel. Und worin liegt der Unterschied zwischen einem zivilisierten Krieg und irgendeiner anderen Art von Krieg?«[1]

Damit hatte Villa den Finger auf eines von mehreren Paradoxen gelegt, mit denen wir beim Nachdenken über den Krieg konfrontiert sind. Wie kann man überhaupt davon sprechen, etwas beherrschen und regeln zu wollen, dessen Mittel Gewalt und dessen Ziel die Unterwerfung, wenn nicht die Vernichtung des Feindes ist? Dieses Paradox hat die Menschheit jedoch nicht davon abgehalten, es im Lauf der Jahrtausende immer wieder zu versuchen. Wie Ameisen ihre Nester errichten wir mühselig mehr oder weniger einvernehmliche Strukturen, nur um alsbald zu erleben, dass sie vom Stiefel des Krieges zertreten werden. Doch wir fahren unbeirrt fort, das, was wir Kriegsrecht nennen, stets von Neuem zu erschaffen. Es besteht zum Teil aus Konventionen und Normen, die zu einem bestimmten Zeitpunkt und an gegebenem Ort hinreichende Anerkennung fanden, um eine zügelnde Wirkung zu entfalten. Die griechischen Stadtstaaten der Antike kämpften nur an bestimmten Tagen und in immer gleichen Formationen in den Ebenen, obwohl die umliegenden Berge ihnen Möglichkeiten einer anderen Kriegführung boten; ihre Soldaten hörten grundsätzlich bei Sonnenuntergang auf zu kämpfen, woraufhin eine Seite zum Sieger erklärt wurde. Die Azteken hatten ihre hochritualisierten »Blumenkriege«, ähnlich wie in jüngerer Zeit die Hochlandbewohner Neuguineas oder die Yanomami im brasilianischen Regenwald. Psychologische Hemmungen – die Empfindung, etwas sei tabu und dürfe nicht »getan« werden – sind möglicherweise besonders ausgeprägt, wenn sich Feinde von Angesicht zu Angesicht begegnen.

Die trostlose Wahrheit über den Krieg ist allerdings, dass alle Versuche, ihn zu kontrollieren und zu rechtfertigen, so vergeblich wie sinnlos sind. Machiavelli wird der Ausspruch zugeschrieben, Krieg breche aus, wenn er »notwendig« sei. Doch selbst die Mächtigen und Rücksichtslosen haben nach Gründen oder Vorwänden gesucht, um Kriege zu rechtfertigen. 1122 v. Chr. eroberte der Herzog von Zhou in Nordchina den Nachbarstaat Shang unter dem Vorwand, dessen Herrscher sei ein Trinker, der seine Untertanen unterdrücke. Deshalb habe der Himmel, ganz im Sinne Zhous, dem Shang-Herrscher sein Mandat entzogen und ihm, dem Herzog von Zhou, übertragen. Das Alte Testament ist voller Verweise darauf, dass die Israeliten gerechte Kriege gegen ihre Feinde führten. Er müsse die Amalekiter töten, sagte Gott zu König Saul: »Mann und Frau, Kinder und Säuglinge, Rinder und Schafe, Kamele und Esel« (1. Samuel 15). Gott selbst, heißt es im 2. Buch Mose, sei »der rechte Kriegsmann« (2. Mose 15:3). Griechischen und römischen Feldherrn standen für gewöhnlich geistliche Berater zur Seite, die vor einer Schlacht Vorzeichen prüften, um zu sehen, ob die Götter einen Sieg versprachen. Julius Cäsar, der selbst den Göttern gegenüber keine Skrupel kannte, sagte hinsichtlich der Befragung von Vorzeichen, »wenn er wolle, würden sie besser ausfallen«.[2] Aggressoren haben die

Religion als Vorwand benutzt, aber dass sie sich überhaupt auf sie beziehen, deutet sowohl auf einen bangen Respekt vor ihrer Macht hin als auch darauf, dass sie glaubten, ihr Tun rechtfertigen zu müssen.

Seit ihrer Frühzeit hat die christliche Kirche die Unterscheidung zwischen gerechtem und ungerechtem Krieg akzeptiert – und beide missbilligt. Ihren Geistlichen war es verboten zu kämpfen, und Laien, die an einem Krieg teilgenommen hatten, mussten Buße tun, bevor sie wieder als Vollmitglied in die Kirche aufgenommen wurden.

1095 jedoch erklärte Papst Urban II. Kriege gegen Heiden sowohl für gerecht als auch für gut für das Seelenheil derer, die daran teilnahmen. Auf einer Bischofssynode in Clermont hielt er eine mitreißende Rede, in der er Europas Feudalritter aufrief, die Heilige Stadt Jerusalem zurückzuerobern. Dies sei Gottes Wille, erklärte er, und sein Publikum stimmte lautstark zu. Denjenigen, die seinem Ruf folgten, versprach er die Rettung ihrer Seelen, solange ihre Motive rein waren. »Für jedermann«, hieß es in dem Beschluss der Synode, »der sich, nicht um Ehre oder Geld zu erlangen, sondern allein um des Glaubens willen nach Jerusalem aufmacht, um die Kirche Gottes zu befreien, soll dieser Weg als vollständige Bußleistung angesehen werden.« Im Ersten Kreuzzug wie in allen nachfolgenden legten die Teilnehmer einen Eid ab und erhielten in einer feierlichen Zeremonie geweihte Kreuze. Ihnen wurden sowohl spirituelle Vorteile (wie die Vergebung ihrer Sünden) als auch irdische Wohltaten versprochen: der Schutz ihrer Familien und ihres Besitzes durch die Kirche, Immunität vor Strafverfolgung und der Erlass von Zinsen auf ihre Schulden.

Es war nicht das erste und nicht das letzte Mal, dass ein transzendentes Ziel die schlimmsten Grausamkeiten auslöste, wie die unglücklichen Juden Europas, die am Weg der Kreuzfahrer lebten, erfahren sollten. Während sich der Erste Kreuzzug langsam ostwärts bewegte, fielen seine Teilnehmer in dem sicheren Glauben, einen heiligen Krieg gegen Gottes Feinde zu führen, über schutzlose jüdische Gemeinden her, die sie passierten. In

Mainz, berichtete ein Chronist, töteten die Kreuzfahrer rund 700 Juden – Männer, Frauen und Kinder. »So grausam also wurden die Juden hingemordet«, schrieb er, »nur wenige entrannen, und nur wenige ließen sich taufen, mehr aus Todesangst als aus Liebe zum christlichen Glauben.«[3]

Religion war für die Rechtfertigung von Kriegen jedoch nie ganz zufriedenstellend, denn die Götter geben nicht immer klare Anweisungen: Orakel waren notorisch zweideutig und Zeichen schwer zu lesen. Die Denker der antiken Welt rund ums Mittelmeer stießen eine Entwicklung an, die im Zusammenhang mit dem Thema Krieg die Aspekte Recht, Ethik und Moral schrittweise von der Religion ablöste. Für die Griechen und später die Römer war ein Krieg gerecht, wenn durch ihn ein Unrecht oder eine Verletzung behoben wurde. Zudem war Krieg nach Auffassung des großen römischen Redners und Schriftstellers Cicero nur erlaubt, wenn alle anderen Mittel der Friedenserhaltung erschöpft waren. »Es gibt nämlich zwei Wege, einen Streit zu entscheiden«, erklärte er, »den einen durch Rechtserörterung, den anderen durch Anwendung von Gewalt; jener ist den Menschen, dieser den Tieren eigen. Zu dem Letzteren dürfen wir daher nur dann unsere Zuflucht nehmen, wenn es uns nicht erlaubt ist, den Ersteren anzuwenden.«[4] Die Kriegführung selbst sollte so wenig grausam wie möglich sein und ihr Ziel der Frieden. Platon, der während des Peloponnesischen Kriegs aufwuchs, bemerkte, Krieg solle in dem Wissen geführt werden, dass beide Seiten sich letzten Endes versöhnen müssten. Sein Schüler Aristoteles führte die Idee des Naturrechts ein, das die Menschen mithilfe ihrer Vernunft selbst gestalten konnten, und gab damit der Diskussion darüber, wie der Krieg aus der religiösen Sphäre in die säkulare Welt überführt werden könne, Auftrieb.

Obwohl der immens einflussreiche Augustinus im 4. und 5. Jahrhundert kaum über den Krieg schrieb, räumte er doch widerstrebend ein, er sei Bestandteil des menschlichen Seins. Augustinus übernahm die griechische und römische Auffassung, ein Krieg sei gerecht, wenn er dazu diene, ein Unrecht zu beseitigen oder sich gegen einen Feind zu verteidigen, der mit Gewaltanwendung drohte, um ungerechte Forderungen zu erzwingen. Tatsächlich sahen er und einige Jahrhunderte später der nicht minder einflussreiche Thomas von Aquin in einem Krieg, der die Moral stärkte, etwas Positives und Erlösendes. (Wer darüber entscheidet, wann eine Verletzung der Moral oder eine Bedrohung vorliegt, ist eine andere Frage. Im Ersten Weltkrieg beispielsweise behaupteten alle Seiten, sich gegen einen unmoralischen Feind zu verteidigen.) Augustinus führte auch den wichtigen Vorbehalt ein, nur legitime Autoritäten dürften Krieg führen. (Was eine legitime Autorität ausmacht, ist eine weitere schwierige Frage, die nie ganz gelöst worden ist. Ist eine Diktatur oder eine Organisation wie der »Islamische Staat« eine legitime Autorität?) »Es ist ein großer Unterschied«, erklärte Augustinus, »für welche Sache und unter welchen Autoritäten Männer die Kriege führen, die geführt werden müssen.« Auch bezog Augustinus wie seine klassischen Vorgänger die Kriegsziele in sein Urteil darüber ein, ob ein Krieg gerecht war oder nicht. »Das Ende des Krieges ist, wie schon oft gesagt, Frieden.«[5]

Im modernen Krieg haben der Schatten von Clausewitz, der darauf bestand, die »Niederwerfung des Feindes« solle das Ziel von Kriegen sein, und die zunehmende Fähigkeit von Gesellschaften, einen totalen Krieg zu führen, allzu oft zur Folge, dass Staaten Gelegenheiten für einen Verhandlungsfrieden ignorieren und weiterkämpfen, nur weil sie es können. Saddam Hussein gab nach dem Ersten Irakkrieg seine Massenvernichtungswaffen auf und stellte keine Bedrohung für seine Nachbarn mehr dar. War es für den Frieden im Nahen Osten also wirklich notwendig, 2003 im Irak einzumarschieren und sein Regime zu stürzen?

Laut Michael Walzer, dessen Buch *Gibt es den gerechten Krieg?* ein Schlüsseltext in der Debatte ist, können »viele Kriegsziele ohne Zerstörung und Vernichtung erreicht werden. Es ist unsere Aufgabe, die legitimen Ziele des Krieges zu definieren – jene Ziele, die mit Recht angestrebt werden. Damit werden gleichzeitig die Grenzen für den gerechten Krieg gesetzt. Ist der Krieg einmal gewonnen oder sind die Ziele politisch greifbar geworden, sollte der Kampf beendet werden. Die Soldaten, die nach diesem Zeitpunkt fallen, sterben umsonst, und es wäre ein der Aggression selber vergleichbares Verbrechen, sie zu diesem Zeitpunkt noch in einen Kampf zu zwingen, in dem sie möglicherweise sterben.«[6] Eine Faustregel ist, dass die eingesetzten Mittel im Verhältnis zu den Zielen stehen sollten. Mit anderen Worten, wenn das Ziel – etwa die Einnahme eines umstrittenen Gebiets oder eine Entschuldigung – erreicht ist, besteht keine Notwendigkeit mehr, weiterzukämpfen und den Feind zu vernichten. Die Versuchung, genau dies zu tun, ist aber zweifellos groß.

Während verschiedene Kulturen jeweils eigene Vorstellungen darüber entwickelt haben, wann und wie sie kämpfen sollten, spielte der Westen – passenderweise, da so vieles in der modernen Kriegführung auf sein Konto geht – eine Hauptrolle bei der Einführung internationaler Rechtsnormen und Regeln auf dem Gebiet des von den Gelehrten sogenannten *ius ad bellum* und *ius in bello.* Ersteres bezieht sich auf Regeln für den Beginn und die Rechtfertigung von Kriegen, Letzteres auf die Kriegführung selbst. Andere Teile der Welt haben diese Regeln übernommen und ihren Traditionen angepasst. Während zum Beispiel die europäischen Ritter und Landsknechte fortfuhren, die Bauern des Feindes und die Einwohner belagerter Städte abzuschlachten, hatten islamische Gelehrte längst Regeln dafür entwickelt, wie Frauen und Kinder im Krieg zu behandeln waren.

Die hier angesprochenen Fragen sind gewichtig und werden seit Jahrhunderten – und noch heute – debattiert. Was macht einen Krieg gerecht? Wer hat das Recht, ihn zu führen? Und welche Prinzipien sollten, wenn überhaupt, maßgeblich sein für die Art, wie Kriege ausgefochten und beendet werden? Was die Kriegführung betrifft, ergeben sich weitere Fragen: Wann ist es zulässig, Zivilisten anzugreifen? Wie und welche? Wie sind Kriegsgefangene zu behandeln? Und wie die Völker eroberter Länder?

Selbst wenn man Fortschritte zu machen glaubt, bleibt man

in Widersprüche verstrickt. Warum versuchen wir, bestimmte Waffen zu bannen, und betrachten andere als legal, obwohl beide dazu da sind, Menschen zu töten und zu verstümmeln? Mit Brandbomben oder Flammenwerfern zu töten gilt als tolerabel, aber Giftgas oder biologische Kriegführung werden seit dem Ersten Weltkrieg weithin als inakzeptabel betrachtet, selbst von jenen, die sie einsetzen. Saddam Hussein griff das eigene Volk mit Giftgas an, bestritt dies aber oder behauptete, der Iran sei dafür verantwortlich.

Der Streit darüber, was erlaubt ist und was nicht, ist so alt wie der Krieg selbst. Und jedes Mal, wenn man einer Antwort nähergekommen zu sein scheint, verflüchtigt sich die vermeintliche Gewissheit bei genauerem Hinsehen oder wirft neue Fragen auf.

Ein von der internationalen Gemeinschaft allgemein akzeptiertes Prinzip lautet, dass unprovozierte Kriege mit dem Ziel, Vorteile oder Dominanz zu erlangen, illegitim sind. Selbstverteidigung dagegen ist es nicht. Doch der antiken Welt und mittelalterlichen Denkern wie Augustinus und Thomas von Aquin folgend, würden wir gern glauben, dass Krieg nur das letzte Mittel sein sollte, nachdem alle anderen Alternativen ausgeschöpft wurden. Das »Wunder von Holland«, wie der französische König Heinrich IV. Hugo Grotius, den sehr gebildeten und produktiven niederländischen Gelehrten des 17. Jahrhunderts, nannte, führte erfolgreich den Gedanken ein, Kriege seien nur gerecht, wenn sie nicht von Privatarmeen, sondern von Staaten geführt würden, um sich selbst zu verteidigen. In der Praxis bedeutete dies, dass in einem Konflikt beide Seiten behaupten konnten, einen gerechten Krieg zu führen. Auch glauben wir, dass Regierungen, die sich zu einem Krieg entschließen, vernünftige Gründe für die Annahme haben sollten, sie würden die Oberhand behalten; andernfalls würden sie das Leben ihrer Bürger für nichts opfern. Manche Experten würden hinzufügen, dass die siegreiche Nation die unterlegene nicht völlig demütigen sollte.

Das sind alles gut klingende Prinzipien, die jedoch bei näherer Betrachtung eine Menge weiterer Fragen für Philosophen,

Ethiker und uns alle aufwerfen. Ist es ein gerechter Krieg, wenn eine Nation sich im Glauben, sie könne in der Zukunft bedroht werden, dazu entschließt, einen Präventivkrieg zu führen, ohne dass aktuell eine Bedrohung vorhanden ist? Dies war 1914 die Argumentation des deutschen Oberkommandos, als es eine Herausforderung antizipierte, die drei Jahre später eintreten konnte – oder eben auch nicht. Und wenn die Antwort auf eine Kränkung einen Krieg gerecht macht, wer entscheidet dann, ob eine solche vorliegt, wie groß sie ist und ob Krieg die einzig mögliche Satisfaktion darstellt? Österreich suchte schon lange vor der Ermordung von Erzherzog Franz Ferdinand in Sarajevo nach einem Vorwand, seinen lästigen Nachbarn Serbien zu vernichten. Obwohl die Untersuchungskommission, die es nach Bosnien entsandte, keine klare Verbindung zwischen den Attentätern und der serbischen Regierung nachweisen konnte, entschied Österreich sich für den Krieg, um, in der Sprache der Zeit, die Verletzung seiner Ehre zu ahnden, und stellte Serbien ein Ultimatum, das von vornherein als unannehmbar galt. Gleichwohl akzeptierte Serbien die meisten österreichischen Forderungen, und eine Einigung wäre durchaus möglich gewesen, wenn die Großmächte sich wie in früheren Balkankrisen zusammengetan hätten, um sie zu erzwingen. Stattdessen stürzten Europa und die Welt in den Ersten Weltkrieg.

Seit Grotius' Zeiten wurde die Bedeutung des Begriffs »gerechter Krieg« zunehmend weiter gefasst. Während der Westfälische Friede am Ende des Dreißigjährigen Kriegs das Prinzip einführte, dass Staaten sich nicht in die inneren Angelegenheiten anderer Staaten einzumischen hatten, beförderte und rechtfertigte die Globalisierung – die Verbreitung liberaler Ideen und, dank moderner Kommunikationsmittel, die Herausbildung einer Weltöffentlichkeit – den Gedanken der bewaffneten humanitären Intervention, um Wehrlose und Minderheiten vor ihren eigenen Regierungen zu schützen. In den 1850er-Jahren provozierte der russische Zar Nikolaus I. einen Krieg mit dem Osmanischen Reich, um, wie er behauptete, die dort lebenden

Christen vor ungerechter, brutaler Behandlung zu schützen. (Dass er hoffte, Gebiete des zerfallenden Osmanischen Reichs zu ergattern und Zugang zum Mittelmeer durch die osmanisch kontrollierten Meerengen zu bekommen, spielte fraglos auch eine Rolle.) In unserem Jahrhundert wurde der Einmarsch einer anglo-amerikanischen Koalition in den Irak ebenso mit humanitären Gründen gerechtfertigt wie die weitgehend erfolglose amerikanische Intervention im syrischen Bürgerkrieg. Humanitäre Interventionen und neue Doktrinen wie die sogenannte Schutzverantwortung werfen die Frage auf, wer darüber entscheidet, was gerecht ist, und wecken Misstrauen gegenüber den Motiven und Zielen der intervenierenden Mächte. Kritiker, zumeist aus nichtwestlichen Staaten, erhoben den Vorwurf, der Westen kleide seine tief sitzenden imperialistischen Einstellungen gegenüber dem Rest der Welt einfach nur in eine neue modische Sprache. »Heuchelei«, bemerkte François de La Rochefoucauld, »ist das Lösegeld, welches die Sünde an die Tugend zahlt.«[7]

Der Westen blickt auf eine lange, beschämende Geschichte der Doppelmoral zurück: der Befolgung eines Regelwerks für sich und eines anderen für jene Teile der Welt, die er für weniger »zivilisiert« hielt. Während das Kriegsrecht durch eine Reihe von Übereinkünften und Verträgen immer verbindlicher wurde, fielen diejenigen Völker – zumeist nichteuropäische –, die nichts von diesen Regeln wussten oder nicht aufgefordert worden waren, sie zu unterzeichnen, nicht unter ihren Schutz. Für die »zivilisierten« Nationen, die die Genfer Konventionen zur Behandlung von Kriegsgefangenen oder die Haager Abkommen zur Rüstungskontrolle unterzeichnet hatten, verstand es sich von selbst, dass diese nur für sie selbst galten. Als Japan sich modernisierte und zu einer Pazifikmacht aufstieg, wurde es in den Kreis der »Zivilisierten« aufgenommen. »Kaum beweisen wir uns im systematischen Abschlachten als mindestens so gut wie ihr, schon sind wir als zivilisierte Männer an euren Verhandlungstischen willkommen«, bemerkte ein japanischer Diplomat.[8]

Dieses systematische Abschlachten mit Repetier- und Maschinengewehren, nach dem Ersten Weltkrieg auch mit den neuen Flugzeugen, war genau das, was die »Unzivilisierten« in Afrika, Asien, den Philippinen, im nordamerikanischen Westen und im Nahen Osten erlebten. Westliche Rechtsexperten, Politiker und Militärs argumentierten selbstgefällig, Völker auf einer früheren Entwicklungsstufe als die vom Glück begünstigten Europäer und Nordamerikaner verstünden nur eine harte Hand. Das Kriegsrecht, hieß es im britischen *Manual of Military Law* von 1914, könne nur auf Konflikte zwischen zivilisierten Nationen Anwendung finden. Es gälte nicht »in Kriegen zwischen Zivilisierten und Unzivilisierten, in denen das Ermessen des zivilisierten Kommandeurs sowie solche Regeln der Gerechtigkeit und Humanität, die sich unter den jeweiligen Umständen von selbst verstehen, an seine Stelle treten«. Erst im 20. Jahrhundert verbreitete sich nach und nach – und bis heute nicht vollständig – die Einsicht, dass alle Menschen das gleiche Recht auf Leben und Würde besitzen und das Völkerrecht keine derartigen Unterscheidungen treffen kann.

Die Regeln der Kriegführung in ihrer heutigen Form sind kein Gesetzeskodex, wie man ihn aus der Innenpolitik kennt. Vielmehr bilden sie ein Kompendium von, wie Walzer es ausdrückt, »berufsmäßigen Verhaltensregeln, rechtlichen Vorschriften, religiösen und philosophischen Grundsätzen und [...] gegenseitigen Vereinbarungen, die unser Urteil über das militärische Verhalten bestimmen«.[9] In den zurückliegenden Jahrhunderten verknüpften sich internationale Abkommen, etwa über die Behandlung neutraler Staaten, mit dem Ehrenkodex von Berufssoldaten und älteren, ungeschriebenen Gewohnheitsregeln für die Behandlung von Kriegsgefangenen sowie mit gemeinsamen Ansichten über die Unantastbarkeit und Würde menschlichen Lebens zu einem scheinbar starken Netz der Verständigung über den Krieg – zumindest, wie wir ein ums andere Mal gesehen haben, bis ein Krieg ausbricht.

Konventionen in Bereichen wie dem Austausch oder Freikauf von Kriegsgefangenen können nahezu Rechtskraft erlangen, insbesondere wenn Kriegsparteien eine gemeinsame Kultur teilen. Jahrhundertelang wurden in europäischen Kriegen Offiziere nicht festgesetzt; es genügte, wenn sie als Gentlemen ihr Ehrenwort gaben, nicht zu fliehen. Nach Wellingtons Sieg über die Franzosen in der Schlacht bei Vitoria 1813 luden die britischen Offiziere ihre unterlegenen französischen Kollegen in ihre Messe ein. (Die Offiziere ihrer spanischen Verbündeten, die sie verachteten, wurden nicht annähernd so gut behandelt.) Die Idee der Offiziersehre lebte bis ins 20. Jahrhundert fort, wie Jean Renoirs wunderbarer Spielfilm *Die große Illusion* von 1937 zeigt, in dem ein französischer Offizier im Ersten Weltkrieg dem Kommandanten eines deutschen Gefängnisses sein Ehrenwort gibt, keinen Fluchtversuch zu unternehmen – was er dann doch tut.

Im 19. Jahrhundert wurde das, was zuvor Gewohnheit oder bilaterale Vereinbarung zwischen zwei Staaten war – wie das Abkommen, mit dem Frankreich und Spanien 1675 den Preis für den Freikauf verschiedener Kategorien von Soldaten vereinbarten –, in aufeinanderfolgenden multilateralen Genfer Konventionen festgeschrieben, die Bestandteil des sich entwickelnden Völkerrechts wurden. Das Internationale Komitee vom Roten Kreuz übernahm die Aufgabe, die Behandlung von Kriegsgefangenen zu überwachen und dafür zu sorgen, dass sie die vereinbarte Verpflegung und medizinische Betreuung erhielten, sowie Briefe und Pakete zu übermitteln.

Der weihnachtliche Waffenstillstand von 1914, als in einer Reihe von Schützengräben das Schießen eingestellt wurde und die Soldaten beider Seiten sich im Niemandsland trafen, um Trinksprüche auszutauschen, Weihnachtslieder zu singen oder Fußball zu spielen, ging zumindest auf den mittelalterlichen Brauch zurück, Kriege an Feiertagen zu unterbrechen. Die alten Griechen kämpften nicht während der Olympischen Spiele, und selbst die kriegerischsten von ihnen, die Spartaner, hatten heilige Tage, an denen sie nicht kämpften.

Auch gab es lange bestehende Traditionen in der Frage, wie man einen Krieg erklärt oder um einen Waffenstillstand ersucht.

Nach dem japanischen Angriff auf Pearl Harbor im Dezember 1941 lauteten die Schlagzeilen »Infamie« und »Verrat«, weil Japan es unterlassen hatte, den Vereinigten Staaten vorher den Krieg zu erklären. (Als Japan 1904 einen Präzedenzfall schuf, indem es ohne Vorwarnung fernöstliche russische Häfen angriff, staunten westliche Zeitungen über seine Kühnheit. Doch damals war es ein Verbündeter Großbritanniens und wurde weithin als Land auf dem Weg in die Moderne bewundert.) Als Japan 1945 kapitulierte, geschah dies durch eine Rundfunkansprache des Kaisers, doch die japanischen Truppen signalisierten ihre Aufgabe überall in Asien durch die altehrwürdige weiße Fahne, die gelegentlich noch heute in Gebrauch ist. Seit 1945 allerdings sind Kriegserklärungen in einer jener unerklärlichen Wendungen der Geschichte völlig aus der Mode gekommen.

Versuche, die zum Einsatz kommenden Taktiken und Waffen zu kontrollieren, sind vermutlich fast so alt wie der Krieg selbst. Die alten Griechen versuchten, nur solche Waffen zuzulassen, die für den Nahkampf geeignet waren. Dem Historiker Polybios zufolge, der im 2. Jahrhundert v. Chr. lebte, hatten sich die Griechen darauf geeinigt, »weder verborgene noch ferntreffende Geschosse zu gebrauchen, und hielten allein den Kampf mit der Waffe in der Hand und Mann gegen Mann für eine wahrhafte Entscheidung des Streites«.[10] Im Mittelalter wollte Innozenz II. die Armbrust verbieten, und Roger Bacon versuchte, das Geheimnis der Herstellung von Schießpulver zu hüten.

Angesichts dessen, was folgte, war es eine Ironie, dass die produktivste Zeit der Entwicklung eines für alle Staaten geltenden Kriegsrechts die Jahrzehnte vor 1914 waren. Das spiegelte den optimistischen Glauben des 19. Jahrhunderts wider, dass die Menschheit sich zum Besseren entwickle und ihre dunkle Seite, einschließlich des Krieges, im Zaum gehalten werden könne. Während die Grundlagen bereits über Jahrhunderte hinweg in den Religionen der Welt oder den Schriften der Philosophen gelegt worden waren, nahmen jetzt in kurzer Zeit zwei maßgebliche Regelwerke Gestalt an. Das erste war ein erneuter Versuch, den

Krieg zu regulieren. 1856 wurden mit der Pariser Seerechtsdeklaration Regeln aufgestellt, wann Kriegführende eine Seeblockade verhängen und auf feindlichen wie neutralen Schiffen kriegstaugliche Güter – Konterbande – beschlagnahmen durften (obwohl nicht genau definiert wurde, was als Konterbande gelten sollte); und 1868 wurde durch die Petersburger Erklärung die Verwendung von Sprengpatronen verboten. Beide Vereinbarungen stellten einen Fortschritt in den internationalen Beziehungen dar, weil sie nicht bilateral, sondern multilateral ausgehandelt worden waren; zudem handelte es sich nicht um Übereinkommen zwischen Großmächten, die diese den kleineren Staaten aufzwangen, wie 1815 auf dem Wiener Kongress geschehen, sondern um ein Angebot, das zu unterstützen die Staaten aufgefordert wurden. Diese Erklärungen und die Vielzahl der seither geschlossenen internationalen Vereinbarungen über den Krieg beruhten auf der optimistischen Annahme, die Völker besäßen einen gemeinsamen Wertekanon und ein gemeinsames Ziel.

1898 lud der neue Zar Nikolaus II. die Weltmächte ein, zusammen daran zu arbeiten, das immer rasantere Wettrüsten zu begrenzen. Daraufhin kamen im folgenden Jahr in Den Haag Vertreter von 26 Staaten zusammen, um weitere Regeln zur Einhegung des Krieges zu vereinbaren. Obwohl die erzielten Rüstungsabkommen die Erwartungen nicht erfüllten – sie bannten lediglich Stickgase, Dumdumgeschosse (die klaffende Austrittswunden verursachten) und den Abwurf von Sprenggeschossen aus Ballons –, gab es auf anderen Gebieten ermutigende Signale, etwa die Vereinbarungen über die humane Behandlung von Kriegsgefangenen und die Schaffung eines Ständigen Schiedsgerichtshofs. Friedensaktivisten hofften weiter darauf, dass sich wenigstens die zivilisierten Teile der Welt vom Krieg abwandten. Auf der zweiten Haager Konferenz im Jahr 1907, an der 44 Staaten teilnahmen, wurden einige kleinere Änderungen an den bestehenden Abkommen vorgenommen; auch versuchte man, den Seekrieg zu regulieren, indem man zum Beispiel den Einsatz bestimmter Unterwasserhaftminen verbot, die eine zunehmende Gefahr sowohl für Kriegs- als auch für Handelsschiffe darstellten. Die Londoner Seerechtsdeklaration von 1909 brachte schließlich eine brauchbare Definition der Konterbande. Da Großbritannien anschließend jedoch eine Kehrtwende vollzog und sich weigerte, die Deklaration zu ratifizieren, die es selbst mit auf den Weg gebracht hatte, trat sie nicht in Kraft.

Gleichwohl ist der in Den Haag begonnene Prozess nie verebbt. Als neue Waffen auftauchten – Bomber, chemische und biologische Waffen, tödlichere Landminen, Atomwaffen –, bemühte sich die Welt, ihren Einsatz zu begrenzen oder zu verbieten, und sie tut es heute noch. Zugleich weigern sich einzelne Länder nach wie vor – wie Großbritannien und andere zuvor –, ihnen nicht genehme Vorschriften zu befolgen oder zu ratifizieren.

Die »Haager Abkommen« sind zu einem Sammelbegriff für das geltende Kriegsrecht geworden, so wie die »Genfer Konventionen« für das andere große Kriegsregelwerk stehen. Auch dieses hat seinen Ursprung im 19. Jahrhundert, aber es gilt dem Schutz der Kriegsopfer, der militärischen wie der zivilen. 1859 stolperte der junge Schweizer Geschäftsmann Henry Dunant in einem weißen Sommeranzug über das Schlachtfeld bei Solferino in Norditalien, auf dem die Franzosen und ihre sardischen Verbündeten soeben die Österreicher in der Entscheidungsschlacht des Zweiten Italienischen Unabhängigkeitskriegs besiegt hatten. Der Anlass mag ruhmreich gewesen sein, aber die Ergebnisse waren entsetzlich. Mit neuen, verbesserten Waffen waren rund 30 000 Soldaten getötet oder verwundet worden. Keine der beteiligten Armeen hatte auch nur die geringsten Vorkehrungen für die Versorgung der Verwundeten getroffen, die »in ihrem Blute gebadet auf dem weiten blutgetränkten Schlachtfelde« zwischen den Toten lagen, wie Dunant später schrieb.[11] Entsetzt von diesem Anblick, schloss er sich den örtlichen Freiwilligen an, die den Verwundeten Wasser brachten, ihre Wunden verbanden und sie auf improvisierten Tragen vom Schlachtfeld schleppten.

Dunant begann zu glauben, Gott habe ihn an jenem Tag aufs Schlachtfeld geführt. In seinem Buch *Eine Erinnerung an*

Solferino beschrieb er das Elend des Krieges und rief Freiwilligenverbände und Regierungen in aller Welt auf, allen Soldaten im Kriegseinsatz medizinische Hilfe zu leisten, unabhängig davon, auf welcher Seite sie kämpften. In einer Zeit, in der dank moderner Kommunikationsmittel vielen bewusst wurde, wie schlecht Soldaten behandelt wurden, hatte sein Einsatz eine enorme Wirkung auf die öffentliche Meinung überall in Europa. Auch in der Schweiz, als neutraler Staat für die Rolle des Unparteiischen zwischen gegnerischen Seiten prädestiniert, fand Dunant Unterstützung. 1863 gründete er mithilfe gut vernetzter Anhänger das Internationale Komitee der Hilfsgesellschaften für die Verwundetenpflege, das umgehend die europäischen Mächte zu einer Konferenz in Genf einlud. Auf einer zweiten Konferenz ein Jahr später unterzeichneten die Vertreter von zwölf Staaten die Genfer Konvention »betreffend die Linderung des Loses der im Felddienst verwundeten Militärpersonen«. Freiwillige am oder auf dem Schlachtfeld sollten durch das Symbol eines roten Kreuzes geschützt sein – in Umkehr der Farben der Schweizer Fahne. (Seither kamen in Ländern, in denen dies zu stark an ein christliches Kreuz erinnert, der rote Halbmond und der rote Kristall als Symbole hinzu.) Das Internationale Komitee vom Roten Kreuz, wie es seit 1876 heißt, ist zu einer beachtlichen Nichtregierungsorganisation herangewachsen. Seit der ersten Genfer Konvention hat eine ganze Reihe weiterer Abkommen, unterzeichnet von immer mehr Staaten, die ursprüngliche Mission ergänzt und ausgeweitet, sodass sie heute neben Kombattanten auch Zivilisten einschließt.

Die Idee, dass Zivilisten von Kombattanten unterschieden und, wenn möglich, verschont werden sollten, reicht weit in die Geschichte zurück. In einem alten indischen Text findet sich folgende Aufzählung der zu Schonenden: »Diejenigen, die unbeteiligt zuschauen, die von Leid Betroffenen […], diejenigen, die schlafen, durstig oder erschöpft sind oder auf der Straße gehen oder eine unvollendete Aufgabe erfüllen müssen oder in den schönen Künsten bewandert sind […].« Im 12. Jahrhundert legte der große jüdische Gelehrte Maimonides Regeln fest, wonach die sinnlose Zerstörung etwa von Obstbäumen verboten war oder eine Stadt nur von drei Seiten belagert werden durfte, sodass jeder, der wollte, aus ihr fliehen konnte. Während Frauen einerseits häufig als Kriegsbeute behandelt wurden, betrachtete man sie andererseits auch als besonders zu schützende Gruppe von Zivilisten. Es sei in Ordnung, heißt es im Alten Testament, wenn ein siegreicher Krieger eine Frau, die ihm gefalle, mit sich nehme und zu seiner Frau mache. Aber die Passage geht weiter: »Wenn du aber kein Gefallen mehr an ihr hast, so sollst du sie gehen lassen, wohin sie will; du sollst sie aber nicht um Geld verkaufen oder als Sklavin behandeln« (5. Mose 21).

Als Lieber während des Amerikanischen Bürgerkriegs seinen berühmten Kodex verfasste, stützte er sich sowohl auf die jüdisch-christliche Moral als auch auf seit Langem akzeptierte Praktiken der europäischen Kriegführung. »Männer, die in einem staatlichen Krieg Waffen gegeneinander einsetzen«, erklärte er, »hören deshalb nicht auf, moralische Wesen zu sein, die voreinander und vor Gott verantwortlich sind.«[12] Daher sei es im Krieg nicht erlaubt, unnötiges Leid zu verursachen, Rache zu nehmen, Wehrlose zu verwunden oder zu verstümmeln oder Folter anzuwenden, um Geständnisse zu erzwingen. Der Lieber-Kodex verbot Vergewaltigungen, machte bei der Bestrafung von »Spionen, Kriegsverrätern und Kriegsrebellen« aber interessanterweise keinen Unterschied zwischen den Geschlechtern.

Lieber erkannte aber auch, dass er es mit moderner Kriegführung zu tun hatte, in der das Zerstörungspotenzial größer war als in der Vergangenheit und die Unterscheidung zwischen Zivilisten und Kombattanten bereits bröckelte – wozu er selbst entgegen seiner Absicht beitrug. In Paragraf 14 erklärte er: »Militärische Notwendigkeit, wie sie von modernen zivilisierten Nationen verstanden wird, besteht in der Notwendigkeit solcher Maßnahmen, die zur Erreichung der Kriegsziele unerlässlich und nach den modernen Kriegsregeln und -bräuchen rechtmäßig sind.« Anschließend zählt er die Dinge auf – von Menschen bis Eigentum –, deren Zerstörung im Krieg er für legitim hielt. Die Notwendigkeit erlaube »jede Zerstörung von Eigentum und jede Unterbrechung der Wege und Kanäle von Verkehr, Reise und Kommunikation sowie jede Vorenthaltung der Versorgung oder der Lebensmittel des Feindes«. Tatsächlich, betont er in Anlehnung an Clausewitz, müsse ein Krieg bis zum Äußersten getrieben werden (was, wie er hinzufügt, den positiven Effekt habe, dass er womöglich früher ende). Zivilisten könnten nicht immer verschont werden: »Man darf nie vergessen, dass sich stets das ganze Land im Krieg mit dem Feind befindet …«[13]

Der Lieber-Kodex unterscheidet zwischen im besetzten Gebiet verbliebenen feindlichen Truppenverbänden zum einen und »bewaffneten Herumtreibern« und »Kriegsrebellen« zum anderen, die sich zusammentun, um die Besatzungstruppen anzugreifen. Auf Erstere finde das Kriegsrecht Anwendung; deren Soldaten sollten, wenn sie in Gefangenschaft geraten, wie alle anderen Kriegsgefangenen behandelt werden; Letztere seien dagegen wie gewöhnliche Verbrecher zu behandeln und gegebenenfalls zum Tod zu verurteilen.

Obwohl Liebers Kodex vielfach übernommen wurde, stand weiterhin die Frage im Raum, wie mit Zivilisten umzugehen sei, die zu den Waffen greifen, um sich und ihr Territorium gegen Invasoren zu verteidigen. Waren sie Kombattanten im Sinne des Kriegsrechts oder etwas anderes? Mit dem Aufkommen von Nationalismus und totalem Krieg in den letzten beiden Jahrhunderten ist diese Frage immer wichtiger geworden. Hatten die europäischen Regierungen und Eliten im 18. Jahrhundert Krieg weithin als Angelegenheit von Berufssoldaten verstanden, begannen sie am Anfang des 19. Jahrhunderts Zivilisten als Teil der Kriegsanstrengung und als Ressource zu betrachten. Napoleons Truppen besiegten 1807 die reguläre spanische Armee mit Leichtigkeit, wurden dann aber in langwierige, kräftezehrende Auseinandersetzungen mit spanischen Rebellen verwickelt. Dieser »kleine Krieg« – *guerilla* – trug dazu bei, dass Spanien zu Napoleons »Geschwür« wurde, wie er selbst es ausdrückte. Nachdem der unfähige preußische König seine angeblich unbesiegbare Armee in die Niederlage gegen Napoleon geführt hatte, sprachen preußische Patrioten von einem »nationalen Notstand« und begannen selbst den Widerstand gegen die Franzosen zu organisieren. Als Napoleon 1812 in Russland einfiel, schlug ihm von der russischen Bevölkerung spontaner Widerstand entgegen; Grundbesitzer zerstörten ihren eigenen Besitz, bevor sie flohen, um nichts als verbrannte Erde zu hinterlassen.

Angesichts eines solchen zivilen Widerstands neigten die Militärs dazu, harte Maßnahmen zu ergreifen, die sie mit den seither häufig zu hörenden Argumenten rechtfertigten, Zivilisten sollten nicht Soldat spielen, und Widerstandsakte in besetzten Gebieten seien illegal. In Spanien weigerten sich die Franzosen, die Guerillas »Soldaten« zu nennen; sie galten vielmehr als »Banditen und Briganten«.

Im späteren 19. Jahrhundert reagierten die Preußen, deren Vorfahren einst gegen Napoleons Besatzung Widerstand geleistet hatten, wütend, als die Franzosen im Deutsch-Französischen Krieg von 1870/71 Gleiches taten. In Teilen der besetzten französischen Provinzen Elsass und Lothringen, die alsbald von Deutschland annektiert werden sollten, wurden deutsche Bekanntmachungen von den Hauswänden gerissen und einzelne deutsche Soldaten angegriffen. Wenn französische Kriegsgefangene vorbeimarschierten, begannen Passanten die Marseillaise zu singen. Die *francs-tireurs* – Franzosen, die sich im Elsass und anderswo in Frankreich in bewaffneten Milizen organisierten – wurden von den deutschen Besatzern als vogelfrei behandelt und häufig auf der Stelle erschossen. Als Vorgeschmack auf das, was in den beiden Weltkriegen geschehen sollte, wurden Gemeinden, die verdächtigt wurden, *francs-tireurs* Unterschlupf zu gewähren, scharfen Repressalien unterworfen. In einem beliebten deutschen Roman wurden diese Kämpfer später als feige, hinterhältig und (vielleicht der schlimmste Vorwurf) undiszipliniert charakterisiert. Aufgrund dieser Erfahrungen in Frankreich bestand das deutsche Militär danach stets auf scharfen Maßnahmen gegen zivilen Widerstand; in einem Handbuch für die Rekrutenausbildung hieß es: »Solche Franktireurs werden allerdings sogleich am ersten besten Baume aufgehängt.«[14]

Auf den beiden internationalen Konferenzen in Den Haag wurden Fragen aufgeworfen, die heute noch diskutiert werden: Wann ist es Zivilisten erlaubt, Invasions- und Besatzungstruppen zu attackieren? Wie dürfen diese Truppen reagieren? Wer zählt als Soldat, der gemäß den Genfer Konventionen und anderen Vorschriften zu behandeln ist, wer als bloßer Verbrecher oder Verräter? In Den Haag sprachen sich die deutschen Vertreter für eine möglichst enge Definition des zivilen Kämpfers aus: Als einzig legitime Kräfte sollten diejenigen gelten, die an eindeutig identifizierbaren Uniformen erkennbar waren, und Widerstand sollte nur während einer Invasion erlaubt sein, nicht aber nach vollzogener Besetzung. In der Frage, was Letzteres bedeute, plädierten die Deutschen nun plötzlich für die weitestmögliche Definition: Ausreichend sei, dass reguläre Truppen der Invasionsarmee anwesend seien, ohne notwendigerweise sichtbar sein zu müssen. Die Briten, die vielleicht daran dachten, wie erfolgreich der spanische Guerillakampf während der Napoleonischen Kriege gewesen war, die Franzosen mit ihrer revolutionären Tradition der *levée en masse* und einige kleinere Nationen wollten jedoch spontanen Bürgeraufständen gegen Invasoren Raum lassen. Auf der Haager Konferenz von 1899 einigte man sich auf einen Kompromiss: Die kollektive Bestrafung von Zivilbevölkerungen wurde verboten, aber feindliche Individuen, die »illegitime Kriegsakte« begingen, durften bestraft werden. Auf der Nachfolgekonferenz im Jahr 1907 wurde genauer bestimmt, was eine anerkannte Widerstandsgruppe ausmacht: Ihre Mitglieder mussten organisiert und durch Uniformen oder Abzeichen erkennbar sein, ihre Waffen offen tragen und gemäß dem Kriegsrecht kämpfen.

Nach Ansicht des amerikanischen Philanthropen Andrew Carnegie, der einen großen Teil seines Vermögens für die Sache des Friedens verwandte, war offenbar genug für den Schutz von

Zivilisten getan worden; jedenfalls sagte er 1905 in einer Rede, Nichtkombattanten würden nunmehr im Krieg verschont und Kriegsgefangene gut behandelt werden: »Auch wenn der Mensch sich nicht bemüht hat, das Herz des Kriegsmonsters zu treffen, so hat er sich doch wenigstens bemüht, ihm einige seiner Giftzähne zu ziehen.« Er erwartete, dass die Dinge gemäß dem »gesegneten Gesetz der Evolution« nur besser werden konnten.[15]

Carnegie war, wie so viele andere vor 1914, viel zu optimistisch. Wie in früheren Zeiten rissen die Erfordernisse des Krieges Löcher ins Netz der Regeln und Konventionen, die ihn eindämmen sollten. Ob die Deutschen in Belgien, die Österreicher in Serbien oder die Russen in Galizien, überall terrorisierten und misshandelten die Besatzer im Ersten Weltkrieg die lokale Bevölkerung. Die Briten, die Anfang der 1920er-Jahre im Irak die neue Luftwaffe einsetzten, um rebellische Distrikte in die Unterwerfung zu bomben, die Italiener und Deutschen, die mit ihren Bombern in den 1930er-Jahren in den Spanischen Bürgerkrieg eingriffen, oder die Japaner nach 1937 in China – sie alle demonstrierten, dass Mächte, wenn es ihnen passte, internationale Abkommen ignorierten, sosehr die Weltgemeinschaft ein hartes Vorgehen gegen Zivilisten im Allgemeinen und gegen deren Widerstand im Besonderen auch verabscheuen mochte.

Die brutalen Vergeltungsmaßnahmen, mit denen Deutsche, Italiener und Japaner im Zweiten Weltkrieg gegen die Zivilbevölkerung vorgingen, rückten das Thema wieder in den Vordergrund, und so wurden während des Krieges und nach seinem Ende reale Fortschritte im Völkerrecht erzielt. In ihrer Londoner Deklaration über Kriegsverbrechen von 1942 erklärten die Alliierten die Geiselnahme oder die Exekution von Zivilisten durch Besatzungsmächte zu Kriegsverbrechen. Nach 1945 wurde das internationale Vokabular durch eine neue Kategorie von Kriegen – und Kämpfern – bereichert: den nationalen Befreiungskrieg. Waren die Mitglieder der algerischen Nationalen Befreiungsfront (FLN) Verbrecher, wie die Franzosen behaupteten, oder Soldaten? Nach den älteren Bestimmungen über Partisanen hätten sie eine Uniform oder ein sichtbares Abzeichen tragen müssen, aber in nationalen Befreiungskriegen kämpften auch Guerillas, die, wie Mao Tse-tung es ausdrückte, im Volk schwimmen wie Fische im Wasser. Standen Kämpfer, die vortäuschten, normale Zivilisten zu sein, unter dem Schutz des Kriegsrechts? Die Antwort des französischen Militärs während der langen Kämpfe in Indochina war glasklar: »Vergiss nie«, mahnte die Inschrift auf einer Wand in einer Schule für Aufstandsbekämpfung, »dass der Feind in diesem Krieg nicht nach den Regeln der französischen Armee kämpft.« War es also rechtens, bei der Aufstandsbekämpfung gefangene Feinde im Namen irgendeines gemeinsamen Gutes zu foltern, oder war das ein Kriegsverbrechen und ein Verbrechen gegen die Menschlichkeit? Heute wirft der sogenannte Krieg gegen den Terror ähnliche Fragen auf. Gelten die Genfer Konventionen auch für die Gefangenen, die die Amerikaner in Abu Ghraib im Irak oder in Guantanamo auf Kuba festhalten? Und verletzen sogenannte »erweiterte Verhörmethoden« (ein Euphemismus, der in Orwells *1984* gepasst hätte) die Menschenrechte von Gefangenen? Während Denkschriften des US-Justizministeriums aus dem Jahr 2003 zu dem Schluss kamen, dass die amerikanischen Vernehmer berechtigt waren, so zu handeln, waren amerikanische Gerichte und ein Großteil der amerikanischen Öffentlichkeit anderer Meinung. Die Debatte wird weitergehen.

Regeln aufzustellen ist eine Sache, sie durchzusetzen eine ganze andere. Staaten besitzen Polizeikräfte, Gerichte und Gefängnisse. Wer das Gesetz bricht, kann angeklagt und bestraft werden. Die internationale Ordnung ist bisher nicht über die Anfänge eines solchen Systems hinausgelangt, und die jüngste Geschichte ist voller Beispiele dafür, dass Staaten das Kriegsrecht nach Belieben verletzen und glauben, damit ungestraft davonzukommen. Deutschland hatte vor 1939 die verschiedenen Protokolle über die Behandlung von Kriegsgefangenen unterzeichnet. Im Westen, bei Völkern, die sie als rassisch Gleichgestellte betrachteten, wie Briten und Franzosen, hielten sich die Nationalsozialisten an deren Vorschriften. Im Osten jedoch, wo laut NS-Ideologie rassisch minderwertige Völker lebten, wie Polen oder Russen, erlaubten sie sich, ihre Kriegsgefangenen ungezügelt zu misshandeln und zu ermorden. Selbst für demokratische Regierungen ist es, wenn eine Niederlage bevorsteht oder der Sieg in unerreichbare Ferne gerückt ist, verlockend, wenn nicht gar notwendig, die Regeln zu beugen. Immerhin kann es gefährlich sein, mit einer auf dem Rücken gefesselten Hand zu kämpfen. Im Zweiten Weltkrieg überwanden Briten und Amerikaner ihr anfängliches Zögern und griffen zum Mittel des Flächenbombardements gegen Zivilisten, um den Krieg schneller zu beenden und das Leben ihrer eigenen Bürger zu schonen. Hatten sie ein Recht dazu? Darüber bestehen auch heute noch starke Meinungsunterschiede.

Selbst die Entscheidung darüber, wer für einen ungerechten Krieg die Schuld trägt und wie mit solchen Personen umzugehen ist, hat sich als schwierig erwiesen, und diese Fragen werden weiter diskutiert. Als die Großmächte 1815 über Napoleons Schicksal entschieden, dachten sie nicht in Kategorien wie der Verletzung des Völkerrechts. Sie wollten nur eines: ihn weit genug aus dem Weg haben, damit er nicht noch einmal, wie er es von Elba aus getan hatte, fliehen und Europa in Aufruhr stürzen konnte. Preußen schlug vor, die einfachste Lösung sei es, ihn zu töten, aber die Briten hatten Bedenken. Vielleicht, so hofften sie, würden die Franzosen ihren ehemaligen Herrscher selbst vor Gericht stellen, weil er nach seiner Rückkehr nach Frankreich den neuen, legitimen Herrscher aus dem Hause Bourbon entmachtet hatte. Aber die französische Regierung war von dieser Idee erwartungsgemäß wenig begeistert. Großbritannien verfiel nun darauf, Napoleon zum Kriegsgefangenen zu erklären, der auf unbestimmte Zeit gefangen gehalten werden könne, weil klar sei, dass er nie davon ablassen würde, Krieg zu schüren. Um eine (wenn auch fadenscheinige) rechtliche Grundlage zu haben, verabschiedete das britische Parlament ein Gesetz, nach dem Napoleons Gefangenschaft »für die Aufrechterhaltung der Ruhe in

Europa notwendig« war.[16] Zu jedermanns Erleichterung (Napoleon selbst und seine verbliebenen treuen Anhänger natürlich ausgenommen) verfrachteten die Briten ihn auf die ferne südatlantische Insel St. Helena, wo er auch verstarb.

Hundert Jahre später standen die Großmächte erneut vor der Frage, wie sie mit denjenigen umgehen sollten, denen sie die Verantwortung für den Krieg gaben, und inzwischen konnten sie sich auf sehr viel weiter entwickelte Voraussetzungen stützen. Die Kodifizierung verschiedener internationaler Regeln, wie Krieg geführt werden sollte, sowie Abrüstungsabkommen hatten der Annahme Vorschub geleistet, es gebe eine Weltgemeinschaft, die im Namen der gesamten Menschheit scharf auf unrechtmäßige Kriege und unrechtmäßige Kriegführung reagieren würde. So kündigten Frankreich und Großbritannien 1915 der osmanischen Regierung in einer gemeinsamen Erklärung an, man werde sie für die Massaker an den Armeniern wegen »Verbrechen gegen Menschlichkeit und Zivilisation« zur Rechenschaft ziehen.

Nach dem Ende des Ersten Weltkriegs forderten die Öffentlichkeit und viele politische Führer auf alliierter Seite, dass jemand oder etwas für die Katastrophe, die über Europa hereingebrochen war, bestraft werden müsse. Die führenden Staatsmänner verbrachten vor und während der Pariser Friedenskonferenz viel Zeit mit der Diskussion darüber, wer von den Führern und Militärs der unterlegenen Staaten wegen der Anzettelung des Krieges und der Kriegsverbrechen, die in seinem Verlauf begangen worden waren, vor Gericht gestellt werden sollte. Die nächstliegende Wahl waren der deutsche Kaiser Wilhelm II. und vielleicht noch einige seiner Berater. (Das Habsburgerreich hatte aufgehört zu existieren, und sein alter Kaiser Franz Joseph lag schon geraume Zeit neben seinen Vorfahren in der Kaiserkrypta in Wien.) Frankreich, Italien und Großbritannien einigten sich vor Beginn der Friedenskonferenz darauf, einen internationalen Gerichtshof zu schaffen. »Die Gerechtigkeit«, hieß es in ihrer Vereinbarung, »erfordert es, dass der Kaiser und seine Hauptkomplizen, die den Krieg mit seinem bösartigen Zweck geplant und verursacht haben oder für das unermessliche Leid, das den Menschen während des Krieges zugefügt wurde, verantwortlich sind, vor Gericht gestellt und für die Verbrechen bestraft werden sollten.«

Die Vereinigten Staaten lehnten die Schaffung eines internationalen Strafgerichtshofs ab, obwohl Präsident Woodrow Wilson sich an den Spekulationen darüber beteiligte, wohin Wilhelm II. verbannt werden sollte, falls er schuldig gesprochen würde. Bermuda lag aus amerikanischer Sicht zu nah an den USA, und so schlug Lloyd George die Falklandinseln vor. Am Ende blieb Wilhelm in den Niederlanden, wo er am Ende des Krieges Zuflucht gesucht hatte und die sich weigerten, ihn auszuliefern. Die lautstark geäußerte Forderung der Alliierten nach einem Prozess und der Bestrafung derjenigen, die eines Kriegsverbrechens für schuldig befunden wurden, und ihre Liste von über 1000 Kriegsverbrechen, die sie den Deutschen vorwarfen, blieben allerdings folgenlos, abgesehen von einigen wenigen Prozessen gegen deutsche Offiziere, die die Reichsregierung gezwungen war, vor dem Reichsgericht in Leipzig anzustrengen.

In der Zwischenkriegszeit zogen die Menschen, wie schon so oft zuvor, die vermeintlichen Lehren aus der Vergangenheit und versuchten erneut, den Krieg zu beherrschen oder sogar zu bannen. 1925 wurde durch eine Genfer Konvention der Handel mit chemischen und biologischen Waffen verboten, und 1929 wurde durch eine weitere Konvention ihr Einsatz im Krieg gänzlich untersagt. Eine dritte Konvention von 1928 bekräftigte die Regeln für die Behandlung von Kriegsgefangenen. 1921/22 gelang es der Washingtoner Flottenkonferenz, zumindest vorübergehend das maritime Wettrüsten im Pazifik einzuschränken und neue Sicherheitsgarantien für dieses Gebiet zu vereinbaren. Auf der Londoner Konferenz von 1930 wurde das Washingtoner Abkommen bis 1936 verlängert, doch dann verweigerten Japan und Italien ihre Zustimmung zu einer weiteren Verlängerung. Der neue Völkerbund bemühte sich während der gesamten 1920er-Jahre, eine allgemeine Abrüstungskonferenz zustande zu bringen, die schließlich 1932 in Genf eröffnet wurde, nur um wenig später in Ohnmacht und Bedeutungslosigkeit zu versinken, als der neue deutsche Reichskanzler Adolf Hitler sein Land sowohl aus der Abrüstungskonferenz als auch aus dem Völkerbund zurückzog.

Das Ausmaß und die Zerstörungskraft des Zweiten Weltkriegs führten zu neuerlichen Bemühungen, das internationale Regime der Kriegseinhegung zu stärken. Die 1941 vor der Küste Neufundlands von Premierminister Winston Churchill und US-Präsident Franklin D. Roosevelt unterzeichnete Atlantikcharta beschwor die Vision eines dauerhaften Friedens, »der es allen Menschen in allen Ländern ermöglicht, ihr Leben frei von Furcht und von Not zu verbringen«. Im folgenden Jahr unterzeichneten die Alliierten, einschließlich der Sowjetunion, die Deklaration der Vereinten Nationen, in der sie versprachen, gemeinsam zu kämpfen, bis ihre Feinde besiegt waren, und die Grundsätze der Atlantikcharta bekräftigten.

Während die Alliierten bereits in die Zukunft blickten, dachten sie auch darüber nach, wie die am Krieg Schuldigen bestraft werden sollten. Deutschland, Japan und Italien, so war man sich damals und später einig, hatten den Krieg ausgelöst, und anders als nach dem Ersten Weltkrieg gab es in Gestalt der verschiedenen in der Zwischenkriegszeit geschlossenen Konventionen und Abkommen eine rechtliche Grundlage für eine Anklage gegen ihre Führer. Auch verfügten die Alliierten bereits über Beweise für von ihren Feinden während des Krieges begangene Gräueltaten, wenngleich das ganze Grauen dessen, was in den Todeslagern geschah und was den Zivilisten in den besetzten Gebieten und den Kriegsgefangenen widerfuhr, erst nach Kriegsende offenbar wurde. Andererseits hatte die Sowjetunion, die jetzt aufseiten der Gerechten stand, sich früher mit Hitler verschworen, um die Mitte Europas unter sich aufzuteilen. Und man konnte vorbringen, dass die Alliierten im U-Boot-Krieg und mit der Bombardierung von Zivilisten ebenfalls gegen das Kriegsrecht verstoßen und Verbrechen begangen hatten.

Die Prozesse gegen deutsche und japanische Führer vor Sondertribunalen in Nürnberg und Tokio waren gleichwohl ein – wenn auch befleckter – Versuch, die Kriegsverbrecher zur Verantwortung zu ziehen. Den Angeklagten wurde vorgeworfen, internationale Abkommen gebrochen und das Kriegsrecht verletzt zu haben; im Falle der Deutschen wurde die neue Kategorie »Verbrechen gegen die Menschlichkeit« eingeführt. Die Prozesse bildeten zugleich einen wichtigen Präzedenzfall dafür, dass es als Verteidigung nicht genügte zu behaupten, die Angeklagten hätten lediglich Befehle befolgt.

Eine Kommission der neu gegründeten Vereinten Nationen formulierte später die Nürnberger Prinzipien in Bezug auf Verbrechen gegen den Frieden, Kriegsverbrechen und Verbrechen gegen die Menschlichkeit. 1950 durch eine Resolution der Generalversammlung bestätigt, bildeten sie die Grundlage für den weiteren Ausbau des Völkerrechts. Die neue Rechtssprache und die Abkommen über Menschenrechte stärkten auch das Argument, dass Krieg keine Entschuldigung dafür sein kann, Menschen ihrer fundamentalen Rechte zu berauben, etwa des Rechts, nicht illegal festgehalten und nicht gefoltert zu werden.

Die Herausforderung bestand natürlich, wie stets, in der Durchsetzung. Seit 1945 sind Sanktionen verhängt und UN- oder NATO-Truppen zur Friedenssicherung eingesetzt worden. Das Völkerrecht und die internationalen Gerichte wurden weiterentwickelt, um Aggressoren wie den Serben Slobodan Milošević anklagen zu können. Aber solche Maßnahmen waren nur dann wirkungsvoll, wenn die Mächte dies wollten. Und wenn das mächtigste Land der Welt an Orten rund um den Globus Gefangene illegal festsetzt oder die Rechtsprechung des Internationalen Strafgerichtshofs – der gegründet wurde, um neben anderen Verbrechen gegen die Menschlichkeit auch die Schuldigen an unrechtmäßigen Kriegen zu bestrafen – nicht anerkennt, werden andere versucht sein, diesem Beispiel zu folgen.

Dennoch hoffen wir weiter, wie es die Menschen seit Jahrhunderten getan haben, dass wir mehr tun können, als den Krieg zu kontrollieren und seine Auswirkungen abzumildern – nämlich ihn ganz abschaffen. Im europäischen Mittelalter versuchte die Kirche wiederholt, den Gottesfrieden durchzusetzen und den Krieg, außer für den heiligen Zweck der Kreuzzüge, zu bannen. Vom 10. bis ins 12. Jahrhundert riefen Bischöfe lokale Adlige auf, an Konzilen teilzunehmen, auf denen sie schwören sollten, örtliche Kirchen und Klöster nicht zu plündern, unbewaffnete Priester nicht zu verletzen und Bauern nicht zu berauben. Mit der Zeit verlängerte sich die Liste der inkriminierten Verbrechen: Hinzu kamen etwa Angriffe auf Kaufleute oder Kirchgänger sowie das Ausreißen von Weinstöcken. Im 11. Jahrhundert versuchte die Kirche auch das Kämpfen an bestimmten Tagen zu verbieten, etwa vom Ende des Abendgebets, der Vesper, am Mittwoch bis zum Sonnenaufgang am folgenden Montag oder an christlichen Feiertagen wie Ostern und Weihnachten. Verständlicherweise gab es unter der Bevölkerung große Zustimmung für die kirchlichen Maßnahmen, aber der Adel und seine Gehilfen behielten selbst unter der Androhung der Exkommunikation ihr gesetzloses Verhalten bei.

Der Bischof von Le Puy in Südfrankreich ergriff im Jahr 990 eine wirkungsvollere Maßnahme: Er forderte die lokalen Adligen auf zu schwören, dass sie den Frieden einhalten und zurückgeben würden, was sie den Armen und der Kirche genommen hatten. Als sie sich weigerten, ließ er vorher versteckte Truppen aufmarschieren, woraufhin die Adligen, wie ein Chronist schreibt, »mit Gottes Hilfe« beschlossen, den Eid doch abzulegen. Auch versuchte die Kirche mit gewissem Erfolg, die Gewalt des Adels nach außen abzuleiten – zu den Kreuzzügen. Während die Religionen, etwa die mittelalterliche christliche Kirche, in Bezug auf den Krieg eine gemischte Bilanz aufwiesen, stellten manche Sekten einen überdurchschnittlichen Anteil an Antikriegsaktivisten. Nach den Napoleonischen Kriegen gründeten britische Dissenter und Evangelikale die Gesellschaft zur Förderung eines dauerhaften, universalen Friedens; Quäker und Mennoniten sind bis heute in Antikriegsbewegungen aktiv.

Andere setzten ihre Hoffnungen weniger in die Religion als in die Vernunft. Nach Ansicht von Christine de Pisan, einer berühmten Dichterin und Denkerin des 15. Jahrhunderts, sollte ein Fürst, wenn er sich unrecht behandelt fühlte, einen »großen Rat weiser Männer« versammeln, und zwar »nicht nur solche aus dem eigenen Reich, sondern, um ein Scheitern zu verhindern, auch einige aus fremden Ländern, die dafür bekannt sind, keine Partei zu ergreifen, erfahrene Staatsmänner ebenso wie Rechtsberater und andere«. Immanuel Kant hoffte, dass das »krumme Holz, als woraus der Mensch gemacht«, in Richtung auf einen »ewigen Frieden« begradigt werden könne.[17]

Im 19. Jahrhundert wuchs angesichts des unübersehbaren materiellen Fortschritts, insbesondere in Europa und Amerika, die Hoffnung auf eine ähnliche Umwälzung der menschlichen Moral. »Der Frieden«, schrieb die unermüdliche Kämpferin Bertha von Suttner, »ist ein Zustand, welcher aus dem Fortgange der Kultur notwendig sich ergeben muss. […] Dass sich der Kriegsgeist im Laufe der Jahrhunderte fortwährend vermindert hat, ist eine mathematische Gewissheit«.[18] (Über ein Jahrhundert später drückte Steven Pinker in seinem Buch *Gewalt* dieselbe Hoffnung aus.) Der ebenso offensichtliche Fortschritt auf dem Gebiet der Rüstung und das Wachstum der Militäretats verstärkten den Drang, darüber nachzudenken, wie man das Mittel des Krieges überwinden konnte. Der große britische Jurist des 19. Jahrhunderts Henry Sumner Maine bemerkte: »Der Krieg scheint so alt wie die Menschheit zu sein, aber der Frieden ist eine moderne Erfindung.« Gewiss gab es noch Kriege, auch in Europa, aber die Mächte ließen sich immer öfter auf eine Vermittlung ein, um Streitigkeiten beizulegen. Zwischen 1794 und 1914 fanden rund 300 Vermittlungen statt, davon über die Hälfte zwischen 1890 und 1914, was auf einen klaren Trend hinzudeuten schien. Darüber hinaus schienen die Ausbreitung repräsentativer Demokratien und die Erweiterung des Wahlrechts Kants Hoffnung zu bestätigen, dass Staaten, deren Regierungen sich auf die Zustimmung der Bevölkerung stützen und nach dem Konsensprinzip handeln, mit anderen Staaten nach den gleichen Prinzipien umgehen würden. (Diese im 20. Jahrhundert aufkommende Theorie des »demokratischen Friedens«, die davon ausgeht, dass Demokratien nicht gegeneinander Krieg führen, besitzt immer noch erhebliche Strahlkraft, obwohl die Geschichte Beispiele dafür bietet, dass auch Länder mit einer halbwegs demokratischen Ordnung, wie Deutschland und Großbritannien vor dem Ersten Weltkrieg, miteinander Krieg führen.)

1914 jedenfalls waren viele Europäer zu der Ansicht gelangt, Krieg sei obsolet geworden und komme nur noch bei weniger zivilisierten Ländern vor. Auf seine Kindheit zurückblickend, schrieb der österreichische Schriftsteller Stefan Zweig: »An barbarische Rückfälle, wie Kriege zwischen den Völkern Europas, glaubte man so wenig wie an Hexen und Gespenster …«[19]

Es scheint auch vernünftige wirtschaftliche Argumente gegen den Krieg zu geben. Wie der britische Journalist Norman Angell in seinem überaus populären Buch *Die falsche Rechnung* ausführte, machte Krieg ökonomisch keinen Sinn mehr. In der Vergangenheit hätten Nationen miteinander gekämpft, um Beute zu machen; in der modernen Welt bekämen sie, was sie brauchten, durch Handel und Investitionen zu weit geringeren Kosten. Die Staaten des frühen 20. Jahrhunderts seien ökonomisch derart voneinander abhängig gewesen, dass ein Krieg selbst die mächtigsten unter ihnen geschädigt hätte. Der freie Handel war nicht nur für alle gut, er brachte das Gute. Der britische Unternehmer und radikale Verfechter des Freihandels, Richard Cobden, erklärte Mitte des 19. Jahrhunderts, der Freihandel halte wie die Schwerkraft die Erde im Gleichgewicht, »indem er Menschen zusammenbringt, Gegensätze von Rasse, Glauben und Sprache beiseite fegt und uns in ewigem Frieden vereint«.[20] Diese Hoffnung lag auch der Gründung der Bretton-Woods-Institutionen am Ende des Zweiten Weltkriegs und dem Drängen der USA nach dem Ende des Kalten Krieges zugrunde, die internationalen Handels- und Investitionsbarrieren abzubauen.

Auch in anderer Hinsicht war die Welt vor 1914 zusammengewachsen, etwa durch Reisen – in der zweiten Hälfte des 19. Jahrhunderts kamen sowohl Massentourismus als auch Massenmigration auf – und durch die Ausbreitung internationaler Organisationen, vom Roten Kreuz bis zur Interparlamentarischen Union. Zu Beginn des 20. Jahrhunderts gab es ein Ständiges Internationales Friedensbüro mit Sitz in Bern sowie Friedenskreuzzüge und Friedenspetitionen. Die beiden Abrüstungskonferenzen in Den Haag zogen eine große Zahl von Beobachtern an, darunter Bertha von Suttner, deren Hotel ihr zu Ehren eine weiße Fahne aufzog, und der polnische Bankier und Industrielle Johann von Bloch, der Exemplare seiner umfangreichen Studie über den Krieg verteilte, in der er darlegte, warum es Wahnsinn wäre, wenn die fortgeschrittenen Staaten miteinander Krieg führen würden. »In Zukunft wird es keinen Krieg mehr geben«, versicherte er seinem britischen Verleger, »denn er ist unmöglich geworden, seitdem klar ist, dass Krieg Selbstmord bedeutet.«[21]

Obwohl nur wenige Länder ihnen bereits das Wahlrecht gewährt hatten, spielten Frauen in der Friedensbewegung eine immer größere Rolle, und das setzte sich nach dem Ersten Weltkrieg fort. In Großbritannien unterstützte die Women's Co-operative Guild mit ihren 72 000 Mitgliedern in den 1920er- und 1930er-Jahren die Women's International League for Peace and Freedom (WILPF), und auch in der Peace Pledge Union waren Frauen aktiv. Die WILPF verfügte schließlich über Ableger in fünfzig Ländern. Nach dem Zweiten Weltkrieg beteiligten sich Friedensaktivistinnen an der Kampagne für nukleare Abrüstung (Campaign for Nuclear Disarmament, CND) der 1950er- und 1960er-Jahre, und in den 1980er-Jahren protestierten sie auf reinen Frauendemonstrationen gegen die Stationierung amerikanischer Cruise Missiles im Vereinigten Königreich, vor allem auf der Luftwaffenbasis Greenham Common in Berkshire. In Nordirland gründeten Betty Williams und Mairead Corrigan-Maguire in den 1970er-Jahren, nachdem sie die Gewalt zwischen den Konfessionen in ihrem Land aus erster Hand erlebt hatten, die

Community for Peace People. Für ihr Engagement erhielten sie 1976 den Friedensnobelpreis. Doch man muss daran erinnern, dass andere Frauen durchaus Kriegstreiber waren.

Den Staatsmännern und zunehmend auch Staatsfrauen hat es zwar nicht immer gefallen, aber sie mussten seit dem 19. Jahrhundert mit einer internationalen Öffentlichkeit und, als das Wahlrecht in vielen Ländern ausgeweitet wurde, mit immer mehr Wählern zurechtkommen. Als Zar Nikolaus II. die erste Abrüstungskonferenz in Den Haag vorschlug, waren die anderen Staatsoberhäupter und deren Minister nicht besonders begeistert. Der deutsche Kaiser Wilhelm II. sprach von einer »Konferenzkomödie«, für den britischen König Eduard VII. war die Idee »der größte Unsinn und Stuss«, den er je gehört habe. Die Öffentlichkeit war anderer Meinung (in Deutschland beispielsweise unterzeichneten über eine Million Menschen eine Abrüstungspetition), und so willigten die Regierungen schließlich ein, Delegationen in die Niederlande zu entsenden. Die deutsche, der ein Professor angehörte, der kurz zuvor in einer Streitschrift die gesamte Friedensbewegung verurteilt hatte, reiste mit der strikten Anweisung an, sich jeder Maßnahme zu widersetzen, die Deutschlands Fähigkeit zur Kriegführung behindern würde. Die Briten, zu deren Delegation Admiral Jacky Fisher gehörte, der gerade dabei war, die Royal Navy auf Vordermann zu bringen, lehnten jedwede Maßnahme entschieden ab, die ihre Fähigkeit beeinträchtigt hätte, im Kriegsfall eine Seeblockade zu verhängen. Die Amerikaner fanden die Idee des Friedens gut, betonten aber, ihre Streitkräfte seien so klein, dass eine Begrenzung keinen Sinn mache.

Vielleicht hatte Leo Tolstoi recht, wenn er Rüstungsbegrenzungen als gefährliche Ablenkung vom eigentlichen Ziel, der Abschaffung des Krieges überhaupt, kritisierte. In *Krieg und Frieden* denkt Fürst Andrei am Vorabend der Schlacht von Borodino, in der er tödlich verwundet werden sollte, über die Bemühungen nach, den Krieg weniger grausam zu gestalten:

> Bisher haben wir eigentlich immer nur Krieg gespielt, das ist das Schlimme. Wir haben mit Großmut und Hochherzigkeit gespielt und so weiter. Diese Großmut und Empfindsamkeit ist ja nicht viel anders als die Großmut und Empfindsamkeit einer Dame, der schlecht wird, wenn sie sieht, wie man ein Kalb schlachtet. Sie hat eine so zarte Seele, dass sie kein Blut sehen kann, aber sie verzehrt mit ausgezeichnetem Appetit dasselbe Kalb, wenn es mit schmackhafter Sauce übergossen ist. Man erzählt uns so viel von Kriegsrecht, Ritterlichkeit, Unverletzlichkeit der Parlamentäre, Schonung von Unglücklichen und dergleichen. Das ist ja alles dummes Zeug.[22]

Der Slogan der Peace Pledge Union in der Zwischenkriegszeit drückte es prägnanter aus: »Kriege werden aufhören, wenn Menschen sich weigern zu kämpfen.«

Die Erinnerung an den Ersten Weltkrieg und die wachsende Furcht vor einem weiteren Weltenbrand verliehen denjenigen, die den Krieg abschaffen wollten, neuen Auftrieb. Der Völkerbund sei »die einzige Hoffnung der Menschheit«, meinte US-Präsident Wilson, und weltweit pflichteten ihm viele bei. Eine Organisation freier Nationen werde »Aggressions- und Plünderungskriege wie denjenigen, der gerade beendet wurde, für immer unmöglich machen«, erklärte er im Juli 1919 vor dem Senat, als er den Versailler Vertrag einbrachte, der die Gründung des Völkerbunds vorsah. Dieser werde seinen Mitgliedern genügend kollektive Sicherheit bieten, um Außenstehende von Angriffen abzuschrecken, und Streitigkeiten zwischen ihnen auf friedliche Weise beilegen. Falls Mitglieder sich weigerten, Gespräche zu führen oder sich einer Schlichtung zu unterwerfen, seien Wirtschaftssanktionen die Lösung: »Nein, nicht Krieg, sondern etwas viel Größeres als Krieg. Greift man zu diesem ökonomischen, friedlichen, stillen, tödlichen Heilmittel, wird es nicht nötig sein, Gewalt anzuwenden.« Zudem hoffte Wilson, die Weltöffentlichkeit werde mithelfen, aggressive Nationen zu isolieren und zu beschämen.

Obwohl die Vereinigten Staaten dem Völkerbund nicht beitraten, arbeiteten ihre Vertreter eng mit den Genfer Völkerbundstellen zusammen, und die Ächtung des Krieges fand in den Zwischenkriegsjahren weiterhin erhebliche öffentliche Unterstützung. In Großbritannien hatte die League of Nations Union Anfang der 1930er-Jahre 400 000 Mitglieder. An einer 1934/35 durchgeführten Friedensabstimmung nahmen rund 11,5 Million Briten teil, nahezu vierzig Prozent der erwachsenen Bevölkerung, die sich in überwältigender Mehrheit für die Mitarbeit im Völkerbund und Abrüstung aussprachen. 1928 initiierten der französische Außenminister Aristide Briand und sein amerikanischer Kollege Frank Kellogg einen Pakt, von dem damals viele hofften, er werde die Menschheit einen großen Schritt vom Krieg wegführen. Die Unterzeichner des Briand-Kellogg-Pakts versprachen, auf Krieg als Mittel der Konfliktlösung zu verzichten. In der Folgezeit traten insgesamt 63 Staaten dem Pakt bei, darunter Deutschland, Italien und Japan. Skeptiker verwiesen jedoch darauf, dass es keine Mittel gab, den Pakt durchzusetzen. Der Kriegsausbruch 1939 zeigte, wie recht sie hatten.

Auf Drängen von US-Präsident Roosevelt begannen schon während des Zweiten Weltkrieges die Planungen für eine Nachfolgeorganisation des Völkerbunds sowie für neue Wirtschaftsorganisationen, die dazu beitragen sollten, die Staaten der Welt enger miteinander zu verknüpfen und die Gefahr künftiger Kriege zu verringern. Ende April 1945, kurz vor der Kapitulation Deutschlands, jedoch noch während der unvermindert weitergehenden Kämpfe im Pazifik, kamen in San Francisco Vertreter von 46 Staaten zusammen, um die Vereinten Nationen zu gründen. Ihr Versprechen, den Krieg ein für alle Mal loszuwerden – was schon immer zu viel verlangt war –, hat die UNO nicht gehalten, aber sie hat eine Reihe von Abrüstungsvereinbarungen vermittelt und durch Friedenserhaltung und Friedensschaffung sowie die Tätigkeit ihrer diversen Unterorganisationen, etwa der Weltgesundheitsorganisation (WHO), zur Linderung und Behebung von Kriegsfolgen beigetragen.

Der Kalte Krieg zwischen den Vereinigten Staaten und der Sowjetunion, der auf den Zweiten Weltkrieg folgte, richtete den Blick der Menschheit erneut auf die Kriegsgefahr, die zumindest in den 1960er-Jahren drohte, der Geschichte des Menschen ein Ende zu bereiten. Romane, Filme und TV-Sendungen wie *Das letzte Ufer, Dr. Seltsam oder: Wie ich lernte, die Bombe zu lieben* und *The Day After – Der Tag danach* zeigten in erschreckenden Bildern die Folgen eines Atomkriegs und wie leicht er ausbrechen konnte. Irgendwie wurde er vermieden, vor allem aufgrund des nuklearen Gleichgewichts zwischen den beiden Supermächten; die Möglichkeit der gegenseitig zugesicherten Zerstörung, passenderweise MAD (*Mutual assured destruction*) abgekürzt, bedeutete, dass die USA und die Sowjetunion einen Krieg gegeneinander vermieden, auch wenn sie ihm mitunter gefährlich nahe kamen.

Dies bedeutet freilich nicht, dass die Welt seit 1945 keine Kriege erlebt hat: Die Supermächte und einige kleinere Staaten führten Stellvertreterkriege und entfachten Bürgerkriege – das geschieht bis heute. Gewalt braucht nicht unbedingt die neuesten Hightech-Waffen, auch billige, veraltete Waffen können großen Schaden anrichten. Bevor Hutu-Milizen mit ihrem Massaker an den Tutsi begannen, importierte Ruanda genügend Macheten, sodass auf jeden dritten ruandischen Mann eine neue Machete kam. Sie wurden nicht für die Ernte benutzt. Wenn wir uns auf der Welt umsehen, sollten wir uns an diesen und all die anderen Kriege seit 1945 erinnern. Krieg und Kriegsgefahr sind weiterhin nur allzu aktuell.

IX

KRIEG IN UNSEREN VORSTELLUNGEN UND ERINNERUNGEN

»Nun lasset euch gemahnen«, sagt der Chor am Anfang des sechsten Akts von Shakespeares *Heinrich V.*:

> So muss zum Treffen unsre Szene fliegen,
> Wo wir (o Schmach!) gar sehr entstellen werden
> Mit vier bis fünf zerfetzten schnöden Klingen,
> Zu lächerlichem Balgen schlecht geordnet,
> Den Namen Azincourt. Doch sitzt und seht,
> Das Wahre denkend, wo sein Scheinbild steht.

In den folgenden Szenen führt Shakespeare dem Publikum sowohl die Tragödie als auch den Ruhm des Krieges vor Augen. In der Nacht vor der Schlacht geht Heinrich inkognito durchs Truppenlager. Williams, ein einfacher Soldat, sagt zu seinem Freund, er glaube nicht, dass sie den nächsten Tag überleben würden. Heinrich stellt ihn auf die Probe: Ob er nicht glücklich sei, bei solch einer gerechten Sache mit dem König zu sein? Das mag sein, antwortet Williams, aber diejenigen, die sterben, würden es fluchend, nach Hilfe rufend oder in Sorge um ihre Frauen und Kinder tun. »Ich fürchte«, resümiert er, »es sterben nur wenige gut, die in einer Schlacht umkommen …«[1] Heinrich antwortet mit einer langen, reflektierten, wenig tröstlichen Rede über die Verantwortung im Krieg und darüber, dass jeder Soldat mit seinem Gewissen ins Reine kommen sollte, um auf den Tod vorbereitet zu sein und das Seelenheil zu erlangen.

Am nächsten Morgen klingt Heinrich ganz anders. Die bevorstehende Schlacht, versichert er, sei für seine Männer eine Chance, Ruhm zu erwerben. Es sei der Tag der heiligen Crispinus und Crispinianus:

> Wer heut am Leben bleibt und kommt zu Jahren,
> Der gibt ein Fest am heil'gen Abend jährlich
> Und sagt: »Auf Morgen ist Sankt Crispian!«,
> [...]
> Und nie von heut bis zum Schluss der Welt
> Wird Crispin Crispian vorübergehn,
> Dass man nicht uns dabei erwähnen sollte,
> Uns wen'ge, uns beglücktes Häuflein Brüder ...[2]

Am D-Day im Juni 1944 las ein Kompaniechef des East Yorkshire Regiments seinen Männern, als sie sich Sword Beach näherten, über den Lautsprecher des Landungsboots Auszüge aus dieser aufrüttelnden Ansprache vor, und als die 1st Special Service Brigade an Land ging, hatte ihr imposanter Kommandeur, Lord Lovat, während er sie durchs Wasser watend an den Strand führte, seinen persönlichen Dudelsackspieler an der Seite, der »Highland Laddie« und »Road to the Isles« spielte. Die großen Feldherren der Geschichte, Alexander der Große, Julius Cäsar, Napoleon, MacArthur oder Montgomery, besaßen allesamt wie große Schauspieler die Fähigkeit, andere mitzureißen und ihren Männern das Gefühl zu geben, ihr Kommandeur verstehe sie, kümmere sich um sie und spreche direkt zu ihnen. Sie verstanden wie Shakespeare, dass Krieg eine Art Theater ist und theatralische Gesten zu ihm gehören. Die riesige Kanone, die die Osmanen im 15. Jahrhundert zur Bewachung der Dardanellen aufstellten, die Elefanten, die Hannibal nach Italien brachte oder die die Moguln in Indien einsetzten, die Atombomben, die beide Seiten im Kalten Krieg entwickelten – all dies diente der aktuellen Kriegführung, sollte aber auch den Feind in Schrecken versetzen und einschüchtern. »Shock and Awe«, Schrecken und Furcht, nannte die »Koalition der Willigen« ihre Invasion des Iraks im Jahr 2003.

Wir nutzen unsere Künste für den Krieg, aber was wir über ihn denken und wie wir ihn führen, ist umgekehrt von unseren künstlerischen Darstellungen des Krieges beeinflusst. Theaterstücke, Gedichte, Romane, Gemälde, Skulpturen, Fotografien, Musikstücke und Spielfilme prägen die Vorstellung, die wir – Krieger und Zivilisten gleichermaßen – vom Krieg haben, aber auch, was wir über ihn denken. Die Künste können uns die vielen Facetten des Krieges zeigen: von Heldentum und Ruhm bis zu Grausamkeit und Schrecken. Sie können etwas von der Erregung und den Leidenschaften des Krieges vermitteln, aber auch von seiner Verrücktheit, Eintönigkeit und Sinnlosigkeit. Sie erinnern uns an die Macht und Komplexität des Krieges und an unsere eigenen zwiespältigen Gefühle ihm gegenüber. Sie können, wie vor dem Ersten Weltkrieg geschehen, die Menschen zum Krieg drängen oder, wie nach seinem Ende, dazu beitragen, dass sie sich gegen ihn wenden. Sie helfen uns, Kriege zu verarbeiten und uns an sie zu erinnern.

Der Austausch zwischen Krieg und Kunst ist wechselseitig: Der Krieg verändert diejenigen, die Bilder und Geschichten über ihn schaffen. Schriftsteller bemühen sich, eine neue Sprache zu finden, Maler experimentieren mit Stilen. Francisco de Goya verzichtete bei *Schrecken des Krieges* auf Farbe und verabschiedete sich von der Tradition der Huldigung der siegreichen oder heroischen Seite des Krieges, um stattdessen seine Rohheit zu zeigen, die Momente grundloser Grausamkeit, die zerschmetterten, verstümmelten Leichen. Der Erste Weltkrieg, hieß es 1916 in einer Kulturzeitschrift, sei nicht in Bilder zu fassen: »Kein Künstler kann uns einen Gesamteindruck davon geben, was sich bei Nacht und Nebel, unter der Erde und über den Wolken abspielt. […] Die todesmutigen Männer, die sich auf den Schlachtgemälden alter Schule im Paradeschritt auf den Feind stürzen, sind verschwunden; die Laufgräben haben sie verschlungen.« Der Schweizer Maler Félix Vallotton, ausgeschickt, um Eindrücke von der französischen Frontlinie festzuhalten, schrieb: »Von jetzt an glaube ich nicht mehr an blutgetränkte Skizzen, an realistische Malerei, an Dinge, die man gesehen oder sogar erlebt hat. Allein die geistige Versenkung kann die essentielle Synthese solcher Beschwörungen hervorbringen.« Sein Gemälde *Verdun*, der grauenvollen Abnutzungsschlacht zwischen Franzosen und Deutschen gewidmet, zeigt ein Muster aus Flammen, schwarzen und weißen Wolken aus Gas und Rauch, Lichtstrahlen, zerstörter Landschaft und Regen – ohne dass ein Mensch zu sehen ist.

Vielleicht war es bloß Zufall, dass vor 1914 Künstler in verschiedenen Städten Europas und der Neuen Welt mit Formen experimentierten, die zu den künftigen Schlachtfeldern passten. Die Kubisten entwickelten eine neue Bildsprache, um die Fragmentierung der sie umgebenden Welt wiederzugeben, während die Futuristen nach Wegen suchten, die Bewegung selbst darzustellen. In England wollten die Vortizisten die bestehende Ordnung zerschlagen, was in ihren Augen einen neuen geometrischen Stil erforderte, der die zerklüftete Natur der modernen Welt erfasste. Der britische Künstler Paul Nash, der am stärksten vom Vortizismus beeinflusst war, begann schon bald, zerwühlte Schlachtfelder zu zeichnen und zu malen. Spürten sie alle das Nahen der Katastrophe, die den Gesellschaften Europas unmittelbar bevorstand? Ihre Experimente passten leider nur zu gut zu den geschundenen Landschaften der Schlachtfelder und dem Spiel aus Licht, detonierenden Geschossen und Gaswolken, in das sie getaucht wurden.

Doch wenn wir uns den Krieg vorzustellen versuchen oder den Vorstellungen anderer vertrauen, landen wir stets bei der Frage: Kann die Wirklichkeit des Krieges jemals festgehalten, kann ihre Erfahrung auf die Seiten eines Buches, in einen Bilderrahmen oder auf einen Filmstreifen beschränkt werden? Im Roman *Die Leiden des Krieges* von Bao Ninh, der im Vietnamkrieg in der nordvietnamesischen Armee gekämpft hat, versucht der Protagonist, ebenfalls ein Kriegsveteran, obsessiv und beharrlich seine Geschichte von Liebe und Krieg niederzuschreiben:

»Später würde man in den Bergen von Kiens Manuskriptblättern […] die unlösbare Verflochtenheit der Epochen, der Generationen, der erwiesenen und der nicht klar erkennbaren Tatsachen, der Welt der Lebenden und der Toten und des Krieges und des Friedens nachlesen können, versteinert vom Schatten der stillstehenden Zeit.«[3] Als das Buch erschien, wurde es von den kommunistischen Behörden missbilligt, und Ninh hat seither wenig veröffentlicht. Der amerikanische Schriftsteller Tim O'Brien, der auf der anderen Seite kämpfte, schreibt in *Was sie trugen*: »Den Krieg verallgemeinern, ist das Gleiche wie den Frieden verallgemeinern. Fast alles ist wahr. Fast nichts ist wahr.« Können wir, fragt er, jemals die Bedeutung des Krieges verstehen? »Wenn eine wahre Kriegsgeschichte überhaupt eine Moral hat, dann ist sie wie der Faden, aus dem ein Stoff gewebt ist. Man kann sie nicht herauszupfen. Man kann den Sinn nicht herausziehen, ohne die tiefere Bedeutung aufzulösen. Und zu guter Letzt gibt es über eine wahre Kriegsgeschichte wirklich nichts zu sagen, außer ›Ach‹ vielleicht.«[4] Dennoch versuchte er es unermüdlich, wie viele andere. Wilfred Owen berichtete seiner Mutter von dem »merkwürdigen Blick«, den er 1917 auf den Gesichtern der Soldaten im riesigen britischen Truppenlager in Étaples gesehen hatte, »ein unergründlicher Blick, den man in England nie sieht. […] Es war weder Verzweiflung noch Schrecken, es war schrecklicher als Schrecken, denn es war ein blinder Blick, ausdruckslos, wie der eines toten Hasen. Er wird nie gemalt werden, und kein Schauspieler wird ihn jemals erfassen. Um ihn beschreiben zu können, muss ich, so glaube ich, zurückgehen und unter ihnen sein.«[5] Im Koreakrieg versuchte der amerikanische Fotograf David Douglas Duncan diesen Blick der Soldaten einzufangen, dieses, wie er es nannte, »Tausend-Yard-Starren«.

Obwohl ein Großteil der Kunstwerke, die durch und über den Krieg geschaffen wurden, nur eine Seite widerspiegeln, nämlich die des Künstlers, rufen Kriege häufig grenzüberschreitende Reaktionen hervor. Erich Maria Remarque schreibt in seinem Roman *Im Westen nichts Neues* über die Sinnlosigkeit des Grabenkrieges, die Kameradschaft unter Soldaten und die Kluft zwischen ihnen und den Daheimgebliebenen das Gleiche wie seine englischsprachigen Kollegen, etwa Frederic Manning in *The Middle Parts of Fortune* und Robert von Ranke-Graves in *Strich drunter!*. O'Brien und Ninh kämpften in Vietnam auf verschiedenen Seiten, aber der Dschungel, die Hitze, die Angst und die quälenden Gedanken sind in den Werken beider zu finden. Was Ninh über seine Hauptfigur sagt, dessen Leben seinem eigenen so sehr gleicht, könnte auch über O'Briens Erzähler gesagt werden: »Und im Schatten des Dschungels wurden Legenden geboren, Märchen über das Leben der einfachen Soldaten. Sie inspirierten die Poesie, die Geschichten, bestimmten Kiens literarischen Stil, den Rhythmus der Sätze, die Melodie der Worte. [...] Wahrscheinlich hat kein anderer unter den zeitgenössischen Schriftstellern so viele Tote beschrieben und so viele sterben gesehen wie Kien.«[6]

Manche Kriege regen zu mehr und besseren Kunstwerken an als andere. Der Erste Weltkrieg brachte sowohl große Romane und Gedichte in verschiedenen Sprachen hervor als auch große Gemälde und Kompositionen. Ein vergleichbares Ergebnis des Zweiten Weltkriegs lässt sich beim besten Willen nicht finden. Wassili Grossmans *Leben und Schicksal* ist ein großer Roman, aber sonst? Und warum hatte der Vietnamkrieg, nicht aber die beiden Weltkriege oder der Koreakrieg eine solch elektrisierende Wirkung auf die amerikanischen Künste? In der populären Musik war es ein goldenes Zeitalter, mit Bands und Sängern wie Creedence Clearwater Revival, Bruce Springsteen, Country Joe and the Fish, Bob Dylan und den Doors, die allesamt Songs über den Krieg schrieben und aufnahmen. An Büchern sind neben O'Briens Werken etwa Philip Caputos *A Rumour of War*, Michael Herrs *An die Hölle verraten* und Karl Marlantes' *Matterhorn* zu nennen; zudem die Vielzahl von Spielfilmen wie *Platoon, Geboren am 4. Juli* und *Apocalypse Now*. Es ist sicherlich kein Zufall, dass alle diese Werke, wie die großen Kunstwerke aus dem Ersten Weltkrieg, fast ausnahmslos dem Krieg kritisch gegenüberstehen. Bei den Amerikanern löste der Vietnamkrieg das aus, was der Erste Weltkrieg bei den Europäern ausgelöst hatte: Er erschütterte ihr Selbstvertrauen und ihren Glauben an die eigene Kultur. Vielleicht lässt sich die tiefe Wirkung beider Kriege auf Künstler durch die Notwendigkeit erklären, dem beängstigenden Rätsel auf den Grund zu gehen, wie *wir*, gute und moralische Menschen, in einen solchen Krieg hineingezogen werden und solche furchtbaren Dinge tun konnten.

Doch es wäre zu einfach zu sagen, große Kunst erwachse nur mit Blick auf den Schrecken und die Sinnlosigkeit von Kriegen. Benjamin Brittens *War Requiem*, Tolstois *Krieg und Frieden* oder Remarques *Im Westen nichts Neues* lassen sich Werke wie die Nike von Samothrake, die *Ilias* oder Jüngers *In Stahlgewittern* gegenüberstellen. Die jungen Offiziersanwärter, die 1865 in Woolwich einem Vortrag über den Krieg lauschten, den John Ruskin, der einflussreichste Kunstkritiker und ein führender Intellektueller des viktorianischen Englands, an ihrer Militärakademie hielt, mögen erstaunt gewesen sein, als er erklärte: »[…] noch nie ist eine große Kunst erstanden auf Erden, es sei denn unter einer Nation von Kriegern.« Der Frieden bringe Wohlstand und Zufriedenheit, bewirke aber auch das Versiegen der Künste, weil die Menschen nicht zu ihrem Höchsten erzogen würden. Dies könne nur der Krieg: »Denn es ist eine unbestrittene Wahrheit, dass, wann immer die Anlagen des Menschen sich zu ihrer reichsten Fülle entwickelt haben, sie in der Kunst Ausdruck finden *müssen* […].« Deshalb lautete sein Schluss, dass er »mit der Behauptung, der Krieg sei die Grundlage aller Künste, zugleich auch ausspreche, dass alle ausgezeichneten Tugenden und Eigenschaften der Menschen auf ihm beruhen«.[7]

Manche Kämpfer haben erkannt, dass es Schönheit im Krieg selbst geben kann. Der kanadische Maler Alexander Young-Jackson schrieb am Ende des Ersten Weltkriegs: »Eines Abends begleitete ich Augustus John, um einen Giftangriff zu sehen, den wir auf die deutschen Linien unternahmen. Mit unseren Gaswolken und den deutschen Leuchtsignalen und Geschossen in allen Farben war es wie ein wundervolles Feuerwerk.«[8] Kurz darauf malte er das Bild *Gasangriff, Liévin*, eines der berühmtesten kanadischen Gemälde aus dieser Zeit, das mit der zerwühlten, düster-dunklen Landschaft im Vordergrund, den darüber hängenden bläulich grauen Wolken und den grellgrünen und rosa Lichtstreifen tatsächlich schön ist. Gleiches gilt für die Anfangseinstellung von *Apocalypse Now* mit den sich sanft wiegenden, makellos grünen Dschungelwipfeln und dem Knattern vorbeifliegender Hubschrauber. Ein paar Rauchfahnen steigen in den Himmel, dann werden es mehr, und plötzlich geht die ganze Szene in Flammen auf. (Zum Wahnsinn dieser Filmproduktion gehörte, dass dafür tatsächlich ein Stück Dschungel abgefackelt wurde.) Unterlegt ist die gesamte Szene mit »The End« von den Doors – vielleicht einer der großartigsten Filmanfänge aller Zeiten. Der Regisseur, Francis Ford Coppola, wollte einen Antikriegsfilm drehen, auf der Grundlage von Joseph Conrads Roman *Herz der Finsternis*, einer Anklage gegen den westlichen Imperialismus, doch er stellte den Krieg teilweise als aufregend und schön dar.

Künstler können den Krieg auch absichtlich glorifizieren, sei es, dass sie dafür bezahlt werden, sei es, dass sie an das glauben, was sie tun (oder beides). Schon immer hat Kunst dazu gedient, den Krieg abzubilden und zu feiern. Vieles von dem, was aus der Antike überliefert ist, handelt vom Krieg: Skulpturen, Triumphbögen, Siegessäulen, Mosaiken, bemalte Vasen, Gräber. Die im British Museum in London ausgestellten Elgin Marbles der Athener Akropolis zeigen Männer im Kampf mit Zentauren. Eines der Prunkstücke des Berliner Pergamon-Museums, der monumentale Altar aus der gleichnamigen Stadt, zeigt die legendäre Schlacht zwischen den Giganten und den Göttern des Olymps. Auf dem Teppich von Bayeux ist die Eroberung Britanniens durch die Normannen dargestellt. In der Renaissance füllten sich die europäischen Paläste und Regierungsgebäude mit riesigen stilisierten Gemälden, die militärische Siege an Land und zur See zeigten, und die Orchester der Herrscher spielten festliche Werke wie Händels Feuerwerksmusik, die 1749 aus Anlass eines englischen Triumphs komponiert wurde, in diesem Fall des Friedens von Aachen, mit dem im Jahr zuvor der Österreichische Erbfolgekrieg beendet worden war. Die entscheidende Seeschlacht von Lepanto, in der die katholischen Staaten der Heiligen Liga 1571 das Osmanische Reich besiegten, inspirierte Gemälde von Veronese, Tintoretto, Tizian und eine große Zahl von weniger bekannten Bildern, Gedichten und Kompositionen. An die Schlacht von San Romano zwischen Florenz und Siena im 15. Jahrhundert erinnert man sich heute hauptsächlich dank Paolo Uccellos drei Gemälden, auf denen sich Pferde aufbäumen, Männer miteinander kämpfen, Speere brechen, Helme und Leichen den Boden bedecken, aber kein Blut zu sehen ist, keine zerschmetterten Köpfe, keine verrenkten Gliedmaßen.

Solche Darstellungen blenden den Schrecken, das Chaos und die menschlichen Verluste des Krieges weitgehend aus. Von Mogulherrschern wie Akbar in Auftrag gegebene Gemälde zeigen Belagerungen, Schlachten, Kanonen, Fußsoldaten und Reiter, alle dekorativ und schön koloriert – das gilt sogar für die Leichen. Joe Rosenthals berühmte Fotografie von 1945, *Raising the Flag on Iwo Jima* (für die das originale Ereignis mit einer größeren Flagge nachgestellt wurde), bannt einen Augenblick des Triumphs aufs Bild – ohne jeden Hinweis darauf, dass er 26 000 Amerikanern das Leben gekostet hatte. Im europäischen 18. Jahrhundert, das sich voller Stolz als Zeitalter der Aufklärung betrachtete, zeigten Maler mit wenigen Ausnahmen Schlachten als gewöhnliche Spiele, als Schach vielleicht, nur eben mit lebenden Figuren. 1745, mitten im langen Österreichischen Erbfolgekrieg, griffen britische Truppen zusammen mit ihren niederländischen und hannoverschen Verbündeten bei Fontenoy im heutigen Belgien die Franzosen an. In der Schlacht, die mit einem französischen Sieg endete, verloren rund 5000 Männer ihr Leben, weitere 10 000 wurden verwundet. Ludwig XV. gab bei Pierre L'Enfant (dessen Sohn später die Pläne für Washington, D. C., entwarf) ein Gemälde der Schlacht in Auftrag. Darauf sind die Soldaten in ordentlichen Reihen aufgestellt und greifen in geraden Linien an; man sieht aus Kanonen aufsteigende Rauchwolken, umhergaloppierende Reiter und einige dekorativ am Boden liegende Leichen. Auch Gemälde, die den Tod einzelner Helden in der Schlacht zeigen, etwa James Wolfe bei Quebec oder Horatio Nelson auf seinem Flaggschiff, dekorieren den Tod: Der Sterbende liegt in anmutiger Pose inmitten derer, die um ihn trauern.

Kunst kann sogar die Werkzeuge des Krieges schön aussehen lassen. Rüstungen, Schwerter, Säbel, Piken, frühe Pistolen und Kanonen waren häufig prachtvolle Gegenstände, verziert mit Edelmetallen und Juwelen, die vom Geschick und der Fantasie der Handwerker zeugten, die sie entworfen und hergestellt hatten. Diese Art der Mode ist uns, zumindest was Militärwaffen betrifft, verloren gegangen; man kann sich nur schwer ein Maschinengewehr mit dekorativen Intarsien vorstellen.

Ebenso wie andere gesellschaftliche Ressourcen – menschliche, materielle oder spirituelle – vereinnahmt der Krieg die Kunst für seine Zwecke, und gelegentlich lassen sich auch die Künstler vereinnahmen. Jacques-Louis David, ein großer Maler mit starkem Überlebensinstinkt, begann seine Karriere unter dem Ancien Régime in Frankreich, arrangierte sich dann rasch mit der Französischen Revolution und wurde schließlich Napoleons Lieblingsmaler. Auf seinem berühmten Gemälde *Bonaparte beim Überschreiten der Alpen am Großen Sankt Bernhard* zeigt er eine heroische Gestalt auf einem sich aufbäumenden Hengst, vor sich der Pass, der ihn zu seinem siegreichen Feldzug in Italien führt. Auf den Felsplatten zu Füßen des Pferdes sind die Namen Bonaparte, Hannibal und Karolus Magnum zu erkennen, aber nur Napoleons Name ist deutlich zu sehen.

Im Ersten Weltkrieg beeilten sich Künstler und Intellektuelle, ihre Kollegen auf der anderen Seite zu verdammen. In diesem Krieg, so der prominente französische Philosoph Henri Bergson in einer Rede am 8. August 1914, kämpfe die französische Zivilisation gegen die deutsche Barbarei. Auch Thomas Mann betrachtete den Krieg als Auseinandersetzung zwischen verschiedenen Wertesystemen, aus seiner Sicht jedoch zwischen dynamischer, vitaler, zutiefst menschlicher deutscher »Kultur« hier und sanfter, höflicher, auf Vernunft und nicht auf Gefühl beruhender westlicher »Zivilisation« dort. »Deutschlands ganze Tugend und Schönheit«, verkündete er, »entfaltet sich erst im Kriege. Der Friede steht ihm nicht immer gut zu Gesicht – man konnte im Frieden zuweilen vergessen, wie schön es ist.«[9] Im Zweiten Weltkrieg war der britische Schriftsteller Noël Coward Drehbuchautor, Ko-Regisseur, Produzent und Darsteller des Spielfilms *In Which We Serve*, der das stille Heldentum der Royal Navy feierte. Die britische Regierung beteiligte sich an der Finanzierung von Laurence Oliviers bewegendem Film *Heinrich V.*, in dem er selbst die Titelrolle spielte. Er kam 1944 in die Kinos, kurz nach der Landung der Alliierten in der Normandie, und Oliviers Heinrich kämpft wie diese als edle, tapfere Gestalt für die gerechte Sache (Szenen wie Heinrichs Drohrede an die Bürger von Harfleur hatte Olivier weggelassen). Hollywoodstar John Wayne drehte 1968 auf eigene Kosten den Spielfilm *The Green Berets* (*Die grünen Teufel*), mit dem er für den Vietnamkrieg eintrat. In der letzten Szene bricht ein kleiner vietnamesischer Junge, eine Kriegswaise, um den sich ein Soldat der Special Forces (der Green Berets) gekümmert hatte, in Tränen aus, als er entdeckt, dass sein Freund getötet worden ist. »Was soll jetzt aus mir werden?«, fragt der Junge den von John Wayne selbst gespielten Kommandeur der Einheit. Der Oberst gibt ihm das grüne Barett des toten Soldaten. »Das lass meine Sorge sein, mein Junge«, beruhigt er ihn. »Wir lassen dich nicht im Stich.« Dann gehen beide zur »Ballad of the Green Berets« in den Sonnenuntergang.

Waynes Film war eine Ausnahme, denn es gab nicht viele Filme, die einen immer unpopuläreren Krieg in günstigem Licht zeigten. Dagegen unterstützten im Ersten Weltkrieg Künstler aller Seiten überschwänglich die Kriegsanstrengung ihres Landes, zumindest in den ersten Kriegsjahren. Auch wenn er verärgert darüber war, dass man seinem Vorkriegswerk *Pomp and Cir-*

cumstance Marches bombastische Worte unterlegt hatte, schrieb Edward Elgar gleichwohl patriotische Musik, unter anderem einen Liederzyklus auf Gedichte aus Rudyard Kiplings *The Fringes of the Fleet*, einer 1915 erschienenen Sammlung von Gedichten und Essays über weniger bekannte heroische Augenblicke in der Geschichte der britischen Seemacht. Die überwiegende Mehrheit der Romane und Gedichte aller Kriegsteilnehmer war patriotisch gestimmt; einige stammten von bekannten Autoren wie Thomas Hardy (der in *Men Who March Away* versprach, der Sieg kröne den Gerechten), andere von enthusiastischen Unbekannten. Allein im August 1914 wurden einer großen Berliner Zeitung jeden Tag 500 patriotische Gedichte zugeschickt. »Sie lieben vereint, sie hassen vereint«, hieß es im populären »Hassgesang gegen England« des deutschen Schriftstellers Ernst Lissauer. »Sie alle haben nur einen Feind: England!«[10]

Angesichts des immer größeren Ausmaßes und der wachsenden Anforderungen des modernen Kriegs verfielen die Regierungen darauf, für die Mobilisierung ihrer Gesellschaften die Kunst ebenso einzuspannen wie die Wissenschaft und die Industrie. Im Ersten Weltkrieg beauftragte die britische Regierung bekannte Künstler, Frachtschiffe mit einem Tarnanstrich zu versehen. Die verrückten Muster, mit denen diese »dazzle ships« bemalt wurden, sollten es deutschen U-Booten erschweren, ihre Geschwindigkeit und ihren Kurs zu bestimmen. Ein neues Informationsministerium entwickelte eine ganze Reihe von Projekten, in denen Künstler den Krieg dokumentierten und Propaganda für die Heimatfront produzierten. In der damals neuen Filmindustrie brachten britische und französische Studios ein breites Spektrum von Themen auf die Kinoleinwand, vom Inganghalten des heimischen Feuers bis hin zu den Untaten der Deutschen. Die letzteren Filme wurden in neutrale Länder exportiert, um dort, durchaus mit einigem Erfolg, Unterstützung für die Alliierten zu gewinnen.

In Deutschland, wo die Filmindustrie unter strenger staatlicher Kontrolle stand, erkannte man nur langsam, welche Macht das neue Medium besaß, und die exportierten Filme erzielten nur geringe Wirkung. Deutsche Filmaufnahmen von der Front zeigten zufriedene Soldaten, die Post von zu Hause lasen oder eine Mahlzeit einnahmen, manchmal auch Leichtverwundete, die sich in Krankenhäusern erholten, oder deutsche Soldaten, die vom Feind zerstörte Kirchen wiederaufbauten. Schlachtszenen, die schwierig zu filmen gewesen wären, und Tote wurden nicht gezeigt. Als man deutschen Frontsoldaten diese Filme vorführte, brachen sie in schallendes Gelächter aus. (Im Zweiten Weltkrieg war die deutsche Propaganda weit wirkungsvoller; Joseph Goebbels gestand ein, viel von den Briten gelernt zu haben.)

Eine weitere Kampffront tat sich auf, als vom Feind geschaffene Kunstwerke als trojanische Pferde in Verruf gerieten. In Frankreich gründeten Camille Saint-Saëns und andere während des Ersten Weltkriegs die Ligue Nationale pour la Défense de la Musique Française, um für ein Verbot der Aufführung zeitgenössischer deutscher Musik zu werben. »Wie können Franzosen«, fragte Saint-Saëns, »nach den Massakern an Frauen und Kindern Wagner hören? Es ist nötig, dieses Opfer zu bringen und Wagners Werke weder zu lesen noch zu hören, denn er dachte, Deutschland könne seine Werke nutzen, um Seelen zu gewinnen.«[11] In Großbritannien griff die Presse Orchester an, die Werke von Beethoven, Brahms oder Bach spielten.

Kipling erzählt in seinem Buch *The Drums of the Fore and Aft*, einer seiner kraftvollen Geschichten über britische Soldaten an den Grenzen des Empire, wahrscheinlich auf Grundlage eines Vorfalls aus dem Zweiten Anglo-Afghanischen Krieg davon, wie britische Truppen zunächst vor einem afghanischen Angriff zurückweichen. Doch zwei ruchlose Trommler, mit 14 schon schwere Trinker, die man im Lager zurückgelassen hat, greifen, nachdem sie ihren gestohlenen Rum ausgetrunken haben, zu Trommel und Querpfeife und marschieren, »British Grenadiers« spielend, auf die afghanischen Linien zu. Von den Jungen beschämt, greifen auch Front und Nachhut wieder in die Schlacht ein und töten kaltblütig und effektiv, bis sie den Sieg errungen haben. Die beiden Jungen werden zusammen mit den anderen gefallenen Briten beerdigt.

Thukydides zufolge zogen die Spartaner Kriegslieder singend in den Kampf. Er beschreibt, wie sie 418 v.Chr. in der Ersten Schlacht von Mantinea unter den Klängen von Flötenspielern in ihren Reihen langsam auf die Argiver und ihre Verbündeten zumarschierten, wobei die Musik »nicht des religiösen Kultus halber« erklang, »sondern damit das Heer nach dem Rhythmus gleichmäßig marschierend vorrücke und die Schlachtreihe nicht auseinandergezogen würde, was den großen Heeren bei dem Angriffe leicht zu begegnen pflegt«.[12]

Im Krieg wie beim Tanz hilft Musik dabei, Bewegungen so einzuüben, dass sie auch in der Schlacht automatisiert und synchronisiert ablaufen. Im 18. Jahrhundert riet Moritz von Sachsen, dessen Drill berühmt war:

> Lasset die Soldaten nach dem Takte marschieren. Das ist das ganze Geheimnis, und der Soldatenschritt der Römer. [...] Es ist nicht leicht, jemand zu finden, der nicht Leute ganze Nächte hindurch sollte haben tanzen gesehen, die beständig gehüpfet und gesprungen hätten. Man lasse einen solchen Menschen nur zwei Stunden ohne Musik tanzen und sehe, ob er es aushalten wird, [...] diese Bewegung [zu Musik] ist so natürlich, dass sie sich, so zu reden, von selbsten machet. Ich habe öfters wahrgenommen, dass, wenn Fahnentrupp geschlagen worden, alle Soldaten ohne Vorsatz, und ohne dass sie selbst es wussten, nach dem Takte gingen. Die Natur und der Trieb wirkten hier alleine.[13]

Sunzi empfahl Kommandeuren, Gongs und Trommeln sowie Banner einzusetzen, um ihre Truppen beim Marschieren, bei Manövern und Angriffen zusammenzuhalten und ihre Aufmerksamkeit zu fokussieren. Auf vormodernen Schlachtfeldern, als es Feldtelefone, Funkgeräte und elektronische Kommunikation noch nicht gab, war Musik eines der wenigen Mittel für

Kommandeure, ihre Befehle zu übermitteln. Wie europäische Armeen herausfanden, können die Töne hoher Blasinstrumente den Schlachtenlärm durchdringen. In den Napoleonischen Kriegen enthielten die Infanterieregularien der britischen Armee eine Reihe von Nachrichten, die musikalisch übermittelt werden konnten: Vormarsch, Rückzug, sogar die Warnung vor dem Anmarsch feindlicher Kavallerie oder Infanterie. Musik konnte zudem eine psychologische Wirkung haben, sowohl auf Angreifer als auch auf Verteidiger. Ein britischer Veteran, der schon an Wellingtons spanischem Feldzug gegen Napoleon teilgenommen hatte, erzählte über die Schlacht von Waterloo, wenn die Franzosen zu Beginn eines Angriffs den *pas de charge* für den schnelleren Schritt schlugen, hätten »nur wenige, wie tapfer sie auch sein mochten, den Klang der Trommeln ohne ein gewisses unangenehmes Gefühl« vernommen.[14]

In Friedenszeiten kann die Kunst, wie in Europa in den Jahrzehnten vor dem Ersten Weltkrieg geschehen, die Öffentlichkeit psychologisch auf den Krieg vorbereiten. Militärkapellen, die überall in Europa in Musikpavillons in Parks spielen, sommerliche Flottenparaden, Gardisten, die in Paradeuniform durch Alleen reiten: All dies war Unterhaltung für die Massen, aber auch wirkungsvolle Kriegspropaganda. In Gedichten führten heldenhafte junge Männer ihre Truppen an fernen Orten gegen grausame Feinde ins Feld und gingen mit glücklichen Erinnerungen an die Heimat in den Tod. Barbarossa schlief in seiner Berghöhle und Drake in seiner Hängematte – beide warteten auf den Weckruf, der sie aufforderte, ihr Land zu retten. Insbesondere in Großbritannien träumten Ober- und Mittelschichtjungen von ruhmreichen Kämpfen wie denen, über die sie bei Homer, Livius oder Cäsar gelesen hatten. Überall in Europa wurde das Mittelalter wiederentdeckt, zumindest jener Teil, der von Edelmut, geharnischten Rittern und Kreuzzügen handelte. Populärliteratur und Jungenzeitschriften waren voller Geschichten über die Heldentaten der Vergangenheit. In Deutschland waren die großen Triumphe der Nation besonders beliebt, von der Schlacht im Teutoburger Wald im 1. Jahrhundert, als germanische Stämme eine römische Armee vernichteten, bis zum Sieg über Frankreich in der Schlacht von Sedan 1870. Der beliebte britische Schriftsteller George Alfred Henty schrieb über achtzig Bücher, deren Helden fast immer anständige britische Jungen waren, die alle Widrigkeiten überwanden und sich im Krieg auszeichneten. »Eines meiner Hauptziele war es«, erklärte er, »meinen Büchern Patriotismus einzuimpfen, und soweit man das wissen kann, war ich in dieser Hinsicht nicht ganz erfolglos.«[15]

Europas Jugend zog 1914 mit der Hoffnung in den Krieg, sich mit ihren Helden messen zu können. Aufgrund ihrer Erziehung und ihrer Vertrautheit mit Literatur, Geschichte und Mythologie waren die Angehörigen dieser Generation – Romanciers, Dichter und Memoirenschreiber wie die Briten Robert von Ranke-Graves, Siegfried Sassoon und Wilfred Owen, der Australier Frederic Manning oder der Franzose Henri Barbusse – besonders gut darauf vorbereitet, ihren Schock und ihre Desillusionierung zum Ausdruck zu bringen. (Versuche ziviler Autoren, die Front zu beschreiben, verachteten sie als »Augenwischerei«, wie ein französischer Autor es nannte.) Man sollte jedoch nicht vergessen, dass Autoren von Antikriegsbüchern zumindest unmittelbar nach dem Krieg weniger populär waren als jene, die wie Ernst Jünger die heroische Seite des Krieges beschworen. Von Remarques *Im Westen nichts Neues* wurden Ende der 1920er-Jahre in Deutschland 1,2 Millionen Exemplare verkauft (bis die Nationalsozialisten den Roman verboten); aber die Memoiren von Fliegerass Manfred von Richthofen, dem Roten Baron, verkauften sich ebenso gut. Nach Schätzung eines Historikers waren nur fünf Prozent der in den Zwischenkriegsjahren veröffentlichten Bücher über den Krieg pazifistisch.

Während des Krieges begannen die Behörden die Macht der Kunst zu begreifen und versuchten sie für ihre Zwecke zu nutzen. Sie förderten Darstellungen der Front, die das wahre Gesicht des industrialisierten Krieges verschleierten, um das Publikum nicht zu erschrecken. Britische Kriegskünstler wurden aufgefordert, keine Toten darzustellen. Als Christopher Nevinson 1917 auf seinem Gemälde *Paths of Glory* zwei mit dem Gesicht nach unten im Schlamm liegende Leichen zeigte, ließ die Zensur es nicht passieren. Nevinson klebte kurzerhand einen Papierstreifen mit der Aufschrift »zensiert« quer über das Bild, sodass von den Toten nur noch eine Stiefelsohle und ein Helm zu sehen waren und der Rest der Vorstellungskraft des Beschauers überlassen blieb. In Deutschland betitelte George Grosz eine Zeichnung, auf der Christus am Kreuz mit einer Gasmaske zu sehen war, mit dem Befehl *Maul halten und weiter dienen*. Otto Dix schuf nach dem Krieg eine Reihe grauenerregender Grafiken von Toten und Verstümmelten; auf seinem Gemälde *Der Schützengraben* von 1923 waren zerfetzte Leichen nach einem Artillerieangriff zu sehen. Die neue nationalsozialistische Partei verabscheute Dix, nach ihrer Machtergreifung erhielten *Der Schützengraben* und andere seiner Werke einen prominenten Platz in der 1937 in München veranstalteten Ausstellung *Entartete Kunst*.

Der Wettstreit zwischen denen, die die negativen Aspekte des Krieges vertuschen, und denen, die seine Grausamkeit zeigen wollen, ist sehr alt, und Künstler haben Mittel und Wege gefunden, Kontrollen zu umgehen. Der britische Maler Paul Nash war im Ersten Weltkrieg amtlich bestallter Kriegskünstler, doch seine Gemälde von der Front, etwa *The Menin Road* und das ironisch betitelte *We Are Making a New World*, sind eindringliche Zeugnisse von Verlust und Zerstörung. Anstelle der lieblichen britischen Landschaften, die er vor dem Krieg gemalt hatte, waren jetzt geborstene Bäume, Schlamm und Brackwasserpfützen zu sehen, und anstelle von fröhlichen Ausflüglern oder heiteren Bauern die einsamen Gestalten vorrückender Soldaten. »Ich bin kein interessierter und neugieriger Künstler mehr«, schrieb er im November 1917 an seine Frau. »Ich bin ein Bote, der denjenigen, die den Krieg ewig weitergehen sehen wollen, Nachricht von den im Kampf stehenden Männern bringt. Meine Botschaft wird kraftlos und undeutlich sein, aber sie wird eine bittere Wahrheit enthalten; möge sie sich in ihre lausige Seele einbrennen.«[16]

Francisco de Goya schuf seine berühmte Grafikserie *Schrecken des Krieges* zwischen 1810 und 1820, als Spanien unter einer schwachen Regierung, der französischen Invasion, Revolution, Bürgerkrieg und einem Krieg zwischen Frankreich und Großbritannien zu leiden hatte. Während er seine Tätigkeit als Hofmaler fortsetzte und auch Porträts von französischen und britischen Offizieren malte, fertigte er insgeheim seine Grafiken an. Diese erst lange nach seinem Tod veröffentlichten Blätter sind eine eindringliche, glühende Anklage gegen alle Aspekte des Krieges und zeigen, zu welchen Gräueln Menschen fähig sind. Auf dem Blatt *Und sie sind wie wilde Tiere* ist zu sehen, wie Spanierinnen, eine von ihnen mit einem Baby auf dem Arm, französische Soldaten töten, während *Barbaren!* zeigt, wie französische Soldaten einen an einen Baum gefesselten Mönch erschießen, während ihre Kameraden gleichgültig zuschauen. Goyas Bildlegenden sind ausdrucksstark: »Man kann es nicht ansehen«, »Das ist schlimm«, »Das ist schlimmer«, »Das ist am schlimmsten«. Und er versicherte: »Ich habe es gesehen«, »So ist es geschehen«. Goyas Grafiken waren weit von den braven Kriegsdarstellungen des 18. Jahrhunderts enfernt, und ihr Einfluss auf spätere Künstler wie Otto Dix und Salvador Dalí war enorm. »Wenn ich im Krieg fotografierte«, so der Kriegsfotograf Don McCullin, »musste ich immer an Goya denken.«[17]

Auch Pablo Picasso dachte an Goya, den er verehrte, als er 1937 eines der großartigsten Antikriegsgemälde des 20. Jahrhunderts schuf. Spaniens republikanische Regierung, die gegen die aufständischen Nationalisten unter General Franco um ihr Überleben kämpfte, hatte ihn mit einem Wandgemälde für den spanischen Pavillon auf der Weltausstellung in Paris beauftragt. Er fand sein Thema, als Ende April 1937 deutsche Flugzeuge die baskische Stadt Guernica bombardierten. Sein Gemälde über dieses Ereignis markierte einen Wendepunkt in der Kriegsmalerei: weg von den militärischen Opfern, hin zu den Zivilisten. In kurzer Zeit bemalte Picasso eine riesige Leinwand mit Szenen von Chaos und Angst: schreiende Menschen, ein Pferd im Todeskampf, eine Mutter mit ihrem toten Kind im Arm. Während der Arbeit gab er eine Erklärung ab: »Auf dem Bild, an dem ich arbeite und das ich ›Guernica‹ nennen werde, und in allen meinen jüngst entstandenen Werken drücke ich meine Abscheu vor der militärischen Kaste aus, die Spanien in ein Meer von Leid und Tod getaucht hat.«[18] Es gibt die Anekdote – die durchaus wahr sein könnte –, dass während des Zweiten Weltkriegs ein Gestapooffizier im besetzten Paris Picasso aufsuchte und ein Foto von *Guernica* sah, woraufhin er ihn fragte: »Haben Sie das gemacht?« – »Nein«, erwiderte Picasso, »das waren Sie.«

Nach Picassos Willen sollte das Bild erst nach Spanien zurückkehren, wenn dort die Demokratie wiederhergestellt war. Seit 1981 ist es in Madrid, wo es als nationaler Schatz betrachtet wird.

Guernica hatte nicht nur Bewunderer. Auf der Linken reagierten die unter Moskaus Fuchtel stehenden Kommunisten mit mattem Lob auf das Bild und verurteilten es als nicht realistisch genug. Laut dem vom NS-Regime herausgegebenen Führer für die Weltausstellung handelte es sich um »eine Ansammlung von Körperteilen, die jeder Vierjährige hätte malen können«,[19] und als das Gemälde vor dem Zweiten Weltkrieg auf einer Ausstellungstour durch die Vereinigten Staaten gezeigt wurde, bemerkte ein amerikanischer Konservativer, es sei »bolschewistische Kunst unter der Kontrolle Moskaus«.[20]

Kann man ein Kunstwerk wertschätzen, wenn man die Ansichten und die Absicht seines Schöpfers entschieden ablehnt? Richard Wagner war Antisemit, komponierte aber wundervolle Musik; Leni Riefenstahl war gläubige Nationalsozialistin, drehte aber kraftvolle und innovative Filme. Das waren schwierige Fälle, insbesondere in Israel. Wie wir auf Kunstwerke reagieren, hängt davon ab, wer wir sind, wo wir stehen und wann wir auf sie stoßen. Robert von Ranke-Graves war überrascht, dass seine Erinnerungen *Strich drunter!* als Antikriegsmanifest aufgefasst wurden; er hatte lediglich beabsichtigt, den Krieg zu beschreiben – er war stolz auf seinen Kriegsdienst – und damit dringend benötigtes Geld zu verdienen. Aber sein Buch erschien Ende der 1920er-Jahre, als die Desillusionierung über den Ersten Weltkrieg und die Skepsis gegenüber dem nachfolgenden Frieden zunahmen und die Zukunft immer düsterer aussah. Wenn man nichts oder wenig über den Künstler weiß, sind solche Fragen weniger wichtig, und mit der Zeit verblassen die Gefühle und Gedanken, die ein Kunstwerk bei seinem Erscheinen ausgelöst hat. Homer (wenn es ihn denn gab) mag bewundernswert oder schrecklich gewesen sein, ein Anhänger des Krieges oder des Friedens. Wir werden es nie wissen, weshalb wir die *Ilias* und die *Odyssee* lesen können, ohne uns eine Meinung über den Autor bilden zu müssen. In Spanien ist *Guernica* heute ein nationales Kulturgut, aber wenn Picasso Francos nach dem Zweiten Weltkrieg geäußerter Bitte, es zurückzuschicken, nachgegeben hätte, würde man es möglicherweise mit anderen Augen sehen.

Seit der Mitte des 19. Jahrhunderts haben die Fotografie und später der Film nach und nach einen gleichwertigen Platz neben der Malerei eingenommen, was die Darstellung des Krieges betrifft. Ob es authentischer ist, was diese neuen Medien zeigen, ist eine andere Frage. Kameras können ebenso auswählen und verzerren wie das Auge des Malers, und wiederum kommt es darauf an, wer man ist und aus welcher Perspektive man die Kunstwerke betrachtet. Die ersten Kameras konnten zwar keine Aktionen abbilden, aber die Gesichter und die Folgen des Krieges. Der erfolgreiche Fotograf Mathew Brady beschloss, eine möglichst vollständige Bildchronik des Amerikanischen Bürgerkriegs zu erstellen. 1862 fotografierte Alexander Gardner auf dem Schlachtfeld bei Antietam am blutigsten Tag des Krieges die später berühmteste Serie dieser Chronik. Auf einem Foto sieht man verrenkt daliegende Leichen wie aufgereiht an einer sich in der Ferne verlierenden Landstraße. Berührt dieses Foto weniger, wenn man weiß, dass Gardner seine Motive häufig arrangierte und dafür auch Leichen hin und her bewegte? 1916 brach die britische Regierung mit ihrer Praxis, nur eher harmlose, ziemlich langweilige Propagandafilme zu drehen, und produzierte einen

Film über die ersten Tage der Schlacht an der Somme. Da die Militärexperten erwartet hatten, schon mit den ersten Angriffen die deutschen Linien zu durchbrechen, hatten sie den Kameramännern ungewöhnlich großzügigen Zugang gewährt. So konnten sie die Soldaten dabei filmen, wie sie sich in den Schützengräben auf den Angriff vorbereiteten, die Bajonette aufpflanzten und über den Grabenrand ins Niemandsland verschwanden. Doch dort war Schluss; die frühen Filmkameras waren zu schwer, um sie tragen zu können, und aufzustehen, um das Schlachtfeld zu filmen, war für die Kameramänner zu gefährlich. Die Produzenten schnitten Aufnahmen aus Übungsfilmen hinein, um den Angriff zu zeigen, und verwendeten dann für die Rückkehr der Verwundeten wieder reale Aufnahmen. Gleichwohl waren die britischen Kinobesucher tief bewegt und verstört, bekamen sie doch zum ersten Mal eine ungefähre Vorstellung davon, was an der Westfront vor sich ging. Während in Frankreich die Kämpfe weitergingen, sah bis zum Ende der ersten, sechswöchigen Laufzeit im Sommer 1916 fast ein Viertel der britischen Bevölkerung den Film. Die Menschen weinten, manche fielen in Ohnmacht.

Die andere bedeutende Neuerung für die Dokumentation des Krieges war das Aufkommen billiger Fotoapparate, die es jedem Kombattanten ermöglichten, selbst zum Künstler zu werden. Mitte des Ersten Weltkriegs kostete eine kleine Kodak-Kamera, die in jede Uniformtasche passte, einen Dollar. Die Militärdienststellen versuchten zwar, die Fotos zu zensieren, wie sie es mit den Feldpostbriefen taten, und die Kanadier wollten Soldaten sogar verbieten, einen Fotoapparat bei sich zu tragen, aber beides war erfolglos. Da sich die Technik weiterentwickelte und die Fotoausrüstung immer leichter wurde, waren Fotografen in der Lage, sich an der Front zu bewegen und flüchtige Augenblicke auf Film zu bannen, wie es Robert Capa mit dem berühmten Foto gelang, das einen republikanischen Soldaten im Spanischen Bürgerkrieg in dem Moment zeigt, als er von einem Schuss getroffen wird. Heute benutzen Soldaten in Konfliktgebieten wie Afghanistan und dem Irak ihre Smartphones.

Nach dem Vietnamkrieg zog das amerikanische Militär den Schluss, dass es wegen der Print- und Bildberichterstattung von Journalisten, Fotografen und Schriftstellern, die sich relativ frei in den Kampfzonen hatten bewegen können, den öffentlichen Rückhalt verloren hatte. Bilder wie dasjenige eines von Napalm verbrannten vietnamesischen Mädchens, das weinend eine Straße entlangläuft, jenes von feindlichen Soldaten, die während der Tet-Offensive in den Außenbereich der US-Botschaft in Saigon eindringen, oder das des Saigoner Polizeichefs, der nach dem Ende der Offensive einen gefangenen Nordvietnamesen auf offener Straße in den Kopf schießt, überzeugten viele Amerikaner davon, dass dieser Krieg nicht zu gewinnen und falsch war. Das Militär hatte einen Punkt getroffen, aber es ist fraglich, ob die Berichterstattung der Hauptfaktor für den Umschwung der öffentlichen Meinung war. Der Vietnamkrieg war schon lange unpopulär gewesen, ebenso wie der Wehrdienst, und viele Amerikaner hatten nie verstanden, wieso die USA sich in einem kleinen Land am anderen Ende der Welt in einen derart langwierigen Kampf verbissen hatte.

Tim O'Brien mag recht haben, wenn er sagt, dass wir dem Wesen des Krieges wohl nie auf den Grund kommen werden, aber die Kunst hilft uns, uns mit ihm zu arrangieren und zumindest den Versuch zu unternehmen zu verstehen, was letzten Endes vielleicht unerklärlich ist.

Dies gilt für diejenigen, die gekämpft haben, wie für diejenigen, die es nicht getan haben. Die Griechen sahen in Homer einen »Seelenarzt«. Philip Caputo erhielt Briefe von Vietnamveteranen, die ihm berichteten, sie hätten durch die Lektüre von *A Rumor of War* Zugang zu ihren verdrängten Erinnerungen und Gefühlen gefunden. Eine neuere französische Studie hat untersucht, was französische Soldaten in den Schützengräben des Ersten Weltkriegs lasen. Viele besaßen nur eine Grundschulbildung, aber sie bestellten bei ihren Familien und bei Buchhändlern Romane wie Tolstois *Krieg und Frieden*. Und vielleicht fanden sie nicht nur ein tieferes Verständnis, sondern auch einen gewissen

Trost darin, dass es Schönes und Bedeutendes gab, das die aktuelle Misere überdauern würde. Die britische Schriftstellerin Rebecca West befand sich 1937 in einem Restaurant in Serbien mitten in einem unerfreulichen Streit mit einer fanatischen deutschen Nationalistin, als jemand das Radio einschaltete und eine Sinfonie von Mozart erklang. »Wie konnten wir hoffen, dass sie [die Kunst] dem ganzen riesigen, widerspenstigen Geflecht, das im Gegenwind des Universums flattert, jemals Ordnung und Schönheit bringen könnte?«, fragte sie sich. »Doch die Musik, die über unseren Köpfen aus dem Zauberkasten an der Wand strömte, versprach uns, dass unser Leben irgendwann so lieblich sein würde wie sie.«[21]

Kunstwerke können sowohl aus Trotz als auch aus Hoffnung geschaffen und konsumiert werden. In beiden Weltkriegen führten Kriegsgefangene Theaterstücke auf und veranstalteten Konzerte. Der französische Komponist Olivier Messiaen, der 1940 in deutsche Kriegsgefangenschaft geriet, traf in seinem Lager auf drei andere Berufsmusiker: einen Klarinettisten, einen Geiger und einen Cellisten. Er konnte einen wohlwollenden Wärter überreden, ihm nicht nur Papier und einen Stift, sondern auch einige alte, ramponierte Instrumente zu besorgen, einschließlich eines Klaviers für sich selbst. Am 15. Januar 1941 brachten die vier Musiker bei Regen durch geöffnete Türen sein *Quartett für das Ende der Zeit* zu Uraufführung. »Nie hat man mir mit solch andächtiger Aufmerksamkeit und Anspannung zugehört«, erinnerte er sich später. Das achtsätzige Werk, das auf der Offenbarung des Johannes beruht, handelt vom Zeitenende und der Ankunft der Engel der Apokalypse. Es endet mit einem »Lobpreis der Unsterblichkeit Jesu«. »Der Lobgesang ist ganz und gar Liebe«, erklärte Messiaen. »Sein langsamer Aufstieg zu extremer Höhe bedeutet das Aufsteigen des Menschen zu seinem Gott, des Gottessohnes zu seinem Vater, des vergöttlichten Geschöpfes zum Paradies.«[22] Dieses Versprechen und dieser Trotz gegenüber der Gegenwart finden sich auch auf einem der denkwürdigsten Fotos aus dem Zweiten Weltkrieg, auf dem die Londoner St.-

Pauls-Kathedrale inmitten der vom deutschen »Blitz« verursachten Brände und Trümmer emporragt.

Die Kunst übermittelt uns individuelle Stimmen, manchmal aus weit zurückliegenden Jahrhunderten. In einem der frühesten Gedichte der Welt – es stammt von den Sumerern aus dem 3. Jahrtausend v. Chr. – wird eine Niederlage betrauert:

> Schweren Tritts die Stiefel des Feindes in meine Kammer traten!
> Seine dreckigen Hände streckte dieser Feind nach mir aus! […]
> Meines Gewands beraubte mich dieser Feind
> Und kleidete sein Weib darin,
> Dieser Feind durchschnitt meiner Gemmen Schnur
> Und behängte damit sein Kind.
> Mir war, die Flure seines Hauses zu wandeln, bestimmt.

In der *Ilias* eilt Andromache, nachdem sie erfahren hat, dass Achill ihren Mann, den trojanischen Helden Hektor, getötet hat, auf die Stadtmauer und klagt:

> Du ziehst jetzt in das Reich des Hades im Schlunde der Erde,
> mich lässt du hier zurück,
> in bitterem Kummer, als Witwe in dem Palast;
> ganz unwissend ist noch das Kind, dem wir beiden
> Unglückseltern das Leben geschenkt …[23]

Die Grafikerin, Malerin und Bildhauerin Käthe Kollwitz, die mit ihrem Mann, einem Armenarzt, in einem Berliner Arbeiterviertel lebte, versuchte nicht, ihren achtzehnjährigen Sohn Peter aufzuhalten, als er sich im August 1914 freiwillig zum Militärdienst melden wollte. Er wurde am 12. Oktober an die Front verlegt und fiel dort zehn Tage später. Sie hörte nie auf, um ihn zu trauern, und beließ sein Zimmer so, wie er es verlassen hatte. Er sei »Saatfrucht, die nicht vermahlen werden sollte«, schrieb sie in ihr Tagebuch.[24] Sie schuf ein Denkmal für den deutschen Soldatenfriedhof bei Esen-Roggevelde in Belgien, auf dem ihr Sohn begraben liegt. Ursprünglich stand das *Trauernde Elternpaar*, im Schmerz getrennt, weit auseinander. Die Mutter hockt vorgebeugt mit gesenktem Kopf und um den Körper geschlungenen Armen am Boden, während der Vater, ebenfalls mit verschränkten Armen, aufrecht kniet. Als man den Friedhof in den 1950er-Jahren auflöste und die Toten auf einen größeren umbettete, wurden die beiden Figuren näher aneinandergerückt.

Das Trauern schloss im Ersten Weltkrieg an ältere Gebräuche an – griechische Säulen oder Statuen, die antiken Kriegern ähneln, schwarze Kleidung, Totengebete –, aber man schien auch das Bedürfnis nach etwas Neuem zu verspüren, das dem Ausmaß und den Auswirkungen des Krieges auf so viele Menschen gerecht wurde.

Der ehrgeizige Visionär Fabian Ware, der die britische Imperial War Graves Commission gründete, bestand auf drei Grundsätzen: dass die Toten in den Ländern begraben werden sollten, wo sie gefallen waren; dass anders als in früheren Kriegen kein Rangunterschied gemacht werden sollte; und dass jeder Soldat den gleichen schlichten Grabstein erhalten sollte. Obwohl Privatpersonen ihrer Toten stets auf eigene Weise gedacht hatten, ergriffen die Hinterbliebenen nun die Initiative, indem sie örtliche Rituale und Gedenkstätten schufen und auf das staatliche Gedenken Einfluss nahmen. Städte und Dörfer überall in Europa und in Teilen des Britischen Empire sammelten Geld für alle möglichen Gedenkstätten, von Monumenten bis zu Parks, Bibliotheken, Brunnen, Gemeinde- oder Krankenhäusern. In St. John's in Neufundland wurde eine Memorial University gegründet. In Cambridge stellte man in der Nähe des Bahnhofs die Bronzestatue eines schreitenden Soldaten auf, der allerdings einen merkwürdig kurzen Oberkörper auf langen Beinen hat: Das gesammelte Geld reichte nicht für mehr, sodass das Format verkleinert werden musste. Eine beliebte Denkmalform war der Obelisk, weil er preiswert und leicht herzustellen war. Insgesamt entstanden allein in Großbritannien und Frankreich etwa 60 000 Gedenkstätten.

1919 erhielt der bekannte Architekt Edwin Lutyens, der bereits an der Gestaltung von Friedhöfen für britische Gefallene mitgearbeitet hatte, von den britischen Behörden den Auftrag, für die Siegesparade, die im Juli des Jahres auf der Whitehall im Zentrum Londons stattfinden sollte, ein temporäres Kenotaph zu entwerfen. Das Symbol eines leeren Grabes passte besonders gut für den Ersten Weltkrieg, da die Überreste vieler Soldaten, die im Artilleriefeuer ums Leben kamen, nie gefunden oder identifiziert werden konnten. Lutyens' aus Holz und Gips bestehendes Kenotaph zog so viele Menschen an, dass die Behörden es länger als geplant stehen lassen mussten, damit die zu Hunderttausenden herbeiströmenden Besucher ihre Blumen und Kränze an ihm ablegen konnten. Die zwei Schweigeminuten, zu denen zum ersten Mal am 11. November 1919, dem ersten Jahrestag des Waffenstillstands, und dann in den 1920er- und 1930er-Jahren alljährlich aufgerufen wurde, fanden ebenso viel Anklang. Überall im Land versammelten sich die Menschen an öffentlichen Orten; der Verkehr kam zum Erliegen, und Telefonistinnen zogen die Stecker aus ihren Schalttafeln.

Der Forderung der Öffentlichkeit nachkommend, beauftragte die Regierung Lutyens, ein dauerhaftes Kenotaph aus Stein zu schaffen, das im November 1920 am selben Tag enthüllt wurde, an dem der Leichnam des Unbekannten Soldaten von der Westfront eintraf und feierlich durch die Straßen Londons zur Westminster Abbey überführt wurde.

Beides, das Grabmal des Unbekannten Soldaten und das Kenotaph, war ein so überzeugender wie einfacher Weg, mit dem Problem der Trauer ohne Leichnam umzugehen. Alle, deren Angehörige in anonymen Gräbern lagen, hatten jetzt einen Bezugspunkt für ihren Kummer. Wieder mussten die Behörden ihre Pläne ändern und mehr Menschen zulassen als geplant. Das Grab in der Westminster Abbey blieb zwei Wochen offen, 1,25 Millionen Menschen defilierten schweigend an ihm vorüber; nur Schluchzen und Weinen waren zu hören.

In den 1920er-Jahren folgten andere Hauptstädte dem britischen Beispiel, darunter Paris, Rom, Washington, Brüssel, Prag,

Belgrad, Bukarest und Wien, nicht aber Berlin und Moskau. Auch dem Zweiten Weltkrieg wurden Gedenkstätten gewidmet, doch zumeist wurden einfach diejenigen des Ersten Weltkriegs ergänzt, indem man die Namen der nächsten Generation Gefallener hinzufügte.

Heute umfasst das Gedenken in den meisten Teilnehmerländern der beiden Weltkriege alle Kriegstoten des 20. und 21. Jahrhunderts. Und die Öffentlichkeit nimmt weiterhin Einfluss auf das offizielle Gedenken. Kriegsteilnehmer und ihre Familien besuchen das Vietnam Veterans Memorial in Washington und legen am Fuß der Granitmauer Ehrengaben ab – Blumen, aber auch Bierflaschen und Teddybären. Als 2014 in einer Gedenkaktion zum 100. Jahrestag des Ausbruchs des Ersten Weltkriegs rund um den Tower von London über 800 000 Keramikmohnblumen aufgestellt wurden – eine für jeden in diesem Krieg gefallenen Soldaten des Britischen Empire –, sammelten sich Botschaften und Fotos an den Geländern.

Darin, wie wir uns an den Krieg erinnern und seiner gedenken, spiegelt sich das Wesen des Krieges und der in ihn verwickelten Gesellschaft ebenso wider wie die Person des Gedenkenden. Veteranen erinnern sich an ihre toten Kameraden, Frauen an geliebte Menschen, die sie verloren haben. Die Kinder von Kriegsteilnehmern erinnern sich anders als die Enkel, sofern Letztere sich überhaupt erinnern. Während manche Veteranen sich nicht erinnern wollen, treten viele in Veteranenverbände ein, nehmen an Kameradschaftstreffen teil oder unternehmen Pilgerreisen zu früheren Schlachtfeldern wie den Stränden der Normandie oder Orten in Vietnam. Sie glorifizieren deshalb nicht unbedingt den Krieg, auch reden sie nicht neuen Kriegen das Wort. Nach dem Ersten Weltkrieg standen französische Veteranen an der Spitze derjenigen, die Schullehrpläne kritisierten, die ihnen zu militaristisch schienen, und vormalige Feinde, darunter französische, britische und deutsche Veteranen, kamen zu einer internationalen Konferenz der Versehrten- und Veteranenverbände zusammen, um sich für eine bessere Fürsorge und den Frieden einzusetzen.

Andererseits setzten rechte Veteranenverbände in Frankreich wie in Deutschland alles daran, den Hass der Kriegszeit wachzuhalten und gegen vermeintliche Verräter zu Hause – wahlweise Linke, Liberale oder Juden – Stimmung zu machen.

Unsere Einstellung zu vergangenen Kriegen hängt auch davon ab, was seither geschehen ist. Der Zweite Weltkrieg, der so oft als eindeutiger Kampf zwischen Gut und Böse beschrieben wird (wobei man praktischerweise übersieht, dass die Westmächte mit der Sowjetunion verbündet waren, einer der größten Tyranneien der Welt), hat die heutige Sicht auf den Ersten Weltkrieg beeinflusst, der jetzt als moralisch fragwürdig, töricht und sinnlos erscheint. Die Männer, die zwischen 1914 und 1918 kämpften und starben, werden heute nicht bewundert, sondern bedauert. »Von Eseln geführte Löwen« soll, dem britischen Politiker Alan Clark zufolge, ein deutscher General die britischen Soldaten genannt haben. Heute ist man weithin der Ansicht (nicht nur in Großbritannien), dass diejenigen, die im Ersten Weltkrieg kämpften, Betrogene waren, von verantwortungslosen Eliten aufs Schlachtfeld gelockt mit Parolen über den Kampf für Zivilisation, König, Vaterland und heimischen Herd.

Wir sollten uns aber davor hüten, auf jene, die vor uns gelebt haben, herabzuschauen. Auch sie hatten ihre Ideen und Überzeugungen. Wir mögen nicht mit ihnen übereinstimmen, aber wir sollten sie respektieren. Wer damals in den Ersten Weltkrieg zog, war davon überzeugt, für eine lohnende Sache zu kämpfen, womit für gewöhnlich seine Lieben gemeint waren und nicht irgendwelche Abstraktionen wie Demokratie oder Empire.

In den 1920er-Jahren neigten diejenigen, die sich an den Ersten Weltkrieg erinnerten, zumindest auf alliierter Seite dazu, ihn als notwendigen Opfergang zu betrachten. Die Deutschen stellten weniger die Berechtigung des Krieges infrage als die von ihnen empfundene Ungerechtigkeit des nachfolgenden Friedensvertrages. »Wie starben die Helden?«, war auf einer Gedenktafel auf einem Tübinger Friedhof zu lesen, und die Antwort lautete: »Furchtlos und treu.« Überall in Deutschland legten Gemeinden »Heldenhaine« an. In Großbritannien sprachen Inschriften auf Denkmälern, einschließlich des Kenotaphs in London, von »ruhmreichen Toten«, und in den alljährlichen Gedenkgottesdiensten wurden die Anwesenden erinnert: »Sie sind nicht umsonst gestorben.« Das kanadische Kriegsdenkmal auf dem Höhenzug von Vimy ehrt die gefallenen kanadischen Soldaten, zeigt aber auch, wofür sie gestorben sind: Steinfiguren verkörpern Glauben, Gerechtigkeit, Frieden, Ehre, Nächstenliebe, Wahrheit, Wissen und Hoffnung. Bei der Einweihung des Denkmals bezeichneten Redner das Gelände als geheiligten Boden. Feldmarschall Douglas Haig wird heute weithin als brutaler Schlächter angesehen, aber in den 1920er-Jahren war er ein Held. Zu seiner Beisetzung 1928 versammelte sich eine gewaltige Zahl von Veteranen.

Erst in den 1930er-Jahren, als der Ausbruch eines neuen Kriegs immer wahrscheinlicher wurde, begannen sich manche in Großbritannien und Frankreich zu fragen, ob der Erste Weltkrieg seine Opfer wert gewesen war, und die Werke von Sassoon, Ranke-Graves und anderen, die als Kriegsgegner galten, fanden immer mehr Anklang. Die Gedichte von Wilfred Owen, der heute als überragender Kriegsdichter angesehen wird, waren vor 1945 nur einem kleinen Kreis bekannt. In den allermeisten der in der Zwischenkriegszeit veröffentlichten Werke wurde der Krieg als gerecht dargestellt, und sogar nach dem Zweiten Weltkrieg blieb die öffentliche Meinung in dieser Frage gespalten. Bis in die 1970er-Jahre gab es genügend Veteranen, um Meinungsvielfalt in Bezug auf den Krieg zu garantieren – von seiner Sinnlosigkeit bis zu seiner Berechtigung. Erst als sie von der Bühne verschwanden, drehte sich die Meinung über den Ersten Weltkrieg in Großbritannien um 180 Grad: Er wurde nun allgemein als abstoßender Fehler betrachtet, an den weiter zu erinnern sinnlos sei. Beliebte Fernsehsendungen wie *Blackadder Goes Forth* von 1989 verstärkten die Tendenz, den Ersten Weltkrieg als riesige Torheit zu betrachten.

In vielen Ländern, die am Ersten Weltkrieg teilgenommen

hatten, sprach man davon, die Gedenkfeiern einzustellen. In Australien kritisierte die Linke den ANZAC Day (ANZAC steht für Australian and New Zealand Army Corps), weil er den Krieg und das Empire glorifiziere und nur noch ein Vorwand sei, um sich zu betrinken. Zur nächtlichen Gedenkfeier am Kriegerdenkmal in Canberra fanden sich zuletzt nur noch 2000 Menschen ein. In Kanada wurden die Jahrestage der Einnahme des Höhenzugs von Vimy kaum noch beachtet, und die in den 1930er-Jahren errichtete Gedenkstätte in Frankreich bröckelte und bleichte aus.

In Großbritannien diskutierte man in den 1980er-Jahren über die Abschaffung der Gottesdienste und sonstigen Gedenkfeiern am Remembrance Day, dem 11. November. Doch zwischen 2014 und 2018, als eine ganze Reihe von Jahrestagen des Ersten Weltkriegs anstand, waren das öffentliche Interesse und die Anteilnahme in Großbritannien groß. Hunderttausende kamen zum Londoner Tower, um sich die Keramikmohnblumen anzusehen; noch viel mehr sahen sie, als sie auf Tour durchs Land geschickt wurden. 2015 war in Australien und Neuseeland die Nachfrage nach Karten für die Gallipoli-Gedenkfeier in der Türkei so groß, dass die Regierungen beider Länder eine Lotterie durchführen mussten. 2019 kamen über 35 000 Menschen zur nächtlichen Gedenkfeier am Kriegerdenkmal in Canberra. Was war zwischen den 1970er-Jahren und heute geschehen?

Eine Antwort könnte sein, dass zumindest in einigen Ländern gut organisierte Lobbygruppen die staatliche Unterstützung von Gedenkfeiern eingefordert und symbolische Gesten durchgesetzt haben, etwa das für TV-Nachrichtensprecher verpflichtende Tragen einer Mohnblume im November. 1997 riefen die Spice Girls dazu auf, für die British Legion zu spenden und sich für die Wiedereinführung der zwei Schweigeminuten am 11. November einzusetzen; außerdem forderten sie junge Leute auf, Mohnblumen zu tragen. »Millionen von Menschen sind gestorben, damit wir frei sein können«, stellte Sporty Spice fest. Dass die Band in der folgenden Woche ein neues Album veröffentlichte, mitsamt aller möglichen Fanartikel, brachte ihr freilich einige Kritik ein.

Aber der Erste Weltkrieg findet auch in einer Welt Widerhall, die sich ähnlich schnell verändert wie Europa vor 1914, in der die Globalisierung Gewinner und Verlierer hervorbringt und die internationale Lage immer beunruhigender und instabiler erscheint. Mag sein, dass die europäischen Führer den Ersten Weltkrieg mehr oder weniger zufällig begonnen haben, ohne zu ahnen, wohin er führen und was er kosten würde. Laufen wir heute Gefahr, Gleiches noch einmal zu erleben? Dem Historiker Daniel Todman zufolge stehen wir heute vor einer Reihe von Fragen, die schon jener Krieg aufgeworfen hatte: »In welcher Beziehung standen die Individuen zu den riesigen, gesichtslosen Organisationen, deren Teil sie waren? Konnten Einzelne ihr Schicksal bestimmen, oder waren sie nur Rädchen im Getriebe? Wie sah das Verhältnis zwischen Bürgern und Regierung in der aufkommenden erweiterten Demokratie aus?«[25]

Während wir einerseits dazu neigen, die Vergangenheit mit groben Pinselstrichen zu malen, stellen wir andererseits bestimmte Episoden als stellvertretend für das Ganze heraus. In Großbritannien konzentrierte sich das Gedenken an den Ersten Weltkrieg in jüngerer Zeit vor allem auf den ersten Tag der Schlacht an der Somme, die als Symbol für die enormen Kosten des Krieges und als Anfang vom Ende der Stellung des Britischen Empire als führende Weltmacht verstanden wird. Die Australier erinnern sich an Gallipoli, wo bei einem miserabel geplanten Angriff sinnlos australisches Blut vergossen wurde, während die Kanadier der Eroberung des Höhenzugs von Vimy gedenken, wo ihre Truppen eine deutsche Stellung einnahmen, die allen früheren Angriffen widerstanden hatte. In Frankreich steht Verdun im Mittelpunkt des Gedenkens an den Ersten Weltkrieg, der Ort jener langen Abnutzungsschlacht, die einen großen Teil des französischen Heeres band. Solche Erinnerungen sind oft höchst selektiv. Die Neuseeländer weisen darauf hin, dass sie als Teil des australisch-neuseeländischen Armeekorps in der heute sogenannten ANZAC Cove auf Gallipoli dabei waren, und die Kanadier kämpften am Höhenzug von Vimy an der Seite britischer Truppen.

Nicht alle Kriegsteilnehmer des Ersten Weltkriegs haben das Bedürfnis, große Gedenkfeiern zu veranstalten. Das amerikanische Gedenken begann nur langsam und blieb, überwiegend von Freiwilligen getragen, stets auf niedrigem Niveau. Für die Vereinigten Staaten ist der Zweite Weltkrieg, in dem sie in einem gewaltigen weltweiten Kampf standen und aus dem sie als Weltmacht hervorgingen, der Konflikt, der wirklich zählt. Die Russen schenken dem Ersten Weltkrieg wenig Beachtung, zu gemischt ist seine Hinterlassenschaft für sie. Der Zusammenbruch des alten Regimes mitten im Krieg brachte die Bolschewiken an die Macht, die heute ihrerseits von der Bühne verschwunden sind; wie und woran also soll man sich erinnern? Der Große Vaterländische Krieg, wie die Russen den Zweiten Weltkrieg nennen – besonders die Schlacht um Stalingrad –, ist für ihr Gedenken viel wichtiger. Deutsche und Japaner tragen die schwere Last der Schuld am Zweiten Weltkrieg und scheinen sich kaum für ein Gedenken an den vorherigen Krieg zu interessieren. Indien schickte Millionen von Soldaten in beide Weltkriege, aber sein Unabhängigkeitskampf spielt im öffentlichen und staatlichen Gedenken eine wesentlich größere Rolle. Für Polen dagegen war der Erste Weltkrieg die Zeit seiner Wiedergeburt, als seine drei Feinde, die Teilungsmächte Deutschland, Österreich-Ungarn und Russland, alle besiegt wurden.

Während Briten, Amerikaner und Russen sich voller Stolz an den Zweiten Weltkrieg erinnern, ist die französische Haltung zwiespältig. Jahrzehntelang haben französische Historiker und Schriftsteller die Frage, warum Frankreich 1940 zusammenbrach, ebenso gemieden wie das Thema der anschließenden Kollaboration so vieler Franzosen, nicht zuletzt des Vichy-Regimes, mit den Nationalsozialisten. Die Schlüsselwerke dazu wurden von britischen und amerikanischen Historikern verfasst. Die Résistance dagegen fand bei den Franzosen Beachtung. Als General Charles de Gaulle, der Führer des Freien Frankreich, 1944 kurz nach der Befreiung der Stadt in Paris eintraf, rief er in einer Rede vom Balkon des Rathauses aus: »Befreit durch sich selbst, befreit durch sein Volk, […] mit der Hilfe des ganzen Frankreich.«[26] Es war eine krasse Verzerrung der Wahrheit, aber er wollte die trennenden Gräben in der französischen Gesellschaft zudecken und ein gemeinsames Narrativ schaffen, um die Franzosen zu einen. Als Marcel Ophüls 1969 seinen schockierenden Dokumentarfilm *Le chagrin et la pitié* (*Das Haus nebenan – Chronik einer französischen Stadt im Kriege*) vorstellte, in dem er sowohl die Kollaboration als auch die Résistance beleuchtete und die Beteiligung von Franzosen an der Verfolgung und Verschleppung französischer Juden in die deutschen Todeslager offenlegte, wurde dem französischen Fernsehen die Ausstrahlung untersagt. Auf einen Appell des Generaldirektors des Senders an de Gaulle soll dieser geantwortet haben: »Frankreich braucht keine Wahrheiten, es braucht Hoffnung.«[27] Der Film wurde erst 1981, nach de Gaulles Tod, im französischen Fernsehen gezeigt.

Die Erinnerung an vergangene Kriege vermischt sich oft mit aktuellen gesellschaftlichen und politischen Debatten. Viele Linke würden es vorziehen, wenn es Krieg als Lehrthema gar nicht gäbe, es sei denn, man zeigt auf, wie unsinnig und bösartig die kriegerische Vergangenheit war. Konservative neigen dazu, dem Geschichtsunterricht vorzuwerfen, er würde zu sehr die vergangenen Fehler des eigenen Landes und weniger dessen große Siege herausstellen. Michael Gove vertrat als britischer Erziehungsminister die Meinung, die Schulen würden zu sehr die *Blackadder*-Sicht auf den Ersten Weltkrieg vermitteln und verschweigen, dass es ein guter und notwendiger Kampf gewesen sei.

Museen zogen besonders viel Kritik auf sich; obwohl eher als Bildungs- und Forschungseinrichtungen gegründet, neigt die Öffentlichkeit dazu, sie als Gedenkstätten zu betrachten. Australien hat darauf reagiert, indem es eine Gedenkstätte errichtete, die zugleich Museum ist. In Washington bekam die Smithsonian Institution in den 1990er-Jahren Probleme, als ihre Kuratoren in einer Ausstellung über die *Enola Gay*, jenes Flugzeug, das die Atombombe auf Hiroshima abgeworfen hatte, die menschlichen Verluste am Boden und die moralischen Fragen rund um den

Bombenabwurf ansprechen wollten. Es folgte ein öffentlicher Proteststurm von Konservativen, Kriegsveteranen und Soldatenverbänden, der die Stiftung veranlasste, die Ausstellung abzusagen.

In der britischen Debatte darüber, ob man in der Europäischen Union bleiben oder sie verlassen solle, führten die Austrittsverfechter besonders gern das Beispiel von Dünkirchen an. In der Tat meinte der prominente Brexiteer Nigel Farage, jeder solle sich den 2017 in die Kinos gekommenen Film gleichen Titels (*Dunkirk*) ansehen. Die Briten, argumentierte nicht nur er, hätten damals allein gekämpft und am Ende triumphiert. Diese Version der Vergangenheit unterschlägt sinnigerweise, dass Großbritannien die Unterstützung seines Empire besaß, dass sowohl in Frankreich als auch im Nahen Osten viele Truppen aus Übersee an der Seite der Briten kämpften und dass in der Royal Air Force viele ausländische Piloten dienten, darunter Polen. Zudem wird die entscheidende Rolle der Sowjetunion und der USA beim Sieg über Deutschland ausgeblendet. In Russland wird in ähnlicher Weise Stalingrad als Symbol der Unbeugsamkeit der russischen Nation verwendet. US-Präsident Trump versuchte 2019 bei den Feiern zum 4. Juli seinen und der Republikaner Rückhalt für die amerikanischen Streitkräfte zu demonstrieren, indem er den Unabhängigkeitskrieg heraufbeschwor; er verdarb allerdings die Wirkung, als er wichtige Details durcheinanderbrachte.

Trump war nur der Letzte in einer langen Reihe von Politikern, die sich auf vergangene Kriege beriefen, um politische Unterstützung zu gewinnen und ein bestimmtes Bild der Nation zu verbreiten. Im Jahrzehnt vor dem Ersten Weltkrieg, einer Zeit des erhitzten Nationalismus, erlebte Europa eine ganze Reihe großer, staatlich geförderter Gedenkfeiern anlässlich des 100. Jahrestages vergangener Triumphe: Trafalgar 1905 in Großbritannien, Borodino 1912 in Russland, Leipzig 1913 in Deutschland (wo unter anderem ein Aufmarsch von 275 000 Gymnasiasten stattfand). Außerhalb Moskaus wurde erst kürzlich eine »Kirche des

Sieges« errichtet, in deren Haupttreppe militärisches Material eingelassen wurde, das die Rote Armee im Zweiten Weltkrieg erobert hatte. Der russische Verteidigungsminister Sergei Schoigu erklärte, die Kirche solle Gott und dem Vaterland dienen, und er wolle, dass »jeder Quadratmeter« Symbolkraft besitze.

Krieg kann aber auch ein Instrument der Versöhnung sein. Im slowenischen Kobarid, dem ehemaligen Caporetto, Schauplatz der verheerendsten Niederlage Italiens im Ersten Weltkrieg, erinnert ein Museum an alle damals dort Gefallenen. Das Historial de la Grande Guerre (Museum des Großen Krieges) in Péronne, nahe der ehemaligen Westfront, gedenkt der Schlacht an der Somme als gemeinsamem Erlebnis von Briten, Franzosen und Deutschen. Es sei, betonte Jay Winter, einer der drei beteiligten Historiker, »von Anfang an ein transnationales Projekt« gewesen. Die Ausstellungsstücke sind so ausgewählt, dass sie nicht die Unterschiede, sondern die Gemeinsamkeiten von Soldaten und Zivilisten aller Seiten zeigen; egal, in welchem Schützengraben man sich befand, die Leiden waren überall gleich.

Während der Krieg im 21. Jahrhundert eine weitere Umwälzung erfährt, wird man weiter über seine Mysterien nachdenken. Künstler werden fortfahren, sich mit seinem Schrecken und seiner Schönheit, seiner Brutalität und seinem Edelmut, seiner Langeweile und seiner Erregung, seiner Zerstörung und seiner Schöpferkraft auseinanderzusetzen. Und wir alle werden uns fragen, wie man seiner am besten gedenkt.

SCHLUSSBETRACHTUNG

Diejenigen, die wussten,
worum es hier ging,
machen denen Platz,
die wenig wissen.
Weniger noch als wenig.
Und schließlich so gut wie nichts.

Im Gras, das über Ursachen
und Folgen wächst,
muss jemand ausgestreckt liegen,
einen Halm zwischen den Zähnen,
und in die Wolken starrn.

Wisława Szymborska, »Ende und Anfang«

Vor einigen Jahren besuchte ich eine Kleinstadt in Südfrankreich, unweit der spanischen Grenze. Auf dem Kirchfriedhof markierten bröckelnde, schiefe Grabsteine auf überwucherten Grashügeln die Gräber britischer Soldaten, die in der Nähe in einer von Wellingtons Schlachten gefallen waren, als dieser Napoleons Truppen aus Spanien vertrieb. Es war ein friedlicher Ort, und man konnte sich vorstellen, dass die Steine in wenigen Jahren mit der Erde verschmolzen sein würden, sodass von den Gräbern kaum noch etwas zu sehen wäre.

Vielleicht sollten wir genau das mit vergangenen Kriegen tun: sie in Vergessenheit geraten und die Schatten der in ihnen Gefallenen zur Ruhe kommen lassen. Vielleicht machen wir einen Fehler, wenn wir Jahrestage von Kriegen begehen, Kriegsmuseen errichten, Schlachten nachstellen und Soldatenfriedhöfe und Kriegsdenkmäler pflegen. Laufen wir nicht Gefahr, Krieg zum Gemeinplatz zu machen, zu einem Teil des menschlichen Daseins und einer stets präsenten Kraft in unserer Geschichte und unseren Gesellschaften? Zu einem Werkzeug, das von Staaten rechtmäßig und notwendigerweise gebraucht werden kann? Sogar zu etwas, worauf wir stolz sein können? Und vor allem: Machen wir den Krieg nicht wahrscheinlicher, indem wir ihn erforschen und über ihn nachdenken?

Westliche Gesellschaften haben heute eine merkwürdig zwiespältige Einstellung zum Krieg. Wir gedenken seiner und sind geradezu versessen auf Kriegsgeschichten, Kriegsfilme und Kriegsspiele. Aber die meisten von uns wollen keinen Krieg führen. Angesichts der immensen Kosten zweier Weltkriege sind wir nicht bereit, noch einmal solche Verluste hinzunehmen. Wir betrauern unsere Soldaten, die in Afghanistan oder im Irak gestorben sind; selbst der Verlust einiger Hundert Soldaten scheint zu viel zu sein, nachdem einst der Verlust von Tausenden hingenommen wurde.

Das Militär und seine zivilen Kontrolleure sind sich dessen durchaus bewusst, und sie investieren erheblich in Waffen und andere Verteidigungsmaßnahmen, die die Gefahren für unsere Kämpfer so weit wie möglich verringern. Deutschland und Japan, wo das Militär und seine Werte die Gesellschaft durchdrungen hatten, sind heute friedliche, friedliebende Länder. Außer in einer kleinen Gruppe von Familien mit militärischer Tradition gilt der Dienst in den Streitkräften nicht mehr als erstrebenswerte Laufbahn. Studenten der führenden Universitäten träumen von Karrieren an der Wall Street, in der City of London oder in den Medien, aber nicht in Armee, Kriegsmarine oder Luftwaffe.

Vielleicht müssen wir uns über die Macht der Vergangenheit keine Sorgen machen; vielleicht haben wir den Krieg überwunden. Unsere politischen Führer mögen davor zurückschrecken, Feindseligkeiten auszulösen, wenn sie wissen, dass wir weder in einem Krieg kämpfen noch ihn unterstützen werden. Und doch: Der Westen ist nur ein Teil der Welt, noch dazu ein schrumpfender, und seine Einstellungen und Werte werden nicht notwendigerweise überall geteilt. Besorgnis über Verluste hinderte Chinas kommunistische Führung nicht daran, im Koreakrieg menschliche Wellenangriffe zu befehlen, ebenso wenig wie die Nordvietnamesen in ihrem Kampf gegen die Franzosen, dann gegen die Amerikaner, oder die Ayatollahs, als sie im Ersten Golfkrieg ihre Soldaten auf irakische Minenfelder schickten. Substaatliche Akteure wie al-Qaida oder der IS mit ihren internationalen Netzwerken fanatischer Unterstützer kümmern sich nicht um Verluste, weder um eigene noch um diejenigen unschuldiger Zivilisten. Und während im Westen Frieden herrschte, gab es anderswo in der Welt seit 1945 je nach Zählweise zwischen 150 und 300 bewaffnete Konflikte. Manche, wie der Koreakrieg oder der Erste Golfkrieg, fanden zwischen Staaten statt, aber die allermeisten waren innerstaatliche Auseinandersetzungen, etwa Unabhängigkeitskämpfe gegen Kolonialmächte (wie in Algerien oder Indonesien) oder Bürgerkriege. Oft haben sich auch äußere Mächte eingemischt – unter Verweis auf hehre Grundsätze, aber vor allem in Verfolgung eigener Interessen.

Wenn zerbrechliche politische Strukturen zerfallen, wird der Krieg zu einem Vexierspiel auf Leben und Tod, dessen Parteien mal relativ hoch entwickelte Organisationen sein können, wie etwa Staaten oder religiöse Bewegungen, mal simple Verbrecherbanden oder Söldnertruppen. Solche Konflikte zu beenden ist eine ebenso schwierige wie langwierige Aufgabe, wie der Dreißigjährige Krieg im Europa des 17. Jahrhunderts bewiesen hat und die Kriege in Afghanistan und Somalia heute zeigen. Und die zum Krieg führenden Faktoren – Habgier, Furcht, Ideologie – sind heute genauso existent wie früher. Der Zündstoff künftiger Konflikte speist sich aus den Folgen des Klimawandels – etwa der Kampf um knappe Ressourcen oder Massenmigration –, der zunehmenden Polarisierung der Gesellschaften, dem Aufstieg eines intoleranten nationalistischen Populismus und der Bereitschaft messianischer und charismatischer Führer, dies alles für sich zu nutzen.

Voraussagen über die künftige Gestalt des Krieges ähneln Pferdewetten oder Mutmaßungen darüber, wohin uns neue Technologien führen werden. Selbst wenn man alle offenkundigen Faktoren erwägt, können ein plötzlich auftretendes Hindernis oder ein Richtungswechsel, ein Fehler des Jockeys oder des Vorstandschefs, eine unvorhergesehene Störung oder unerwartete Reaktionen der Öffentlichkeit oder der Märkte zu überraschenden Resultaten führen. Vergangene Voraussagen über den Krieg bieten eine reiche Geschichte menschlicher Irrtümer. Militärstrategen glaubten, der Erste Weltkrieg würde ein Bewegungs- und Offensivkrieg sein und der Zweite Weltkrieg von der Defensive bestimmt. In beiden Weltkriegen suchten Marineexperten die Entscheidungsschlacht zwischen großen Kriegsschiffen und unterschätzten die U-Boot-Waffe, das Torpedo und die simple Seemine. Als das »erfolgloseste Unternehmen in Washington, D. C.« hat Generalmajor Bob Scales, ein früherer Kommandant des US Army War College, jüngst Versuche bezeichnet, den Charakter und die Gestalt künftiger Kriege vorauszusagen. Doch solche Einwände haben uns nicht davon abgehalten, es dennoch zu versuchen, und sie sollten es auch nicht.

Zumindest ist es möglich, Trends auszumachen. Auch in Zukunft wird es, wie in der Gegenwart, zwei Arten von Kriegen geben: einen zwischen Berufsarmeen mit Hightech-Ausrüstung, hinter denen die ganze Macht hochentwickelter Wirtschaften und gut organisierter Gesellschaften steht, und einen anderen zwischen locker organisierten Verbänden, die mit minderwertigen Waffen kämpfen. Sicher ist auch, dass beide Kriegsarten einander überlappen werden. Der Präsident der Vereinigten Staaten, der bei Weitem größten Militärmacht der Welt, kann damit drohen, Afghanistan zu bombardieren, bis es dort keinen mehr gibt, der kämpft, oder IS-Mitglieder zu jagen, aber es wird ihm dennoch nicht gelingen, die Amerikaner von jeder Bedrohung zu befreien. So wie im 20. Jahrhundert die Heimatfront in das Schlachtfeld einbezogen wurde, so verschwinden heute die Trennlinien sowohl zwischen den Fronten als auch zwischen

Krieg und Frieden. Amerikaner – und tatsächlich viele andere auch – können sich nicht mehr sicher fühlen, wenn sie ins Ausland reisen. Terroristen oder Schurkenstaaten können Flugzeuge abschießen, Nachtklubs an friedlichen Stränden in die Luft sprengen oder Touristenbusse mit Maschinengewehren durchsieben. Sie benutzen häufig ganz einfache Waffen, einen Selbstmordattentäter mit Sprengstoffweste oder einen vollgetankten Lastwagen. Zu Hause kann man sich ebenso wenig sicher fühlen. Die Gefahr kann wie in früheren Kriegen von Bombern, Artilleriegeschossen oder Blockaden herrühren, aber sie kann heute und in Zukunft auch von amorphen, sich ständig verändernden internationalen Netzwerken selbst ernannter Krieger ausgehen. Ein Feind ohne Uniformen und Stützpunkte, dessen Kämpfer sich häufig über das Internet selbst rekrutieren, kann nicht mit kostspieligen Jagdflugzeugen, Panzern oder Flugzeugträgern besiegt werden.

Eine zweite Bedrohung der Sicherheit, die stetig zunimmt und die Kapazitäten des regulären Militärs herausfordert, ist die urbane Kriegführung. In der Vergangenheit versuchte man, die Städte des Feindes wegen ihrer strategischen, politischen oder ökonomischen Bedeutung zu erobern; heute sitzt der Feind häufig mittendrin, in Gestalt von einheimischen bewaffneten Banden, die ganze Viertel kontrollieren. Immer mehr Menschen werden in Städten leben – im Jahr 2050 schätzungsweise zwei Drittel der Weltbevölkerung –, und die Herausforderungen für deren Verwaltung und für die Aufrechterhaltung von Recht und Ordnung werden gewaltig sein. In Städten wie Rio de Janeiro, Guatemala City, Dhaka und Kinshasa mussten die Regierungen bereits Truppen einsetzen, um – nicht immer mit Erfolg – ihre Autorität wiederherzustellen; in vielen Ländern wendet das Militär viel Geld und Zeit für Aufstandsbekämpfung und urbane Kriegführung auf.

Dies bedeutet nicht, dass große Kriege zwischen Staaten nicht mehr möglich sind. Eine der vielen falschen Voraussagen der 1990er-Jahre war, das Zeitalter des Nationalstaats mit seiner ausgeprägten Identität und starken Zentralregierung gehe in eine zunehmend internationalisierte Welt über, in der Grenzen bedeutungslos würden. Doch die Vereinigten Staaten, China, Indien und Russland sind nicht auf Trotzkis Müllhaufen der Geschichte verschwunden, und sie planen weiter und geben viel Geld aus für die Fähigkeit, gegen ähnlich gut ausgerüstete Feinde Krieg zu führen. Ihre Verteidigungsetats wachsen unaufhörlich: Chinas Militärausgaben sind in den letzten beiden Jahrzehnten auf das Achtfache gestiegen, und die USA verwenden fast zwei Drittel ihres Ermessenshaushalts (jene Mittel, die nicht für Zinszahlungen und andere Ansprüche wie Sozialleistungen verplant sind) für das Militär. Ihr Verteidigungsetat ist so groß wie derjenige der acht nachfolgenden Staaten zusammengenommen, von denen freilich sechs befreundete oder verbündete Länder sind – Saudi-Arabien, Frankreich, Großbritannien, Deutschland, Indien, Japan – und nur China und Russland derzeit als ernst zu nehmende potenzielle Feinde angesehen werden können.

Auch leben wir in einer Zeit rascher technologischer Veränderungen, wodurch die internationale Ordnung zusätzlich destabilisiert werden kann. Es ist in der Geschichte schwierig zu unterscheiden, was wirklich neu ist und was nicht, aber offenkundig erhält der Krieg neue Instrumente und dringt in neue Dimensionen vor, so wie einst in die Luft und unter die Meeresoberfläche. Wie in der Vergangenheit mit der Einführung von Metallwaffen, des Pferdes und des Schießpulvers geschehen, werden die Mächte, wenn sie nicht ins Hintertreffen geraten wollen, ihre Organisation, Strategie und Taktik entsprechend anpassen. Das internationale Abkommen etwa, das eine Militarisierung des Weltraums verbietet, steht angesichts der Tatsache, dass verschiedene Staaten über im All stationierte Waffen oder Abwehrmaßnahmen gegen Kommunikationssatelliten anderer Länder nachdenken, auf der Kippe.

Inzwischen hat sich zudem mit atemberaubender Geschwindigkeit eine völlig neue Dimension des Krieges aufgetan: im Cyberspace. Da die Welt, ihre Völker und Gegenstände, vom

Kühlschrank bis zur Interkontinentalrakete, durch das Internet verlinkt sind, haben sich die Möglichkeiten der Betriebsstörung vervielfacht. 2007 wurden estnische Webseiten, darunter die des Parlaments sowie von Ministerien und Banken, mit Wellen von Falschnachrichten überschwemmt, und ein neuer Begriff fand in unser Vokabular Eingang: *Denial of Service* (Verweigerung des Dienstes). 2010 legte der aus unbekannter Quelle stammende Computerwurm Stuxnet einen Großteil des iranischen Atomprogramms lahm. 2017 musste Nordkorea bei seinen Raketentests eine Reihe von Fehlschlägen hinnehmen, für die zwar niemand die Verantwortung übernahm, aber – wie beim Stuxnetwurm – die Vermutung naheliegt, dass die Vereinigten Staaten etwas damit zu tun haben. Und wenn es im Krieg auch darum geht, das Vertrauen der Bevölkerung des Feindes in ihre Institutionen und ihre Führung zu erschüttern oder seine Innenpolitik zu beeinflussen, wird auch der Cyberspace zum Schlachtfeld.

Unterdessen erhalten die älteren Schlachtfelder neue, verbesserte Waffen, die man neutralisieren und abwehren muss. Ein Extrem sind Gleitflugkörper, die mit der Geschwindigkeit von Interkontinentalraketen fliegen, aber wesentlich zielgenauer sind. Das andere Extrem sind winzige selbststeuernde Flugkörper. Die US-Armee hat Black Hornets bestellt, 32 Gramm leichte Drohnen, mit denen die Soldaten ihre Umgebung erkunden können. Die USA, China, Israel, Südkorea, Russland und Großbritannien entwickeln allesamt Killerroboter (oder, wie die Militärs sie lieber nennen, vollautomatische Waffen). Sie werden sich, ähnlich wie selbstfahrende Autos, selber steuern und so programmiert sein, dass sie im Einsatz lernen und Anpassungen vornehmen können. Wie bei allen neuen Computersystemen sollte man hierbei mit Bugs rechnen. Selbstfahrende Autos haben schon Zusammenstöße verursacht und sogar Menschen überfahren; man stelle sich vor, was eine Interkontinentalrakete oder ein Jagdflugzeug anrichten könnte. Auch können solche Systeme, wie wir wissen, gehackt werden. Und was ist, wenn sie durch einen einfachen menschlichen Fehler mit einem falschen

Code oder einer falschen Instruktion gefüttert werden? Theoretisch sollen Killerroboter weiterhin menschlicher Kontrolle unterliegen, aber ob das in der Praxis immer so sein wird, ist fraglich.

Und wie andere neue Waffen in der Vergangenheit werfen sie ethische Fragen auf. Was bedeutet es, wenn der Operator, wie es bereits geschieht, in einem Büro auf der einen Seite der Welt Roboter steuert, die auf der anderen Seite der Welt jemanden töten oder etwas zerstören sollen? Sind wir in den Ländern, die solche Hochtechnologien besitzen, nicht gefährlich weit von der Wirklichkeit des Krieges entfernt und zu sehr geneigt, ihn als Spiel ohne Folgen für Fleisch und Blut zu betrachten? Und was geschieht, wenn der Mensch ganz und gar aus der Kommandokette verschwindet?

Human Rights Watch und andere Gruppen haben bereits eine Kampagne gegen Killerroboter gestartet. Die Erfolgsbilanz solcher Kampagnen in der Vergangenheit ist allerdings wenig ermutigend.

Mit den Ausgaben und der Entwicklung neuer Waffen und Taktiken geht die Planung einher. Ja, das Militär muss für alle Eventualitäten planen, aber es besteht die Gefahr, dass die Planungen sich auf einen Feind oder einige wenige Feinde fokussieren und sodann die künftige finanzielle und gedankliche Ausrichtung bestimmen. Zur Zeit des Ersten Weltkriegs war die japanische Kriegsmarine auf die Vereinigten Staaten als künftigen Hauptfeind fixiert, und ihre Politik, etwa ihr Drängen, die Regierung solle die deutschen Kolonien im Pazifik erwerben, diente der Vorbereitung auf diese Eventualität. Das japanische Vorgehen provozierte eine Reaktion in den USA, wo einige Strategen Japan bereits als künftigen Feind ausmachten, und so begannen auch die Amerikaner auf der Grundlage dieser Annahme zu handeln. Der Krieg wurde wahrscheinlicher, weil er als realistische Möglichkeit angesehen wurde.

Heute schmieden sowohl Peking als auch Washington Kriegspläne für den Fall einer Auseinandersetzung mit der jeweils anderen Macht. Keine von beiden Seiten dürfte einen Krieg wollen, aber beide schließen die Möglichkeit nicht aus. Und wie man von früheren Kriegen weiß, kann ein Rüstungswettlauf die Spannungen gefährlich erhöhen – ein zufälliger Vorfall kann Regierungen über eine Linie stoßen, die sie eigentlich nicht übertreten wollten.

Um auf den friedlichen Friedhof in Frankreich zurückzukommen: Wir dürfen nicht alle Erinnerungen an den Krieg verblassen lassen. Wir müssen ihm Aufmerksamkeit schenken, weil er uns weiterhin begleitet. Wir müssen seine Ursachen und Folgen kennen und wissen, wie wir ihn vermeiden oder beenden können. Und indem wir ihn verstehen, begreifen wir etwas über das Wesen des Menschen: über unsere Fähigkeit, uns zu organisieren, über unsere Gefühle und Ideen sowie über unsere Veranlagung zum Guten wie zum Bösen. Wir kämpfen, weil wir Bedürfnisse haben, weil wir beschützen wollen, was uns wichtig ist, oder weil wir uns vorstellen können, eine bessere Welt zu errichten. Wir kämpfen, weil wir es können.

Aber die lange enge Verknüpfung von Krieg und Gesellschaft könnte an ihr Ende gelangen oder sollte dies – nicht, weil wir uns verändert haben, sondern weil die Technologie sich verändert hat. Angesichts neuer, noch schrecklicherer Waffen, der zunehmenden Bedeutung von künstlicher Intelligenz, von automatischen Tötungsmaschinen und von Cyberkrieg sind wir mit der Möglichkeit des Endes der Menschheit konfrontiert. Es ist jetzt nicht die Zeit, den Blick von etwas abzuwenden, das wir abscheulich finden mögen. Wir müssen über den Krieg nachdenken – mehr als je zuvor.

BIBLIOGRAFIE

Die Literatur über den Krieg ist höchst umfangreich. Ich habe hier nur Bücher und Aufsätze angeführt, die ich besonders nützlich gefunden habe und zu denen der Leser greifen mag, wenn er tiefer in das Thema eindringen möchte. Außerdem sind für jedes Kapitel die Bücher aufgelistet, auf die ich mich hauptsächlich gestützt habe. (In der deutschen Ausgabe ergänzt durch auf Deutsch vorliegende zitierte Werke; Anm. d. Übersetzers.)

Sachbücher, Dokumente und Aufsätze

Albert von Aachen: *Geschichte des Ersten Kreuzzugs*, 2 Bde., hg. von Hermann Hefele, Grafrath 2019

Angell, Norman: *Die falsche Rechnung*, Berlin 1910

Anselm, Valerius: *Berner Chronik, von Anfang der Stadt Bern bis 1526*, Bd. 2, Bern 1826

Armitage, David: *Bürgerkrieg. Vom Wesen innerstaatlicher Konflikte*, Stuttgart 2018

———: »Civil Wars, from Beginning … to End?«, in: *American Historical Review*, 120, 5 (Dezember 2015), S. 1829–1837

Arndt, Ernst Moritz: *Noch ein Wort über die Franzosen und über uns*, Leipzig 1814

Balck, William: *Taktik*, Bd. 1: *Einleitung und formale Taktik der Infanterie*, Berlin [4]1908

Beard, Mary: *SPQR. Die tausendjährige Geschichte Roms*, Frankfurt am Main 2016

Beevor, Antony: *Berlin 1945. Das Ende*, München 2002

Bell, David A.: *The First Total War. Napoleon's Europe and the Birth of Modern Warfare*, London 2007

Bessel, Richard: *On Violence. A Modern Obsession*, London 2015

Best, Geoffrey: *War and Law since 1945*, Oxford 1994

Beveridge, William H.: *Der Beveridgeplan. Sozialversicherung und verwandte Leistungen*, Zürich 1943

Blanning, T. C. W.: *The Pursuit of Glory. Europe, 1648–1815*, London 2007

Bond, Brian: *The Victorian Army and the Staff College, 1854–1914*, London 1972

———: *War and Society in Europe 1870–1970*, London 1984
———: *Britain's Two World Wars against Germany. Myth, Memory and the Distortions of Hindsight*, Cambridge 2014
Bourke, Joanna: *An Intimate History of Killing. Face-to-Face Killing in Twentieth Century Warfare*, London 2000
Braybon, Gail / Summerfield, Penny: *Out of the Cage. Women's Experiences in Two World Wars*, London 2013
Brewer, John: *The Sinews of Power. War, Money and the English State, 1688–1783*, New York 1989
Brodie, Bernard / Brodie, Fawn M.: *From Crossbow to H-Bomb*, Bloomington, Indiana, 1973
Browning, Peter: *The Changing Nature of War. The Development of Land Warfare from 1792 to 1945*, Cambridge 2002
Caputo, Philip: »Putting the Sword to Pen«, in: *South Central Review*, 34, 2 (Sommer 2017), S. 15–25
Cassius Dio: *Römische Geschichte*, 16 Bde., Stuttgart 1844
Catton, Bruce / McPherson, James M.: *American Heritage History of the Civil War*, Rockville, Maryland, 2016
Chateaubriand, François-René Vicomte de: *Memoiren*, Tl. 3, Stuttgart 1850
Chickering, Roger / Showalter, Dennis / Ven, Hans van de (Hg.): *The Cambridge History of War. War and the Modern World, 1850–2005*, Cambridge 2012
Cicero: *Drei Bücher von den Pflichten*, hg. von Raphael Bühner, Stuttgart ^{2}1873
Clausewitz, Carl von: *Vom Kriege. Hinterlassenes Werk des Generals Carl von Clausewitz*, 3 Bde., hg. von Marie von Clausewitz, Berlin 1832–1834
Coates, A. J.: *The Ethics of War*, Manchester / New York 2007
Collingham, Lizzie: *The Taste of War. World War Two and the Battle for Food*, London 2011
Costello, John: *Love, Sex and War. Changing Values, 1939–45*, London 1985 (US-Ausgabe: *Virtue Under Fire. How World War II Changed Our Social and Sexual Attitudes*, Boston, Massachusetts, 1985)
Cox, Mary Elisabeth: *Hunger in War and Peace. Women and Children in Germany, 1914–1924*, Oxford 2019
Craig, Gordon A.: *Die preußisch-deutsche Armee, 1640–1945*, Düsseldorf 1960
Danchev, Alex: *On Art and War and Terror*, Edinburgh 2011
Dash, Mike: »Dahomey's Women Warriors«, Smithsonianmag.com, 23. September 2011
Deák, István: *Der k.(u.)k. Offizier. 1848–1918*, Wien / Köln / Weimar ^{2}1995
Diamond, Jared: *Arm und Reich. Die Schicksale menschlicher Gesellschaften*, Frankfurt am Main 2006
Dordanas, Stratos N.: »Deutsche Besatzungspolitik und die Praxis der ›Vergeltung‹ in Griechenland«, in: Oliver von Wrochem (Hg.), *Repressalien*

und Terror. »Vergeltungsaktionen« im deutsch besetzten Europa 1939–1945, Paderborn 2017

Echevarria, Antulio J. II.: *Imagining Future War. The West's Technological Revolution and Visions of Wars to Come, 1880–1914*, Westport, Connecticut, 2007

Edgerton, David: *Britain's War Machine. Weapons, Resources and Experts in the Second World War*, London 2012

Elshtain, Jean Bethke: *Women and War*, Chicago, Illinois, 1995

Emerging Technology from the arXiv, »Data Mining Adds Evidence That War Is Baked into the Structure of Society«, in: *MIT Technology Review*, 4. Januar 2019

English, Richard: *Modern War. A Very Short Introduction*, Oxford 2013

Erasmus von Rotterdam: *Vertraute Gespräche (Colloquia familiaria)*, hg. von Hubert Schiel, Essen o. J.

Fall, Bernard: *Hell in a Very Small Place. The Siege of Dien Bien Phu*, London 1967

Ferguson, Niall: *The Cash Nexus. Money and Power in the Modern World, 1700–2000*, New York 2001

———: *Krieg der Welt. Was ging schief im 20. Jahrhundert?*, Berlin 2006

Finkelman, Paul: »Francis Lieber and the Law of War«, in: *The New York Times*, 2. März 2013

Flavius Josephus: *Geschichte des jüdischen Krieges*, 2 Bde., Stuttgart 1855

Die Französische Revolution. Ein Lesebuch mit zeitgenössischen Berichten und Dokumenten, hg. von Chris E. Paschold und Albert Gier, Stuttgart 1989

Freedman, Lawrence: *The Future of War. A History*, New York 2017

——— (Hg.): *War*, Oxford 1994

Frevert, Ute: *Emotions in History. Lost and Found*, New York 2011

Friedrich II. von Preußen: *Die Werke Friedrichs des Großen in deutscher Übersetzung*, hg. von Gustav Berthold Volz, Bd. 6: *Militärische Schriften*; Bd. 7: *Antimachiavell und Testamente*, Berlin 1913

Gabriel, Richard: *Between Flesh and Steel. A History of Military Medicine from the Middle Ages to the War in Afghanistan*, Washington, D. C., 2016

Gat, Azar: *War in Human Civilization*, Oxford 2006

Goldstein, Andrea N.: »›Why are you trying to destroy the last good thing men have?‹. Understanding Resistance to Women in Combat Jobs«, in: *International Feminist Journal of Politics*, 20, 3 (April 2018), S. 385–404

Goldstein, Joshua S.: *War and Gender. How Gender Shapes the War System and Vice Versa*, Cambridge 2001

Goldsworthy, Adrian: *Pax Romana. War, Peace and Conquest in the Roman World*, New Haven, Connecticut / London 2016

Guibert, Jacques Antoine Hippolyte de: *Versuch über die Tactik. Nebst einer vorläufigen Abhandlung über den gegenwärtigen Zustand der Staats- und Kriegs-Wissenschaft in Europa, und dem Entwurf eines Werks, betitelt: Das politische und militärische Frankreich*, 3 Bde., Dresden 1774

Hale, John R.: *War and Society in Renaissance Europe, 1450–1620*, London 1985

———: *Artists and Warfare in the Renaissance*, New Haven, Connecticut, 1990

Hansch-Singh, Annegret: *Rassismus und Fremdarbeitereinsatz im Zweiten Weltkrieg*, Dissertation Freie Universität Berlin, 1991

Hastings, Max: *Unternehmen Overlord. D-Day und die Invasion in der Normandie 1944*, Wien / München 1985

———: *Warriors. Extraordinary Tales from the Battlefield*, London 2005

———: »Wrath of the Centurions«, in: *The New York Review of Books*, 40, 2 (25. Januar 2018)

Herodot: *Die Geschichten des Herodotos*, 2 Bde., hg. von Otto Güthling, Leipzig o. J.

Herwig, Holger, u. a.: *Cassell's World History of Warfare*, London 2003

Herzog, Dagmar (Hg.): *Brutality and Desire. War and Sexuality in Europe's Twentieth Century*, Basingstoke 2009

Heuser, Beatrice: *Den Krieg denken. Die Entwicklung der Strategie seit der Antike*, Paderborn / München / Wien / Zürich 2010

Hitler, Adolf: *Reden und Proklamationen*, 2 Bde. in 4 Teilen, Wiesbaden 1973

Hobbes, Thomas: *Leviathan. Oder Stoff, Form und Gewalt eines bürgerlichen und kirchlichen Staates*, Berlin 2011

Horne, John / Kramer, Alan: *Deutsche Kriegsgreuel 1914. Die umstrittene Wahrheit*, Hamburg 2004

Howard, Michael: *The Franco-Prussian War. The German Invasion of France, 1870–1871*, London 1981

———: *The Causes of War and Other Essays*, London 1984

———: *Die Erfindung des Friedens. Über den Krieg und die Ordnung der Welt*, Lüneburg 2001

———: *Captain Professor. The Memoirs of Sir Michael Howard*, London / New York 2006

———: *Der Krieg in der europäischen Geschichte. Vom Mittelalter bis zu den neuen Kriegen in der Gegenwart*, München ²2010

——— (Hg.): *Theory and Practice of War. Essays Presented to Captain B. H. Liddell Hart*, London 1965

——— (Hg.): *Restraints on War*, Oxford 1979

Hull, Isabel V.: *A Scrap of Paper. Breaking and Making International Law during the Great War*, Ithaca, New York, 2014

Hynes, Samuel: *The Soldiers' Tale. Bearing Witness to Modern War*, London 1997

Jackson, Julian: France. The Dark Years, 1940–1944, Oxford 2001
Jordan, David, u. a.: *Understanding Modern Warfare*, Cambridge 2016
Kagan, Donald: *On the Origins of War and the Preservation of Peace*, New York 1995
——— : *The Peloponnesian War*, New York 2003
Kant, Immanuel: *Schriften zur Anthropologie, Geschichtsphilosophie, Politik und Pädagogik*, Bd. 1, hg. von Wilhelm Weischedel, Frankfurt am Main ²1978
Keegan, John: *Das Antlitz des Krieges. Die Schlachten von Azincourt 1415, Waterloo 1815 und an der Somme 1916*, Frankfurt am Main 1991
Kello, Lucas: *The Virtual Weapon and International Order*, New Haven, Connecticut / London 2017
Kennedy, David: *Of War and Law*, Princeton, New Jersey, 2006
Kierman, Frank A. Jr. / Fairbank, John K. (Hg.): *Chinese Ways in Warfare*, Cambridge, Massachusetts, 1974
Knox, MacGregor / Murray, Williamson (Hg.): *The Dynamics of Military Revolution, 1300–2050*, Cambridge 2001
Kramer, Alan: *Dynamics of Destruction. Culture and Mass Killing in the First World War*, Oxford 2007
LeBlanc, Stephen: *Constant Battles. The Myth of the Peaceful Noble Savage*, New York 2003
Lee, Steven P.: *Ethics and War. An Introduction*, Cambridge / New York 2012
Lee, Wayne: *Waging War. Conflict, Culture, and Innovation in World History*, Oxford 2016
Leonhard, Jörn: *Die Büchse der Pandora. Geschichte des Ersten Weltkriegs*, München 2014
Levy, Jack S. / Thompson, William R.: *The Arc of War. Origins, Escalation, and Transformation*, Chicago, Illinois, 2011
Lowe, Keith: *Furcht und Befreiung. Wie der Zweite Weltkrieg die Menschheit bis heute prägt*, Stuttgart 2019
Luther, Martin: *Ob Kriegsleute auch in seligem Stande sein können* [1526], jochenteuffel.com/2020/03/22/luthers-schrift-ob-kriegsleute-auch-in-seligem-stande-sein-koennen-von-1526-vollstaendiger-text-so-sollst-du-gott-mehr-fuerchten-und-gehorchen-als-menschen-apg-529-und-sollst-nicht-krieg-f/
Lynn, John A.: *Battle. A History of Combat and Culture*, New York 2008
Maalouf, Amin: *Der Heilige Krieg der Barbaren. Die Kreuzzüge aus der Sicht der Araber*, München 1996
Machiavelli, Niccolò: *Gesammelte Werke in einem Band*, hg. von Alexander Ulfig, Frankfurt am Main o. J.
Malešević, Siniša: *The Sociology of War and Violence*, Cambridge 2010
Mao Tse-tung: *Ausgewählte Werke*, Bd. 2, Peking 1968

Markov, Walter (Hg.): *Revolution im Zeugenstand. Frankreich 1789–1799*, 2 Bde., Leipzig 1982

Matthews, Jessica T.: »America's Indefensible Defense Budget«, in: *The New York Review of Books*, 66, 12 (18. Juli 2019)

Mayor, Adrienne: *The Amazons. Lives & Legends of Warrior Women across the Ancient World*, Princeton, New Jersey, 2014

Mazower, Mark: *Die Welt regieren. Eine Idee und ihre Geschichte von 1815 bis heute*, München 2013

McNeill, William: *Keeping Together in Time. Dance and Drill in Human History*, Cambridge, Massachusetts, 1995

McPherson, James M.: *Crossroads of Freedom. Antietam*, Oxford 2002

Mead, Margaret: *Kindheit und Jugend in Samoa*, München 1970

Moore, Aaron William: *Writing War. Soldiers Record the Japanese Empire*, Cambridge, Massachusetts, 2013

Moritz von Sachsen: *Einfälle über die Kriegskunst*, hg. von Zacharie de Pazzi de Bonneville, Leipzig / Frankfurt am Main 1757

Morris, Ian: *Krieg. Wozu er gut ist*, Frankfurt am Main 2013

Müller, Rolf-Dieter: *Der Bombenkrieg, 1939–1945*, Berlin 2004

Murray, Williamson / Knox, MacGregor / Bernstein, Alvin (Hg.): *The Making of Strategy. Rulers, States, and War*, Cambridge 1994

Nietzsche, Friedrich: *Also sprach Zarathustra*, in: ders., *Sämtliche Werke. Kritische Studienausgabe in 15 Bänden*, hg. von Giorgio Colli und Mazzino Montinari, München / Berlin / New York 1980, Bd. 4

Nolan, Cathal: *The Allure of Battle. A History of How Wars Have Been Won and Lost*, Oxford 2017

Der Nürnberger Prozess gegen die Hauptkriegsverbrecher vor dem Internationalen Militärgerichtshof, Nürnberg, 14. November 1945–1. Oktober 1946, Nürnberg 1948, Bd. 29

Paret, Peter (Hg.): *Makers of Modern Strategy. From Machiavelli to the Nuclear Age*, Princeton, New Jersey, 1986

Parker, Geoffrey (Hg.): *The Cambridge History of Warfare*, Cambridge 2005

Pepys, Samuel: *Tagebücher 1660–1669. Vollständige Ausgabe in Sechs Bänden*, Zürich 2018

Piketty, Thomas: *Das Kapital im 21. Jahrhundert*, München 2014

Pinker, Steven: *Gewalt. Eine neue Geschichte der Menschheit*, Frankfurt am Main 2011

Plutarch: *Plutarch's Werke*, Bde. 24, 25; *Moralische Schriften*, Bde. 5, 6, Stuttgart 1830

Poliakov, Léon: *Geschichte des Antisemitismus*, Bd. 1: *Von der Antike bis zu den Kreuzzügen*, Worms 1977

Polybios: *Geschichten*, 14 Bde., Stuttgart 1861–1863

Rabb, Theodore: *The Artist and the Warrior. Military History through the Eyes of the Masters*, New Haven, Connecticut, 2011

Ranke-Graves, Robert von: *Strich drunter!*, Reinbek 1990

Rhea, Harry M.: »The Commission on the Responsibility of the Authors of the War and on Enforcement of Penalties and Its Contribution to International Criminal Justice after World War II«, in: *Criminal Law Forum*, 25, 1–2 (Juni 2014), S. 147–169

Ricks, Thomas E.: *Fiasco. The American Military Adventure in Iraq*, New York 2006

Ring, Jim: *How the Navy Won the War. The Real Instrument of Victory, 1914–1918*, Barnsley 2018

Roland, Alex: *War and Technology. A Very Short Introduction*, Oxford 2016

Roshwald, Aviel / Stites, Richard (Hg.): *European Culture in the Great War. The Arts, Entertainment, and Propaganda, 1914–1918*, Cambridge / New York 2002

Rothenburg, Gunther E.: *The Art of Warfare in the Age of Napoleon*, Bloomington, Indiana, 1980

Rousseau, Jean-Jacques: *Kulturkritische und politische Schriften*, hg. von Martin Fontius, 2 Bde., Berlin 1989, darin: »Vom Gesellschaftsvertrag oder die Prinzipien des Staatsrechts«, Bd. 1, S. 381–505; »Betrachtungen über die Regierung von Polen und ihre beabsichtigte Reformierung«, Bd. 2, S. 433–530

Rürup, Reinhard (Hg.): *Berlin 1945. Eine Dokumentation*, Berlin ^{5}2007

Ruskin, John: *Ausgewählte Werke in vollständiger Übersetzung*, Bd. 3: *Der Kranz von Olivenzweigen. Vier Vorträge über Industrie und Krieg*, Leipzig 1901

Sallust: *Katilina und Jugurtha*, Wien 1800

Scheidel, Walter: *Nach dem Krieg sind alle gleich. Eine Geschichte der Ungleichheit*, Darmstadt 2018

Schunck, Peter: *Charles de Gaulle. Ein Leben für Frankreichs Größe*, Berlin 1998

Sheehan, James J.: *Kontinent der Gewalt. Europas langer Weg zum Frieden*, München 2008

Sheffield, Gary (Hg.): *War Studies Reader. From the Seventeenth Century to the Present Day and Beyond*, London 2010

Sidebottom, Harry: *Der Krieg in der antiken Welt*, Stuttgart 2008

Sorabji, Richard (Hg.): *The Ethics of War. Shared Problems in Different Traditions*, Aldershot 2006

Sowjetische Kommandanturen und deutsche Verwaltung in der SBZ und frühen DDR. Dokumente, hg. von Jan Foitzik, Berlin / München / Boston, Illinois, 2015

Spiers, Edward M.: *The Army and Society, 1815–1914*, London 1980

Stargardt, Nicholas: *Der deutsche Krieg, 1939–1945*, Frankfurt am Main 2015

Stenographische Berichte über die Verhandlungen des Reichstags. VIII. Legislaturperiode. I. Session, 1890/91, Bd. 1, Berlin 1890
Stenographischer Bericht über die Verhandlungen der deutschen constituirenden Nationalversammlung zu Frankfurt am Main, hg. von Franz Wigard, Bd. 2, Frankfurt am Main 1848
Stevenson, David: *With Our Backs to the Wall. Victory and Defeat in 1918*, Cambridge, Massachusetts, 2011
Strachan, Hew: *European Armies and the Conduct of War*, London 1983
——— / Scheipers, Sibylle (Hg.): *The Changing Character of War*, Oxford 2011
Sueton: *Leben der Caesaren*, hg. von André Lambert, Stuttgart 1972
Summers, Harry: *On Strategy. The Vietnam War in Context*, Carlisle, Pennsylvania, 1981
Sunzi (Sun Tsu): *Die Kunst des Krieges*, Stuttgart 2004
Suttner, Bertha von: *Inventarium einer Seele*, Dresden [4]1904
Taylor, Alan J. P.: *The Struggle for Mastery in Europe, 1848–1918*, Oxford 1954
Thukydides: *Geschichte des Peloponnesischen Kriegs*, 8 Bde., Leipzig 1852/53
Tierney, Dominic: »Mastering the Endgame of War«, in: *Survival*, 56, 5 (Oktober-November 2014), S. 69–94
Tilly, Charles (Hg.): *The Formation of National States in Western Europe*, Princeton, New Jersey, 1975
Todman, Dan: *The Great War. Myth and Memory*, London 2007
Townshend, Charles (Hg.): *The Oxford History of Modern War*, Oxford / New York 2005
Tyerman, Christopher: *Die Kreuzzüge. Eine kleine Einführung*, Stuttgart 2009
Van Creveld, Martin: *Supplying War. Logistics from Wallenstein to Patton*, Cambridge [2]2004
Vegetius (Flavius Vegetius Renatus): *Kriegswissenschaft und Kriegskunst der Römer*, Sulzbach 1827
Verhey, Jeffrey: *Der »Geist von 1914« und die Erfindung der Volksgemeinschaft*, Hamburg 2000
Walzer, Michael: *Gibt es den gerechten Krieg?*, Stuttgart 1988
Weinberg, Gerhard: *Eine Welt in Waffen. Die globale Geschichte des Zweiten Weltkriegs*, Stuttgart 1995
Wilhelm von Tyrus: *Geschichte der Kreuzzüge und des Königreichs Jerusalem*, Stuttgart 1840
Wilson, Peter: *Der Dreißigjährige Krieg. Eine europäische Tragödie*, Darmstadt 2021
Winter, Jay (Hg.): *The Cambridge History of the First World War*, 3 Bde., Cambridge 2016
———: *War Beyond Words. Languages of Remembrance from the Great War to the Present*, Cambridge 2017

Wintringham, Tom / Blashford-Snell, John: *Weapons and Tactics*, London 1973
Woolf, Virginia: *Ein eigenes Zimmer*, hg. von Klaus Reichert, Frankfurt am Main 2001
Wrangham, Richard: *Die Zähmung des Menschen. Warum Gewalt uns friedlicher gemacht hat. Eine neue Geschichte der Menschwerdung*, München 2019

Memoiren, Tagebücher, Briefe

Alexievich, Svetlana: *The Unwomanly Face of War. An Oral History of Women in World War II*, New York 2017 (deutsch: Swetlana Alexijewitsch, *Der Krieg hat kein weibliches Gesicht*, Berlin 1987)
Anonyma [Marta Hillers], *Eine Frau in Berlin. Tagebuchaufzeichnungen vom 20. April bis 22. Juni 1945*, Berlin 2015
Bloem, Walter: *Vormarsch*, Leipzig 1916
Brittain, Vera: *Vermächtnis einer Jugend. Autobiographie*, Berlin 2018
Busch, Moritz: *Tagebuchblätter*, 3 Bde., Leipzig 1902
Caputo, Philip: *A Rumor of War*, New York 1978
Conrad von Hötzendorf, Gina: *Mein Leben mit Conrad von Hötzendorf. Sein geistiges Vermächtnis*, Leipzig 1935
Djilas, Milovan: *Gespräche mit Stalin*, Frankfurt am Main 1962
Douglas, Keith: *Alamein to Zem Zem*, London 1966
Dunant, Henry: *Eine Erinnerung an Solferino*, Basel 1863
Eckardstein, Hermann von: *Lebenserinnerungen und politische Denkwürdigkeiten*, 2 Bde., Leipzig 1919/1920
Fraser, George MacDonald: *Quartered Safe Out Here. A Recollection of the War in Burma*, London 1992
Friedrich III.: *Das Kriegstagebuch von 1870/71*, hg. von Heinrich Otto Meisner, Berlin / Leipzig 1926
Goodall, Jane: *Grund zur Hoffnung. Autobiographie*, München 1999
Gordon, Huntly: *The Unreturning Army. A Field Gunner in Flanders, 1917–18*, London 2015
Graves, Robert: *Goodbye to All That*, Harmondsworth 1960
Grenfell, Julian: *Soldier & Poet. Letters and Diaries, 1910–1915*, Hertford 2004
Herr, Michael: *An die Hölle verraten. Dispatches*, München 1979
Jünger, Ernst: *In Stahlgewittern. Historisch-kritische Ausgabe*, hg. von Helmuth Kiesel, 2 Bde., Stuttgart 2013
Klemperer, Victor: *Ich will Zeugnis ablegen bis zum letzten*, 2 Bde., Berlin 1995
Krockow, Christian Graf von: *Die Stunde der Frauen. Bericht aus Pommern 1944–1947.* Nach einer Erzählung von Libussa Fritz-Krockow, Stuttgart 1988

Last, Nella: *Nella Last's War. The Second World War Diaries of »Housewife, 49«*, London 2006
Leonardo da Vinci: *Tagebücher und Aufzeichnungen*, hg. von Theodor Lücke, Leipzig 1940
Lussu, Emilio: *Ein Jahr auf der Hochebene*, Wien / Bozen 2017
Makdisi, Jean Said: *Beirut Fragments. A War Memoir*, New York 1990
Marlantes, Karl: *Matterhorn. Ein Vietnam-Roman*, Zürich / Hamburg 2012
Moltke, Helmuth von: *Militärische Korrespondenz. Aus den Dienstschriften des Krieges 1870/71*, 3. Teil, Berlin 1896
Parry, Chris: *Down South. A Falklands War Diary*, London 2012
Reed, John: *Eine Revolutionsballade. Mexico 1914*, Frankfurt am Main 2005
Reith, John: *Wearing Spurs*, London 1966
Richards, Frank: *Old Soldiers Never Die*, London 1964
Rindfleisch, Georg Heinrich: *Feldbriefe 1870–71*, hg. von Eduard Ornold, Göttingen [3]1891
Ritchie, Charles: *Siren Years. Undiplomatic Diaries, 1937–1945*, London 1947
Sassoon, Siegfried: *Vom Krieg zum Frieden. Erinnerungen*, Köln 1947
Twain, Mark: »Ein misslungener Feldzug«, in ders., *Leben auf dem Mississippi. Nach dem fernen Westen. Lehr- und Wanderjahre*, 2 Bde., Stuttgart 1900, Bd. 1, Anhang
Yeates, V. M.: *Winged Victory*, London 1985
Zweig, Stefan: *Die Welt von Gestern. Erinnerungen eines Europäers*, Köln 2013

Literarische Werke

Byron, Gordon Noel: *Werke*, hg. von Otto Gildemeister, Bd. 3, Berlin 1865
George, Stefan: *Der Krieg*, Berlin 1917
Gilloux, Louis: *Blood Dark*, New York 2017
Grossman, Wassili: *Leben und Schicksal*, Berlin 2007
Heller, Joseph: *Catch-22*, Frankfurt am Main 1971
Homer: *Werke in zwei Bänden*, hg. von Dietrich Ebener, Leipzig / Berlin [3]1983
Horaz: *Werke in einem Band. Oden – Säkulargesang – Epoden – Satiren – Briefe – Buch über die Dichtkunst*, Berlin / Weimar 1972
Kipling, Rudyard: *Die Ballade von Ost und West. Ausgewählte Gedichte*, Zürich 1992
———: *Soldier Stories*, New York 1896
Mann, Thomas: *Friedrich und die große Koalition*, Berlin 1916
Manning, Frederic: *The Middle Parts of Fortune. Somme and Ancre, 1916*, London 2014
March, William: *Company K*, London 2017

Ninh, Bao: *Die Leiden des Krieges*, Halle / Saale 2014
O'Brien, Tim: *Was sie trugen. Erzählungen*, München 1999
Remarque, Erich Maria: *Im Westen nichts Neues*, Köln 2013
Shakespeare, William: *Sämtliche Werke*, 4 Bde., Berlin 2000
Stallworthy, Jon (Hg.): *The New Oxford Book of War Poetry*, Oxford 2015
Szymborska, Wisława: *Auf Wiedersehn. Bis morgen. Gedichte*, Frankfurt am Main 1998
Tolstoi, Leo: *Krieg und Frieden*, hg. von Gerhard Dudek, 2 Bde., Berlin [8]1987
Vergil: *Sämtliche Werke*, hg. von Johannes und Maria Götte, München 1972
West, Rebecca: *Black Lamb and Gray Falcon*, London 1941 (dt. gekürzt: *Schwarzes Lamm und grauer Falke. Eine Reise durch Jugoslawien*, Berlin 2002)

Webseiten

Uppsala Conflict Data Program, www.pcr.uu.se/research/ucdp/
War on the Rocks, warontherocks.com/

Video

Die grünen Teufel (The Green Berets), DVD, De Agostini Deutschland GmbH, 2011

ABBILDUNGEN

1. Wladimir Iljitsch Lenin bei der Ankunft im Finnischen Bahnhof in St. Petersburg im April 1917. © Universal History Archive / UIG / Bridgeman Images
2. Winterliche Nachschubwege über den Ladogasee während der Belagerung von Leningrad, 1942. © Mary Evans Picture Library / Alexander Meledin
3. Die Schlacht am Antietam im Jahr 1862, Fotografie von Alexander Gardner. © Granger / Bridgeman Images
4. Häuserkampf bei Madrid, 1936, Fotografie von Gerda Taro. © Gerda Taro © International Center of Photography / Magnum Photos
5. Eine britische Arbeiterin beim Befüllen einer Granate während des Ersten Weltkriegs. © Museum of New Zealand Te Papa Tongarewa / mit freundlicher Genehmigung des Imperial War Museum
6. Sowjetische Pilotinnen des 588. Nachtbomber-Regiments. © akg-images / UIG / Sovfoto
7. Eine Vickers Vernon der Royal Air Force. © Imperial War Museum
8. Frauen in einem durch Luftangriffe beschädigten Viertel von Idlib in Syrien. © Felipe Dana / AP / Shutterstock
9. Die erste erfolgreiche Explosion einer Atombombe in Alamogordo in New Mexico, Juli 1945. © J. T. Vintage / Bridgeman Images
10. Der Women's Protest, Greenham Common, Vereinigtes Königreich, 1982. © Mirrorpix via Getty Images
11. Nordvietnamesische Soldaten zwischen aufgegebener amerikanischer Militärausrüstung. © Archive of Modern Conflict
12. Ein österreichischer Soldat an der italienischen Front im Ersten Weltkrieg. © Archive of Modern Conflict
13. Eine Szene aus dem Film *Apocalypse Now*: Bewaffnete »Huey«-Hubschrauber greifen Bodenziele an. © CBS Photo Archive via Getty Images
14. Amerikanische Marineinfanteristen 1950 in der Anfangsphase des Koreakriegs. © David Douglas Duncan, Harry Ransom Center, University of Texas
15. Amerikanische Militärpolizisten führen im US-Marinestützpunkt Guantánamo auf Kuba einen inhaftierten Taliban in seine Zelle, 2002. © Shane Mccoy / Mai / The LIFE Images Collection via Getty Images / Getty Images
16. Militärparade am chinesischen Nationalfeiertag. © Sovfoto / Universal Images Group via Getty Images

17. Römische Kunst: Großer Ludovisischer Schlachtsarkophag mit einer Schlachtszene, 3. Jahrhundert. © Luisa Ricciarini / Bridgeman Images
18. Eine Seite aus einer Biografie Nurhacis, des Begründers der chinesischen Qing-Dynastie, aus dem 18. Jahrhundert. © British Library Board. All Rights Reserved / Bridgeman Images
19. Albrecht Dürer, *Die vier apokalyptischen Reiter* (Holzschnitt), 1498. © Bridgeman Images
20. Jacques-Louis David, *Napoleon am Großen St. Bernhard*, 1801. © Bridgeman Images
21. Paolo Uccello, Die Schlacht bei San Romano, um 1438. © Luisa Ricciardini / Bridgeman Images
22. Francisco de Goya, »Und sind wilde Tiere«, Blatt 5 der *Schrecken des Krieges*, 1810–1814. © Index Fototeca / Bridgeman Images
23. Félix Vallotton, *Verdun*, 1917. © Photo Josse / Bridgeman Images
24. Alexander Young-Jackson, *Gasangriff, Liévin*, 1918. © SOCAN, Montreal und DACS, London 2020 / mit freundlicher Genehmigung von Bridgeman Images
25. Käthe Kollwitz, *Trauerndes Elternpaar*, 1914–1932. © David Crossland / Alamy Stock Photo
26. Albin Egger-Lienz, *Den Namenlosen*, 1916. © Fine Art Images / Heritage Images via Getty Images
27. Henry Moore, *Figures in a Shelter*, 1941. © The Henry Moore Foundation. All Rights Reserved, DACS / www.henry-moore.org, mit freundlicher Genehmigung von Lefevre Fine Art Ltd., London / Bridgeman Images
28. George Grosz, »Maul halten und weiter dienen«, 1926. © Estate of George Grosz, Princeton, N. J. / DACS 2020, mit freundlicher Genehmigung von Topfoto
29. Graham Sutherland, *Devastation, 1941. An East End Street*, 1941. © Tate
30. Eric Ravilious, *Spitfires at Sawbridgeworth*, Hertfordshire, um 1942. © Eric Ravilious / Imperial War Museum via Getty Images

DANKSAGUNG

Dieses Buch hat mich über Jahre hinweg beschäftigt. Wenn man wie ich über Zeitgeschichte und internationale Beziehungen lehrt und schreibt, kommt man an der tiefen Wirkung des Krieges auf die menschlichen Angelegenheiten – und umgekehrt – nicht vorbei. Eine Begegnung mit Gwyneth Williams, die damals Radio 4 der BBC leitete, im Juli 2017 brachte mich dazu, mich mit dieser Wirkung näher zu beschäftigen. Sie hatte mich gebeten, für ein kurzes Gespräch im Broadcasting House vorbeizuschauen, und zu meiner großen Überraschung hatte ich danach die Einladung in der Hand, die Reith Lectures des Jahres 2018 zu halten. Es war eine Ehre, aber auch eine Herausforderung. In diesen Lectures und in diesem Buch, das auf ihnen aufbaut, steht eine Frage am Anfang: Sind Krieg und Menschheit unauflöslich miteinander verwoben? Während ich sie zu beantworten und zu verstehen versuchte, warum und wie Menschen kämpfen, hat sich eine beträchtliche Dankesschuld angesammelt.

Ich habe das Privileg, zwei renommierten Universitäten anzugehören, denjenigen von Oxford und Toronto, an denen ich von den Forschungen und Gesprächen ihrer Lehrkräfte und Studenten profitiere und herausragende Bibliotheken benutzen kann. Niemals werde ich entgelten können, was Experten, die weit mehr über den Krieg und die menschliche Gesellschaft wissen, als ich jemals wissen werde, sowie Auditorien und Freunde mit ihren Fragen und Anregungen, mir gegeben haben. Die Kriegshistoriker haben mich ohne Ausnahme großmütig auf ihrem Feld willkommen geheißen. Max Hastings, Peter Wilson, Adrian Gregory, Hew Strachan und Roger Sarty lieferten Vorbilder historischer Darstellungen und gaben mir viele wertvolle Ratschläge. Viel verdanke ich auch Kollegen in Oxford, darunter Paul Betts und Ivor Roberts. Hermione Lee half mir bei der Gliederung des Buches, als ich nicht mehr weiterwusste. Anthony

Bicknell gewährte mir freundlicherweise Einblick in seine Dissertation über das Thema Frauen und Krieg. Chris Parry verhalf mir zu einem besseren Verständnis des Seekriegs. Von meinem lieben Schwager Peter Snow, dem früheren Verteidigungskorrespondenten der BBC, und von Dan Snow erhielt ich Anregungen und Literaturhinweise. Stephen Sedley machte mir seine bemerkenswerte Sammlung von Soldatenliedern aus dem Ersten Weltkrieg zugänglich. Margaret Bruce, Margaret Bent und Katherine Lochnan halfen mir, die Beziehung zwischen Krieg und Kunst zu verstehen. David Thomson verschaffte mir großzügigerweise Zugang zu seiner umfangreichen Sammlung von Kriegsfotografien im Archive of Modern Conflict, wo mir Ed Jones, Timothy Prus und Lizzie Powell eine große Hilfe waren. Ein besonderer Dank gilt dem großen Kriegshistoriker Michael Howard, dessen Werk ich kannte und bewunderte, lange bevor ich ihm persönlich begegnete und seine Klugheit, Liebenswürdigkeit und Freundschaft zu schätzen lernte. Sein Tod Ende 2019 war ein großer Verlust.

Bei der BBC konnte ich mich auf den Rat und die Hilfe von Gwyneth Williams, Jim Frank, Hugh Levinson und ihrer Kollegen stützen. Ebenso dankbar bin ich, Verleger zu haben wie Andrew Franklin und seine wunderbaren Kollegen, darunter Penny Daniel, Lesley Levene und Valentina Zanca bei Profile Books sowie, in Nordamerika, Kate Medina bei Random House und Diane Turbide bei Penguin und ihre ebenso beeindruckenden Teams. Caroline Dawnay ist nach wie vor eine unvergleichliche Agentin und Freundin. Ein Vergnügen war auch die Zusammenarbeit mit ihren Kolleginnen Sophie Scard und Katherine Aitken. Darüber hinaus habe ich das Glück, von einer großen, großzügigen und liebevollen Familie umgeben zu sein. Bei jeder Reith Lecture waren einige meiner Angehörigen anwesend, und sie ermutigten mich, wie sie es immer getan haben, als ich daranging, für dieses Buch zu recherchieren und es zu schreiben. Besonders danke ich meiner Schwester Ann MacMillan, meinen Brüdern Tom und David, meiner Schwägerin Marie-Josée Larocque und meiner

Nichte Margot Finlay, die Teile des Manuskripts lasen und mir mit vielen konstruktiven Kommentaren halfen.

Ich möchte ihnen allen aus tiefstem Herzen dafür danken, dass sie mir bei den Lectures und bei diesem Buch geholfen haben. Jedwede Fehler und Mängel gehen natürlich allein auf mein Konto.

ANMERKUNGEN

Einleitung

1 George, Stefan, »Der Krieg«, in ders., *Das neue Reich*, Gedichte, 1928
2 Marinetti, Filippo, Futuristisches Manifest, whtsnxt.net/092
3 Mao Tse-Tung, »Über den langwierigen Krieg«, in ders., *Ausgewählte Werke*, Bd. 2, S. 150

I. Menschheit, Gesellschaft und Krieg

1 Clausewitz, Carl von, *Vom Kriege*, Bd. 1, S. 4
2 Goodall, Jane, *Grund zur Hoffnung*
3 Hobbes, Thomas, *Leviathan*, Kap. 13
4 Mead, Margaret, *Kindheit und Jugend in Samoa*, S. 45, 167
5 Trump, Donald, State of the Union, 2019, www.politico.com/interactives/2019/trump-state-of-the-union-2019-live-fact-check-transcript-2/5/19/
6 Vergil, Aeneis, VI.851–853, in ders., *Sämtliche Werke*, S. 244
7 Cassius Dio, *Römische Geschichte*, Bd. 14, LXXIII.11, S. 1705
8 Tilly, Charles, »War Making And State Making As Organized Crime«, S. 170
9 Pepys, Samuel, *Die Tagebücher*, Bd. 2, S. 221 (30. September 1661)
10 *Samuel Johnsons Wörterbuch*, Eintrag »Excise«, johnsonsdictionaryonline.com/views/search.php?term=excise
11 Pepys, Samuel, *Die Tagebücher*, Bd. 3, S. 142 (25. Juni 1662)
12 Beveridge, William, *Der Beveridgeplan*, S. 11

Weitere verwendete Literatur:
Beard, *SPQR*
Bell, *The First Total War*
Brewer, *The Sinews of Power*
Emerging Technology from the arXiv
Ferguson, *The Cash Nexus*
Gabriel, *Between Flesh and Steel*
Goldstein, *War and Gender*
Goldsworthy, *Pax Romana*
Goodall, *Grund zur Hoffnung*
Hobbes, *Leviathan*, Kap. 13

Kagan, *On the Origins of War and the Preservation of Peace*
Kierman / Fairbank (Hg.), *Chinese Ways in Warfare*
LeBlanc, *Constant Battles*
Morris, *Krieg*
Nolan, *The Allure of Battle*
Parker (Hg.), *The Cambridge History of Warfare*
Piketty, *Das Kapital im 21. Jahrhundert*
Pinker, *Gewalt*
Rousseau, *Der Gesellschaftsvertrag oder die Grundsätze des Staatsrechts*
Scheidel, *Nach dem Krieg sind alle gleich*
Sidebottom, *Der Krieg in der antiken Welt*
Uppsala Conflict Data Program
Wrangham, *Die Zähmung des Menschen*

II. Kriegsgründe

1 Hobbes, Thomas, *Leviathan*, Kap. 13
2 Thukydides, *Geschichte des Peloponnesischen Kriegs*, V.89, Bd. 5, S. 121
3 Arndt, Ernst Moritz, *Noch ein Wort über die Franzosen und über uns*, S. 15
4 Thukydides, *Geschichte des Peloponnesischen Kriegs*, I.88, Bd. 1, S. 115
5 Polybios, *Geschichten*, I.10, Bd. 1, S. 19
6 Hitler, Adolf, Rede am 10. November 1938, in ders., *Reden und Proklamationen*, Bd. I.2, S. 974
7 Hobbes, Thomas, *Leviathan*
8 Franz Conrad von Hötzendorf an Gina Reininghaus, 28. Juni 1914, in Conrad von Hötzendorf, Gina Gräfin, *Mein Leben mit Conrad von Hötzendorf*, S. 114
9 Luther, Martin, *Ob Kriegsleute auch in seligem Stande sein können*, 1526
10 Thukydides, *Geschichte des Peloponnesischen Kriegs*, III.81, Bd. 3, S. 97
11 Horaz, »Pollios Geschichtswerk«, in ders., *Werke in einem Band*, S. 36
12 Zinni, Anthony, zit. in Tierney, Dominic, *The Right Way to Lose A War: America in an Age of Unwinnable Conflicts*

Weitere verwendete Literatur:

Armitage, *Bürgerkrieg*
——, »Civil Wars, from Beginning … to End?«
Bell, *The First Total War*
Bernstein, »The Strategy of a Warrior-state. Rome and the Wars against Carthage, 264–201 BC«, in Murray / Knox / Bernstein (Hg.), *The Making of Strategy*

Costello, *Virtue Under Fire*
Frevert, *Emotions in History*
Goldstein, *War and Gender*
Kagan, *On the Origins of War and the Preservation of Peace*
——, »Athenian Strategy in the Peloponnesian War«, in: Murray / Knox / Bernstein (Hg.), *The Making of Strategy*
Lee, *Waging War*
Lynn, »A Quest for Glory. The Formation of Strategy under Louis XIV, 1661–1715«, in Murray / Knox / Bernstein (Hg.), *The Making of Strategy*
Parker (Hg.), *The Cambridge History of Warfare*
Ricks, *Fiasco*
Roland, *War and Technology*
Tierney, »Mastering the Endgame of War«
Tyerman, *Die Kreuzzüge*
Wintringham / Blashford-Snell, *Weapons and Tactics*

III. Mittel und Wege

1 Shakespeare, William, »Coriolanus«, I.3, in ders., *Sämtliche Werke*, Bd. 4, S. 810
2 Thukydides, *Geschichte des Peloponnesischen Kriegs*, I.70, Bd. 1, S. 95
3 Moritz von Sachsen, *Einfälle über die Kriegskunst*, S. 76
4 Flavius Josephus, *Geschichte des jüdischen Krieges*, III.5, Bd. 1, S. 365
5 Corbett, Julian, *Some Principles of Maritime Strategy*, Frankfurt 2018, S. 56
6 Zit. in Craig, Gordon A., *Die preußisch-deutsche Armee 1640–1945*, S. 307
7 Sunzi, *Die Kunst des Krieges* [digitale Ausgabe ohne Seitenzahlen]
8 Machiavelli, Niccolò, »Vom Fürsten«, Kap. 14, in ders., *Gesammelte Werke in einem Band*, S. 350
9 Sunzi, *Die Kunst des Krieges* [digitale Ausgabe ohne Seitenzahlen]
10 Ebd.
11 Byron, Lord, »Senheribs Untergang«, in ders., *Werke*, Bd. 3, S. 108
12 Shakespeare, William, »Heinrich V.«, IV.1, in ders., *Sämtliche Werke*, Bd. 3, S. 449
13 Herodot, *Die Geschichten des Herodotos*, VII.9, Bd. 2, S. 137
14 Ebd., VI.117, Bd. 2, S. 119
15 Maximilian I., »Lut der keiserlichen Mahnung …«, 22. April 1499, in Anshelm, Valerius, *Berner Chronik, von Anfang der Stadt Bern bis 1526*, Bd. 2, S. 409
16 Plutarch, Denksprüche von Königen und Feldherrn, in ders., *Plutarch's Werke*, Bd. 24, S. 568

17 Leonardo da Vinci, *Tagebücher und Aufzeichnungen*, S. 583
18 Diamond, Jared, *Arm und Reich, Die Schicksale menschlicher Gesellschaften*, S. 74

Weitere verwendete Literatur:
Brodie / Brodie, *From Crossbow to H-Bomb*
Heuser, *Den Krieg denken*
Howard, *Der Krieg in der europäischen Geschichte*
Kagan, *On the Origins of War and the Preservation of Peace*
Lee, *Waging War*
Lynn, *Battle*
——, »Forging the Western Army in Seventeenth-Century France«, in Knox / Murray (Hg.), *The Dynamics of Military Revolution*
Morris, *Krieg*
Murray, »On Strategy«, in Murray / Knox / Bernstein (Hg.), *The Making of Strategy*
Parker (Hg.), *The Cambridge History of Warfare*
Ranft, »Restraints on War at Sea before 1945«, in Howard (Hg.), *Restraints on War*
Roland, *War and Technology*
Sidebottom, *Der Krieg in der antiken Welt*
Wintringham / Blashford-Snell, *Weapons and Tactics*

IV. Moderner Krieg

1 Friedrich III., *Das Kriegstagebuch von 1870/71*, S. 311 (3. Januar 1871)
2 Chateaubriand, Vicomte de, *Memoiren*, Tl. 3, S. 401
3 Rousseau, Jean-Jacques, *Betrachtungen über die Regierung von Polen und ihre beabsichtigte Reformierung*, S. 499
4 »Dekret zur allgemeinen Volksbewaffnung«, 23. August 1793, in Markov (Hg.), *Revolution im Zeugenstand*, Bd. 2, S. 481
5 Robespierre, Maximilien, Rede im Nationalkonvent, 24. April 1793, in ebd., S. 386
6 Guibert, Jacques de, *Versuch über die Taktik*, Bd. 1, S. 18 f.
7 Jordan, Wilhelm, Rede, 24. Juli 1848, *Stenographischer Bericht über die Verhandlungen der deutschen constituirenden Nationalversammlung zu Frankfurt am Main*, Bd. 2, S. 1146
8 Handschriftliche Anmerkung Wilhelm Keitels auf einer »Notiz für Gen. Lt. Winter«, 16. 4. 1945, BA-MA, RW 4/709, Bl. 160
9 Moltke, Helmuth von, *Militärische Korrespondenz*, Nr. 380, S. 368

10 Rindfleisch, Georg Heinrich, *Feldbriefe 1870–71*, S. 108 (6. Dezember 1870)
11 Busch, Moritz, *Tagebuchblätter*, Bd. 1, S. 179 f. (8. September 1870)
12 Ebd., S. 332 (29. Oktober 1870)
13 *Stenographische Berichte über die Verhandlungen des Reichstags*, VIII.1, Bd. 1, S. 76 (14. Mai 1890)
14 Rommel, Erwin, *Krieg ohne Hass*
15 Trotzki, Leo, Rede auf dem XI. Parteitag, März / April 1922
16 Eisenhower, Dwight D., »Eisenhower's Farewell Address to the Nation«, 17. Januar 1961, mcadams.posc.mu.edu/ike.htm
17 Eckardstein, Hermann von, *Lebenserinnerungen und politische Denkwürdigkeiten*, Bd. 2, S. 41
18 von Falkenhayn, Erich, »Äußerung des Kriegsministers betreffend den Gesetzentwurf zur Abänderung der Bestrafung der Zweikämpfe«, 22. April 1914, S. 4, *Geheimes Staatsarchiv Preußischer Kulturbesitz*, I. HA Rep. 84a Justizministerium, Nr. 8037: Bestrafung der Duelle, Bd. 4, 1897–1991, Bl. 341–344, hier Bl. 342
19 Sallust, »Jugurthinischer Krieg«, 41, in ders., *Katilina und Jugurtha*, S. 165
20 Kipling, Rudyard, »Tommy«, in ders., *Die Ballade von Ost und West*, S. 105
21 Balck, William, *Taktik*, Bd. 1, S. 169

Weitere verwendete Literatur:

Bell, *The First Total War*
Bessel, *On Violence*
Bond, *The Victorian Army and the Staff College*
Browning, *The Changing Nature of War*
Collingham, *The Taste of War*
Elshtain, *Women and War*
Goldstein, *War and Gender*
Howard, *The Franco-Prussian War*
——, *Der Krieg in der europäischen Geschichte*
——, (Hg.), *Theory and Practice of War*
Lynn, »Forging the Western Army in Seventeenth-Century France«, in: Knox / Murray (Hg.), *The Dynamics of Military Revolution*
Knox / Murray (Hg.), *The Dynamics of Military Revolution*
Pinker, *Gewalt*
Scheidel, *Nach dem Krieg sind alle gleich*
Sheehan, *Kontinent der Gewalt*
Spiers, *The Army and Society*
Summers, *On Strategy*
Townshend (Hg.), *The Oxford History of Modern War*

Van Creveld, *Supplying War*
Verhey, *Der »Geist von 1914« und die Erfindung der Volksgemeinschaft*

V. Wie Krieger gemacht werden

1 Shakespeare, William, »Heinrich VI.«, 3. Teil, II.5, in ders., *Sämtliche Werke*, Bd. 3, S. 726
2 Perikles, »Gefallenenrede«, in Thukydides, *Geschichte des Peloponnesischen Kriegs*, II.40, Bd. 2, S. 51
3 Shakespeare, William, *Heinrich IV.*, 1. Teil, IV.2, in ders., *Sämtliche Werke*, Bd. 3, S. 253
4 Friedrich II. von Preußen, Der Antimachiavell, Kap. 12, in ders., *Die Werke Friedrichs des Großen in deutscher Übersetzung*, Bd. 7, S. 48
5 Harris, Benjamin: The Recollections of Rifleman Harris, London 1848
6 Brooke, Rupert, »Frieden«
7 Erasmus von Rotterdam, *Vertraute Gespräche*, S. 71, 82
8 Machiavelli, Niccolò, »Die Kunst des Krieges«, in ders., *Gesammelte Werke in einem Band*, S. 711
9 Captain Lauren Serrano's essay »Why Women don't belong in the U.S. infantry« (2013), zit. in *Marine Corps Gazette (Professional Journal of U.S. Marines), Neither bold or daring*, 2014 mcgazette.blogspot.com/2014/09/
10 Goldstein, Andrea N., »›Why are you trying to destroy the last good thing men have?‹. Understanding Resistance to Women in Combat Jobs«, in *International Feminist Journal of Politics*, 20, 3 (April 2018), S. 385–404
11 Alexijewitsch, Swetlana, *Der Krieg hat kein weibliches Gesicht*, S. 318
12 Ebd., S. 170 f., 211 f.
13 Homer, Ilias, VI.490–493, in ders., *Werke*, Bd. 1, S. 119
14 Nietzsche, Friedrich, »Von alten und jungen Weiblein«, in ders., *Also sprach Zarathustra*, 1. Teil, S. 85
15 Goebbels, Joseph: »Mutter und Kind Unterpfand für die Unsterblichkeit unseres Volkes«, Rede auf der Amtswalterinnentagung der NS-Frauenschaft, 11. Februar 1934, in *Völkischer Beobachter, Berliner Ausgabe*, 13. Februar 1934, *Berliner Beiblatt*
16 Elshtain, Jean Bethke, *Women and War*
17 Zit. in Ranke-Graves, Robert von, *Strich drunter!*
18 Woolf, Virginia, *Ein eigenes Zimmer*
19 Grenfell, Julian, *Soldier & Poet. Letters and Diaries, 1910–1915*
20 Zit. in Deák, István, *Der k.(u.)k. Offizier 1848–1918*, S. 156
21 Shakespeare, William, »Heinrich V.«, II.2, in ders., *Sämtliche Werke*, Bd. 3, S. 413

22 Vegetius, *Kriegswissenschaft und Kriegskunst der Römer*, Kap. 1, S. 3
23 Himmler, Heinrich, Rede auf der SS-Gruppenführertagung in Posen, 4. Oktober 1943, in: *Der Nürnberger Prozess*, Bd. 29, Dok. 1919-PS. S. 145

Weitere verwendete Literatur:

Dash, »Dahomey's Women Warriors«
Elshtain, *Women and War*
Goldstein, Andrea, »›Why are you trying to destroy the last good thing men have?‹«
Goldstein, Joshua S., *War and Gender*
Hale, *War and Society in Renaissance Europe*
Hastings, »Wrath of the Centurions«
Hynes, *The Soldiers' Tale*
Jackson, *France*
Mayor, *The Amazons*
McNeill, *Keeping Together in Time*
McPherson, *Crossroads of Freedom*
Moore, *Writing War*
Sidebottom, *Der Krieg in der antiken Welt*

VI. Kämpfen

1 Manning, Frederic, *The Middle Parts of Fortune* (Vorwort des Autors)
2 Homer, Ilias, XIII.654–655, in ders., *Werke*, Bd. 1, S. 250
3 Grenfell, Julian: *Soldier & Poet. Letters and Diaries*
4 Manning, Frederic, *The Middle Parts of Fortune*
5 Alexijewitsch, Swetlana, *Der Krieg hat kein weibliches Gesicht*, S. 189 f.
6 Lussu, Emilio, Ein Jahr auf der Hochebene
7 O'Brien, Tim: *Was sie trugen. Erzählungen*
8 Grenfell, Julian: *Soldier & Poet. Letters and Diaries*
9 O'Brien, Tim: *Was sie trugen*
10 Vergil, Aeneis, II.717–720, in ders., *Sämtliche Werke*, S. 154
11 Lussu, Emilio, Ein Jahr auf der Hochebene
12 Lussu, Emilio, Ein Jahr auf der Hochebene
13 Manning, Frederic, *The Middle Parts of Fortune*
14 Jünger, Ernst, *In Stahlgewittern. Historisch-kritische Ausgabe*
15 Fraser, George MacDonald, *Quartered Safe Out Here*
16 Ebd.
17 Manning, Frederic, *The Middle Parts of Fortune*
18 Gordon, Huntly, *The Unreturning Army*

19 Ritchie, Charles: *Siren Years. Undiplomatic Diaries, 1937–1945*, London 1947
20 Ogura, Toyofumi, *Schrecken der Hölle*, hg. vom Deutschen Friedensrat, Berlin 1957, S. 5
21 Gordon, Huntly, *The Unreturning Army*
22 Reith, John, *Wearing Spurs*
23 Jünger, Ernst, *In Stahlgewittern*
24 Gordon, Huntly, *The Unreturning Army*
25 Richards, Frank, *Old Soldiers Never Die*
26 Alexijewitsch, Swetlana, *Der Krieg hat kein weibliches Gesicht*
27 Manning, Frederic, *The Middle Parts of Fortune*
28 Fraser, George MacDonald, *Quartered Safe Out Here*
29 Lussu, Emilio, *Ein Jahr auf der Hochebene*
30 Plutarch, Lakonische Denksprüche, in ders., *Plutarch's Werke*, Bd. 25, S. 667
31 Remarque, Erich Maria, *Im Westen nichts Neues*
32 Jünger, Ernst, *In Stahlgewittern*
33 Richards, Frank, *Old Soldiers Never Die*
34 Jünger, Ernst: *In Stahlgewittern*
35 Grenfell, Julian, *Soldier & Poet*
36 Reith, John, *Wearing Spurs*
37 Lusso, Emilio, *Ein Jahr auf der Hochebene*
38 O'Brien, Tim, *Was sie trugen*
39 Alexijewitsch, Swetlana, *Der Krieg hat kein weibliches Gesicht*
40 Alexijewitsch, Swetlana, *The Unwomanly Face of War*, S. 139 (Zitat in der deutschen Übersetzung *Der Krieg hat kein weibliches Gesicht* nicht enthalten.)
41 Alexijewitsch, Swetlana, *Der Krieg hat kein weibliches Gesicht*, S. 163
42 Alexijewitsch, Swetlana, *Der Krieg hat kein weibliches Gesicht*

Weitere verwendete Literatur:
Beaupre, »Soldier-Writers and Poets«, in: Winter (Hg.), *The Cambridge History of the First World War*, Bd. 3: *Civil Society*
Bourke, *An Intimate History of Killing*
Costello, *Love, Sex and War*
Fall, *Hell in a Very Small Place*
Lowe, *Furcht und Befreiung*
Moore, *Writing War*
Parry, *Down South*
Yeates, *Winged Victory*

VII. Zivilisten

1 Anonyma [Marta Hillers], *Eine Frau in Berlin. Tagebuchaufzeichnungen vom 20. April bis 22. Juni 1945*
2 Djilas, Milovan, *Gespräche mit Stalin*, S. 141 f.
3 Zit. in Foitzik, Jan (Hg.), *Sowjetische Kommandanturen und deutsche Verwaltung in der SBZ und frühen DDR*, S. 60
4 Stellenleiter Schäringer, Rassenpolitisches Amt der NSDAP, 3. August 1940, zit. in Hansch-Singh, Annegret, *Rassismus und Fremdarbeitereinsatz im Zweiten Weltkrieg*, S. 138
5 www.ausstellung-zwangsarbeit.org/terror-durch-hinrichtungen.html
6 Thukydides, *Geschichte des Peloponnesischen Kriegs*, V.116, Bd. 5, S. 133
7 Wilhelm von Tyrus, *Geschichte der Kreuzzüge und des Königreichs Jerusalem*, XI.13, S. 162 f.
8 Shakespeare, William, Heinrich V., III.1, in ders., *Sämtliche Werke*, Bd. 3, S. 422
9 Ebd., III.3, S. 428
10 Befehlshaber des Verteidigungsbereichs Berlin, »Grundsätzlicher Befehl für die Vorbereitung zur Verteidigung der Reichshauptstadt«, 9. März 1945, in Rürup, Reinhard (Hg.), *Berlin 1945*, S. 25 f.
11 Anonyma [Marta Hillers], *Eine Frau in Berlin*
12 Shakespeare, William, Heinrich V., V.2, in ders., *Sämtliche Werke*, Bd. 3, S. 481 f.
13 Zit. in Müller, Rolf-Dieter, *Der Bombenkrieg 1939–1945*, S. 184
14 »Der Sonderbevollmächtigte des Auswärtigen Amts für den Südosten Neubacher (Athen) an das Auswärtige Amt«, 15. Mai 1944, in: *Akten zur deutschen auswärtigen Politik*, Serie E, Bd. 8, S. 55
15 Klemperer, Victor, *Ich will Zeugnis ablegen bis zum letzten*, Bd. 2, S. 99 (27. Mai 1942; Hervorhebung im Original)
16 Anonyma [Marta Hillers], *Eine Frau in Berlin*
17 Krockow, Christian von, *Die Stunde der Frauen. Bericht aus Pommern 1944–1947*
18 Anonyma [Marta Hillers], *Eine Frau in Berlin*
19 Brittain, Vera, *Vermächtnis einer Jugend. Autobiographie*, Berlin 2018

Weitere verwendete Literatur:
Beevor, *Berlin 1945*
Bessel, *On Violence*
Bond, *Britain's Two World Wars against Germany*
Braybon / Summerfield, *Out of the Cage*
Cox, *Hunger in War and Peace*

Downs, »›War Work‹«, in Winter (Hg.), *The Cambridge History of the First World War*, Bd. 3: *Civil Society*

Horne / Kramer, *Deutsche Kriegsgreuel 1914*

Iacobelli, »The ›Sum of Such Actions‹. Investigating Mass Rape in Bosnia-Herzogovina through a Case Study of Foca«, in Herzog (Hg.), *Brutality and Desire*

Last, *Nella Last's War*

Makdisi, *Beirut Fragments*

Stargardt, *Der deutsche Krieg*

Walters, »General William T. Sherman and Total War«, in Sheffield (Hg.), *War Studies Reader*

VIII. Das Unkontrollierbare kontrollieren

1 Reed, John, *Eine Revolutionsballade, Mexico 1914*
2 Sueton, »Gaius Iulius Caesar«, 77, in ders., *Leben der Caesaren*, S. 47
3 Albert von Aachen, *Geschichte des Ersten Kreuzzugs*, Bd. 1, Kap. 28, S. 64
4 Cicero, *Drei Bücher von den Pflichten*, I.34, S. 55 f.
5 Augustinus, *Gegen Faustus den Manichäer* (Contra Faustum libri XXIII), XII.73–79
6 Walzer, Michael, *Gibt es den gerechten Krieg?*, S. 168
7 De La Rochefoucauld, François, *Réflexion diverses*, 1731 (posthum), S. 218
8 Anand, R.P.: *Studies in International Law and history: An Asian Perspektive*, Boston 2004, S. 60
9 Walzer, Michael, *Gibt es den gerechten Krieg?*, S. 80
10 Polybios, *Geschichten*, XIII.3, Bd. 9, S. 1025
11 Dunant, Henry, *Eine Erinnerung an Solferino*, S. 31
12 Lieber, Françis: *A Code for the Government of Armies in the Field as Authorized by the Laws and Usages of War on Land*, New York 1863
13 Ebd.
14 Zit. in Horne, John / Kramer, Alan, *Deutsche Kriegsgreuel 1914*, S. 226.
15 Carnegie, Andrew: *A League of Peace*, zit. in: Frazier Wall, Joseph: Andrew Carnegie, Oxford 1970, S. 916
16 Zit. in Abbott, John Stevens, *The History of Napoleon Bonaparte*, Vol. II, 2015, S. 546
17 Kant, Immanuel, »Idee zu einer allgemeinen Geschichte in weltbürgerlicher Absicht«, in ders., *Schriften zur Anthropologie, Geschichtsphilosophie, Politik und Pädagogik*, Bd. 1, S. 41
18 Suttner, Bertha von, *Inventarium einer Seele*, S. 107
19 Zweig, Stefan, *Die Welt von Gestern*, S. 20 f.

20 Cobden, Robert, *Speeches on Questions of Public Policy*, London 1908, S. 363
21 Von Bloch, Johann, *Der Krieg. Übersetzung des russischen Werkes des Autors: Der zukünftige Krieg in seiner technischen, volkswirtschaftlichen und politischen Bedeutung*, Berlin 1899
22 Tolstoi, Leo, *Krieg und Frieden*, Bd. 2, S. 230

Weitere verwendete Literatur:

Best, *War and Law Since 1945*

——, »Restraints on War by Land before 1945«, in Howard (Hg.), *Restraints on War*

Coates, *The Ethics of War*

Finkelman, »Francis Lieber and the Law of War«

Howard (Hg.), *Restraints on War*

Kennedy, *Of War and Law*

Lee, *Ethics and War*

Mazower, *Die Welt regieren*

Quataert, »War-Making and the Restraint of Law. The Formative Years, 1864–1914«, in: Chickering / Showalter / van de Ven (Hg.), *The Cambridge History of War*

Ranft, »Restraints on War at Sea before 1945«, in Howard (Hg.), *Restraints on War*

Rhea, »The Commission on the Responsibility of the Authors of the War …«

Roberts, »Against War«, in Townshend (Hg.), *The Oxford History of Modern War*

Sorabji (Hg.), *The Ethics of War*

Tyerman, *Die Kreuzzüge*

IX. Krieg in unseren Vorstellungen und Erinnerungen

1 Shakespeare, William, »Heinrich V.«, IV, 1, in ders., *Sämtliche Werke*, Bd. 3, S. 450 f.
2 Ebd., IV.3, S. 458 f.
3 Ninh, Bao, *Die Leiden des Krieges*
4 O'Brien, Tim: »How to Tell a True War Story«, in Paula Geyh et al.: *Postmodern American Fiction: A Norton Anthology*, New York 1998, S. 174
5 Zit. in Stallworthy, Jon, *Wilfred Owen*, London 2013, S. 253
6 Ninh, Bao, *Die Leiden des Krieges*
7 Ruskin, John, »Der Kranz von Olivenzweigen«, § 86, in ders., *Ausgewählte Werke in vollständiger Übersetzung*, Bd. 3, S. 128, 136

8 Jackson, Alexander Young, *Reminiscences of Army Life*, S. 9
9 Mann, Thomas, »Gedanken im Kriege«, in ders., *Friedrich und die große Koalition*, S. 23
10 Lissauer, Ernst, »Hassgesang gegen England«, web.archive.org/web/20130529135342/; www.hschamberlain.net/kriegsaufsaetze/hassgesang.html
11 Zit. in Pierre Guillot, *Déodat de Séverac: écrits sur la musique*, Liège 1993, S. 128
12 Thukydides, *Geschichte des Peloponnesischen Kriegs*, V.70, Bd. 5, S. 101
13 Moritz von Sachsen, *Einfälle über die Kriegskunst*, S. 8
14 Gronow, Rees Howell, and Grego, Joseph, *The Reminiscences and Recollections of Captain Gronow: Being Anecdotes of the Camp, Court, Clubs & Society*, 1810–1860, Cambridge 1892, S. 188
15 Zit. in Arnold, Guy, *Held fast for England: G.A. Henty, Imperialist Boys' Writer*, Vermont 1980, S. 63
16 Englund, Peter: *Menschheit am Nullpunkt: aus dem Abgrund des 20. Jahrhunderts*, Stuttgart 2001, S. 52
17 Zit. in Sooke, Alastair (2014, 17. Juli), *Goya's Disasters of War: The truth about war laid bare*, www.bbc.com/culture/article/20140717-the-greatest-war-art-ever
18 Zit. in Macdonald, Fiona (2017, 6. Februar), *The story of a painting that fought fascism*, www.bbc.com/culture/article/20170206-the-artists-who-fought-fascism
19 Reichskommissar für die Internationale Ausstellung, Paris 1937 (Hg.), Internationale Ausstellung Paris 1937 für Kunst und Technik, Deutsche Abteilung, 1937
20 Zit. in Danchev, Alex (2010, 8. Mai), »Picasso's politics«, www.theguardian.com/artanddesign/2010/may/08/pablo-picasso-politics-exhibition-tate
21 West, Rebecca, *Black Lamb and Grey Falcon* (Zitat in der deutschen Übersetzung *Schwarzes Lamm und grauer Falke* nicht enthalten.)
22 www.kammermusikfuehrer.de/werke/1201
23 Homer, Ilias, XXII.482–485, Werke, Bd. 1, S. 424
24 Zit. in Ulrich Grober, »Das kurze Leben des Peter Kollwitz. Bericht einer Spurensuche«, in: *Die Zeit*, 48/1996
25 Todman, Dan, *The Great War, Myth and Memory*
26 Zit. in Schunck, Peter, *Charles de Gaulle*, S. 279.
27 Zit. in Schwarz, Geraldine: *Die Gedächtnislosen: Erinnerungen einer Europäerin*, Berlin 2018

Weitere verwendete Literatur:
Beaupre, »Soldier-Writers and Poets«, in Winter (Hg.), *The Cambridge History of the First World War*, Bd. 3: *Civil Society*
Becker, »Art«, ebd.
Caputo, »Putting the Sword to Pen«
Danchev, *On Art and War and Terror*
Jelavich, »German Culture in the Great War«, in Roshwald / Stites (Hg.), *European Culture in the Great War*
Leonhard, *Die Büchse der Pandora*
McNeill, *Keeping Together in Time*
Ninh, *Die Leiden des Krieges*
O'Brien, *Was sie trugen*
Scates / Wheatley, »War Memorials«, in: Winter (Hg.), *The Cambridge History of the First World War*, Bd. 3: *Civil Society*
Winter, *War Beyond Words*

Schlussbetrachtung

Verwendete Literatur:
Echevarria, *Imagining Future War*
Freedman, *The Future of War*
Jordan u. a., *Understanding Modern Warfare*
Kello, *The Virtual Weapon and International Order*
Matthews, »America's Indefensible Defense Budget«

PERSONENREGISTER